東大の物理

25ヵ年［第9版］

教学社編集部 編

教学社

はじめに

　本書は東京大学の物理の入試問題の，1999 年度から 2023 年度までの 25 年間の全問題を収録し，解答・解説を付したものです（1999 ～ 2007 年度は前期日程・後期日程で実施されていましたが前期日程の分のみ収録しています）。教学社の大学入試シリーズ「東京大学」には，直近の数年の各科目の問題が年度毎に収録されていますが，本書は物理に限定して多数の問題を分野別に収録したものであり，分野毎の問題練習を積んで，より一層の実力を養成したい受験生に適した構成にしています。

　東京大学の物理の入試問題の大きな特徴は「複数分野の融合」ということができます。これについて，少し述べておきましょう。

　東京大学アドミッション・ポリシーの入学試験の基本方針の第三に「知識を詰めこむことよりも，持っている知識を関連づけて解を導く能力の高さを重視します」とあります。また，大学案内の「高等学校段階までの学習で身につけてほしいこと」の中で，理科では，「(1)自然現象の本質を見抜く能力 (2)原理に基づいて論理的にかつ柔軟に思考する能力 (3)自然現象の総合的理解力と表現力」が挙げられています。「入学試験ではこれらの能力を判断するための問題が出題されますので，そのような力を養成する学習を目指してください」と記されています（全文は大学案内で確認してください）。

　さまざまな自然現象について，人間は長い年月の間に膨大な知識を得て，いろいろな法則を見いだしてきました。自然科学は自然現象を対象とする科学ですが，多様な知識や法則を体系化して本質を探究し，より高度な法則を発見しようとする傾向があります。さまざまな運動を分析して「運動の法則」が得られたのは，その典型といえます。運動方程式を使うと，摩擦や空気抵抗のない空間で，一つの力だけが作用する物体の運動は簡単に求められます。しかし，実際の物理現象ではさまざまな要素を考慮する必要があり，そうなると問題を解くのも簡単ではありません。東京大学の物理の入試問題は，できるだけ現実に近い設定で現象を扱おうとするので，さまざまな知識や法則を用いる必要があり，複数の分野を融合した総合的な問題になるのは無理もありません。もちろん高校で学習する範囲の物理で解けるように工夫されていて，個々の設問の多くは標準的なものですが，組み合わせ方や題材を扱う切り口に工夫がこらされたり，受験生があまり見慣れない題材が用いられたりしている場合も多いので，問題の条件を正しく理解し，適当な知識や法則を用いて解くには，高度な学力が必要です。その分，解くことによって物理への理解が深まり，物理の面白さが味わえる問題でもあり，学力の高い受験生には良問といえるでしょう。本書の問題練習を通し，読者に十分な実力が養われて難関を突破するとともに，物理の面白さを感じていただけたら幸いです。

目次

（編集部注）本書に掲載されている入試問題の解答・解説は，出題校が公表したものではありません。

本書の活用法

本書の構成

◇収録問題

　1999年度から2023年度までの25年間の全問題，計75問を収録しました（1999〜2007年度は，前期日程・後期日程で実施されているうちの，前期日程の分のみ）。

◇分類

　複数の分野を融合した問題が多いのが特徴ですが，「力学」「熱力学」「波動」「電磁気」「原子」のいずれかに分類しています。「力学」「波動」「電磁気」はさらに小項目に分類していますが，教科書等の一般的な分類ではなく，頻出項目により問題を分類し，出題年度の新しい順に配置しています。

　全問題を解くのが理想的でしょうが，時間等の都合によって，特定の分野に絞ったり，ある年度までの問題を解くような利用法も工夫して下さい。一つの項目の中では，最近の出題傾向を把握するには，出題年度の新しい順に解く方がよいでしょう。

◇解答

　大学により解答形式が異なるので，それに合わせた対策も，受験生には必要です。東京大学の問題は，最終結果だけでなく途中の過程まで記述する設問がほとんどです。また，解答用紙は理科4科目共通のもので，大問毎に広いスペースが与えられています（p.8参照）。スペースをどのように使うかの明確な指示はありませんが，考察過程や結論がはっきりわかるように記述すべきでしょう。ただし，答案を整理して書かないと，解答用紙に書ききれなくなることもあります。

　本書の〔解答〕では，自学自習する受験生のために，解答に用いる法則や理論，途中計算なども詳しく説明しています。解答用紙に記述する内容は，これらから必要最低限の内容を小問毎に解答用紙2〜3行を目安に取捨選択し，自分で答案を書く練習を積んで下さい。〔解答〕を参照する際は，単に結果を見て答え合わせをするだけでなく，〔解答〕〔解説〕を読み，自分の解法が適当かどうかを検討して下さい。〔解答〕を読んでわかったつもりになるのではなく，自分の頭の中で答案を再構成して，自分の言葉で書いてみることが大切です。

　なお，物理は数学との関連が深く，特に微積分の考え方を用いると理解しやすい問題もありますが，これについては〔解説〕で紹介しています。

◇解説

　〔解答〕の補足説明，問題の背景や見方など，解いた後に読んで理解が深まるような記述としています。

問題に取り組んで解けなかったときも，〔解答〕〔解説〕を参考にして，自分の答案を書いてみましょう。そして，しばらくして，また解き直してみて下さい。この繰り返しで，実力は養われると思います。〔解答〕〔解説〕を読んでも理解できない人は，教科書程度の基本事項はきちんと理解し，教科書傍用程度の問題集をこなしてから，本書に再挑戦することをお勧めします。

◇テーマ

問題に即した〔解説〕よりも広い視野から，補足説明を加えています。

各分野の問題の特徴

◇全体として

東京大学は最難関大学ですが，高校生に無理な難問が出題されているわけではなく，個々の設問の多くは標準的なものです。前半に典型的・標準的な設問が置かれ，後半に思考力・応用力・洞察力を要する設問が配置されることが多く，難易の傾斜も配慮されています。しかし，設問の組み合わせ方や題材を扱う切り口に工夫がこらされたり，受験生があまり見慣れない題材が用いられたりしている場合も多く，応用的な思考力や総合的な数理能力を要求する問題となっています。年度毎に解く場合は試験時間も考慮する必要がありますが，試験時間に対して設問の分量は多めであり，問題全体の見通しを立てて，素早く解く能力も必要です。

文字式の計算問題が中心ですが，近似計算を要したり，数学的な処理能力を要することもよくあります。また，論述を要する設問や描図を含む問題もよく出題されています。グラフは現象を把握するのに有効な手段であり，特に理系分野ではよく用いられます。グラフを正しく描いたり，グラフの意味を読み取ることは，中途半端な理解ではできないので，学力を判定する方法としても有効であり，グラフを描いたり選択する設問もよく含まれています。グラフを描く練習も面倒がらずに，日頃からやっておくことが必要です。

◇力学

出題の割合が大きい分野ですが，「はじめに」で述べたように，複数の分野を融合した総合的な問題として，よく出題されています。

相互に影響を及ぼし合いながら動く2物体の運動を扱った問題がよく出題されています。当然のことですが，単独の物体の運動より条件が複雑になります。問題文をよく読んで，条件をよく把握し，適当な図を描くことが重要になります。

単振動は非常に重要な運動で，大学では物理の力学に限らず，さまざまな分野で扱われますが，これが関係する問題も目立ちます。基礎知識をきちんと理解した上で，三角関数の微積分を使えるようにしておくと有利です。

◇熱力学

苦手とする受験生が多い分野ですが，状態方程式（または，ボイル・シャルルの

法則），熱力学第 1 法則，内部エネルギーと絶対温度の比例関係を組み合わせて用いる問題がほとんどです。問題の条件を正しく把握して，これらの関係式が利用できないか，考えてみましょう。

◇波動

　干渉は波動に特有の性質ですが，これを扱った問題が目立ち，干渉の意味を正しく理解することが重要です。公式を利用した計算問題だけでなく，現象を説明する論述問題もよく出題されています。要点を外さずに簡潔明瞭な答案を作成する練習が必要ですが，頭の中で考えるだけでなく，実際に自分で書いてみましょう。

◇電磁気

　電磁気は力学と並んで，出題の割合が大きい分野ですが，東京大学では，力学と融合した問題もよく出題されています。記憶しておくべき公式が多いということはありませんが，物理量の向きや正負の扱いを誤りやすく，力学と同様，適当な図を描くことが大切です。

◇原子

　原子物理の分野からの出題は，従来から少なかったのですが，2006〜2014 年度入試では，受験生の負担軽減のために，出題範囲から除く措置がとられていました。しかし，2015 年度以降の入試では，この軽減措置はなくなり，原子物理の分野も出題範囲に含まれることになりました。

　原子物理独自の内容もありますが，高校の範囲では，力学や電磁気，波動の内容を用いる総合問題となっていることが多い分野です。

〔注〕本書に収録されている古い年度の問題では，電気抵抗の記号が─Ｗ─となっているものがあります。これらについて，問題文中の図はそのまま─Ｗ─を使用していますが，〔解答〕の図では─▭─と，現行課程の記号に置き換えてあります。

解答用紙について

　例年，東京大学では理科（物理・化学・生物・地学）で共通の解答用紙が使われています。下に見本としてその一例を示してあります。解答用紙は下に示したように罫線の入ったものが使用されており，Ａ３判の用紙に大問毎のスペース（〔1〕〔2〕はＢ５判，〔3〕はＢ４判程度）が与えられています。実際の解答枠の左右の大きさはおよそ 23.5 cm，行間はおよそ 6.5 mm です。

　スペースをどのように使うかの明確な指示はありませんが，考察過程や結論がはっきりわかるように記述すべきでしょう。ただし，答案を整理して書かないと，解答欄に書ききれなくなってしまいます。自分で問題を解く際に，実際に解答用紙に解答を書くつもりで練習をしておくとよいでしょう。

第1問	
	点数

編著者

2018 年度 ～ 2023 年度：藤原滉二

1999 年度 ～ 2017 年度：鈴木健一

第1章　力　学

1　運動方程式・力のつりあい

1

解　答

Ⅰ. (1) (2)の問題文中で定義されているように，x 軸を定めるものとする。ばねの自然長からの最大の伸びを x_{M} とすると，力学的エネルギー保存則より

$$0+0+0=0+\frac{1}{2}kx_{\mathrm{M}}{}^2-Mgx_{\mathrm{M}}$$

が成り立つ。$x_{\mathrm{M}}>0$ であるから

$$x_{\mathrm{M}}=\frac{2Mg}{k}\quad\cdots(答)$$

(2) 積木の運動方程式をつくると

$$Ma=Mg-kx$$

$$\therefore\quad a=g-\frac{k}{M}x=-\frac{k}{M}\left(x-\frac{Mg}{k}\right)$$

が得られる。これを問題文中の式と比較すると

ア．$-\dfrac{k}{M}$　イ．$\dfrac{Mg}{k}$　$\cdots(答)$

Ⅱ. (1) 2つの積木をつなぐひもの張力の大きさを S として，運動方程式をつくると

積木 1：$Ma=S-\dfrac{x}{3L}\mu'Mg$

積木 2：$Ma=Mg\sin\theta-S$

となる。この2式の辺々を加えて整理すると

$$2Ma=Mg\sin\theta-\frac{x}{3L}\mu'Mg=-\frac{\mu'Mg}{3L}\left(x-\frac{3L\sin\theta}{\mu'}\right)$$

$$\therefore\quad a=-\frac{\mu'g}{6L}\left(x-\frac{3L\sin\theta}{\mu'}\right)$$

が得られる。これを問題文中の式と比較すると

ウ．$-\dfrac{\mu'g}{6L}$　エ．$\dfrac{3L\sin\theta}{\mu'}$　$\cdots(答)$

(2) (1)の式から，2つの積木の運動はそれぞれ単振動であることがわかり，その角振動数を ω，周期を T とすると

$$\omega^2 = \frac{\mu'g}{6L}, \quad T = \frac{2\pi}{\omega} = 2\pi\sqrt{\frac{6L}{\mu'g}}$$

である。積木が動き始めてから静止するまでの時間は

$$\frac{1}{2}T = \pi\sqrt{\frac{6L}{\mu'g}} \quad \cdots(答)$$

(3) (1)の式より，単振動の中心を $x_中$ とすると $x_中 = \dfrac{3L\sin\theta}{\mu'}$ であり，最初に静止して

いた位置は $x = 0$ であるから，

振幅 A は $A = \dfrac{3L\sin\theta}{\mu'}$ となることがわかる。

静止したときの積木1の右端の位置は

$$x_0 = x_中 + A = 2A = \frac{6L\sin\theta}{\mu'}$$

となる。題意より，$x_0 = 3L$ とすると

$$3L = \frac{6L\sin\theta}{\mu'} \quad \therefore \quad \mu' = 2\sin\theta \quad \cdots(答)$$

III. (1) 下の段の真ん中の積木について（右図），その
上面から2段目の積木の下面に作用する垂直抗力の大き
さを N_1 とすると $N_1 = 2Mg$ である。また，床面から作
用する垂直抗力の大きさを N_2 とすると $N_2 = 3Mg$ であ
る。

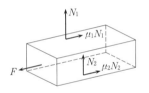

積木が動き始める直前，積木を引っ張っている力の大きさを F とすると，滑り始め
る直前の最大摩擦力とのつりあいより

$$F = \mu_1 N_1 + \mu_2 N_2 = 5\mu_1 Mg \quad \cdots(答)$$

(2) 積木が動き始める直前，下の段の真ん中の積木を引
っ張っている力の大きさを F' とする（右図）。2段目
の真ん中の積木の上面で作用する垂直抗力の大きさを
N_3 とすると $N_3 = Mg$，下の段の真ん中の積木の下面で
作用する垂直抗力の大きさを N_4 とすると $N_4 = 3Mg$ で
ある。

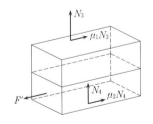

滑り始める直前の，最大摩擦力とのつりあいより

$$F' = \mu_1 N_3 + \mu_2 N_4 = \mu_1 Mg + 3\mu_2 Mg$$

である。

9個の積木全体を考える。床面から作用する垂直抗力の大きさを N_5 とすると
$N_5 = 9Mg$ である。$F' > \mu_2 N_5 = 9\mu_2 Mg$ となると，積木全体が動いてしまうから，下の
段の真ん中と2段目の真ん中の積木だけが動くとき

$$F' < \mu_2 N_5 = 9\mu_2 Mg$$

$$\therefore \quad \mu_1 Mg + 3\mu_2 Mg < 9\mu_2 Mg$$

であるから

$$\mu_1 Mg < 6\mu_2 Mg$$

よって

$$\mu_2 > \frac{1}{6}\mu_1 \qquad \textbf{オ}. \ \frac{1}{6}\mu_1 \quad \cdots(答)$$

なお，$F' < F$ であるから，2個の積木が一体となって動き始める前に，下の段の1個だけが動き始めることはない。

解　説

Ⅰ．▶(1)　つりあいの位置を $x = x_{中}$ とすると $x_{中} = \dfrac{Mg}{k}$ である。振動の上端は $x = 0$ であるから，単振動の振幅 A は $A = \dfrac{Mg}{k}$ となり，ばねの自然長からの最大の伸びは

$$2A = \frac{2Mg}{k}$$

Ⅱ．▶(1)　複数の物体を扱う場合，各々の運動方程式をつくるのが原則である。

▶(2)　積木が動き始める位置は，積木1の単振動の左側の端であり，積木が静止する位置は，積木1の単振動の右側の端であるから，この間の時間は単振動の半周期に相当する。

Ⅲ．机の上や床の上で物体を滑り動かしたことがないと，摩擦の現象は理解できない。その意味では，本問と同様の装置は「ジェンガ」という商品名で市販されている。本問の題意を理解できない，また，本書の解説を読んでも理解できないときには，「ジェンガ」を入手して実際に体験する（遊んでみる）のも一つの方法である。人類は「ホモ゠ルーデンス（遊ぶ人）」という存在であり，オランダの歴史家ホイジンガの言うように，遊びは文化に先行するのである。

　上層の積木の重さが下層の積木の上面に均等にかかると考えると，各面にかかる垂直抗力の大きさが求められる。

▶(1)　上の段と中の段の積木の合計は6個であるから，下の段の各積木に対して，積木2個分の重さが加わることになり，$N_1 = 2Mg$ である。

　積木が静止しているとき，静止摩擦力を考慮して，つりあいの関係式が成り立つが，滑り出す直前，静止摩擦力は最大摩擦力となる。

▶(2)　下の段の真ん中の積木を引っ張ると

　　①　下の段の真ん中の積木だけが動く

　　②　下の段の真ん中の積木，2段目の真ん中の積木が動く

　③　すべての積木が同時に動く

のような現象が起こる。(1)では現象①が起こる場合，(2)では現象②が起こり現象③が
起こらない場合を考察することになる。

　　┌─────────
　　│　テーマ
─────┘　　　　　└─────────────────────────
　　x 軸上を動く物体に作用する力の合力 F が，復元力の比例定数を K として

　　　　$F = -K(x - x_中)$　　（K は正の一定値)

のように表されるとき，物体は $x = x_中$ を中心とする単振動を行う。また，単振動の角
振動数を ω とすると，加速度 a は $a = -\omega^2(x - x_中)$ と表される。物体の質量を m とす
ると，運動方程式 $ma = F$ より

　　　　$m\omega^2 = K$　　$\therefore$　　$\omega = \sqrt{\dfrac{K}{m}}$

　　　　単振動の周期：$\dfrac{2\pi}{\omega} = 2\pi\sqrt{\dfrac{m}{K}}$

が得られる。

　　単振動は，振動中心の両側について，時間や位置の対称性があり，これをうまく用い
ると，計算が簡単になり，運動の様子がわかりやすくなる。なお，Ⅱ(2)のように，時間
は，周期の何倍に相当するかで求めることが多い。

　　Ⅲの接触面で作用する力は，垂直抗力と摩擦力（接線抗力）に分けて扱うことが多い。
接触面の両側で相対運動がないとき，摩擦力は静止摩擦力である。静止摩擦力の向きや
大きさは一定ではないが，静止摩擦力の最大値（最大摩擦力）は，垂直抗力に比例し，
その比例定数が静止摩擦係数である。

2

解 答

物体Aが斜面から受ける垂直抗力の大きさをN_A，物体BがAから受ける垂直抗力の大きさをN_Bとする。

Ⅰ. (1) Aに力Fを加えて，AとBが静止しているとき，2物体を一体として扱うと，作用する力は右図のようになる。力のつりあいの式をつくると

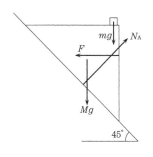

水平方向：$\dfrac{N_A}{\sqrt{2}} - F = 0$ …①

鉛直方向：$mg + Mg - \dfrac{N_A}{\sqrt{2}} = 0$ …②

となる。②より

$$N_A = \sqrt{2}\,(m+M)\,g$$

が得られ，さらに，①より

$$F = \frac{N_A}{\sqrt{2}} = (\boldsymbol{m}+\boldsymbol{M})\,\boldsymbol{g} \cdots(\text{答})$$

(2) 力Fを取り除くと，Aは斜面に沿って滑り降りる。AとBの間の摩擦を無視すると，Bに対して水平方向に作用する力はないから，Bは真下に落下する。したがって，BがA上面の左端に達したとき（右図），Bのy座標は

$$y = \boldsymbol{d} \cdots(\text{答})$$

(3) Bの落下の速さがvであるとき，束縛条件より，Aの速度の鉛直成分もvであり，Aが斜面に沿って滑り降りる速さは$\sqrt{2}v$となる。AとBをまとめて，力学的エネルギー保存則より

$$(m+M)\,gd = \frac{1}{2}mv^2 + \frac{1}{2}M(\sqrt{2}v)^2$$

$$= \frac{1}{2}(m+2M)v^2$$

$$\therefore\quad v = \sqrt{\frac{2\,(m+M)}{m+2M}\,gd} \cdots(\text{答})$$

Ⅱ. (1) 両物体が一体となって斜面を滑り降りるとき，AからBに作用する静止摩擦

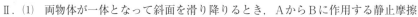

力の大きさをfとすると，各物体に作用する力は右の図のようになる。運動方程式をつくると

物体Aについて

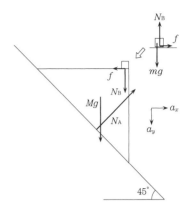

$$水平方向：Ma_x = \frac{N_A}{\sqrt{2}} - f \qquad \cdots ③$$

$$鉛直方向：Ma_y = N_B + Mg - \frac{N_A}{\sqrt{2}} \qquad \cdots ④$$

物体Bについて

$$水平方向：ma_x = f \qquad \cdots ⑤$$

$$鉛直方向：ma_y = mg - N_B \qquad \cdots ⑥$$

となる。

③＋⑤ より

$$(m+M)a_x = \frac{N_A}{\sqrt{2}} \qquad \cdots ⑦$$

④＋⑥ より

$$(m+M)a_y = (m+M)g - \frac{N_A}{\sqrt{2}} \qquad \cdots ⑧$$

となり，さらに，⑦＋⑧ として

$$(m+M)(a_x+a_y) = (m+M)g$$

$$\therefore \quad a_x + a_y = g$$

が得られる。束縛条件より$a_x = a_y$であるから

$$a_x = a_y = \frac{1}{2}\boldsymbol{g} \quad \cdots（答）$$

(2) ⑤と⑥より

$$f = ma_x = \frac{1}{2}mg, \qquad N_B = m(g-a_y) = \frac{1}{2}mg$$

が得られる。$\mu = \mu_0$のとき，静止摩擦力は最大摩擦力と考えられるから

$$f = \mu_0 N_B$$

$$\therefore \quad \mu_0 = \frac{f}{N_B} = 1 \quad \cdots（答）$$

(3) Bが最初の位置から点Pに達するまで，AからBに作用する動摩擦力は一定であるから，等加速度直線運動を行う。初速は0であるから，この間の軌跡は位置Q_1を通過する直線となる。

Bが点Pを通過した後，AとBの間に摩擦はないから，水平方向は等速運動，鉛直方向は等加速度直線運動となり，Bは放物線軌道を描いて，A上面の左端の位置Q_3に達する。

したがって，最も適当な軌跡の図は(イ) …（答）

別解　I．(3)　II(1)と同様の運動方程式をつくると

物体Aについて

水平方向：$Ma_x = \dfrac{N_A}{\sqrt{2}}$

鉛直方向：$Ma_y = N_B + Mg - \dfrac{N_A}{\sqrt{2}}$

物体Bについて

水平方向：なし

鉛直方向：$ma_y = mg - N_B$

束縛条件より　　　$a_x = a_y$

よって

$$a_y = \frac{m+M}{m+2M}g$$

等加速度直線運動の関係より

$$v^2 = 2a_y d$$

$$\therefore\quad v = \sqrt{\frac{2(m+M)}{m+2M}gd}$$

解　説

I．▶(1)　斜面方向の力のつりあいから

$$\frac{(m+M)g}{\sqrt{2}} = \frac{F}{\sqrt{2}}$$

$$\therefore\quad F = (m+M)g$$

としてもよい。

　なお，各物体に作用する力は右図のようになる（実線矢
印がA，破線矢印がBに作用する力を表す）。作用反作用
の法則より，AはBから，鉛直下向きに大きさN_Bの力を
受ける。力のつりあいの式をつくると

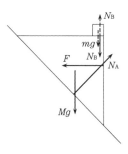

物体Aについて

水平方向：$\dfrac{N_A}{\sqrt{2}} - F = 0$　　　　…⑨

鉛直方向：$N_B + Mg - \dfrac{N_A}{\sqrt{2}} = 0$　…⑩

物体Bについて

鉛直方向：$mg - N_B = 0$　　　　…⑪

となる。⑨は①と同じであり，⑩+⑪とすると，②が得られる。本問ではN_Bを求め

る必要がないので，2物体を一体として扱えばよい。

▶(2)　Bは最初に静止しているから，水平方向に作用する力がないと，この方向に動くことはない。

▶(3)　BはA上面の水平面上に載っているから，両物体の速度の鉛直成分は等しい。また，Aは斜面に沿って動くから，速度の鉛直成分が決まれば，水平成分も決まる。このような幾何的な制約から成り立つ条件を束縛条件（拘束条件）という。なお，エネルギーは向きがないスカラー量であるから，各物体の運動の向きに関係なく，運動エネルギーを表すことができる。

Ⅱ．▶(1)・(2)　2物体を一体として扱うと，運動方程式は

水平方向：$(m + M) a_x = \dfrac{N_A}{\sqrt{2}}$

鉛直方向：$(m + M) a_y = (m + M) g - \dfrac{N_A}{\sqrt{2}}$

となり，直接，⑦，⑧が得られる。あるいは，加速度の大きさを a として，斜面方向の運動方程式をつくると

$$(m + M) a = \frac{(m + M) g}{\sqrt{2}}$$

$$\therefore \quad a = \frac{g}{\sqrt{2}}$$

となり

$$a_x = a_y = \frac{a}{\sqrt{2}} = \frac{1}{2} g$$

としてもよい。ただし，(2)で f と N_B の値が必要であり，⑤と⑥，または，③と④をつくる必要がある。

　なお，Aから見たBの運動を考えると，慣性力（$-ma_x$，$-ma_y$）を含めて，力のつりあいを考えることになる。このとき，Bのつりあいの式は

水平方向：$f + (-ma_x) = 0$
鉛直方向：$mg - N_B + (-ma_y) = 0$

であり，これらは⑤，⑥と等しいことがわかる。

▶(3)　Bが最初の位置から点Pに達するまでの加速度を (a_x', a_y') とすると，動摩擦力は一定であるから，この加速度は一定である。Bが初速0で動き始めた時刻を0とすると，時刻 t において，等加速度直線運動の関係より

$$x = d + \frac{1}{2} a_x' t^2, \qquad y = \frac{1}{2} a_y' t^2$$

両式より t を消去して

$$x = d + \frac{a_x'}{a_y'} y$$

となる。すなわち，x-y図は点Q_1を通過する直線となる。

　Bが点Pを通過した後，水平方向は等速運動，鉛直方向は等加速度直線運動となり，重力による放物運動（斜め下方投射）と同様，放物線軌道を描くことになる。

テーマ

　斜面上を滑る三角台，さらに，その台上を動く物体の運動を題材とした問題である。複数の物体の運動を扱う場合，各物体に作用する力を表し，各物体について，つりあいの式や運動方程式をつくるのが原則であるが，一体となっているときは，まとめた式をつくってもよい。

　物体が面に接して動くような場合，幾何的な制約から生じる束縛条件がある。

3

解 答

Ⅰ. (1) bがCで止まる直前，作用反作用の法則より，支点a，bからパイプが受ける垂直抗力の大きさはそれぞれN_a, N_bである（パイプに作用する力を下図に太実線の矢印で示す）。

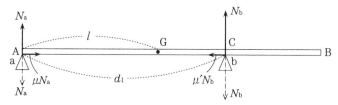

このとき，aでは最大摩擦力が右向きに作用し，その大きさはμN_aである。また，bでは動摩擦力が左向きに作用し，その大きさは$\mu' N_b$である。パイプに沿った方向の力のつりあいを表す式は次のようになる。

$$\mu N_a = \mu' N_b \quad \cdots （答）$$

(2) パイプの重心Gが左端Aから測って距離lの位置にあるとき，Gから点bまでの距離は$d_1 - l$であるから，重心の周りの力のモーメントのつりあいを表す式は

$$N_a l = N_b (d_1 - l)$$

となる。この式と(1)の結果より

$$\left(\frac{N_a}{N_b} = \right) \frac{d_1 - l}{l} = \frac{\mu'}{\mu} \qquad \frac{d_1}{l} = 1 + \frac{\mu'}{\mu} \quad \cdots ①$$

$$\therefore \quad d_1 = l\left(1 + \frac{\mu'}{\mu}\right) \quad \cdots （答）$$

(3)・(4) aがDで止まる直前，支点a，bからパイプが受ける垂直抗力の大きさをそれぞれN_a', N_b'とする（パイプに作用する力を下図に示す）。

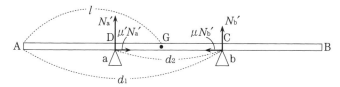

このとき，aでは動摩擦力が右向きに作用し，その大きさは$\mu' N_a'$である。また，bでは最大摩擦力が左向きに作用し，その大きさは$\mu N_b'$である。パイプに沿った方向の力のつりあいを表す式，重心の周りの力のモーメントのつりあいを表す式は

$$\mu' N_\mathrm{a}' = \mu N_\mathrm{b}'$$

$$N_\mathrm{a}'\{l - (d_1 - d_2)\} = N_\mathrm{b}'(d_1 - l)$$

となり，(2)と同様に計算すると

$$\left(\frac{N_\mathrm{b}'}{N_\mathrm{a}'} = \right) \frac{l - (d_1 - d_2)}{d_1 - l} = \frac{\mu'}{\mu} \qquad \therefore \quad \frac{d_2}{d_1 - l} = 1 + \frac{\mu'}{\mu} \quad \cdots ②$$

が得られる。①と②を比較すると

$$\frac{d_1}{l} = \frac{d_2}{d_1 - l}$$

$$d_2 l = d_1 (d_1 - l) \qquad (d_1 + d_2) l = d_1{}^2$$

$$\therefore \quad l = \frac{d_1{}^2}{d_1 + d_2} \quad \cdots (4)の（答）$$

となる。また，これと①から

$$\frac{\mu'}{\mu} = \frac{d_1}{l} - 1 = \frac{d_1 + d_2}{d_1} - 1$$

$$\therefore \quad \frac{\mu'}{\mu} = \frac{d_2}{d_1} \quad \cdots (3)の（答）$$

(5)　重心からの距離によって支点 a，b でパイプが受ける垂直抗力の大きさが変化し，また，垂直抗力が同じであれば，最大摩擦力は動摩擦力より大きいために，a と b が交互に動く。パイプの重心は ab 間にあるから，a と b は両側からこの位置に近づき，最終的に a と b の重なる点は重心に一致する。

II．(1)　回転中心 A の周りでパイプの各点の角速度は等しく，回転の速さは A からの距離に比例する。したがって，端 B の速さを v とすると

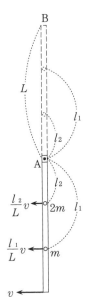

小球 1 の速さ：$\dfrac{l_1}{L} v$　　　小球 2 の速さ：$\dfrac{l_2}{L} v$

となり，力学的エネルギー保存則より

$$\frac{1}{2} m \left(\frac{l_1}{L} v\right)^2 + \frac{1}{2} \cdot 2m \cdot \left(\frac{l_2}{L} v\right)^2 = mg \cdot 2l_1 + 2mg \cdot 2l_2$$

$$\frac{l_1{}^2 + 2l_2{}^2}{L^2} v^2 = 4g (l_1 + 2l_2)$$

$$\therefore \quad v = 2L \sqrt{\frac{g(l_1 + 2l_2)}{l_1{}^2 + 2l_2{}^2}} \quad \cdots （答）$$

(2)　(1)の結果と与えられた式から

$$(v =) \ 2L \sqrt{\frac{g(l_1 + 2l_2)}{l_1{}^2 + 2l_2{}^2}} = L \sqrt{\frac{8g}{3l}}$$

$$\therefore \quad 2(l_1{}^2 + 2l_2{}^2) = 3l(l_1 + 2l_2) \quad \cdots ③$$

となる。また，重心の位置は定義より

$$l = \frac{m \cdot l_1 + 2m \cdot l_2}{m + 2m} = \frac{l_1 + 2l_2}{3} \quad \cdots ④$$

と表される。④から

$$l_1 + 2l_2 = 3l \qquad 2l_2 = 3l - l_1 \quad \cdots ⑤$$

となり，これらを③に代入すると

$$2{l_1}^2 + (3l - l_1)^2 = 3l \times 3l$$

$$2{l_1}^2 + (3l)^2 - 6ll_1 + {l_1}^2 = (3l)^2$$

$$\therefore \quad l_1(l_1 - 2l) = 0$$

となる。$l_1 \neq 0$ であるから

$$l_1 - 2l = 0 \qquad \therefore \quad l_1 = 2l \quad \cdots (答)$$

となり，これを⑤に代入して

$$l_2 = \frac{1}{2}l \quad \cdots (答)$$

解　説

Ⅰ. 各支点でパイプに作用する力は，垂直抗力と摩擦力である。2つの支点 a，b を両端から近づけるようにすると，摩擦力は互いに内側に向かって作用する。摩擦力の種類は次のように変化することに注意。

	a で作用する摩擦力	b で作用する摩擦力
最初，b が滑り出してから C で止まるまで	静止摩擦力 （止まる直前は 最大摩擦力）	動摩擦力
a が滑り出してから D で止まるまで	動摩擦力	静止摩擦力 （止まる直前は 最大摩擦力）
b が再び滑り出してから 次に止まるまで	静止摩擦力 （止まる直前は 最大摩擦力）	動摩擦力
⋮	⋮	⋮

▶(1)　静止摩擦力の大きさは一定ではないが，最大値（最大摩擦力）はその面での垂直抗力の大きさに比例し，その比例定数が静止摩擦係数である。

　　最初に滑り出した b が C の位置で止まった直後，それまで静止していた a が滑り出すから，この直前，a には最大摩擦力が作用していたと考えられる。

▶(2)　2個の小球にはそれぞれの位置で重力が作用するが，これらの合力が重心の位置に作用すると考えることができる。したがって，重心の周りの力のモーメントを考

えるとき，重力のモーメントは0である（考慮する必要はない）。

▶(3)・(4)　問題文には明記されていないが，aがDの位置で止まった直後，bがCの位置から滑り出すはずであり，この直前，bには最大摩擦力が作用していたと考えられる。

▶(5)　問題文に示された方法により，実験的に，パイプの重心の位置を求めることができる。

▶Ⅱ．パイプの質量は無視できるほど小さいとあるから，2個の小球からなる系を考えると，パイプの回転の前後で，力学的エネルギーは保存される。

テーマ

　パイプが支点から受ける力は，接触面に垂直な方向の垂直抗力，接触面に平行な方向の摩擦力に分けて考えることができる。接触面で滑りが生じているとき，摩擦力は動摩擦力である。また，接触面で滑りが生じていないとき，摩擦力は静止摩擦力であり，滑り出す直前は最大摩擦力となる。

　2点でパイプを支えて，支点の位置を動かすと，各点での垂直抗力が変化して，摩擦力の条件が変化することになり，パイプの重心を見つけることができる。自分の2本の指の上に棒などを置いて，実際にやってみるとよい。

2 運動量保存・衝突

4

解 答

I. (1) X は，磁束密度 B の一様な磁場からローレンツ力を受けて半径 $\dfrac{a}{2}$ の等速円運動をする。X の速さを v_1 とすると，中心方向の運動方程式より

$$4m\frac{v_1{}^2}{\dfrac{a}{2}} = 2qv_1B \qquad \therefore \quad v_1 = \frac{qBa}{4m}$$

よって，X の運動エネルギーを K_1 とすると

$$K_1 = \frac{1}{2}4mv_1{}^2 = \frac{1}{2}4m\left(\frac{qBa}{4m}\right)^2 = \frac{(qBa)^2}{8m} \quad \cdots(\text{答})$$

(2) X が原点から小窓まで進むのに要する時間を t_1 とすると

$$t_1 = \frac{\pi\dfrac{a}{2}}{v_1} = \frac{\pi\dfrac{a}{2}}{\dfrac{qBa}{4m}} = \frac{2\pi m}{qB}$$

時刻 t_1 に，半減期 T の X が分裂しないで小窓を通過する割合が f 以上であるから

$$\left(\frac{1}{2}\right)^{\frac{t_1}{T}} \geqq f$$

両辺で，底が 2 の対数をとると

$$\frac{t_1}{T}\log_2\left(\frac{1}{2}\right) \geqq \log_2 f$$

$$-\frac{t_1}{T} \geqq \log_2 f$$

$$\therefore \quad t_1 \leqq -T\log_2 f = T\log_2\frac{1}{f}$$

よって

$$\frac{2\pi m}{qB} \leqq T\log_2\frac{1}{f}$$

$$\therefore \quad B \geqq \frac{2\pi m}{qT\log_2\dfrac{1}{f}} \quad \cdots(\text{答})$$

(3) 静止したXが分裂してAとBになる過程において

運動量保存則より

$$0 = mv_A - 3mv_B$$

力学的エネルギー保存則より

$$\Delta mc^2 = \frac{1}{2}mv_A{}^2 + \frac{1}{2}3mv_B{}^2$$

これらを v_A, v_B について解くと

$$v_A = c\sqrt{\frac{3\Delta m}{2m}}, \quad v_B = c\sqrt{\frac{\Delta m}{6m}} \quad \cdots (答)$$

Ⅱ. (1) ア. Xが，原点に初速度0で注入されてから，x 軸上を動いて x_0 まで移動する間は，電場 $E = \dfrac{2mv_A{}^2}{qL}$ から力を受けて等加速度直線運動をする。その加速度を a_X とすると，運動方程式より

$$4ma_X = 2q \cdot \frac{2mv_A{}^2}{qL} \qquad \therefore \quad a_X = \frac{v_A{}^2}{L}$$

等加速度直線運動の式より

$$(\alpha v_A)^2 - 0 = 2 \cdot \frac{v_A{}^2}{L} \cdot x_0$$

$$\therefore \quad \alpha = \sqrt{\frac{2x_0}{L}} \quad \cdots ① \qquad\qquad\qquad (答) \quad ア. \ \sqrt{\frac{2x_0}{L}}$$

イ. 注入されてから x_0 まで移動する時間を t_0 とすると，等加速度直線運動の式より

$$\alpha v_A = 0 + a_X t_0$$

$$\therefore \quad t_0 = \frac{\alpha v_A}{a_X} = \frac{\alpha v_A}{\dfrac{v_A{}^2}{L}} = \frac{\alpha L}{v_A} \qquad\qquad\qquad (答) \quad イ. \ \frac{\alpha L}{v_A}$$

ウ. 分裂直後のAの検出器に対する速度の x 成分を v とする。分裂時のXの検出器に対する速さは x 方向に αv_A，分裂直後のX静止系から見たAの速度の x 成分は $v_A\cos\theta_0$ であるから，相対速度の公式より

$$v_A\cos\theta_0 = v - \alpha v_A$$

$$\therefore \quad v = \alpha v_A + v_A\cos\theta_0 = (\alpha + \cos\theta_0)v_A \quad \cdots ②$$

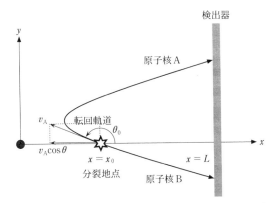

Aが後方に飛んで，転回軌道に入るためには，v が負である必要があるので

$$(\alpha + \cos\theta_0)\, v_A < 0$$

$v_A > 0$ であるから

$$\alpha + \cos\theta_0 < 0$$

$$\therefore \quad \cos\theta_0 < -\alpha \quad \cdots ③ \qquad\qquad (答)\quad ウ.\ -\alpha$$

エ．$\cos\theta_0$ の条件は，$-1 \leqq \cos\theta_0 \leqq 1$ であるので，③より，転回軌道に入るためには

$$-1 < -\alpha$$

①を代入して

$$-1 < -\sqrt{\dfrac{2x_0}{L}}$$

$$1 > \dfrac{2x_0}{L}$$

$$\therefore \quad x_0 < \dfrac{L}{2}$$

よって，転回軌道が実現しない条件は

$$x_0 > \dfrac{L}{2} \qquad\qquad\qquad\qquad (答)\quad エ.\ \dfrac{L}{2}$$

オ．Aが $x < 0$ の領域に入らない条件の下で，後方に飛んだAの加速度を a_A とすると，運動方程式より

$$m a_A = q \cdot \dfrac{2m v_A{}^2}{qL} \qquad \therefore \quad a_A = \dfrac{2v_A{}^2}{L}$$

Aが転回した位置を $x = x_A$ とする。①より $x_0 = \dfrac{\alpha^2}{2} L$ （$\cdots④$）であるから，等加速度直線運動の式より

$$0 - v^2 = 2 a_A (x_A - x_0)$$

$$0 - \{(\alpha + \cos\theta_0)\, v_A\}^2 = 2 \cdot \dfrac{2v_A{}^2}{L}\left(x_A - \dfrac{\alpha^2}{2} L\right)$$

$$x_A = \frac{\alpha^2}{2}L - \frac{L}{4}(\alpha + \cos\theta_0)^2$$

Aが $x < 0$ の領域に入らないとき，$x_A > 0$ であるから

$$\frac{\alpha^2}{2}L - \frac{L}{4}(\alpha + \cos\theta_0)^2 > 0$$

$$2\alpha^2 - (\alpha + \cos\theta_0)^2 > 0$$

$$(\alpha + \cos\theta_0)^2 < 2\alpha^2$$

③より，$\alpha + \cos\theta_0 < 0$ であるから

$$\alpha + \cos\theta_0 > -\sqrt{2}\,\alpha$$

$$\therefore \quad \cos\theta_0 > -(\sqrt{2}+1)\,\alpha \qquad\qquad （答）　オ．$-(\sqrt{2}+1)\,\alpha$$$

カ．この条件が θ_0 によらず成立するためには，$-1 \leq \cos\theta_0 \leq 1$ であるから

$$-1 > -(\sqrt{2}+1)\,\alpha$$

$$\therefore \quad \alpha > \frac{1}{\sqrt{2}+1} = \sqrt{2}-1$$

①の α を代入して

$$\sqrt{\frac{2x_0}{L}} > \sqrt{2}-1$$

$$\therefore \quad x_0 > \left(\frac{\sqrt{2}-1}{\sqrt{2}}\right)^2 L = \left(1 - \frac{1}{\sqrt{2}}\right)^2 L \qquad\qquad （答）　カ．$\left(1-\frac{1}{\sqrt{2}}\right)^2 L$$$

(2)　検出器の x 軸上の点だけで検出されるものとは，$\theta_0 = 0$ または $\theta_0 = \pi$ の方向に飛び出したものである。分裂直後のAの検出器に対する速さ v は，②より

(i) $\theta_0 = 0$ で x 軸の正の向きに飛び出したAの速さは　　$v = (\alpha + 1)v_A$

(ii) $\theta_0 = \pi$ で x 軸の負の向きに飛び出したAの速さは　　$v = (\alpha - 1)v_A$

である。分裂地点から検出器に到達するまでに，Aが電場から受けた仕事 W は，$\theta_0 = 0$ か $\theta_0 = \pi$ かによらない。④を用いると

$$W = qE \cdot (L - x_0)$$

$$= q \cdot \frac{2mv_A{}^2}{qL} \times \left(L - \frac{\alpha^2}{2}L\right) = mv_A{}^2(2 - \alpha^2) \quad \cdots ⑤$$

Aが検出器に到達したときにもつ運動エネルギーを K とすると，運動エネルギーの変化と仕事の関係より

(i)　$\theta_0 = 0$ の場合

$$K - \frac{1}{2}m\{(\alpha + 1)v_A\}^2 = mv_A{}^2(2 - \alpha^2)$$

$$\therefore \quad K = \frac{1}{2}mv_A{}^2(-\alpha^2 + 2\alpha + 5)$$

$$= \frac{1}{2}mv_A{}^2\{-(\alpha - 1)^2 + 6\} \quad \cdots ⑥$$

ゆえに，Aがもつ運動エネルギー K は α の関数として右図のようになる。

ここで，$\theta_0 = 0$ では転回しないので，$0 < x_0 < L$ であるから，④より

$$0 < \frac{\alpha^2}{2}L < L$$

$$\therefore \quad 0 < \alpha < \sqrt{2} \quad \cdots ⑦$$

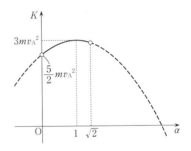

この条件⑦のもとで，⑥は

$\alpha = 0$ のとき，K は最小値をとり

$$K = \frac{1}{2}mv_A^2\{-(0-1)^2+6\} = \frac{5}{2}mv_A^2$$

$\alpha = 1$ のとき，K は最大値をとり

$$K = \frac{1}{2}mv_A^2\{-(1-1)^2+6\} = 3mv_A^2$$

(ii) $\theta_0 = \pi$ の場合

$$K - \frac{1}{2}m\{(\alpha-1)v_A\}^2 = mv_A^2(2-\alpha^2)$$

$$\therefore \quad K = \frac{1}{2}mv_A^2(-\alpha^2-2\alpha+5)$$

$$= \frac{1}{2}mv_A^2\{-(\alpha+1)^2+6\} \quad \cdots ⑧$$

ゆえに，Aがもつ運動エネルギー K は α の関数として右図のようになる。

ここで，$\theta_0 = \pi$ では転回する必要があるので，Ⅱ(1)オの答えと，⑦より

$$\cos\pi > -(\sqrt{2}+1)\alpha \quad かつ$$

$$0 < \alpha < \sqrt{2}$$

$$\therefore \quad \sqrt{2}-1 < \alpha < \sqrt{2} \quad \cdots ⑨$$

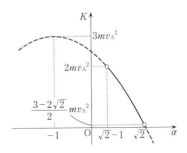

この条件⑨のもとで，⑧は

$\alpha = \sqrt{2}-1$ のとき，K は最大値をとり

$$K = \frac{1}{2}mv_A^2[-\{(\sqrt{2}-1)+1\}^2+6] = 2mv_A^2$$

$\alpha = \sqrt{2}$ のとき，K は最小値をとり

$$K = \frac{1}{2}mv_A^2\{-(\sqrt{2}+1)^2+6\} = \frac{3-2\sqrt{2}}{2}mv_A^2$$

よって，測定される運動エネルギーの取りうる範囲は

$$\frac{3-2\sqrt{2}}{2}mv_A^2 \le K \le 2mv_A^2, \quad \frac{5}{2}mv_A^2 \le K \le 3mv_A^2 \quad \cdots（答）$$

(3)　Xは，半減期 T が短いと原点に近い位置で分裂し，半減期 T が長いと検出器に近い位置で分裂して，Aを生成する。

⑥，⑧より，運動エネルギー K が小さいものは，α が大きい。さらに，④より，α が大きいものは，x_0 が大きい，すなわち，Xは検出器に近い位置で分裂したものである。

よって，運動エネルギーが $mv_A{}^2$ よりも小さい原子核の数の割合は，Xの半減期 T が $\dfrac{L}{v_A}$ と比べてはるかに長い場合に，多くなると期待される。

別解　Ⅱ. (1)　ア・イ・オ．運動方程式，等加速度直線運動の式を用いるかわりに，運動エネルギーの変化と仕事の関係の式，運動量の変化と力積の関係の式を用いることもできる。このとき，物体に保存力以外の外力が加える仕事が0であれば力学的エネルギー保存則が成立し，物体系に外力が加える力積が0であれば物体系の運動量保存則が成立する。

ア．Xが電場から受ける力の大きさを f とすると

$$f = 2qE = 2q \cdot \frac{2mv_A{}^2}{qL} = \frac{4mv_A{}^2}{L}$$

この力の大きさ f は一定である。Xの運動エネルギーの変化は，Xが電場から受けた仕事 $f \cdot x_0$ に等しいので

$$\frac{1}{2} \cdot 4m\,(\alpha v_A)^2 - 0 = \frac{4mv_A{}^2}{L} \times x_0$$

$$\therefore \quad \alpha = \sqrt{\frac{2x_0}{L}}$$

イ．Xの運動量の変化は，Xが電場から受けた力積 $f \cdot t_0$ に等しいので

$$4m \cdot \alpha v_A - 0 = \frac{4mv_A{}^2}{L} \times t_0$$

$$\therefore \quad t_0 = \frac{\alpha L}{v_A}$$

オ．後方に飛んだAが，$x=0$ に到達したときの速度が0になるときが，$x<0$ の領域に入らない限界と考える。この間，Aの運動エネルギーの変化は，Aが電場から受けた仕事 $-qE \cdot x_0$ に等しいので，④を用いると

$$0 - \frac{1}{2} m \{(\alpha + \cos\theta_0)\,v_A\}^2 = -q \cdot \frac{2mv_A{}^2}{qL} \times \frac{\alpha^2}{2} L$$

$$(\alpha + \cos\theta_0)^2 = 2\alpha^2$$

③より，$\alpha + \cos\theta_0 < 0$ であるから

$$\alpha + \cos\theta_0 = -\sqrt{2}\,\alpha$$

$$\therefore \quad \cos\theta_0 = -(\sqrt{2}+1)\alpha$$

よって

$$\cos\theta_0 > -(\sqrt{2}+1)\alpha$$

解　説

I．▶(1)　原点から様々な方向に飛び出したＸのうち，小窓の壁に衝突することなく，壁面に垂直に小窓を通過するものは，直径 a の等速円運動を行ったものだけである。

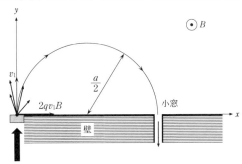

▶(2)　原点で生成されて小窓を通過する円軌道に入るＸの数を N_0，そのうち分裂しないで小窓を通過するＸの数を N とすると，$\dfrac{N}{N_0}=f$ である。半減期の公式より

$$\frac{N}{N_0}=\left(\frac{1}{2}\right)^{\frac{t_1}{T}}$$

> 参考　$\left(\dfrac{1}{2}\right)^{\frac{t_1}{T}}\geqq f$ に常用対数を用いると
>
> $$\frac{t_1}{T}(-\log_{10}2)\geqq\log_{10}f$$
>
> $$\frac{2\pi m}{qB\cdot T}\log_{10}2\leqq(-\log_{10}f)$$
>
> $$\therefore\quad B\geqq\frac{2\pi m\log_{10}2}{qT(-\log_{10}f)}$$

▶(3)　質量とエネルギーの等価性より，質量欠損 Δm に相等するエネルギーは $\Delta m\cdot c^2$ である。

> 参考　本問では，ＸがＡとＢに分裂する際の質量の減少量 Δm を質量欠損と呼んでいるが，本来は，原子核を構成する核子がばらばらになっているときよりも，原子核として核子が結合しているときの方が質量が小さく，この質量の差 Δm を質量欠損という。このときの $\Delta m\cdot c^2$ を原子核の結合エネルギーという。

Ⅱ．▶(1)　$x<0$ の領域では，電場 E が 0 であるからＡは電場から力を受けることはない。よって，Ａは $x=0$ を通過したときの速さで等速直線運動をする。

▶(3)　任意の θ_0 の方向に飛び出したＡが検出器に到達したときにもつ運動エネルギー K は，②，⑤より

$$K = \frac{1}{2}mv^2 + W$$

$$= \frac{1}{2}m\{(\alpha + \cos\theta_0)\,v_A\}^2 + mv_A{}^2(2 - \alpha^2)$$

$$= \frac{1}{2}mv_A{}^2\{(\alpha + \cos\theta_0)^2 + 2(2 - \alpha^2)\}$$

最小値は，Aが転回する場合の $\cos\theta_0 < 0$ で，$\alpha = \sqrt{2}$ のときであり，代入すると

$$K = mv_A{}^2\left(1 + \sqrt{2}\cos\theta_0 + \frac{1}{2}\cos^2\theta_0\right)$$

$\cos\theta_0 < 0$ であるから

$$K < mv_A{}^2$$

すなわち，α が大きいほど，運動エネルギー K が $mv_A{}^2$ より小さい原子核の数が多いことになる。

テーマ

　原子，力学，電磁気の様々な要素が組み合わされた問題であり，条件を正確にとらえる力が必要である。

Ⅰ．(1)磁場内での荷電粒子の等速円運動，(2)半減期，(3)原子核の分裂における運動量保存則とエネルギー保存則は，それぞれ異なる分野の基本事項の組み合わせである。

Ⅱ．(1)の「転回して検出器に入る」条件については，空所補充の誘導ではあるが状況把握も厄介である。原子核の速度が「X静止系」か「x–y静止座標系」かを間違えると雪崩式失点につながり，また $\cos\theta_0$ の範囲の設定にも気をつかう必要がある。(2)は θ_0 の場合分けと，α の範囲の設定を丁寧に考える必要がある。東京大学発表の出題の意図にもあるように，問題設定をしっかりと整理し，基本法則に基づいた導出過程を記述することが大切である。

●出題の意図（東京大学 発表）

　　原子核の運動と分裂を題材として，保存則や運動方程式を使いこなす能力を問うています。物理の基本法則に立ち返って，初期条件などの問題設定の整理をし，論理的に思考する力を求めています。等加速度運動及び速度の合成則といった基本的知識を組み合わせて，問題を解決する力を試しています。

5

解　答

Ⅰ．(1)　反発係数の関係式をつくると

$$1 = -\frac{v_1' - v_2'}{-v-v} \quad \therefore \quad v_1' - v_2' = 2v \quad \cdots (答)$$

衝突直前　　衝突直後

m ①　↓v　　①　↑v_1'

(2)　衝突の前後において，運動量保存則より

$$-mv + Mv = mv_1' + Mv_2'$$

M ②　↑v　　②　↑v_2'

が成り立つ。(1)の結果と連立させて解くと

$$v_1' = \frac{3M-m}{M+m}v, \quad v_2' = \frac{M-3m}{M+m}v \quad \cdots (答)$$

を得る。

また，等加速度直線運動の関係より

$$v^2 = 2gh, \quad v_1'^2 = 2gH$$

$$\therefore \quad \frac{H}{h} = \left(\frac{v_1'}{v}\right)^2 = \left(\frac{3M-m}{M+m}\right)^2$$

となる。M が m に比べて十分に大きいとき，$\dfrac{m}{M} \to 0$ とすると

$$\frac{H}{h} = \left(\frac{3 - \dfrac{m}{M}}{1 + \dfrac{m}{M}}\right)^2 \fallingdotseq 9 \text{ 倍} \quad \cdots (答)$$

Ⅱ．(1)　小球 1 と小球 2 の重心の速度は，定義より

$$V = \frac{mv_1 + 3m \times 0}{m + 3m} = \frac{1}{4}v_1 \quad \cdots (答)$$

(2)　糸に張力が生じる直前と，再び糸がたるんだ瞬間を比較すると

糸に張力が　　　再び糸が
生じる直前　　たるんだ瞬間

運動量保存則より

$$mv_1 = mu_1 + 3mu_2$$

m ①　↑v_1　　①　↑u_1

力学的エネルギー保存則より

$$\frac{1}{2}mv_1^2 = \frac{1}{2}mu_1^2 + \frac{1}{2} \times 3mu_2^2$$

$3m$ ②　　　②　↑u_2

が成り立つ。この 2 式から

$$u_1 = -\frac{1}{2}v_1, \quad u_2 = \frac{1}{2}v_1 \quad \cdots (答)$$

(3) 小球1の速度：$t=0$ の瞬間に，v_1 から $u_1 = -\dfrac{1}{2}v_1$ に変化

小球2の速度：$t=0$ の瞬間に，0 から $u_2 = \dfrac{1}{2}v_1$ に変化

小球1と小球2の重心の速度：$t=0$ の直前と直後で変化しない

であり，これらを満たす最も適切なグラフは　　**イ**　…(答)

Ⅲ. (1) 小球2が浮き上がる瞬間，床から作用する垂直抗力は0になる。力のつりあいより

$$k\Delta l = 3mg \qquad \therefore \quad \Delta l = \dfrac{3mg}{k} \quad \cdots(答)$$

(2) 小球1の力学的エネルギー保存則より

$$\dfrac{1}{2}mv_1{}^2 = \dfrac{1}{2}mw^2 + mg\Delta l + \dfrac{1}{2}k(\Delta l)^2$$

が成り立つ。(1)の結果を用いると

$$\dfrac{1}{2}mv_1{}^2 = \dfrac{1}{2}mw^2 + \dfrac{3(mg)^2}{k} + \dfrac{9(mg)^2}{2k}$$

$$= \dfrac{1}{2}mw^2 + \dfrac{15(mg)^2}{2k}$$

$$\therefore \quad w = \sqrt{v_1{}^2 - \dfrac{15mg^2}{k}} \quad \cdots(答)$$

を得る。$w > 0$ であるため

$$v_1{}^2 - \dfrac{15mg^2}{k} > 0 \qquad \therefore \quad k > \dfrac{15mg^2}{v_1{}^2}$$

となるから

$$k_c = \dfrac{15mg^2}{v_1{}^2} \quad \cdots(答)$$

(3) 重心の位置は小球1と小球2の間を $3:1$ に内分する点であり，小球1に自然長 $\dfrac{3}{4}l$ のゴム，小球2に自然長 $\dfrac{1}{4}l$ のゴムがついた単振動とみなせる。ゴムの弾性定数は自然長に反比例するから，単振動の周期はそれぞれ

$$小球1：2\pi\sqrt{\dfrac{m}{\frac{4}{3}k}} = \pi\sqrt{\dfrac{3m}{k}}$$

$$小球2：2\pi\sqrt{\dfrac{3m}{4k}} = \pi\sqrt{\dfrac{3m}{k}}$$

となる。小球2が床から浮き上がってからゴムがたるむまでの時間 T は，この単振動の半周期に相当するから

$$T = \frac{\pi}{2}\sqrt{\frac{3m}{k}} \quad \cdots (答)$$

解　説

Ⅰ．▶(1)　小球2と床の衝突の反発係数は1（弾性衝突）であるから，床と衝突する直前，鉛直下向きに速さv（速度$-v$）で落下していた小球2は，床と衝突した直後，鉛直上向きに速さv（速度$+v$）で上昇して，小球1（速度$-v$）と衝突することになる。

▶(2)　計算結果で$M = m$とすると
$$v_1' = v, \quad v_2' = -v$$
となる。質量の等しい2球の弾性衝突で速度が交換されるのはよく知られた性質であり，計算結果の確認となる。

　vとh，v_1'とHの関係は，力学的エネルギー保存則から求めることもできる。

Ⅱ．▶(1)　Ⅰ(2)の計算結果で$M = 3m$とすると
$$v_1' = 2v, \quad v_2' = 0$$
となり，問題文に示されているように，小球1と衝突した後，小球2は床に静止することがわかる。また，小球2と衝突した後，小球1は初速v_1'で上昇する。

　再び糸がたるんだ瞬間，小球1と小球2の重心の速度は
$$\frac{mu_1 + 3mu_2}{m + 3m} = \frac{1}{4}u_1 + \frac{3}{4}u_2$$
である。系の運動量が保存されるとき，その系の重心の速度は一定であるから，運動量保存則の代わりに，次の式をつくっても同じことである。
$$\frac{1}{4}v_1 = \frac{1}{4}u_1 + \frac{3}{4}u_2$$

▶(2)　小球1と小球2からなる系を考えると，糸の張力は内力になる。糸が張るとき，張力は瞬間的に非常に大きい力（撃力）となるから，重力が作用していても，糸に張力が生じる直前と，再び糸がたるんだ瞬間を比較して，運動量は保存されると考えられる。

　〔解答〕に示したように，運動量保存則と力学的エネルギー保存則が成立するが，この2式を用いると2次方程式を解くことになり，計算は少し面倒になる。

　参考　衝突において力学的エネルギーが保存されるのは，反発係数1の弾性衝突の場合である。糸に張力が生じて2球の速度が瞬間的に変化する現象は衝突ではないが，力学的エネルギーが保存されるということで，弾性衝突の反発係数と同様の関係式
$$1 = -\frac{u_1 - u_2}{v_1 - 0}$$
　が成り立つ。これと運動量保存則を用いると，計算は簡単になる。

▶(3)　各球と重心の運動は，次のようになる。

- 小球 1 の運動

  糸が張る瞬間を除いて，作用する力は重力だけであるから，$t=0$ の前後は，加速度 $-g$ の運動となる。速度-時刻のグラフの傾きは加速度に等しいから，グラフは右下がりの直線となる。$t=0$ の前後で，速度は不連続になる。

- 小球 2 の運動

  糸が張るまでは床上に静止し，$t=0$ の後，鉛直上向きに動き始める。$t=0$ 以降，加速度 $-g$ の運動となり，グラフは右下がりの直線となる。

- 小球 1 と小球 2 の重心の運動

  系の運動量が保存されるとき，重心の速度は変化しないから，$t=0$ の前後で，速度は連続的である。

  重心の加速度は

  糸が張るまでは　　　$\dfrac{m \times (-g) + 3m \times 0}{m + 3m} = -\dfrac{1}{4}g$

  糸が張って小球 2 が床から離れたときは　　　$-g$

となる。

Ⅲ.　▶(1)　ゴムは，たるむときは自然長のままで弾性力が生じないが，自然長から伸びるときは，ばねと同様に扱えばよい。問題文中の k は，ばね定数に相当する物理量であることは明らかである。

　ゴムが自然長から伸びると，小球 2 は鉛直上向きに引っ張られる。面で接触する条件の判定は，垂直抗力の符号を利用することが多い。

▶(2)　小球 2 が浮き上がるまで，重力と弾性力による位置エネルギーを考慮すると，小球 1 の力学的エネルギーは保存される。

　k が小さいと，小球 1 が上昇してゴムが伸びても，ゴムから作用する弾性力が小球 2 の重さより大きくならず，小球 2 は浮き上がらない。

▶(3)　ゴムの伸び Δl が無視できるとき，ゴムが自然長の状態から，2 球が外向きに動き出す単振動とみなせるから，再びゴムがたるむのは，ゴムが自然長に戻るときである。したがって，小球 2 が床から浮き上がってからゴムがたるむまでの時間 T は，単振動の半周期に相当する。

　〔解答〕は，問題文の「小球 1，2 の運動は，重心の等加速度運動と，重心のまわりの単振動の合成となる」を利用したものである。単振動の周期を求めるのに，次のような解法も考えられる。

　参考　小球 1 の加速度を a_1，小球 2 の加速度を a_2 とすると，それぞれの運動方程式は
$$ma_1 = -kx - mg, \quad 3ma_2 = kx - 3mg$$
であり，小球 2 に対する小球 1 の相対加速度は
$$a_1 - a_2 = -\dfrac{4k}{3m}x \ (= -\omega^2 x)$$
と表される。したがって，小球 1 と小球 2 の間の相対運動は単振動であり，その角振動

数 ω は $\omega = \sqrt{\dfrac{4k}{3m}} = 2\sqrt{\dfrac{k}{3m}}$ となるから，周期は

$$\frac{2\pi}{\omega} = \pi\sqrt{\frac{3m}{k}}$$

発展　小球 1 の質量 m，小球 2 の質量 $3m$ に対し，次の式で定義される質量 μ を，系の換算質量という（高校物理の範囲外）。

$$\frac{1}{\mu} = \frac{1}{m} + \frac{1}{3m} \qquad \therefore \quad \mu = \frac{3}{4}m$$

この考え方を用いると，2 物体の運動の問題を 1 物体の運動と同様に扱えることがある。本問では，ばね振り子の周期の式で，おもりの質量を μ に置き換えると，単振動の周期は次のように求められる。

$$2\pi\sqrt{\frac{\mu}{k}} = \pi\sqrt{\frac{3m}{k}}$$

テーマ

　2 球の相対運動，重心の運動がテーマになっている。複数の物体が相互に影響を与えながら運動するとき，複数の物体からなる系を設定して，運動量保存則を用いることが多い。また，系の重心の運動と，重心に対する各物体の運動に分けて扱うと，運動の状況が整理しやすくなることがある。

6

解 答

Ⅰ. 衝突後の小球Aの速さを v' とすると，衝突の前後を比較して，次の2式が成り立つ。

はねかえり係数の式 $1 = -\dfrac{-v'-0}{v-(-v)}$ …①

運動量保存則 $mv - Mv = -mv'$ …②

(1) ①より

$v' = 2v$ …(答)

(2) (1)の結果を②に代入すると

$mv - Mv = -2mv$ ∴ $M = 3m$

となるから

$\dfrac{M}{m} = 3$ …(答)

Ⅱ. (1) 2つの小球が最初に水平面H上で動いているときの速さは等しく，また，壁との弾性衝突で小球Bの速さは変化しない。したがって，各小球についての力学的エネルギー保存則より，2つの小球が斜面上の点で衝突する直前の速さは等しい。すなわち，速さの比は

$\dfrac{v_A}{v_B} = 1$ …(答)

(2) 衝突までの小球Aについての力学的エネルギー保存則より

$\dfrac{1}{2}mv_0{}^2 + mgh = \dfrac{1}{2}mv_A{}^2 + mgx$

∴ $v_A{}^2 = v_0{}^2 + 2g(h-x)$ …③

が成り立つ。

2つの小球が斜面上で衝突した直後の小球Aの速さを v_A' とすると，Ⅰ(1)と同様に $v_A' = 2v_A$ となる。衝突後の小球Aについての力学的エネルギー保存則より

$\dfrac{1}{2}mv_A'{}^2 + mgx = \dfrac{1}{2}mv_f{}^2 + mgh$

∴ $v_f{}^2 + 2gh = v_A'{}^2 + 2gx = 4v_A{}^2 + 2gx$

が成り立つ。③を用いると

$v_f{}^2 + 2gh = 4v_0{}^2 + 8g(h-x) + 2gx$

∴ $6gx = 6gh + 4v_0{}^2 - v_f{}^2$

となるから

$$x = h + \frac{4v_0{}^2 - v_f{}^2}{6g} \quad \cdots (答)$$

Ⅲ．(1)　小球Cと衝突した後，小球Bの水平面L上での速さを u_B とすると，水平面Hに上ったときと比較して，力学的エネルギー保存則より

$$\frac{1}{2}Mu_B{}^2 = \frac{1}{2}M\left(\sqrt{\frac{19gh}{5}}\right)^2 + Mgh \quad \therefore \quad u_B = \sqrt{\frac{29gh}{5}}$$

となる。一方，水平面L上とH上で，南北方向の速度成分は等しいから

$$u_B \sin\beta = \sqrt{\frac{19gh}{5}} \sin\alpha$$

$$\therefore \quad \sin\beta = \frac{\sqrt{\dfrac{19gh}{5}}}{u_B} \sin\alpha = \frac{\sqrt{\dfrac{19gh}{5}}}{\sqrt{\dfrac{29gh}{5}}} \times \frac{2}{\sqrt{19}} = \frac{2}{\sqrt{29}}$$

が得られる。

$$\cos\beta = \sqrt{1 - \sin^2\beta} = \sqrt{1 - \frac{4}{29}} = \sqrt{\frac{25}{29}} = \frac{5}{\sqrt{29}}$$

であるから

$$\tan\beta = \frac{\sin\beta}{\cos\beta} = \frac{2}{5} \quad \cdots (答)$$

(2)　水平面L上で衝突してから水平面Hに上ったとき，2つの小球の速度は等しいから，各小球についての力学的エネルギー保存則より，2つの小球の衝突後の速度は水平面L上でも等しい。また，各小球に南北方向の力は作用しないから，2つの小球が衝突した後，2つの小球の速度の南北成分の大きさは常に等しいことになる。小球Bが壁に衝突して以降，2つの小球の軌跡は平行であるが，南北方向の距離は変化しないから

$$2d\tan\beta = l\tan\alpha$$

が成り立つ。また

$$\cos\alpha = \sqrt{1 - \sin^2\alpha} = \sqrt{1 - \frac{4}{19}} = \sqrt{\frac{15}{19}}$$

$$\therefore \quad \tan\alpha = \frac{\sin\alpha}{\cos\alpha} = \frac{2}{\sqrt{15}}$$

これとⅢ(1)の結果を用いると

$$d = \frac{\tan\alpha}{2\tan\beta} l = \frac{\dfrac{2}{\sqrt{15}}}{2 \times \dfrac{2}{5}} l = \frac{5}{2\sqrt{15}} l = \frac{\sqrt{15}}{6} l \quad \cdots (答)$$

(3)　小球Cと衝突する直前の小球Bの運動エネルギーは $Mg \times \dfrac{h}{10}$ であり，2球の弾

性衝突では力学的エネルギーの和は変化しない。小球Cが水平面H上で発射されたときと，2つの小球が衝突後に水平面Hに上ったときを比較して，力学的エネルギー保存則より

$$Mg \times \frac{h}{10} + \frac{1}{2} \cdot \frac{M}{2} \cdot V^2 = \frac{1}{2}\left(M + \frac{M}{2}\right)\left(\sqrt{\frac{19gh}{5}}\right)^2 + Mgh$$

$$\therefore \quad V = \sqrt{15gh} \quad \cdots (答)$$

⑷　小球Cを発射してから小球Bと衝突するまで，南北方向の外力は作用しないから，小球Cを発射した直後と，2つの小球が衝突した直後を比較して，南北方向についての運動量保存則より

$$\frac{M}{2} \cdot V \sin\theta = \left(M + \frac{M}{2}\right) u_B \sin\beta$$

$$\therefore \quad \sin\theta = \frac{3u_B}{V}\sin\beta = \frac{3\sqrt{\dfrac{29gh}{5}}}{\sqrt{15gh}} \times \frac{2}{\sqrt{29}} = \frac{2}{5}\sqrt{3} \quad \cdots (答)$$

別解　Ⅲ. ⑶　Ⅲ⑵で考察したように，2つの小球の衝突後の速度は水平面L上でも等しいから，小球Cが水平面H上で発射されたときと，2つの小球が衝突後に水平面L上を動いているときを比較すると，力学的エネルギー保存則は

$$Mg \times \frac{h}{10} + \frac{1}{2} \cdot \frac{M}{2} \cdot V^2 + \frac{M}{2} \cdot gh = \frac{1}{2}\left(M + \frac{M}{2}\right) u_B{}^2$$

$$\therefore \quad V = \sqrt{15gh}$$

となる。あるいは，小球Bと衝突する直前の小球Cの速さを V' とすると，2球の弾性衝突で力学的エネルギーの和は変化しないことから

$$Mg \times \frac{h}{10} + \frac{1}{2} \cdot \frac{M}{2} \cdot V'^2 = \frac{1}{2}\left(M + \frac{M}{2}\right) u_B{}^2$$

$$\therefore \quad V'^2 = 17gh$$

となり，さらに，小球Cが水平面H上で発射されたときと小球Bと衝突する直前を比較して，力学的エネルギー保存則より

$$\frac{1}{2} \cdot \frac{M}{2} \cdot V^2 + \frac{M}{2} gh = \frac{1}{2} \cdot \frac{M}{2} \cdot V'^2 \qquad \therefore \quad V = \sqrt{15gh}$$

解　説

▶Ⅰ. 右図のような衝突を考えることになる。弾性衝突では，はねかえり係数（反発係数）は $e = 1$ である。なお，弾性衝突では力学的エネルギーの和も変化しないため

$$\frac{1}{2}mv^2 + \frac{1}{2}Mv^2 = \frac{1}{2}mv'^2$$

小球A　　小球B
質量 m 　　質量 M

も成り立つ。これと，①あるいは②を用いることもできるが，計算が少し複雑になる。

Ⅱ．▶(1)　小球Aの力学的エネルギーは，小球Bと衝突するまで変化しない。また，壁との衝突は弾性衝突であるから，小球Bの力学的エネルギーも，小球Aと衝突するまで変化しない。

▶(2)　斜面上での衝突は，Ⅰと同様，小球Aと小球Bが同じ速さで互いに逆向きに進む場合の衝突であるから，Ⅰ(1)の結果を用いることができる。2つの小球は衝突の瞬間に力学的エネルギーをやりとりするが（和は変化しない），衝突後は各小球の力学的エネルギーは変化しない。

Ⅲ．▶(1)　小球Bは斜面を上るとき，東西方向の力は受けるが，南北方向の力は受けないから，南北方向の速度成分は変化しない。

▶(2)　下図のような関係になる。

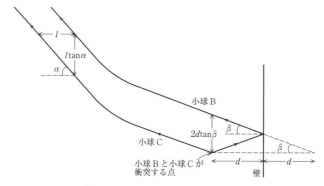

▶(3)　水平面Lから高さ $\dfrac{h}{10}$ の地点まで上るから，力学的エネルギー保存則より，衝突直前の小球Bの運動エネルギーは $Mg \times \dfrac{h}{10}$ であることがわかる。

▶(4)　運動量はベクトル量であり，運動量保存則は外部から力積を受けない方向で考えることができる。小球Cは斜面を下るとき，東西方向の力は受けるが，南北方向の力は受けないから，南北方向の運動量は変化しない。

テーマ

　摩擦や空気抵抗を無視すると，衝突の瞬間を除いて，2つの小球が運動しているときの力学的エネルギーはそれぞれ保存される（変化しない）。また，2つの小球の衝突は弾性衝突であるから，衝突の前後で，力学的エネルギーの和は保存される。本問のポイントの一つは，力学的エネルギーを比較する地点に注意して，各設問で適当な保存則の式を作ることである。

　もう一つのポイントは，2つの小球が衝突する瞬間を除くと，各小球の南北方向の速度成分の大きさは変化せず，東西方向の速度成分の大きさが変化するのは斜面上だけということである。

7

解　答

I．(1)　棒から物体Bにはたらく力は仕事をしないから，物体Bの力学的エネルギー保存則より

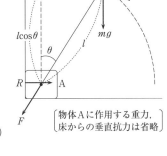

[物体Aに作用する重力，床からの垂直抗力は省略]

$$mgl = \frac{1}{2}mv^2 + mgl\cos\theta$$

$$\frac{1}{2}mv^2 = mgl(1-\cos\theta)$$

$$\therefore \quad v = \sqrt{2gl(1-\cos\theta)} \quad \cdots(答)$$

(2)　物体Bの向心加速度は $\dfrac{v^2}{l}$ であり，法線方向の

運動方程式を作ると

$$m\frac{v^2}{l} = mg\cos\theta - F$$

$$\therefore \quad F = mg\cos\theta - m\frac{v^2}{l} = mg\cos\theta - 2mg(1-\cos\theta)$$

$$= mg(3\cos\theta - 2) \quad \cdots(答)$$

(3)　壁から物体Aに作用する垂直抗力の大きさを R とする。物体Aが静止しているとき，水平方向のつりあいより

$$R = F\sin\theta = mg(3\cos\theta - 2)\sin\theta$$

となる。$\theta = \alpha$ において，物体Aが壁から離れるとき，$R = 0$ とすると

$$3\cos\alpha - 2 = 0 \qquad \therefore \quad \cos\alpha = \frac{2}{3} \quad \cdots(答)$$

(4)　(1)の結果で $\theta = \alpha$ とすると

$$v = \sqrt{2gl(1-\cos\alpha)} = \sqrt{2gl \times \left(1-\frac{2}{3}\right)} = \sqrt{\frac{2}{3}gl}$$

となる。このとき，物体Bの運動量の水平成分は

$$P = mv\cos\alpha = m \times \sqrt{\frac{2}{3}gl} \times \frac{2}{3} = \frac{2m}{3}\sqrt{\frac{2}{3}gl} \quad \cdots(答)$$

(5)　$\theta = \alpha$ において物体Aが壁から離れた後，物体Aと物体Bからなる系に水平方向の外力は作用していない。また，物体Bが物体Aの真横にきたとき，両物体の速度の水平成分は等しいから，水平方向の運動量保存則より

$$P = (m+M)V \qquad \therefore \quad V = \frac{P}{m+M} \quad \cdots(答)$$

(6)　$\theta=\beta$ のとき，物体Aと物体Bの速度は等しいから，水平方向の運動量保存則より，両物体の速さは V に等しい。$\theta=0$ と $\theta=\beta$ のときを比べて，力学的エネルギー保存則より

$$mgl=\frac{1}{2}(m+M)\,V^2+mgl\cos\beta=\frac{P^2}{2(m+M)}+mgl\cos\beta$$

$$mgl\cos\beta=mgl-\frac{P^2}{2(m+M)}$$

$$\therefore\quad \cos\beta=1-\frac{P^2}{2m(m+M)\,gl}\quad\cdots(答)$$

Ⅱ．$\theta=60°$ のとき，Ⅰ(2)の結果より

$$F=mg\times\left(3\times\frac{1}{2}-2\right)=-\frac{1}{2}mg$$

である。床から物体Aに作用する垂直抗力の大きさを N，最大摩擦力の大きさを f として，物体Aがすべり出す直前のつりあいの式を作ると

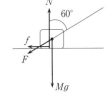

　鉛直方向　$Mg+F\cos60°-N=0$

　水平方向　$F\sin60°+f=0$

となり

$$N=Mg+F\cos60°=Mg-\frac{1}{2}mg\times\frac{1}{2}=\frac{4M-m}{4}g$$

$$f=-F\sin60°=\frac{1}{2}mg\times\frac{\sqrt{3}}{2}=\frac{\sqrt{3}}{4}mg$$

が得られる。$f=\mu N$ であるから

$$\mu=\frac{f}{N}=\frac{\sqrt{3}\,m}{4M-m}\quad\cdots(答)$$

解　説

Ⅰ．▶(1)　「棒と物体Aおよび物体Bとの間にはたらく力は棒に平行」という条件から，物体Bが円運動しても，棒から物体Bにはたらく力は仕事をしない。

▶(2)　物体Bの円運動は不等速であるが，速さが v の瞬間の向心加速度は $\dfrac{v^2}{l}$ と表され，等速円運動の場合と同様に，法線方向（半径方向）の運動方程式を作ることができる。あるいは，物体Bとともに動く観測者の立場で，遠心力を考慮したつりあいの式を作ってもよい。

▶(3)　(2)の結果から，物体Bが落下して θ が増加すると，$\cos\theta$ は減少し，F は減少することがわかる。$\cos\theta$ が $\dfrac{2}{3}$ より小さくなると，$F<0$ となるから，棒が物体Bを引

っ張る向きに力がはたらく。

　なお，物体Aが壁から離れて床の上をすべり始めると，⑴の速さ v，⑵の力 F の式は成立しない。

▶⑷　$\theta=\alpha$ で物体Aが壁から離れた後，物体A・Bと棒からなる系の運動量の水平成分は P である。

▶⑸　物体Aに対する物体Bの相対運動は円運動であるが，物体Bが物体Aの真横（$\theta=90°$）にきたとき，円運動の速度の水平成分は 0 であるから，両物体の速度の水平成分は等しい。

▶⑹　物体Bが物体Aに対して動いていると，物体Bの高さは変化することになるから，物体Bが一番高く上がった $\theta=\beta$ のとき，物体Bは物体Aに対して静止する，すなわち，物体Aと物体Bの速度は等しいはずである。

▶Ⅱ．物体Aと床との間に摩擦がない場合，$F=0$ になると，物体Aは壁から離れてすべり始めるが，物体Aと床との間に摩擦がある場合，$F<0$ になっても，床から作用する静止摩擦力によって，物体Aは壁から離れない。静止摩擦力が最大摩擦力になった直後，物体Aは壁から離れてすべり始める。

テーマ

　本問を解く際は，力学的エネルギー保存則，運動量保存則の適用に注意する必要がある。物体A・Bと棒からなる系を考えると，Ⅰでは物体Aと床との間に摩擦がなく，棒はなめらかに回転し，⑹の物体Bと床との衝突は完全弾性衝突であるから，系の力学的エネルギーはずっと保存されている（さらに，物体Aが壁から離れるまでは，物体B単独の力学的エネルギーが保存されている）。また，運動量はベクトル量であり，運動量保存則は各方向で考えることができるが，$\theta=\alpha$ で物体Aが壁から離れた後，系に水平方向の外力は作用しないから，系の水平方向の運動量は保存される。

8

解 答

I. (1)　支点Oの位置と糸の長さを考慮すると，小球が壁のB点に衝突するとき（右図），糸が壁となす角は $\theta = 30°\left(= \dfrac{\pi}{6}\,\text{[rad]}\right)$ である。

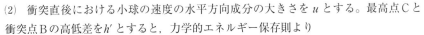

　壁はなめらかであり，鉛直な壁面に平行な方向の速度成分は衝突前後で変化しないから，衝突直後における小球の速度の鉛直方向成分の大きさは

$$v\sin 30° = \frac{1}{2}v \quad \cdots (答)$$

(2)　衝突直後における小球の速度の水平方向成分の大きさを u とする。最高点Cと衝突点Bの高低差を h' とすると，力学的エネルギー保存則より

$$\frac{1}{2}m\left\{u^2 + \left(\frac{1}{2}v\right)^2\right\} = \frac{1}{2}mu^2 + mgh' \qquad \therefore \quad h' = \frac{v^2}{8g} \quad \cdots (答)$$

(3)　衝突直後から再び糸がピンと張る状態になるまでの時間を T とすると，最高点Cは支点Oの真下であり，放物運動の対称性より，点Bから点Cまで行くのに要する時間は $\dfrac{T}{2}$ となる。

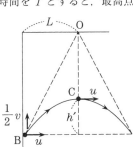

　最高点では速度の鉛直方向成分は0であるから，等加速度直線運動の関係式をつくると

$$\frac{1}{2}v - g\cdot\frac{T}{2} = 0$$

$$\therefore \quad T = \frac{v}{g} \quad \cdots (答)$$

(4)　水平方向の等速度運動の関係式をつくると

$$u\cdot\frac{T}{2} = L \qquad \therefore \quad u = \frac{2L}{T} = \frac{2gL}{v} \quad \cdots (答)$$

(5)　力学的エネルギー保存則より

$$mgh = \frac{1}{2}mv^2 \qquad \therefore \quad v^2 = 2gh$$

が成り立つ。衝突直前，小球の速度の水平方向成分の大きさは $v\cos 30°$ であるから，壁のはねかえり係数は

$$\frac{u}{v\cos 30°} = \frac{\frac{2gL}{v}}{\frac{\sqrt{3}}{2}v} = \frac{4gL}{\sqrt{3}\,v^2} = \frac{4gL}{\sqrt{3}} \times \frac{1}{2gh} = \frac{2L}{\sqrt{3}\,h} \quad \cdots (答)$$

Ⅱ.(1) B点からの高低差が d の地点から静かに放すとき，小球がB点に衝突する直前の速さを V とすると，力学的エネルギー保存則より

$$mgd = \frac{1}{2}mV^2 \qquad \therefore \quad V = \sqrt{2gd}$$

が成り立つ。壁との衝突を完全弾性衝突であるとし，棒の質量が無視できるとき，衝突の直前と直後で小球の速さは変化せず，運動の向きが逆転すると考えられる（右図）。小球が受ける力積は小球の運動量変化に等しいから，衝突の瞬間に小球が受ける力積の大きさ I は

$$I = 2mV = 2m\sqrt{2gd} \quad \cdots (答)$$

(2) 小球が壁に衝突する瞬間，壁と棒から力積を受け，壁から受ける力積は壁面に垂直な方向，棒から受ける力積は棒の方向である。(1)で求めた力積をこれらの方向に分解すると（右図），壁から受けた分の力積の大きさ I' は

$$I' = \frac{I}{\cos 30°} = \frac{2}{\sqrt{3}} \times 2m\sqrt{2gd}$$

$$= 4m\sqrt{\frac{2gd}{3}} \quad \cdots (答)$$

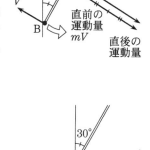

解 説

Ⅰ. ▶(1) 小球が壁に衝突する直前の速度は壁面に垂直ではないから，平面内（二次元）の衝突として扱う必要がある。平面内の衝突は，衝突時に接する面（衝突面）に垂直な方向（法線方向）と，平行な方向（接線方向）に分解して扱う。なめらかな壁面であれば，その接線方向に力が作用しないから，衝突の直前と直後で，小球の速度の鉛直成分は等しい。

▶(2)〜(4) 糸がたるんでいる間，小球の運動は斜め投げ上げの放物運動となり，初速度の鉛直成分は $\frac{1}{2}v$ である。鉛直方向の等加速度直線運動の関係を用いて，次のように，(2)の最高点を求めることもできる。

$$0 - \left(\frac{1}{2}v\right)^2 = -2gh' \qquad \therefore \quad h' = \frac{v^2}{8g}$$

　(3)で再び糸がピンと張る状態になるまでの時間を求めるのは，一般に複雑であるが，ここでは最高点Cが支点Oの真下にあることから，放物運動の対称性を用いて，簡単に求めることができる。

▶(5)　壁面の法線方向，すなわち，水平方向の速度成分では，衝突の直前と直後の間で，一直線上の衝突と同様に，はねかえり係数の関係が成立する。

Ⅱ.　▶(1)　小球と壁との衝突が完全弾性衝突であるとき，糸の振り子であれば，衝突の直前と直後で小球の速さは変わらず，入射角と反射角は等しくなる（右図）。棒の振り子では，棒の質量を考慮すると複雑であるが，棒の質量が無視できるときは，衝突の直前と直後で小球の速さは変わらず，運動の向きが逆転するだけと考えられる。

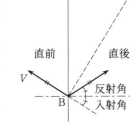

　一般に，物体の運動量の変化は，その変化の間に物体に作用する力積に等しい。

▶(2)　衝突の瞬間，小球は壁と棒から力を受けるが，なめらかな壁面が作用する力は壁面の法線方向，棒が作用する力は棒の方向であることに注意。

　なお，衝突の瞬間に壁と棒から受ける力はかなり大きく，重力は無視してよいと考えられる。

テーマ

　振り子と壁の衝突を題材とした，力学の総合問題である。
　平面内の衝突は一般に，衝突面（衝突時に接する面，本問では壁面）の法線方向と接線方向に分解して扱う。法線方向では一直線上の衝突と同様に，はねかえり係数の関係が成立する。接線方向は一般に複雑であるが，衝突面がなめらかであれば簡単になる。なぜなら，接触面から受ける力を分解するとき，面の接線方向の成分が摩擦力であるから，なめらかな面であれば接線方向には力が作用せず，この方向の速度成分は変化しないことになる。

3　円運動・万有引力

9

解　答

Ⅰ．(1)　地球の自転の角速度を ω_1 とすると，$\omega_1 = \dfrac{2\pi}{T_1}$ である。

赤道上のある地点Eに置かれた質点は，半径 R，角速度 ω_1 の等速円運動をするので，質点に働く遠心力の大きさは

$$f_0 = mR\omega_1{}^2 = mR\left(\frac{2\pi}{T_1}\right)^2 = \frac{4\pi^2 mR}{T_1{}^2} \quad \cdots(答)$$

北緯 $45°$ のある地点Fに置かれた質点は，半径 $R\cos 45°$，角速度 ω_1 の等速円運動をするので

$$f_1 = m \cdot R\cos 45° \cdot \omega_1{}^2$$

$$= m \cdot \frac{1}{\sqrt{2}} R\left(\frac{2\pi}{T_1}\right)^2 = \frac{2\sqrt{2}\,\pi^2 mR}{T_1{}^2} \quad \cdots(答)$$

(2)　地点Eに置かれた質量 m の質点が受ける万有引力の大きさを F_0 とすると

$$F_0 = G\frac{mM_1}{R^2}$$

万有引力と遠心力の合力が重力 mg_0 であるから，地球の中心向きを正として

$$mg_0 = F_0 - f_0 = G\frac{mM_1}{R^2} - \frac{4\pi^2 mR}{T_1{}^2}$$

$$\therefore \quad g_0 = \frac{GM_1}{R^2} - \frac{4\pi^2 R}{T_1{}^2} \quad \cdots(答)$$

Ⅱ．(1)　地球の中心の速さ：

地球は，地球と月との間に働く万有引力 $G\dfrac{M_1 M_2}{a^2}$ を向心力として，点Oを中心に半径 a_1 の等速円運動をしているから，中心方向の運動方程式より

$$M_1\frac{v_1{}^2}{a_1} = G\frac{M_1 M_2}{a^2}$$

点Oは，地球と月の重心であるから，地球の中心を原点として，重心の公式より

$$a_1 = \frac{M_1 \cdot 0 + M_2 \cdot a}{M_1 + M_2} = \frac{M_2}{M_1 + M_2}a \quad \cdots\text{①}$$

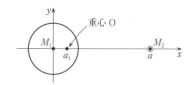

よって

$$M_1\frac{{v_1}^2}{\dfrac{M_2}{M_1+M_2}a}=G\frac{M_1M_2}{a^2}\qquad\therefore\quad v_1=\sqrt{\frac{G{M_2}^2}{a\,(M_1+M_2)}}\quad\cdots(\text{答})$$

月の速さ：

同様にして，中心方向の運動方程式より

$$M_2\frac{{v_2}^2}{a_2}=G\frac{M_1M_2}{a^2}$$

ここで，$a_1+a_2=a$ であるから，①より

$$\frac{M_2}{M_1+M_2}a+a_2=a\qquad\therefore\quad a_2=\frac{M_1}{M_1+M_2}a\quad\cdots②$$

よって

$$M_2\frac{{v_2}^2}{\dfrac{M_1}{M_1+M_2}a}=G\frac{M_1M_2}{a^2}\qquad\therefore\quad v_2=\sqrt{\frac{G{M_1}^2}{a\,(M_1+M_2)}}\quad\cdots(\text{答})$$

参考　①，②の半径 a_1，a_2 を，重心のまわりの力のモーメントのつりあいの式を用いて解くと

$$M_1a_1=M_2a_2$$

および

$$a_1+a_2=a$$

連立して解くと

$$a_1=\frac{M_2}{M_1+M_2}a,\quad a_2=\frac{M_1}{M_1+M_2}a$$

(2)　地球の中心をAとする。点Oは，地球の中心Aのまわりで月の公転周期と同じ周期で等速円運動をする。逆に見ると，地球の中心Aは，点Oのまわりで等速円運動をし，その半径は a_1，角速度は $\dfrac{2\pi}{T_2}$ である。

点Oを原点とした xy 座標系では，地球の中心Aの座標 $(x_A,\ y_A)$ は，$t=0$ で座標 $(x_A,\ y_A)=(-a_1,\ 0)$ にあり，ここから反時計回りに回転するから，時刻 t での座標は

$$(x_A,\ y_A)=\left(-a_1\cos\frac{2\pi}{T_2}t,\ -a_1\sin\frac{2\pi}{T_2}t\right)$$

また，点Xは点Aから見て常に x 軸方向で $-R$ の位置にある。よって，時刻 t における点Xの座標 $(x,\ y)$ は

$$(x,\ y)=\left(-a_1\cos\frac{2\pi}{T_2}t-R,\ -a_1\sin\frac{2\pi}{T_2}t\right)\quad\cdots(\text{答})\quad\cdots③$$

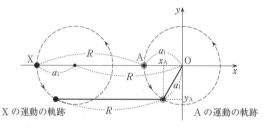

X の運動の軌跡　　　　　　　　　　　A の運動の軌跡

(3)　設問Ⅱ(2)より，③は，点 X が $(x, y) = (-R, 0)$ を中心にして半径 a_1，角速度 $\dfrac{2\pi}{T_2}$ の等速円運動をすることを表しているから，点 X に置かれた質点に生じる遠心力の大きさ f_C は

$$f_C = ma_1\left(\frac{2\pi}{T_2}\right)^2 \quad \cdots ④$$

ここで，設問Ⅱ(1)の点 O を中心とする月の等速円運動の角速度を ω_2 とすると，$\omega_2 = \dfrac{2\pi}{T_2} = \dfrac{v_2}{a_2}$ であるから

$$f_C = ma_1\left(\frac{v_2}{a_2}\right)^2 = m \cdot \frac{M_2}{M_1+M_2}a \cdot \frac{\dfrac{GM_1^{\,2}}{a(M_1+M_2)}}{\left(\dfrac{M_1}{M_1+M_2}a\right)^2} = \frac{GmM_2}{a^2} \quad \cdots(答)$$

(4)　設問Ⅱ(3)より，点 X に置かれた質点に生じる遠心力の大きさが $f_C = \dfrac{GmM_2}{a^2}$ であることは，地球表面上の位置によらず質点に生じる遠心力の大きさが f_C で，月から遠ざかる方向であることを表している。ゆえに，点 P の質量 m の質点にも，点 Q の質量 m の質点にも，月から遠ざかる方向に大きさが $f_C = \dfrac{GmM_2}{a^2}$ の遠心力が働く。

点 P の質量 m の質点に働く月からの万有引力は月に近づく方向に大きさ F_P が $F_P = G\dfrac{mM_2}{(a+R)^2}$ であるから，$f_C > F_P$ より，合力の大きさ f_P は

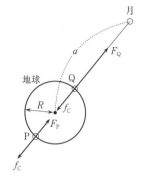

$$f_P = f_C - F_P = \frac{GmM_2}{a^2} - G\frac{mM_2}{(a+R)^2}$$

$$= GmM_2\left\{\frac{1}{a^2} - \frac{1}{(a+R)^2}\right\} \quad \cdots(答)　\cdots⑤$$

向きは　　**月から遠ざかる方向**　…(答)

点 Q の質量 m の質点に働く月からの万有引力は月に近づく方向に大きさ F_Q が $F_Q = G\dfrac{mM_2}{(a-R)^2}$ であるから，$F_Q > f_C$ より，合力の大きさ f_Q

は

$$f_Q = F_Q - f_C = G\frac{mM_2}{(a-R)^2} - \frac{GmM_2}{a^2} = \boldsymbol{GmM_2\left\{\frac{1}{(a-R)^2} - \frac{1}{a^2}\right\}} \quad \cdots(答)$$

向きは　**月に近づく方向**　…(答)

Ⅲ. 点Sの質量 m の質点に働く地球に生じる遠心力と太陽からの万有引力の合力の大きさ f_S は，設問Ⅱ(4)の点Pの場合（⑤）と同様に

$$f_S = \frac{GmM_3}{b^2} - G\frac{mM_3}{(b+R)^2} = GmM_3\left\{\frac{1}{b^2} - \frac{1}{(b+R)^2}\right\}$$

ここで，表1－1より，$R\ll b$ であるから，$\left|\dfrac{R}{b}\right|\ll 1$ とする近似を行うと

$$\frac{1}{(b+R)^2} = \frac{1}{b^2\left(1+\dfrac{R}{b}\right)^2} = \frac{1}{b^2}\left(1+\frac{R}{b}\right)^{-2} \fallingdotseq \frac{1}{b^2}\left(1-2\frac{R}{b}\right)$$

よって

$$f_S = GmM_3\left\{\frac{1}{b^2} - \frac{1}{(b+R)^2}\right\} \fallingdotseq GmM_3\left\{\frac{1}{b^2} - \frac{1}{b^2}\left(1-\frac{2R}{b}\right)\right\}$$

$$= GmM_3\frac{2R}{b^3}$$

⑤の f_P についても，表1－1より，$R\ll a$ であるから，同様の近似を行うと

$$f_P = GmM_2\left\{\frac{1}{a^2} - \frac{1}{(a+R)^2}\right\} \fallingdotseq GmM_2\frac{2R}{a^3}$$

したがって

$$\frac{f_S}{f_P} = \frac{GmM_3\dfrac{2R}{b^3}}{GmM_2\dfrac{2R}{a^3}} = \frac{M_3}{M_2}\left(\frac{a}{b}\right)^3 = \frac{2.0\times10^{30}}{7.3\times10^{22}}\left(\frac{3.8\times10^8}{1.5\times10^{11}}\right)^3$$

$$= \frac{2.0\times54.8}{7.3\times3.37}\times10^{-1}$$

$$= 0.445 \fallingdotseq 0.45$$

ゆえに

$$0.4 < \frac{f_S}{f_P} < 0.5$$

と見積もることができるので，アに入る数字は　　**4**　…(答)

別解　Ⅱ. (3)（④までは〔解答〕に同じ）

月の等速円運動の運動方程式に T_2 を用いると

$$M_2 a_2\left(\frac{2\pi}{T_2}\right)^2 = G\frac{M_1 M_2}{a^2}$$

遠心力の大きさ f_C は，④より

$$f_C = ma_1\left(\frac{2\pi}{T_2}\right)^2 = ma_1\frac{GM_1}{a_2a^2} = m\cdot\frac{M_2}{M_1+M_2}a\cdot\frac{GM_1}{\dfrac{M_1}{M_1+M_2}a\cdot a^2} = \frac{GmM_2}{a^2}$$

なお，地球と月は，重心である点Oを中心に同一周期で円運動をするから，月の円運動の角速度と地球の円運動の角速度は等しく，$\dfrac{2\pi}{T_2} = \dfrac{v_2}{a_2} = \dfrac{v_1}{a_1}$ を用いることもできる。

解 説

Ⅰ. ▶(2) 運動方程式より，質点が合力として $G\dfrac{mM_1}{R^2} - \dfrac{4\pi^2mR}{T_1{}^2}$ を受け，その結果，加速度 g_0 を得ると考えることもできる。

Ⅱ. ▶(1) x 軸上で，質量 M_1，M_2 の物体がそれぞれ座標 x_1，x_2 にあるとき，重心の座標 x_G は

$$x_G = \frac{M_1x_1 + M_2x_2}{M_1+M_2}$$

それぞれの物体が速度 v_1，v_2 で運動しているとき，重心の速度 v_G は

$$v_G = \frac{dx}{dt} = \frac{d}{dt}\left(\frac{M_1x_1 + M_2x_2}{M_1+M_2}\right) = \frac{M_1v_1 + M_2v_2}{M_1+M_2} = \frac{\text{全運動量}}{\text{全質量}}$$

である。

いま，地球と月は重心Oを中心に円運動しているから，重心は静止しているので $v_G = 0$ で，地球と月の運動量の総和は0となる。この式は，重心の速度が0を含めて一定の場合，運動量の総和が一定となり運動量保存則が成立することを表す。

▶(2) 〔解答〕では各点の座標をもとに記述したが，位置ベクトルを用いると以下のようになる。

地球の中心をAとする。点Oに対する点Xの位置ベクトルを $(x_{O\to X}, y_{O\to X})$，点Oに対する点Aの位置ベクトルを $(x_{O\to A}, y_{O\to A})$，点Aに対する点Xの位置ベクトルを $(x_{A\to X}, y_{A\to X})$ とすると

$$(x_{O\to X}, y_{O\to X}) = (x_{O\to A}, y_{O\to A}) + (x_{A\to X}, y_{A\to X})$$

点Aに対する点Oの運動は，半径 a_1，角速度 $\dfrac{2\pi}{T_2}$ の等速円運動であるから，点Aに対する点Oの位置ベクトル $(x_{A\to O}, y_{A\to O})$ は

$$(x_{A\to O}, y_{A\to O}) = \left(a_1\cos\frac{2\pi}{T_2}t, \ a_1\sin\frac{2\pi}{T_2}t\right)$$

よって，点Oに対する点Aの位置ベクトル $(x_{O\to A}, y_{O\to A})$ は

$$(x_{O\to A}, y_{O\to A}) = \left(-a_1\cos\frac{2\pi}{T_2}t, \ -a_1\sin\frac{2\pi}{T_2}t\right)$$

点Aに対する点Xの位置ベクトル $(x_{A\to X}, y_{A\to X})$ は

$$(x_{A \to X}, \ y_{A \to X}) = (-R, \ 0)$$

したがって，点Oを原点とした xy 座標系で，点Xの位置ベクトルは

$$(x, \ y) = (x_{O \to X}, \ y_{O \to X}) = (x_{O \to A}, \ y_{O \to A}) + (x_{A \to X}, \ y_{A \to X})$$

$$= \left(-a_1 \cos \frac{2\pi}{T_2} t - R, \ -a_1 \sin \frac{2\pi}{T_2} t \right)$$

▶(3)　時刻 t における点Xの座標 $(x, \ y)$ が③で与えられるから，点Xの速さ $(v_x, \ v_y)$ は

$$v_x = \frac{d}{dt} \left(-a_1 \cos \frac{2\pi}{T_2} t - R \right) = a_1 \frac{2\pi}{T_2} \sin \frac{2\pi}{T_2} t$$

$$v_y = \frac{d}{dt} \left(-a_1 \sin \frac{2\pi}{T_2} t \right) = -a_1 \frac{2\pi}{T_2} \cos \frac{2\pi}{T_2} t$$

これは，点Xが地球の中心に対して距離 R の点で静止しているが，点Xの速度は地球の中心からの距離に無関係であることを表している。よって，遠心力の大きさ f_C は

$$f_C = m \frac{v_x{}^2 + v_y{}^2}{a_1}$$

$$= \frac{m}{a_1} \left\{ \left(a_1 \frac{2\pi}{T_2} \sin \frac{2\pi}{T_2} t \right)^2 + \left(-a_1 \frac{2\pi}{T_2} \cos \frac{2\pi}{T_2} t \right)^2 \right\}$$

$$= \frac{m}{a_1} \left(a_1 \frac{2\pi}{T_2} \right)^2 = m a_1 \left(\frac{2\pi}{T_2} \right)^2$$

▶(4)　点Qに置いた質点に働く力を求めるために，図1-2(a)で，地球の中心Aに対して点Xと反対側の点を X′ として，設問II(2)・(3)と同様に考える。

点 X′ は点Aから見て常に x 軸方向で R の位置にある。よって，時刻 t における点 X′ の座標 $(x, \ y)$ は

$$(x, \ y) = \left(-a_1 \cos \frac{2\pi}{T_2} t + R, \ -a_1 \sin \frac{2\pi}{T_2} t \right)$$

であり，これは，点 X′ が $(x, \ y) = (R, \ 0)$ を中心にして半径 a_1，角速度 $\frac{2\pi}{T_2}$ の等速円運動をすることを表しているから，点 X′ に置かれた質点に生じる遠心力の大きさ f_C は

$$f_C = m a_1 \left(\frac{2\pi}{T_2} \right)^2 = \frac{G m M_2}{a^2}$$

ゆえに，この遠心力の大きさ f_C は地球の中心と月との距離 a で決まり，質点を置く地球表面上の位置によらず，月から遠ざかる方向であることがわかる。図1-2(a)では，点Pは点X，点Qは点 X′ に一致する。

▶III.　太陽による潮汐力が月による潮汐力の約 0.45 倍になる結果が得られ，潮の満ち干が，月だけでなく太陽もほぼ同じオーダーで影響を及ぼしていることがわかる。

問題に与えられていないが

$|x| \ll 1$ のときに成り立つ近似式 $(1+x)^n \fallingdotseq 1+nx$

が必要である。ここでは，$\left|\dfrac{R}{b}\right| \ll 1$ として

$$\left(1+\frac{R}{b}\right)^{-2} \fallingdotseq 1-2\frac{R}{b}$$

参考 f_S の { } 内の計算の近似は次のように考えることもできる。

微小量 $\dfrac{R}{b}$ の扱いについて，分母では $\dfrac{R}{b} \fallingdotseq 0$ とできるが，分子で $\dfrac{R}{b} \fallingdotseq 0$ とすると分子全

体が 0 となって近似が無効となるので，分子の $\dfrac{R}{b}$ は有効として

$$\frac{1}{b^2} - \frac{1}{(b+R)^2} = \frac{(b+R)^2 - b^2}{b^2(b+R)^2} = \frac{b^2\left(1+\dfrac{R}{b}\right)^2 - b^2}{b^2 \times b^2\left(1+\dfrac{R}{b}\right)^2}$$

$$= \frac{b^2\left\{1+2\dfrac{R}{b}+\left(\dfrac{R}{b}\right)^2\right\} - b^2}{b^2 \times b^2\left\{1+2\dfrac{R}{b}+\left(\dfrac{R}{b}\right)^2\right\}} \fallingdotseq \frac{b^2\left(1+2\dfrac{R}{b}\right) - b^2}{b^2 \times b^2}$$

$$= \frac{2bR}{b^4} = \frac{2R}{b^3}$$

テーマ

　地球表面の海水について，潮の満ち干（潮汐運動）のモデル化の問題であり，日常生活に現れる現象を，より現実に近い設定で表現しようとしている。

　Ⅰは万有引力と遠心力の問題，Ⅱ(1)・(2)は地球と月がそれらの重心を中心として円運動をする問題で，ここまでは基本的な法則が問われている。Ⅱ(3)は点Xの円運動の遠心力を求めるのが難しく，その結果は，地球表面上の位置によらず，遠心力は大きさが一定で月から遠ざかる向きであることを示している。これができないとⅡ(4)，Ⅲに進めない。Ⅲは潮の満ち干が月の影響だけでなく，太陽による潮汐力が月による潮汐力の約 **0.45** 倍になるという興味深い結果が得られる問題である。また，Ⅲでは問題文に与えられていないが微小量に関する近似式を使用する必要がある。

●**出題の意図（東京大学　発表）**

　　回転する物体の運動に関する基本的な理解，万有引力や遠心力の作用についての理解を問うています。月と太陽の作用による潮汐運動を題材として，自然現象を単純化したモデルで考える問題となっており，物体の運動を正しく理解し物理法則を適切に用いる柔軟な思考力を求めています。また，作用する力の大きさがどれくらいかという定量的観点も物理では重要であり，問Ⅲでは与えられた数値から求める量を概算する力を試しています。

10

解答

I．ア．$-mgl\cos\theta_0$　イ．$\dfrac{1}{2}mu^2-mgl\cos\theta$　ウ．$\sqrt{2gl(\cos\theta-\cos\theta_0)}$

II．(1) Aがブランコから飛び降りる直前直後において，運動量保存則より

$$(m_A+m_B)v_0=m_Av_A+m_B\cdot0$$

$$\therefore\quad v_A=\dfrac{m_A+m_B}{m_A}v_0\quad\cdots（答）\quad\cdots①$$

(2) ブランコの振れ角が $\theta=\theta_0$ のときと $\theta=0$ のときとで，力学的エネルギー保存則より

$$-mgl\cos\theta_0=\dfrac{1}{2}mv_0{}^2-mgl$$

$$\therefore\quad v_0=\sqrt{2gl(1-\cos\theta_0)}\quad\cdots②$$

Aが飛び降りてから着地するまでの時間を t，距離 GG′$=d$ とする。Aは，飛び降りた後，水平投射運動をするから，鉛直方向の等加速度直線運動の式より

$$h=\dfrac{1}{2}gt^2$$

$$\therefore\quad t=\sqrt{\dfrac{2h}{g}}$$

①，②を用いて

$$d=v_At=\dfrac{m_A+m_B}{m_A}\sqrt{2gl(1-\cos\theta_0)}\cdot\sqrt{\dfrac{2h}{g}}$$

$$=\dfrac{2(m_A+m_B)}{m_A}\sqrt{hl(1-\cos\theta_0)}\quad\cdots（答）$$

$m_A=m_B$ の場合，l，h，$\cos\theta_0$ に問題文の数値を代入すると

$$d=\dfrac{2(m_A+m_A)}{m_A}\sqrt{0.30\times2.0\times(1-0.85)}$$

$$=4\times0.30=1.2〔\mathrm{m}〕\quad\cdots（答）$$

III．(1) ブランコの振れ角が $\theta=\theta'$ のときと $\theta=\theta''$ のときとで，力学的エネルギー保存則より

$$\dfrac{1}{2}m(v')^2-mg(l-\Delta l)\cos\theta'=-mg(l-\Delta l)\cos\theta''$$

問題文の $\cos\theta$ の近似式 $\cos\theta\fallingdotseq1-\dfrac{\theta^2}{2}$ を用いると

$$\frac{1}{2}m(v')^2 - mg(l-\Delta l)\left\{1-\frac{(\theta')^2}{2}\right\} = -mg(l-\Delta l)\left\{1-\frac{(\theta'')^2}{2}\right\}$$

$$\therefore \quad (\theta'')^2 = (\theta')^2 + \frac{(v')^2}{g(l-\Delta l)} \quad \cdots (\text{答}) \quad \cdots ③$$

(2) ブランコの振れ角が $\theta = \theta'$ のときで OP の長さが変化する前後において，問題文の面積速度が一定の式より

(左辺と右辺を入れ替えて，設問Ⅱ(1)・(2)，設問Ⅲ(1)と同様に左辺を変化前，右辺を変化後として)

$$\frac{1}{2}lv = \frac{1}{2}(l-\Delta l)v'$$

$$\therefore \quad v' = \frac{l}{l-\Delta l}v \quad \cdots ④$$

ブランコの振れ角が $\theta = \theta_0$ のときと $\theta = \theta'$ のときとで，力学的エネルギー保存則と，問題文の $\cos\theta$ の近似式を用いると

$$-mgl\cos\theta_0 = \frac{1}{2}mv^2 - mgl\cos\theta'$$

$$-mgl\left(1-\frac{\theta_0^2}{2}\right) = \frac{1}{2}mv^2 - mgl\left\{1-\frac{(\theta')^2}{2}\right\}$$

$$\therefore \quad v^2 = gl\{\theta_0^2 - (\theta')^2\} \quad \cdots ⑤$$

③に，④，⑤を順に代入して

$$(\theta'')^2 = (\theta')^2 + \frac{(v')^2}{g(l-\Delta l)}$$

$$= (\theta')^2 + \frac{1}{g(l-\Delta l)} \cdot \left(\frac{l}{l-\Delta l}v\right)^2$$

$$= (\theta')^2 + \frac{1}{g(l-\Delta l)} \cdot \left(\frac{l}{l-\Delta l}\right)^2 \cdot gl\{\theta_0^2 - (\theta')^2\}$$

$$= (\theta')^2 + \left(\frac{l}{l-\Delta l}\right)^3 \{\theta_0^2 - (\theta')^2\}$$

$$= \left(\frac{l}{l-\Delta l}\right)^3\theta_0^2 - \left\{\left(\frac{l}{l-\Delta l}\right)^3 - 1\right\}(\theta')^2 \quad \cdots (\text{答}) \quad \cdots ⑥$$

(3) ⑥より，$(\theta')^2$ の係数は，$-\left\{\left(\frac{l}{l-\Delta l}\right)^3 - 1\right\} < 0$ であるから，θ'' を最大にする θ' は

$$\theta' = 0 \quad \cdots (\text{答})$$

このとき，$(\theta'')^2$ は最大値 $\left(\frac{l}{l-\Delta l}\right)^3\theta_0^2$ をとる。

よって，θ'' の最大値は $\quad \left(\frac{l}{l-\Delta l}\right)^{\frac{3}{2}}\theta_0 \quad \cdots (\text{答})$

(4) 人は $\theta = 0$ で立ち上がるから，(3)より，n 回目のサイクルの後のブランコの角度

θ_n は

$$\theta_n = \left(\frac{l}{l-\varDelta l}\right)^{\frac{3}{2}} \theta_{n-1}$$

よって，θ_n は初項 θ_0，公比 $\left(\dfrac{l}{l-\varDelta l}\right)^{\frac{3}{2}}$ の等比数列となり，その一般項は

$$\theta_n = \left(\frac{l}{l-\varDelta l}\right)^{\frac{3n}{2}} \theta_0 \quad \cdots (答) \quad \cdots ⑦$$

(5) ⑦より，$n=N$ のとき，$\theta_N \geqq 2\theta_0$ となる N を求める。問題文の条件 $\dfrac{\varDelta l}{l}=0.1$ を代入すると

$$\theta_N = \left(\frac{1}{1-\dfrac{\varDelta l}{l}}\right)^{\frac{3N}{2}} \theta_0 = \left(1-\frac{\varDelta l}{l}\right)^{-\frac{3N}{2}} \theta_0 = (1-0.1)^{-\frac{3N}{2}} \theta_0$$

$$= 0.9^{-\frac{3N}{2}} \theta_0 \geqq 2\theta_0$$

$$\therefore \quad 0.9^{-\frac{3N}{2}} \geqq 2$$

対数をとり，問題文の数値を代入すると

$$-\frac{3N}{2}\log_{10} 0.9 \geqq \log_{10} 2$$

$$-\frac{3N}{2} \times (-0.046) \geqq 0.30$$

$$\therefore \quad N \geqq \frac{2 \times 0.30}{3 \times 0.046} \fallingdotseq 4.34$$

N は自然数であるから，初めて $\theta_N \geqq 2\theta_0$ となるのは

$$N = 5 \quad \cdots (答)$$

別解 Ⅲ. (4) θ_n と θ_{n-1} の関係式から一般項は次のようにして求めることもできる。

$$\theta_n = \left(\frac{l}{l-\varDelta l}\right)^{\frac{3}{2}} \cdot \theta_{n-1}$$

$$= \left(\frac{l}{l-\varDelta l}\right)^{\frac{3}{2}} \cdot \left(\frac{l}{l-\varDelta l}\right)^{\frac{3}{2}} \cdot \theta_{n-2}$$

$$= \cdots$$

$$= \left(\frac{l}{l-\varDelta l}\right)^{\frac{3n}{2}} \theta_0$$

解　説

Ⅰ. ▶ウ．支点Oにおける位置エネルギーを0とすることに注意すると，運動を開始した角度 θ_0 の点と角度 θ の点とで，質点Pの力学的エネルギー保存則より

$$- mgl\cos\theta_0 = \frac{1}{2}mu^2 - mgl\cos\theta$$

$$\therefore \quad u = \sqrt{2gl(\cos\theta - \cos\theta_0)} \quad \cdots ⑧$$

Ⅱ. ▶(2)　ウを上のように求めると，⑧の式を利用して v_0 を次のように求めること
もできる。

⑧において，$\theta = 0$ のときの u が v_0 であるから

$$v_0 = \sqrt{2gl(1 - \cos\theta_0)}$$

Ⅲ. ▶(1)　問題文の $\cos\theta$ の近似式は，$x = 0$ のとき，関数 $f(x)$ が無限回微分可能で
あれば

$$f(x) = \sum_{n=0}^{\infty} \frac{f^{(n)}(0)}{n!}x^n = f(0) + \frac{f'(0)}{1!}x + \frac{f''(0)}{2!}x^2 + \cdots$$

というマクローリン展開による。

$\cos x$ の場合は

$$\cos x = 1 - \frac{x^2}{2!} + \frac{x^4}{4!} - \cdots = 1 - \frac{x^2}{2} + \frac{x^4}{24} - \cdots$$

である。$|x|$ が 1 に比べて十分小さいとき，$n = 2$ のときの近似式は $\cos x \fallingdotseq 1 - \frac{x^2}{2}$ であ
り，$n = 1$ のときの近似式 $\cos x \fallingdotseq 1$ に比べて近似の精度が高くなる。

その他の近似式として次のようなものがあるが，通常 $n = 1$ や $n = 2$ のときの近似式
が用いられる。

$$\sin x = x - \frac{x^3}{3!} + \frac{x^5}{5!} - \cdots = x - \frac{x^3}{6} + \frac{x^5}{120} - \cdots$$

$$(1 + x)^n = 1 + nx + \frac{n(n-1)}{2!}x^2 + \cdots$$

▶(2)　問題文に示されたように，ブランコでは，OP の長さが変化する前後で瞬間的
に OP 方向に働く力は中心力であるから，ここで面積速度が一定の式 $\frac{1}{2}lv$

$= \frac{1}{2}(l - \Delta l)v'$ が成り立つ。

中心力とは，質点に働く力が常に中心 O の方向を向き，中心 O のまわりの力のモーメ
ントが 0 であるような力である。代表的な力は，天体の楕円運動や双曲線運動のもと
になる万有引力であるが，本問のように，瞬間的に OP 方向に働く力も中心力である。

右図のように，質点が中心Oのまわりを回転していると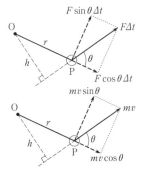き，OP＝r である点Pで質点に大きさ F の力が Δt の間働いたとき，質点が受けた力積は $F\Delta t$，点Oから力積 $F\Delta t$ の作用線までの距離を h とすると，力積のモーメント M は

$$M = F\Delta t \cdot h = F\sin\theta\Delta t \cdot r$$

である。また，点Pでの運動量を mv とすると，運動量のモーメント L は

$$L = mv \cdot h = mv\sin\theta \cdot r$$

であり，これを角運動量という。このとき，質点の角運動量は，質点が受けた力積のモーメントの量だけ変化する。

ここで，質点が中心力のみを受けて運動しているとき，すなわち，力積 $F\Delta t$ の OP 方向の成分 $F\cos\theta\Delta t$ だけが存在し，OP に垂直な方向の成分 $F\sin\theta\Delta t$ が 0 のとき，力積のモーメントは 0 である。よって，角運動量の変化が 0 となり，角運動量は一定に保たれる。これを角運動量保存則という。角運動量保存則を

$$L = mv \cdot h = mv\sin\theta \cdot r = 2m \times \frac{1}{2}rv\sin\theta = 一定$$

と書き換えると，面積速度 $\frac{1}{2}rv\sin\theta = 一定$（ケプラーの第2法則）が導かれる。

▶(3) ⑥の θ'' と θ' の関係は楕円の方程式であり，おおよそのグラフは右図のようになる。

$\theta'=0$ のとき θ'' は最大値 $\sqrt{\left(\dfrac{l}{l-\Delta l}\right)^3} \cdot \theta_0$ をとる。

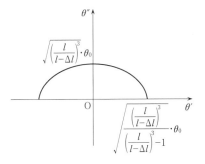

テーマ

◎物理の運動に関するさまざまな保存則

(ⅰ)　**運動エネルギーと仕事の関係**とは，物体に働く外力が仕事を加えると，運動エネルギーが変化することをいう。外力を大別すると保存力と非保存力になるが，保存力が仕事をすると，運動エネルギーが現れる。一方，非保存力が仕事をすると，力学的エネルギーが変化する。

したがって，**力学的エネルギー保存則**が成立するのは，物体に働く外力が保存力だけの場合，または非保存力が働いてもその力が仕事をしない場合である。

(ⅱ)　**運動量と力積の関係**とは，物体系に働く外力が力積を加えると，運動量が変化することをいう。

したがって，**運動量保存則**が成立するのは，物体系に働く外力が力積を加えない場合である。

(ⅲ)　物体に力積のモーメントが加わると，角運動量が変化する。

したがって，**角運動量保存則（面積速度一定の関係）**が成立するのは，力積のモーメントが加わらない場合，すなわち，物体に働く力が常に中心方向を向いている場合である。

●**出題の意図（東京大学　発表）**

　　物体の運動に関する基本的な理解，さまざまな保存則の理解を問うています。ブランコの運動を題材にとり，物理法則を適切に用いる柔軟な思考力を求めています。また身近な現象に物理法則を適用し定量的に理解する力も問いました。

11

解　答

Ⅰ. (1)　ア. v_x　イ. v_y　ウ. a_x　エ. a_y　オ. a_y　カ. a_x

(2)　面積速度 A_v が時間変化しないので，設問Ⅰ(1)の $\varDelta A_v$ の式より

$$\frac{\varDelta A_v}{\varDelta t} = \frac{1}{2}(xa_y - ya_x) = 0$$

$$\therefore\ xa_y - ya_x = 0$$

運動方程式より

$$ma_x = F_x$$
$$ma_y = F_y$$

代入すると

$$x\frac{F_y}{m} - y\frac{F_x}{m} = 0$$

$$\therefore\ \frac{F_x}{F_y} = \frac{x}{y}\ \cdots(答)\ \cdots①$$

(3)　①は，$\vec{F}$ の向きが $\vec{r}$ の向きと一致することを表している。すなわち，小球にはたらく力 $\vec{F}$ の向きは，円運動において小球の運動方向とは常に垂直になっているので，力 $\vec{F}$ は小球に仕事をしない。

したがって，力 $\vec{F}$ は点 A から点 B までに小球に行う仕事も，点 A から点 C までに小球に行う仕事もともに 0 である。…(答)

Ⅱ. (1)　小球の位置 $\vec{r} = (x,\ y)$ における速度は $\vec{v} = (v_x,\ v_y)$ であるから運動エネルギーは $K = \frac{1}{2}mv^2$ である。よって，求める差を $\varDelta K$ とすると

$$\varDelta K = \frac{1}{2}mv^2 - \frac{1}{2}mv_r{}^2$$

$$= \frac{1}{2}m(v_x{}^2 + v_y{}^2) - \frac{1}{2}m\left(\frac{xv_x + yv_y}{r}\right)^2$$

$$= \frac{m}{2r^2}\{(v_x{}^2 + v_y{}^2)\cdot r^2 - (xv_x + yv_y)^2\}$$

$$= \frac{m}{2r^2}\{(v_x{}^2 + v_y{}^2)(x^2 + y^2) - (xv_x + yv_y)^2\}\quad(\because\ r^2 = x^2 + y^2)$$

$$= \frac{m}{2r^2}(xv_y - yv_x)^2$$

$$= \frac{m}{2r^2}(2A_v)^2$$

$$= \frac{2mA_v^2}{r^2} \quad \cdots(\text{答}) \quad \cdots②$$

(2) 小球の力学的エネルギーを E とすると

$$E = \frac{1}{2}mv^2 - G\frac{mM}{r}$$

$A_v = A_0$（定数値）として，②を代入すると

$$E = \left(\frac{1}{2}mv_r^2 + \frac{2mA_0^2}{r^2}\right) - G\frac{mM}{r}$$

$$= \frac{1}{2}mv_r^2 + 2mA_0^2\left(\frac{1}{r} - \frac{GM}{4A_0^2}\right)^2 - \frac{G^2mM^2}{8A_0^2}$$

E が最小となるためには

$$\frac{1}{2}mv_r^2 = 0 \quad \text{かつ} \quad \frac{1}{r} - \frac{GM}{4A_0^2} = 0$$

ここで，$\dfrac{1}{r} - \dfrac{GM}{4A_0^2} = 0$ のとき

$$r = \frac{4A_0^2}{GM} \quad \cdots③$$

このとき，r は一定値であるから動径方向の速度はもたないので

$$v_r = 0 \quad \cdots④$$

も満たす。

このとき，小球の運動は**等速円運動**になり，力学的エネルギーの値は，$-\dfrac{G^2mM^2}{8A_0^2}$ である。$\cdots(\text{答})$

Ⅲ．(1) 小球にはたらく万有引力による円運動の円軌道の半径が r_n のとき，動径方向の運動方程式より

$$m\frac{v^2}{r_n} = G\frac{mM}{r_n^2}$$

量子条件より

$$2\pi r_n = n\frac{h}{mv}$$

v を消去して

$$r_n = \frac{n^2h^2}{4\pi^2Gm^2M} = \left(\frac{h}{2\pi}\right)^2\frac{n^2}{Gm^2M} \quad \cdots(\text{答}) \quad \cdots⑤$$

(2) ⑤より，$n = 1$ のとき，$r_1 = R$ とおくと

$$R = \left(\frac{h}{2\pi}\right)^2\frac{1}{Gm^2M}$$

$$\therefore \quad m = \frac{h}{2\pi} \cdot \frac{1}{\sqrt{GMR}} \fallingdotseq 10^{-34} \times \frac{1}{\sqrt{10^{-10} \times 10^{42} \times 10^{22}}}$$

$$= 10^{-61} \,(\text{kg}) \quad \cdots(\text{答})$$

別解 Ⅱ.（1）　小球の位置が $\vec{r} = (x, y)$ のとき，$\vec{r}$ の方向が x 軸となす角を θ とし，速度の直交座標成分が $\vec{v} = (v_x, v_y)$ のとき，$\vec{v}$ の方向が $\vec{r}$ の方向となす角を ϕ とする。 …(あ)

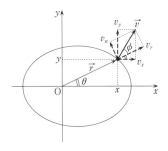

また，速度 $\vec{v}$ の動径方向の速度成分を v_r，動径方向に垂直な方向の速度成分を v_n とする。 …(い)

このとき

$$v_r = v_x \cos\theta + v_y \sin\theta$$

$$v_n = v_y \cos\theta - v_x \sin\theta$$

両辺に r を掛けると

$$v_r \cdot r = v_x \cdot r \cos\theta + v_y \cdot r \sin\theta = v_x \cdot x + v_y \cdot y$$

$$\therefore \quad v_r = \frac{x v_x + y v_y}{r}$$

$$v_n \cdot r = v_y \cdot r \cos\theta - v_x \cdot r \sin\theta = v_y \cdot x - v_x \cdot y$$

$$\therefore \quad v_n = \frac{x v_y - y v_x}{r}$$

(い)を用いて，速度 $\vec{v}$ を，$\vec{v} = (v_r, v_n)$，$v = \sqrt{v_r{}^2 + v_n{}^2}$ と表す。

面積速度 A_v は

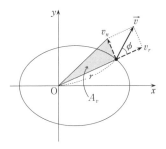

$$A_v = \frac{1}{2} r v_n \quad \cdots(\text{う})$$

$$= \frac{1}{2}(x v_y - y v_x)$$

となり，設問Ⅰ(1)で問題文に与えられた式と一致する。運動エネルギーと K_r との差 ΔK は

$$\Delta K = \frac{1}{2} m v^2 - \frac{1}{2} m v_r{}^2$$

$$= \frac{1}{2} m (v_r{}^2 + v_n{}^2) - \frac{1}{2} m v_r{}^2$$

$$= \frac{1}{2} m v_n{}^2 = \frac{1}{2} m \left(\frac{2 A_v}{r}\right)^2$$

$$= \frac{2 m A_v{}^2}{r^2}$$

解 説

Ⅰ. ▶(1) 微小時間 Δt の後の位置 $\vec{r'} = (x',\ y')$, 速度 $\vec{v'} = (v_{x'},\ v_{y'})$ は

$$\vec{r'} = \vec{r} + \vec{v}\Delta t = (x + v_x\Delta t,\ y + v_y\Delta t) \quad \cdots\text{(i)} \quad \rightarrow \text{ア, イ}$$

$$\vec{v'} = \vec{v} + \vec{a}\Delta t = (v_x + a_x\Delta t,\ v_y + a_y\Delta t) \quad \cdots\text{(ii)} \quad \rightarrow \text{ウ, エ}$$

微小時間 Δt の後の面積速度を $A_v{'}$ とすると, (i), (ii), $(\Delta t)^2 \fallingdotseq 0$ を用いて

$$A_v{'} = \frac{1}{2}(x' \cdot v_{y'} - y' \cdot v_{x'})$$

$$= \frac{1}{2}\{(x + v_x\Delta t) \cdot (v_y + a_y\Delta t) - (y + v_y\Delta t) \cdot (v_x + a_x\Delta t)\}$$

$$\fallingdotseq \frac{1}{2}\{(xv_y + xa_y\Delta t) - (yv_x + ya_x\Delta t)\}$$

よって

$$\Delta A_v = A_v{'} - A_v = \frac{1}{2}(xa_y - ya_x)\Delta t \quad \rightarrow \text{オ, カ}$$

▶(3) ①の $\dfrac{F_x}{F_y} = \dfrac{x}{y}$ は, 右図のような関係を表す。この

とき, $\vec{F}$ の向きが $\vec{r}$ の向きと一致し, 小球にはたらく力

$\vec{F}$ の向きは円運動の動径方向である。

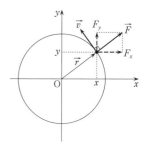

参考 小球の運動方程式は $m\vec{a} = \vec{F}$ であるから,

$\vec{a} = (a_x,\ a_y) = \left(\dfrac{dv_x}{dt},\ \dfrac{dv_y}{dt}\right)$, $\vec{F} = (F_x,\ F_y)$ とすると

$$m\frac{dv_x}{dt} = F_x \quad \cdots\text{(iii)}$$

$$m\frac{dv_y}{dt} = F_y \quad \cdots\text{(iv)}$$

$x \times \text{(iv)} - y \times \text{(iii)}$ を行うと

$$m\left(x \cdot \frac{dv_y}{dt} - y \cdot \frac{dv_x}{dt}\right) = x \cdot F_y - y \cdot F_x$$

$$\frac{d}{dt}\{m(xv_y - yv_x)\} = xF_y - yF_x \quad \cdots\text{(v)}$$

(v)の左辺において

$$L = m(xv_y - yv_x) \quad \cdots\text{(vi)}$$

と表す。この L を点Oのまわりの角運動量という。

設問Ⅱの〔別解〕(あ)より

$$x = r\cos\theta,\ y = r\sin\theta$$

$$v_x = v\cos(\theta + \phi),\ v_y = v\sin(\theta + \phi)$$

(vi)に代入すると

$$L = m(xv_y - yv_x)$$

$$= m\{r\cos\theta \times v\sin(\theta+\phi) - r\sin\theta \times v\cos(\theta+\phi)\}$$

$$= mrv\sin\phi$$

(い)より

$$v_r = v\cos\phi, \quad v_n = v\sin\phi$$

したがって

$$L = mrv_n$$

このとき，(う)より，面積速度は

$$A_v = \frac{1}{2}rv_n = \frac{1}{2}\cdot\frac{L}{m} = \frac{1}{2}(xv_y - yv_x)$$

と表すことができる。

(v)の右辺において

$$M = xF_y - yF_x$$

と表す。$\vec{F}$ の方向が $\vec{r}$ の方向となす角を ϕ' とおい
て，同様の計算を行うと

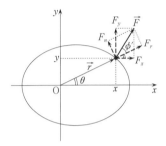

$$M = r\cos\theta \times F\sin(\theta+\phi')$$

$$\qquad\qquad - r\sin\theta \times F\cos(\theta+\phi')$$

$$= Fr\sin\phi'$$

となる。この M は点Oのまわりの力のモーメント
である。

(v)より，点Oのまわりの力のモーメント M が 0 であれば，角運動量 L の時間変化
$\dfrac{dL}{dt}$ が 0 となる。これは，小球にはたらく力が動径方向だけの場合，すなわち小球が
中心力だけを受けて運動する場合，小球の角運動量が保存され（角運動量保存則），
面積速度は一定となることを表している。

Ⅱ. ▶(1)　小球の運動エネルギー $K = \dfrac{1}{2}mv^2$ と，$K_r = \dfrac{1}{2}mv_r^2$ との差

$\Delta K = \dfrac{1}{2}mv^2 - \dfrac{1}{2}mv_r^2$ を計算するためには，$r = \sqrt{x^2+y^2}$，$v = \sqrt{v_x^2+v_y^2}$，

$A_v = \dfrac{1}{2}(xv_y - yv_x)$，$v_r = \dfrac{xv_x + yv_y}{r}$ を用いればよい。

▶(2)　④より，$v_r = \dfrac{\Delta r}{\Delta t} = 0$ であるから，これは動径方向の距離 r が変化しないことを

表している。③，④より，小球の運動が半径 $\dfrac{4A_0^2}{GM}$ の等速円運動になることを意味す

る。

参考　小球の力学的エネルギー E は，$v_r = \dfrac{dr}{dt}$ を用いると

$$E = \frac{1}{2}mv_r^2 + \frac{2mA_0^2}{r^2} - G\frac{mM}{r}$$

$$= \frac{1}{2}m\left(\frac{dr}{dt}\right)^2 + \frac{2mA_0^2}{r^2} - G\frac{mM}{r}$$

ここで，E が最小となる条件は，$\dfrac{dr}{dt} = 0$，かつ，$\dfrac{2mA_0^2}{r^2} - G\dfrac{mM}{r}$ が最小値をとることである。このとき，小球の位置エネルギーを U とすると

$$E = \frac{1}{2}m\left(\frac{dr}{dt}\right)^2 + U$$

$$U = \frac{2mA_0^2}{r^2} - G\frac{mM}{r}$$

となる。

ここで，$\dfrac{dr}{dt} = 0$ となる条件は，小球の運動を動径方向だけに着目したときに，小球の位置が原点からの距離 r だけで決まり，その変化が 0 であるような場合であり，小球の運動は半径 r の等速円運動となる。

次に，位置エネルギー U が最小値，すなわち，極値をとるときの条件は，U を r で微分して 0 とおくと

$$\frac{dU}{dr} = -\frac{4mA_0^2}{r^3} + G\frac{mM}{r^2} = 0$$

$$\therefore\ r = \frac{4A_0^2}{GM}$$

このとき，力学的エネルギー E の値は

$$E = 0 + \frac{2mA_0^2}{\left(\dfrac{4A_0^2}{GM}\right)^2} - G\frac{mM}{\dfrac{4A_0^2}{GM}} = -\frac{G^2mM^2}{8A_0}$$

Ⅲ.　▶(1)　位置エネルギー U（ポテンシャルエネルギー）と力 F との間には

$$F = -\frac{dU}{dr}$$

の関係がある。したがって，万有引力による位置エネルギー U が，$U = -G\dfrac{mM}{r}$ であるとき，物体にはたらく万有引力の大きさ F は，$F = G\dfrac{mM}{r^2}$ となる。

▶(2)　小球の質量を単位を含めて計算し，単位の整合性を考えると

$$m = \frac{h}{2\pi} \cdot \frac{1}{\sqrt{GMR}}$$

$$\fallingdotseq 10^{-34}\,[\mathrm{m^2 \cdot kg/s}] \times \frac{1}{\sqrt{10^{-10}\,[\mathrm{m^3/(kg \cdot s^2)}] \times 10^{42}\,[\mathrm{kg}] \times 10^{22}\,[\mathrm{m}]}}$$

$$= 10^{-61}\,[\mathrm{kg}]$$

　小球の平面運動の位置，速度，加速度の定義に始まり，位置や速度の微小時間の変化量を用いて面積速度の変化量を求め，面積速度が一定となる条件へつなげる。さらに，直交座標（x, y）と極座標（r, θ）の対応関係を用いながら，動径方向速度を用いた小球の運動エネルギー，万有引力がはたらく場合の力学的エネルギーを考える。最後に，万有引力がはたらく小球の円運動とボーアの原子模型の量子条件，暗黒物質の質量の予想である。

　問題文の誘導に従って丁寧に考え，様々な物理現象を理解する能力が求められる。

●**出題の意図（東京大学 発表）**

　物体の運動に関する基本的な理解，保存則と力の関係，量子力学における状態のあり方の理解を問うています。物理法則の普遍性を意識し，様々な物理現象に適用する柔軟な思考力を求めています。

　なおエネルギーの最小値を求める設問は平方完成を用いることで解答できますが，微分を用いた解答でも問題ありません。

12

解　答

Ⅰ.（1）　ひもと天井がなす角度が θ のとき，小球Aの速さを v とする。力学的エネルギー保存則を用いると

$$\frac{1}{2}mv^2 = mgl\sin\theta$$

$$\therefore \quad v = \sqrt{2gl\sin\theta} \quad \cdots（答）$$

（2）　小球Aが最下点 $\left(\theta = \dfrac{\pi}{2}\right)$ に達したとき，(1)より，その速さ v_0 は

$$v_0 = \sqrt{2gl}$$

である。ひもの張力の大きさを T_0 として，円運動の法線方向の運動方程式をつくると

$$m\frac{v_0{}^2}{l} = T_0 - mg$$

$$\therefore \quad T_0 = mg + m\frac{v_0{}^2}{l} = 3mg \quad \cdots（答）$$

（3）　小球Aが最下点に達したとき，水平方向（円運動の接線方向）に作用する力はないから，この方向の加速度成分は0である。したがって

$$\left.\begin{array}{l}\text{加速度の大きさ：} \dfrac{v_0{}^2}{l} = 2g \\[2mm] \text{加速度の向き：\underline{鉛直方向上向き}}\end{array}\right\} \quad \cdots（答）$$

Ⅱ.（1）　小球Bを放した後，2個の小球とひもからなる系に作用する外力は重力だけである。この系の重心Gについて

$$\left.\begin{array}{l}\text{加速度の大きさ：} g \\[2mm] \text{加速度の向き：\underline{鉛直方向下向き}}\end{array}\right\} \quad \cdots（答）$$

（2）　2個の小球の質量は等しいから，重心Gは，小球A，Bの中点の位置になる。時刻 $t=0$ において，Gは速さ $\dfrac{v_0}{2}$ で，右向きに動いているから

小球Aの重心Gに対する相対速度 v_{GA} は

$$v_{GA} = v_0 - \frac{v_0}{2} = \frac{v_0}{2}$$

$$\left.\begin{array}{l} 大きさ：\dfrac{v_0}{2}=\sqrt{\dfrac{gl}{2}} \\[3mm] 向き：水平方向右向き \end{array}\right\} \quad \cdots（答）$$

小球Bの重心Gに対する相対速度 v_{GB} は $\qquad v_{GB}=0-\dfrac{v_0}{2}=-\dfrac{v_0}{2}$

$$\left.\begin{array}{l} 大きさ：\dfrac{v_0}{2}=\sqrt{\dfrac{gl}{2}} \\[3mm] 向き：水平方向左向き \end{array}\right\} \quad \cdots（答）$$

(3) 時刻 $t=0$ 以降，2個の小球の重心Gに対する相対運動はともに，Gを中心とする，半径 $\dfrac{l}{2}$，速さ $\dfrac{v_0}{2}$ の等速円運動である。時刻 $t=0$ において，ひもの張力の大きさを T とし，円運動の法線方向の運動方程式をつくると

$$m\dfrac{\left(\dfrac{v_0}{2}\right)^2}{\dfrac{l}{2}}=T$$

$$\therefore \quad T=\dfrac{mv_0{}^2}{2l}=\boldsymbol{mg} \quad \cdots（答）$$

(4) 時刻 $t=0$ において，水平方向に作用する力はない。鉛直方向下向きを正として，各小球の加速度を a_A，a_B とすると

　小球Aの運動方程式： $ma_A=mg-T$

　　$\therefore \quad a_A=\boldsymbol{0} \quad \cdots（答）$

　小球Bの運動方程式： $ma_B=mg+T$

　　$\therefore \quad a_B=\boldsymbol{2g} \quad （鉛直方向下向き） \quad \cdots（答）$

(5) 小球Bを放してから，小球Aと小球Bの高さが初めて等しくなるのは，各球が重心Gに対して $\dfrac{1}{4}$ 回転したときであるから，その時刻は

$$\dfrac{\dfrac{1}{4}\pi l}{\dfrac{v_0}{2}}=\dfrac{\pi l}{2v_0}$$

$$=\dfrac{\pi}{2}\sqrt{\dfrac{l}{2g}} \quad \cdots（答）$$

(6) 重心Gに対する小球Aの等速円運動の角速度 ω は

$$\omega = \frac{\dfrac{v_0}{2}}{\dfrac{l}{2}} = \frac{v_0}{l} = \sqrt{\frac{2g}{l}}$$

であるから，重心Gに対する小球Aの水平位置 X_A は

$$X_A = \frac{l}{2}\sin\omega t = \frac{l}{2}\sin\left(\sqrt{\frac{2g}{l}}\,t\right)$$

と表される。一方，重心Gの水平方向の運動は，初速 $\dfrac{v_0}{2}$ を保った等速直線運動であるから，時刻 t における小球Aの水平位置 x_A は

$$x_A = \frac{v_0}{2}t + X_A$$

$$= \sqrt{\frac{gl}{2}}\,t + \frac{l}{2}\sin\left(\sqrt{\frac{2g}{l}}\,t\right)　\cdots(\text{答})$$

解　説

Ⅰ．▶(1)　小球Bが固定されているときは，小球Aの単純な振り子運動（鉛直面内の円運動）を考えればよい。

▶(2)・(3)　小球Aは，半径 l の円運動を行う。その速さ v は位置によって変化するが，各瞬間の速度の向きは円軌道の接線方向である。

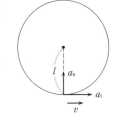

加速度は，円軌道の接線方向と法線方向（半径方向）に分解して扱うと

・加速度の接線成分

　　動いている向きを正として　　$a_t = \dfrac{\varDelta v}{\varDelta t}$

・加速度の法線成分

　　円の中心に向かって（向心加速度）　$a_n = \dfrac{v^2}{l}$

となる。等速円運動においては $a_t = 0$ であり，加速度が円の中心に向くことはよく知られている。

(2)では，この加速度を考慮して，運動方程式（向心力の式，あるいは，遠心力を考慮したつりあいの式と考えてもよい）をつくることになる。

(3)は，最下点で小球Aに作用する力は，鉛直上向きの張力と下向きの重力であり，これらの合力が鉛直上向きに，大きさは $2mg$ となることから求めてもよい。

Ⅱ．個々の設問はそれほど難しくないが，問題文の誘導は少なく，考察を進めるのは容易ではない。

▶(1)　複数の物体をまとめて系として扱う場合，系内の物体間で作用する力は内力，系外から作用する力は外力と区別し，系の重心の運動は外力によって決まる。本問では，外力は重力だけであるから，系の重心Gの加速度は鉛直下向きに，大きさはgとなり，Gは放物運動（初速度の向きは水平であるから，水平投射）を行うことになる。

▶(2)　質量m_Aの物体の位置が$\vec{r_A}$，質量m_Bの物体の位置が$\vec{r_B}$であるとき，この2物体の重心の位置は$\dfrac{m_A\vec{r_A}+m_B\vec{r_B}}{m_A+m_B}$である。2物体の質量が等しい場合（$m_A=m_B$），重心の位置は$\dfrac{\vec{r_A}+\vec{r_B}}{2}$であり，2物体の中点の位置になる。

▶(3)　加速度$\vec{a}$で動く観測者が，質量mの物体の運動を観測する場合，重力や張力のような力（実在の力）に加えて，慣性力$-m\vec{a}$を考慮する必要がある。

　本問では，重心Gから観測する場合，各小球に作用する慣性力は鉛直上向きに，大きさはmgであるから，重力と打ち消しあう。したがって，2つの小球のGに対する相対運動（重心系での運動）は，等速円運動となる。

▶(4)　Ⅱ(1)で求めたように，重心Gの加速度は鉛直下向きに，大きさはgである。また，重心系での運動は等速円運動であり，その向心加速度は

$$\dfrac{\left(\dfrac{v_0}{2}\right)^2}{\dfrac{l}{2}}=g$$

である。これらを合成して，次のように求めることもできる。

$$a_A=g-g=0, \quad a_B=g+g=2g$$

▶(6)　参考までに，小球Bの重心系での水平位置X_Bは

$$X_B=-\dfrac{l}{2}\sin\omega t=-\dfrac{l}{2}\sin\left(\sqrt{\dfrac{2g}{l}}\,t\right)$$

と表され，水平位置x_Bは

$$x_B=\dfrac{v_0}{2}t+X_B=\sqrt{\dfrac{gl}{2}}\,t-\dfrac{l}{2}\sin\left(\sqrt{\dfrac{2g}{l}}\,t\right)$$

と表される$\left(X_A+X_B=0, \dfrac{x_A+x_B}{2}=\dfrac{v_0}{2}t\text{ が成り立っている}\right)$。

　また，小球Aの重心系での鉛直位置Y_Aは

$$Y_A=\dfrac{l}{2}\cos\omega t=\dfrac{l}{2}\cos\left(\sqrt{\dfrac{2g}{l}}\,t\right) \quad （鉛直下向きを正とする）$$

と表され，重心Gの鉛直方向の運動は自由落下であるから，点Oを原点とし，下向きを正とする鉛直位置y_Aは次のように表される。

$$y_A=\dfrac{l}{2}+\dfrac{1}{2}gt^2+Y_A$$

$$= \frac{1}{2}gt^2 + \frac{l}{2}\left\{1 + \cos\left(\sqrt{\frac{2g}{l}}\,t\right)\right\}$$

テーマ

　複数の物体が相互に影響を与えながら運動するとき，それらの物体からなる系を設定して，系の重心の運動と，重心に対する各物体の運動に分けて扱うと，問題が整理しやすくなることがある。重心とともに動く観測座標系を重心系（高校の物理では学ばない用語），重心に対する各物体の運動を重心系での運動という。

　本問のⅡでは，2個の小球からなる系を設定すると，系の重心は放物運動を行い，2個の小球の重心系での運動は等速円運動となる。

13

解答

Ⅰ．円軌道の宙返り部分の最上部でレールから離れなければ，車両Aは途中でレールから離れることはない。最上部での速さを v_1，レールから受ける垂直抗力の大きさを N_1 とすると（右図）

力学的エネルギー保存則の関係

$$m_1gh_1 = m_1g \cdot 2R + \frac{1}{2}m_1v_1{}^2$$

法線方向の運動方程式

$$m_1\frac{v_1{}^2}{R} = N_1 + m_1g$$

が成立する。この 2 式より

$$N_1 = m_1\frac{v_1{}^2}{R} - m_1g = m_1\frac{2g(h_1-2R)}{R} - m_1g$$

$$= \frac{m_1g(2h_1-5R)}{R}$$

が得られる。円軌道の最上部でレールから離れない条件は $N_1 \geqq 0$ であり

$$2h_1 - 5R \geqq 0 \qquad \therefore \quad h_1 \geqq \frac{5}{2}R \quad \cdots（答）$$

Ⅱ．車両Bと衝突する直前の車両Aの速さを u，衝突して一体となった直後の速さを v とすると

車両Aの力学的エネルギー保存則の関係　　$m_1gh_2 = \frac{1}{2}m_1u^2$

衝突における運動量保存則の関係　　$m_1u = (m_1+m_2)v$

が成立し，この 2 式より

$$v^2 = \left(\frac{m_1}{m_1+m_2}u\right)^2 = 2gh_2\left(\frac{m_1}{m_1+m_2}\right)^2 \quad \cdots ①$$

が得られる。

一体となった車両がレールから離れずに宙返りするための条件は，Ⅰと同様である。2 つの車両の質量の和を M とし（$M = m_1+m_2$），最上部での速さを v_2，レールから受ける垂直抗力の大きさを N_2 とすると

力学的エネルギー保存則の関係　　$\frac{1}{2}Mv^2 = Mg \cdot 2R + \frac{1}{2}Mv_2{}^2$

法線方向の運動方程式　$M\dfrac{v_2{}^2}{R} = N_2 + Mg$

が成立し，この2式より

$$N_2 = M\dfrac{v_2{}^2}{R} - Mg = M\dfrac{v^2 - 4gR}{R} - Mg = \dfrac{M(v^2 - 5gR)}{R}$$

が得られる。円軌道の最上部でレールから離れない条件は $N_2 \geqq 0$ であり

$$v^2 - 5gR \geqq 0 \qquad \therefore \quad v^2 \geqq 5gR$$

となる。①を用いると

$$2gh_2\left(\dfrac{m_1}{m_1 + m_2}\right)^2 \geqq 5gR \qquad \therefore \quad \boldsymbol{h_2 \geqq \dfrac{5}{2}R\left(\dfrac{m_1 + m_2}{m_1}\right)^2} \quad \cdots(答)$$

Ⅲ．(1)　車両Bと衝突する直前の車両Aの速さを u' とし，衝突した直後，右向きを正として，車両Aの速度を v_A，車両Bの速度を v_B とすると

車両Aの力学的エネルギー保存則の関係　$m_1gh_3 = \dfrac{1}{2}m_1u'^2$

衝突における運動量保存則の関係　$m_1u' = m_1v_A + m_2v_B$

はねかえり係数の関係　$1 = -\dfrac{v_A - v_B}{u'}$

が成立し，この3式より

$$v_B{}^2 = \left(\dfrac{2m_1}{m_1 + m_2}u'\right)^2 = 2gh_3\left(\dfrac{2m_1}{m_1 + m_2}\right)^2 \quad \cdots②$$

が得られる。

車両Bが円軌道の宙返り部分の最上部でレールから離れない条件は，Ⅱと同様に

$$v_B{}^2 \geqq 5gR$$

となるから，②を用いると

$$2gh_3\left(\dfrac{2m_1}{m_1 + m_2}\right)^2 \geqq 5gR \qquad \therefore \quad \boldsymbol{h_3 \geqq \dfrac{5}{8}R\left(\dfrac{m_1 + m_2}{m_1}\right)^2} \quad \cdots(答)$$

(2)　右側の線路で車両Bに作用する垂直抗力の大きさは $m_2g\cos\theta$，動摩擦力の大きさは $\mu m_2g\cos\theta$ であり，動摩擦力がした仕事の分，車両Bの力学的エネルギーは変化するから

$$m_2gh_4 - \dfrac{1}{2}m_2v_B{}^2 = -\mu m_2g\cos\theta \times \dfrac{h_4 - R}{\sin\theta}$$

が成立する。$\mu = \tan\theta$ と②を用いると

$$gh_4 - gh_3\left(\dfrac{2m_1}{m_1 + m_2}\right)^2 = -g(h_4 - R)$$

$$\therefore \quad \boldsymbol{h_4 = \dfrac{1}{2}R + 2h_3\left(\dfrac{m_1}{m_1 + m_2}\right)^2} \quad \cdots(答)$$

となる。

また，右側の線路と車両Bの間の静止摩擦係数を μ_0 とすると，一般に，動摩擦係数 μ との間に $\mu_0 > \mu$ の関係があるから

$$\mu_0 > \tan\theta$$

が成り立つ。したがって，車両Bが最高到達点にいったん停止したとき，線路から作用する静止摩擦力の最大値は

$$\mu_0 m_2 g\cos\theta > \tan\theta \times m_2 g\cos\theta = m_2 g\sin\theta$$

であり，重力の斜面方向の成分 $m_2 g\sin\theta$ より大きいから

車両Bは最高到達点に停止したままとなる。 …（答）

解　説

▶Ⅰ．円軌道の最下部で，車両の速さを V_0 とする。最下部から角 α 回転した位置で，車両の速さを V，レールから受ける垂直抗力の大きさを N とすると（右図）

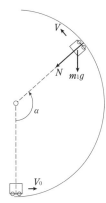

力学的エネルギー保存則の関係

$$\frac{1}{2}m_1 V_0^2 = m_1 gR(1-\cos\alpha) + \frac{1}{2}m_1 V^2$$

法線方向の運動方程式

$$m_1\frac{V^2}{R} = N - m_1 g\cos\alpha$$

が成立する（円運動する観測者の立場では，後者は遠心力を考慮したつりあいの式とみなすことになる）。この2式から

$$V^2 = V_0^2 - 2gR(1-\cos\alpha) \quad\cdots③$$

$$N = m_1\frac{V^2}{R} + m_1 g\cos\alpha \quad\cdots④$$

$$= m_1\frac{V_0^2}{R} + m_1 g(3\cos\alpha - 2) \quad\cdots⑤$$

が得られ，角 α が変化すると，V^2，N は右図のように変化する（ただし，V^2，N とも，負にならない範囲）。

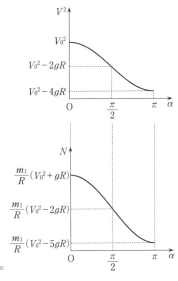

最下部 $\alpha=0$ から上昇するにしたがって，V^2，N とも減少する。$\alpha < \dfrac{\pi}{2}$ の範囲では，④より $N>0$ であるから，車両が円軌道から離れることはなく，$\alpha = \dfrac{\pi}{2}$ に達する前に $V=0$ になる位置があると，その点から円軌道を引き返すことになる。

$\alpha = \dfrac{\pi}{2}$ を通過した後は，$V = 0$ となる前に $N = 0$ になるから，最上部 $\alpha = \pi$ に達する前に $N = 0$ になる位置があれば，その点で車両は円軌道を離れて，そのときの速さ V で接線方向に飛び出すことになる。ただし，最上部では $N = 0$ になっても，車両が水平方向に動くと，次の瞬間には円軌道に戻るから，円軌道を離れることはない。したがって

車両が円軌道から離れずに円運動を続ける条件：

　　最上部 $\alpha = \pi$ で $N \geqq 0$　…⑦

であり，⑤より

　　$V_0 \geqq \sqrt{5gR}$　…⑥

となる。なお，車両がレールから離れない構造になっている場合

車両が円軌道から離れずに円運動を続ける条件：

　　最上部 $\alpha = \pi$ で $V^2 \geqq 0$　…④

であり，③より

　　$V_0 \geqq 2\sqrt{gR}$　　　（ただし，等号成立のときは，$\alpha = \pi$ で停止）

となる。

　本問の〔解答〕は，出発点と円軌道の最上部を比較して力学的エネルギー保存則を用いたが，類似の問題練習等により⑥の条件に見覚えがある場合は，出発点と円軌道の最下部を比較した力学的エネルギー保存則の関係

$$m_1 g h_1 = \dfrac{1}{2} m_1 V_0{}^2$$

と⑥から

$$V_0 = \sqrt{2gh_1} \geqq \sqrt{5gR} \qquad \therefore \quad h_1 \geqq \dfrac{5}{2}R$$

が求められる（⑥を記憶して公式のように用いるということではなく，見覚えのある式で安全な計算を行うということである）。

　なお，糸の振り子の場合，上記の「垂直抗力」を「張力」に置き換えれば，同様に扱うことができる。また，棒の振り子の場合は，レールから離れない構造になっている車両と同様に扱うことができる。

▶Ⅱ．2物体の衝突の前後では一般に，運動量の和が保存される。これに対し，力学的エネルギーが保存されるのは，はねかえり係数 $e = 1$ の弾性衝突だけである。本問のように，衝突後に一体となる場合は $e = 0$ であり，衝突の前後で力学的エネルギー保存則を用いることはできないことに注意。

　なお，Ⅱの計算を整理しておけば，Ⅲ(1)は同じ計算を繰り返さなくてすむ。

Ⅲ．▶(1) 〔解答〕で用いることはないが，$v_A = \dfrac{m_1 - m_2}{m_1 + m_2} u'$ であり，m_1 と m_2 の大小

関係により，衝突後の車両Ａの運動の向きは異なる。

▶(2)　質量 m の物体を静止摩擦係数 μ_0 の斜面上に置き，斜面の傾きをゆっくりと増加させて，物体が滑り出すときの角度を θ_0 とすると，重力の斜面方向の成分と最大摩擦力のつりあいより

$$mg\sin\theta_0 - \mu_0 mg\cos\theta_0 = 0 \qquad \therefore \quad \mu_0 = \frac{\sin\theta_0}{\cos\theta_0} = \tan\theta_0$$

が成り立つが，このときの角度 θ_0 を摩擦角という。

　一般に，動摩擦係数 μ との間に $\mu_0 > \mu$ の関係があるから，本問のように $\tan\theta = \mu$ となるように設定されていると

$$\tan\theta_0 > \tan\theta \qquad \therefore \quad \theta_0 > \theta$$

が成り立ち，θ は摩擦角 θ_0 より小さいから，いったん静止した物体が斜面を滑り落ちることはない。

テーマ

　鉛直面内の円運動は通常，力学的エネルギー保存則と，法線方向の円運動の関係（静止した観測者の立場で考えるなら運動方程式，円運動する観測者の立場で考えるなら，遠心力を考慮したつりあいの式）を用いて扱う。〔解説〕中に示した条件⑦・④は，知っておくべきである。

14

解　答

Ⅰ．(1)　恒星と惑星からなる系を考えると，この系
の重心は恒星と惑星の間にあるが，系に作用する外
力を無視すると，重心の速度は一定である。

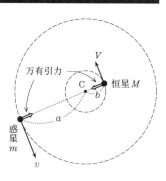

　惑星は点Cを中心として等速円運動しているが，
恒星から作用する万有引力は向心力となっているか
ら，この万有引力は点Cに向かう。一方，惑星は恒
星に万有引力を作用するが，運動量の保存を考慮す
ると，恒星は点Cをはさんで惑星と反対側にあり，
点Cを中心として等速円運動を行う。

　したがって，定点Cは恒星と惑星からなる系の重心であり，恒星と惑星を結ぶ線分
を $m:M$ に内分する位置にある。

(2)　恒星と点Cとの距離を b とすると，(1)の理由により

$$ma = Mb \qquad \therefore \quad b = \frac{m}{M}a \quad \cdots (答)$$

である。惑星と恒星の等速円運動の関係式をつくると

$$m\frac{v^2}{a} = M\frac{V^2}{b} = G\frac{Mm}{(a+b)^2} = G\frac{Mm}{\left(a + \frac{m}{M}a\right)^2} = G\frac{M^3 m}{(M+m)^2 a^2}$$

となるから

$$v = \frac{M}{M+m}\sqrt{\frac{GM}{a}} \quad \cdots (答)$$

$$V = \sqrt{\frac{mb}{Ma}}\,v = \frac{m}{M}v = \frac{m}{M+m}\sqrt{\frac{GM}{a}} \quad \cdots (答)$$

(3)　観測者が十分遠方にあるとき，下図のように，観測者と惑星を結ぶ方向が，点C
と惑星を結ぶ動径となす角は θ とみなせる。惑星の速度の視線方向の成分は

$$v_r = v\sin\theta \quad \cdots (答)$$

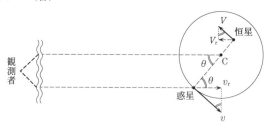

(4) $t=0$ において $\theta=0$ であり，$\theta=\dfrac{2\pi}{T}t$ と表されるから

$$v_r = v\sin\theta = v\sin\dfrac{2\pi}{T}t$$

$$V_r = -V\sin\theta = -V\sin\dfrac{2\pi}{T}t$$

となる。グラフは下図。

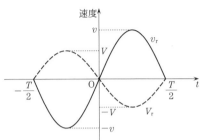

Ⅱ. (1) 恒星が静止している場合に発する光の振動数を f_0 とすると

$$\lambda_0 = \dfrac{c}{f_0}, \qquad \lambda = \dfrac{c+V_r}{f_0} \qquad \therefore \quad \Delta\lambda = \lambda - \lambda_0 = \dfrac{V_r}{f_0} = \dfrac{V_r}{c}\lambda_0$$

となる。Ⅰ(4)の結果を用いると

$$\Delta\lambda = -\dfrac{V\lambda_0}{c}\sin\theta \quad \cdots(\text{答})$$

(2) Ⅱ(1)の結果より $\left|\dfrac{\Delta\lambda}{\lambda_0}\right| = \dfrac{V}{c}|\sin\theta|$ となり，この最大値は $\left|\dfrac{\Delta\lambda}{\lambda_0}\right|_{\max} = \dfrac{V}{c}$ である。さらに，Ⅰ(2)の結果を用いると

$$\left|\dfrac{\Delta\lambda}{\lambda_0}\right|_{\max} = \dfrac{1}{c}\times\dfrac{m}{M+m}\sqrt{\dfrac{GM}{a}}$$

$$\therefore \quad a = \dfrac{GM}{c^2}\left(\dfrac{m}{M+m}\right)^2\dfrac{1}{\left(\left|\dfrac{\Delta\lambda}{\lambda_0}\right|_{\max}\right)^2} \leqq \dfrac{GM}{c^2}\left(\dfrac{m}{M+m}\right)^2\times 10^{14} \quad \cdots(\text{答})$$

(3) Ⅰ(2)の結果を用いて

$$T = \dfrac{2\pi a}{v} = 2\pi\sqrt{\dfrac{a^3(M+m)^2}{GM^3}} = 2\pi\sqrt{\dfrac{a^3}{GM}\left(1+\dfrac{m}{M}\right)^2}$$

$$= 2\pi\sqrt{\dfrac{a^3}{GM}} \qquad \left(\dfrac{m}{M}\to 0 \text{ とした}\right)$$

となり，さらにⅡ(2)の結果でも，$\dfrac{m}{M}\to 0$ とすると

$$a \leqq \dfrac{GM}{c^2}\left(\dfrac{m}{M}\right)^2\times 10^{14} = \dfrac{Gm^2}{c^2M}\times 10^{14}$$

となるから

$$T \leqq 2\pi \sqrt{\frac{1}{GM}\left(\frac{Gm^2}{c^2M}\times10^{14}\right)^3} = \frac{2\pi Gm^3}{c^3M^2}\times10^{21}$$

$$= \frac{2\times3\times7\times10^{-11}\times(2\times10^{27})^3}{(3\times10^8)^3\times(2\times10^{30})^2}\times10^{21} = 3.1\times10^7 \fallingdotseq 3\times10^7\,(\mathrm{s})$$

となる。すなわち，求める条件は

$$T \leqq 3\times10^7\,(\mathrm{s}) \quad \cdots(答)$$

解　説

Ⅰ．▶(1)　恒星も静止しているのではなく，等速円運動を行っていることに注意。外力が作用しない物体系では，系の運動量は保存され，系の重心の速度は一定である。惑星と恒星は，これらからなる系の重心の位置を中心として，それぞれが等速円運動を行う。

　　重心は静止しているとは限らず，重心が等速度で動く場合は，移動する重心を中心として，惑星と恒星がそれぞれ，等速円運動を行う。

▶(2)　惑星と恒星の間の距離が $a+b$ になることに注意して，万有引力を表す。$mv-MV=0$ となるが，これは運動量保存則の関係を表している。なお，M が m に比べて十分大きく，$\dfrac{m}{M}\to0$ とみなせる場合，$v=\sqrt{\dfrac{GM}{a}}$，$V=0$ となり，静止した恒星の周囲を惑星が運動する場合の関係を表している。

▶(3)　惑星の公転半径 a に比べて十分遠方から観測すると，惑星から観測者に向かう方向は，定点Cと観測者を結ぶ方向と平行とみなせる。

▶(4)　公転の角速度は $\omega=\dfrac{2\pi}{T}$ であり，初期条件を考慮すると，$\theta=\omega t$ と表されることがわかる。

　　(1)の〔解答〕の図より，惑星と恒星の速度は逆向きであることがわかる。

Ⅱ．▶(1)　光波のドップラー効果は，音波のような力学的な波とは機構が異なるが，同様の関係式を用いることができる。

▶(2)　$\theta=\pm\dfrac{\pi}{2}$ のときに $\sin\theta=\pm1$ となり，視線速度の大きさが最大で，波長の変化量 $\varDelta\lambda$ の大きさが最大になる。

▶(3)　$3\times10^7\,(\mathrm{s})\fallingdotseq1$年　である。

テーマ

　　外力が作用しない物体系では，系の運動量は保存され，系の重心の速度は一定である。運動量保存則の関係から，重心速度一定の関係は容易に導かれる。

15

解 答

Ⅰ. (1)　円筒の中点 C から荷電粒子の位置までの距離を x とする（右図）。円筒を水平面内で点 C の回りに角速度 ω で回転させるとき，粒子には遠心力が作用し，その大きさは $mx\omega^2$ である。また，粒子は速さ $v=x\omega$ で回転運動することになり，ローレンツ力が円筒の方向に作用するが，これが点 C を向けば粒子は逃げない。

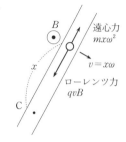

したがって，円筒は**右回転**をさせればよい。 …(答)

ここで，ローレンツ力の大きさは $qvB=qx\omega B$ であるから，次の条件が必要である。

$$qx\omega B \geqq mx\omega^2$$

$$\therefore\quad \omega \leqq \frac{qB}{m} \quad \cdots(答)$$

(2)　荷電粒子が点 C から距離 x の位置にあるとき，円筒に沿って外向きを正とすると，粒子に作用する力は

$$F = mx\omega^2 - qx\omega B$$
$$= -Kx \qquad (ただし，K=\omega(qB-m\omega))$$

と表される。$\omega < \dfrac{qB}{m}$ が成立するとき，$K>0$ になり，この力は単振動の復元力になる。よって単振動の周期は

$$T = 2\pi\sqrt{\frac{m}{K}} = 2\pi\sqrt{\frac{m}{\omega(qB-m\omega)}} \quad \cdots(答)$$

(3)　荷電粒子を円筒から逃がすには，(1)より $\omega > \dfrac{qB}{m}$ が必要である。

円筒を回転させる仕事は，粒子の運動エネルギーになるから，粒子を逃がすのに必要な仕事が最小になるのは，円筒の端 $x=L$ にあった粒子が飛び出る場合である。このとき，粒子の速さ V は

$$V = L\omega > \frac{qBL}{m}$$

であるから，円筒の回転に要する仕事は

$$\frac{1}{2}mV^2 > \frac{m}{2}\left(\frac{qBL}{m}\right)^2 = \frac{(qBL)^2}{2m} \ (=W) \quad \cdots(答)$$

Ⅱ. (1)　2 つの荷電粒子は同じ条件であるから，一方だけについて考察すればよい。

遠心力，ローレンツ力，静電気力を考慮して（右図），
つりあいの式をつくると

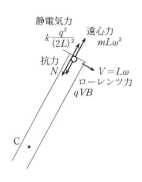

静電気力　$k\dfrac{q^2}{(2L)^2}$　遠心力　$mL\omega^2$

抗力　N　　$V=L\omega$　ローレンツ力　qVB

C

$$N + q \cdot L\omega \cdot B = mL\omega^2 + k\frac{q^2}{(2L)^2} \quad \cdots ①$$

$$\therefore \quad \boldsymbol{N = L\omega\,(m\omega - qB) + \dfrac{kq^2}{4L^2}} \quad \cdots（答）$$

(2)　荷電粒子がフタから離れると $N=0$ であるから，①
は

$$m\omega^2 - qB\omega + \frac{kq^2}{4L^3} = 0 \quad \cdots ②$$

となる。これを ω に関する2次方程式とみなすと，ω の実数値が解として存在する
ためには

$$(qB)^2 - 4m \cdot \frac{kq^2}{4L^3} > 0 \qquad \therefore \quad \boldsymbol{B^2 L^3 > km} \quad \cdots（答）$$

(3)　②より

$$\omega = \frac{qB}{2m} \pm \sqrt{\left(\frac{qB}{2m}\right)^2 - \frac{kq^2}{4mL^3}}$$

が得られる。題意より，小さい方の解が ω_1 であるから

$$\omega_1 = \frac{qB}{2m} - \sqrt{\left(\frac{qB}{2m}\right)^2 - \frac{kq^2}{4mL^3}}$$

となる。

　ゆっくりと角速度を上げていくと，各瞬間，荷電粒子に作用する力はつりあってい
るとみなせる。角速度が ω のとき，点Cから粒子の位置までの距離を X とすると，
②と同様にして

$$\omega\,(m\omega - qB) + \frac{kq^2}{4X^3} = 0$$

$$\therefore \quad X^3 = \frac{kq^2}{4\omega\,(qB - m\omega)}$$

が得られ，ω と X^3 の関係を表すグラフは右図のよ
うになる。

　したがって，ω を ω_1 よりゆっくり大きくしてい

くと，つりあいの位置は中点Cに近づき，$\omega = \dfrac{qB}{2m}$

のときに最も近づくが，$X=0$ とはならない。この
後，粒子はフタに向かって戻り，フタに再び達した後は中点Cに向かうことはない。
　よって　　　(c)　…（答）

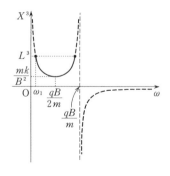

解 説

Ⅰ. ▶(1) 荷電粒子に作用する遠心力の大きさ $mx\omega^2$, ローレンツ力の大きさ $qx\omega B$ は, 粒子の位置によって変化する。しかし, 共に, 点 C からの距離 x に比例しているから, これらの大小関係が粒子の位置によって変化することはない。

　遠心力は ω^2, ローレンツ力は ω に比例するから, 角速度 ω が小さいとローレンツ力の方が大きいが, ω が大きいと遠心力の方が大きくなる。本問では, 粒子を円筒から逃がさない条件を問われているから, ω の最大値を求めることになる。

▶(2) 物体が単振動をする場合, その物体に作用する力の合力は $F = -Kx$ の形に表される（$K > 0$）。この周期が $T = 2\pi\sqrt{\dfrac{m}{K}}$ となることは, 基本公式である。

▶(3) $\omega > \dfrac{qB}{m}$ が成立していても, 荷電粒子の位置が円筒の端でなければ, 円筒の端まで移動させるために, 余分の仕事を要する。

▶Ⅱ. 最初, 円筒が静止しているとき, 遠心力とローレンツ力は作用せず, 静電気力が斥力として作用するから, 荷電粒子はフタに押し付けられていることになる。円筒を回転させると, 遠心力とローレンツ力が生じるが, 角速度 ω が小さいときはローレンツ力の方が大きいから, 静電気力があまり大きくなければ, 粒子はフタから離れて点 C に近づいていく。ω が大きくなると遠心力が大きくなるから, 粒子はフタに向かって戻り, フタに再び達した後, 点 C に向かって動き出すことはない。

テーマ

　力学と電磁気学の融合した総合問題である。
　円運動を扱うとき, 静止した観測者（慣性系）から考えるか（向心加速度を考慮する）, 共に円運動する観測者から考えるか（遠心力を考慮する）, 立場を明確にする必要がある。本問では, 荷電粒子と共に円運動する立場で, 遠心力を考慮する方が扱いやすい。

4　単振動

16

解　答

Ⅰ. (1)　時刻 $t=0 \sim t_1$ の加速区間は，初速度 0，加速度 a_1 の等加速度直線運動であるから，時刻 $t=t_1$ における台車の速度を v_1 とすると

$$v_1 = a_1 t_1 \quad \cdots(答)$$

移動した距離を x_{12} とすると，時刻 $t=0 \sim (t_1+t_2)$ の間の台車の速度 v と時刻 t の関係のグラフの面積であるから

$$x_{12} = a_1 t_1 t_2 \quad \cdots(答)$$

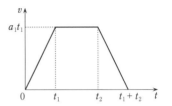

(2)　時刻 $t=0 \sim (t_1+t_2)$ の間の台車の位置 y と時刻 t の関係は，右図のようになるから，時刻 $t=t_1+t_2$ における物体の y 座標は 0，台車に対する相対速度は 0。
…(答)

(3)　$t=\dfrac{T}{2}$ における物体の y 座標を y_2 とする。時刻 $t=0 \sim T$ の間の台車の位置 y と時刻 t の関係は，右下図のようになるから，振幅に着目すると

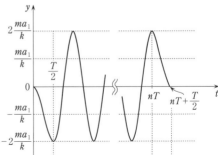

$$y_2 - \left(-\frac{ma_2}{k}\right) = \left(-\frac{ma_2}{k}\right) - y_0 \quad \cdots ⓐ$$

$$y_2 - \frac{ma_2}{k} = \frac{ma_2}{k} - 0 \quad \cdots ⓑ$$

ⓐ，ⓑより

$$y_0 = -4\frac{ma_2}{k}$$

$$\therefore \quad a_2 = -\frac{k y_0}{4m} \quad \cdots(答)$$

$$y_2 = 2\frac{ma_2}{k} = 2\frac{m}{k} \times \left(-\frac{k y_0}{4m}\right)$$

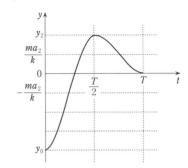

$$= -\frac{1}{2}y_0 \quad \cdots(\text{答})$$

Ⅱ．(1)　質点にはたらく重力と慣性力の棒に垂直な成分を求め，$\sin\theta \fallingdotseq \theta$，$\cos\theta \fallingdotseq 1$ の近似式を用いると

$$f = mg\sin\theta - ma\cos\theta \fallingdotseq \boldsymbol{mg\theta - ma} \quad \cdots(\text{答}) \quad \cdots ⓒ$$

(2)　**ア・イ．**　図1－3のグラフから，時刻 $t=0$ から $t=\dfrac{T}{2}$ の間の振動中心の角度 θ を θ_{R} とすると，単振動の周期が $T = 2\pi\sqrt{\dfrac{l}{g}}$ であるから，角振動数は $\omega = \sqrt{\dfrac{g}{l}}$，振幅 は $A = \dfrac{\theta_0 - \theta_1}{2}$，$\theta_{\mathrm{R}} = \theta_0 - A = \dfrac{\theta_0 + \theta_1}{2}$ となる。

よって，グラフの式は

$$\theta = A\cos\omega t + \theta_{\mathrm{R}}$$
$$= \frac{\theta_0 - \theta_1}{2}\cos\sqrt{\frac{g}{l}}\,t + \frac{\theta_0 + \theta_1}{2} \quad \cdots ⓓ$$

（答）　**ア―②，イ―①**

ウ．　この倒立振子の先端の質点の運動のように，z 軸上で，$z = z_0$ を振動中心として，角振動数 ω で単振動する質量 m の質点にはたらく復元力 F は

$$F = -m\omega^2(z - z_0) \quad \cdots ⓔ$$

で表される。変位を z とすると

$$z = l\sin\theta \fallingdotseq l\theta$$

振動中心の位置 z_0 は

$$z_0 = l\sin\theta_{\mathrm{R}} \fallingdotseq l\theta_{\mathrm{R}} = l\cdot\frac{\theta_0 + \theta_1}{2}$$

であるから，これらをⓔに代入すると

$$F = -m\frac{g}{l}\left(l\theta - l\cdot\frac{\theta_0 + \theta_1}{2}\right)$$
$$= -mg\left(\theta - \frac{\theta_0 + \theta_1}{2}\right) \quad \cdots ⓕ$$

（答）　**ウ―⑩**

エ・オ．　f が F に等しければよいから，ⓒ，ⓕより

$$-mg\left(\theta - \frac{\theta_0 + \theta_1}{2}\right) = mg\theta - ma = -mg\left(-\theta + \frac{a}{g}\right)$$

よって

$$\theta - \frac{\theta_0 + \theta_1}{2} = -\theta + \frac{a}{g} \qquad \therefore \quad a = \left(2\theta - \frac{\theta_0 + \theta_1}{2}\right)g$$

これにⓓを代入すると

$$a = \left\{2\times\left(\frac{\theta_0 - \theta_1}{2}\cos\sqrt{\frac{g}{l}}\,t + \frac{\theta_0 + \theta_1}{2}\right) - \frac{\theta_0 + \theta_1}{2}\right\}g$$

$$= \left\{ (\theta_0 - \theta_1) \cos \sqrt{\frac{g}{l}}\, t + \frac{\theta_0 + \theta_1}{2} \right\} g \quad \cdots ⓖ \qquad\qquad (答)\quad \textbf{エ—④, オ—①}$$

ⅰ. この加速度を

$$a = (\theta_0 - \theta_1) \cdot g \cos \sqrt{\frac{g}{l}}\, t + \frac{\theta_0 + \theta_1}{2} \cdot g$$

$$= a_1(t) + a_2$$

と書くと, 第1項 $a_1(t)$ が cos の形 (三角関数) で変化することは, 第1項による質点の運動が単振動であることを表している。ここで, 単振動における時刻 $t=0$ のときの速度は 0, $t=\dfrac{T}{2}$ のときの速度は 0 であるから, この間の第1項による速度変化は 0 である。

また, 第2項 a_2 は, 質点が一定の加速度をもつことを表しているから, 時刻 $t=0$ から $t=\dfrac{T}{2}$ までの第2項による速度変化 v_1 は

$$v_1 = a_2 \times \left(\frac{T}{2} - 0 \right) = \frac{\theta_0 + \theta_1}{2} \cdot g \times \pi \sqrt{\frac{l}{g}}$$

$$= \frac{\theta_0 + \theta_1}{2} \pi \sqrt{gl} \quad \cdots ⓗ \qquad\qquad (答)\quad ⅰ.\ \boldsymbol{\dfrac{\theta_0 + \theta_1}{2} \pi \sqrt{gl}}$$

ⅱ. 図1−3のグラフから, 時刻 $t=\dfrac{T}{2}$ から $t=T$ の間では, ⓓで, $\theta_0 \to \theta_1$, $\theta_1 \to 0$, $t \to t - \dfrac{T}{2}$ と置き換えたものに等しいから, グラフの式は

$$\theta = \frac{\theta_1}{2} \cos \sqrt{\frac{g}{l}} \left(t - \frac{T}{2} \right) + \frac{\theta_1}{2}$$

ⓖ, ⓗも同様にして

$$a = \left\{ \theta_1 \cos \sqrt{\frac{g}{l}} \left(t - \frac{T}{2} \right) + \frac{\theta_1}{2} \right\} g$$

$$v_2 = \frac{\theta_1}{2} \pi \sqrt{gl} \quad \cdots ⓘ \qquad\qquad (答)\quad ⅱ.\ \boldsymbol{\dfrac{\theta_1}{2} \pi \sqrt{gl}}$$

ⅲ. 時刻 $t=T$ において $\theta=0$ に戻り静止するから

$$v_1 + v_2 = 0$$

ⓗ, ⓘより

$$\frac{\theta_0 + \theta_1}{2} \pi \sqrt{gl} + \frac{\theta_1}{2} \pi \sqrt{gl} = 0$$

$$\therefore\ \theta_1 = -\frac{1}{2} \theta_0 \qquad\qquad (答)\quad ⅲ.\ -\dfrac{1}{2}$$

解　説

I. ▶(1)　水平な床面上の台車の運動である。時刻 $t = t_2 \sim (t_1 + t_2)$ の間で，台車が減速している時間は t_1 であるので，時刻 $t = 0 \sim (t_1 + t_2)$ の加速，等速，減速の各区間での移動距離の和を x_{12} とすると

$$x_{12} = \left(\frac{1}{2}a_1 t_1{}^2\right) + a_1 t_1 \times (t_2 - t_1) + \left(a_1 t_1 \times t_1 - \frac{1}{2}a_1 t_1{}^2\right)$$
$$= a_1 t_1 t_2$$

▶(2)　台車に対する物体の運動は単振動であり，周期は $T = 2\pi\sqrt{\dfrac{m}{k}}$ である。台車に固定された座標系での物体の運動であるから，慣性力を考える必要がある。加速，等速，減速の各区間で，振動中心が異なることに注意する。

時刻 $t = 0 \sim \dfrac{T}{2}$ の加速区間では，物体の単振動の振動中心は，弾性力と慣性力のつりあいの位置であるから，その y 座標を y_L とすると

$$(-ky_L) + (-ma_1) = 0 \qquad \therefore \quad y_L = -\frac{ma_1}{k}$$

よって，この区間では，物体は $y = 0$ から振動をはじめ，$y = -\dfrac{ma_1}{k}$ を振動中心として，$y = -2\dfrac{ma_1}{k}$ の位置まで移動し，この位置で台車に対して静止する。

時刻 $t = \dfrac{T}{2} \sim nT$ の等速区間では，加速度が 0 であるから，物体は $y = 0$ を振動中心として，$y = -2\dfrac{ma_1}{k}$ から振動をはじめ，$y = 2\dfrac{ma_1}{k}$ との間を $\left(n - \dfrac{1}{2}\right)$ 回振動する。

時刻 $t_2 = nT$ では，$y = 2\dfrac{ma_1}{k}$ の位置まで移動し，この位置で台車に対して静止する。

時刻 $t = nT \sim \left(nT + \dfrac{T}{2}\right)$ の減速区間では，物体は $y = 2\dfrac{ma_1}{k}$ から振動をはじめ，$y = \dfrac{ma_1}{k}$ を振動中心として，$y = 0$ の位置まで移動し，この位置で台車に対して静止する。すなわち，時刻 $t = t_1 + t_2$ における物体の y 座標は 0，台車に対する相対速度は 0 である。

▶(3)　時刻 $t = 0 \sim \dfrac{T}{2}$ の加速区間では，物体は $y = y_0$ から振動をはじめ，$y = -\dfrac{ma_2}{k}$ を振動中心として，$y = y_2$ の位置まで移動し，この位置で台車に対して静止する。よって，振動中心に対して左右の振幅が等しいことを用いると

$$y_2 - \left(-\frac{ma_2}{k}\right) = \left(-\frac{ma_2}{k}\right) - y_0 \quad \cdots ⓐ$$

時刻 $t = \dfrac{T}{2} \sim T$ の減速区間では，物体は $y = y_2$ から振動をはじめ，$y = \dfrac{ma_2}{k}$ を振動中心として，$y = 0$ の位置まで移動し，この位置で台車に対して静止する。よって，同様に

$$y_2 - \frac{ma_2}{k} = \frac{ma_2}{k} - 0 \quad \cdots ⓑ$$

(2)では，最初の位置 $y = 0$ が振動の右端であるが，(3)では，最初の位置 $y = y_0$ が振動の左端である。

Ⅱ．▶(1) 変位角 θ の大きさが十分小さい振動では，質点にはたらく力 f が，θ の 1 次式になることがわかる。

▶(2) 質点にはたらく力のつりあいの位置が振動中心であり，このときの θ を θ_R とおくと

$$mg\theta_R - ma = 0$$

$$\therefore \quad \theta_R = \frac{a}{g}$$

振動のグラフが図1－3で与えられているので，グラフを式で表すことを考える。単振動であることがわかっているから，$0 \leqq t \leqq \dfrac{T}{2}$ でのグラフの式は，角度 θ の振幅を A とすると

$$\theta = A\cos\omega t + \theta_R$$

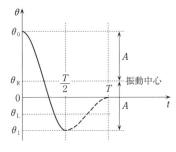

ⅰ．題意の加速度 a の式の第1項

$$a_1(t) = (\theta_0 - \theta_1) \cdot g\cos\sqrt{\frac{g}{l}}\, t$$

は，加速度が時刻 t を変数とする三角関数の式で表されている。質点の運動が単振動である場合は，加速度，速度，変位が時刻 t を変数とする三角関数の式で表されることを利用する。

なお，微分を用いると以下のように求められる。

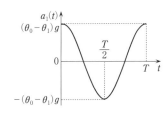

エ，オより，加速度 a が時刻 t の関数として

$$a = (\theta_0 - \theta_1) \cdot g\cos\sqrt{\frac{g}{l}}\,t + \frac{\theta_0 + \theta_1}{2}\cdot g$$

であるとき，v-t グラフの傾きが加速度 a を表す

こと，すなわち，$a = \dfrac{dv}{dt}$ であることから，速度 v

は a を t で積分して，初期条件 $t=0$ のとき $v=0$ を用いると

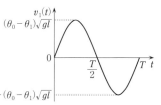

$$v = (\theta_0 - \theta_1) \cdot \sqrt{gl}\sin\sqrt{\frac{g}{l}}\,t + \frac{\theta_0 + \theta_1}{2}\cdot gt$$

$$v_1 = v\left(\frac{T}{2}\right) - v(0)$$

$$= (\theta_0 - \theta_1) \cdot \sqrt{gl}\sin\left(\sqrt{\frac{g}{l}}\cdot\pi\sqrt{\frac{l}{g}}\right) + \frac{\theta_0 + \theta_1}{2}\cdot g \cdot \pi\sqrt{\frac{l}{g}}$$

$$= \frac{\theta_0 + \theta_1}{2}\pi\sqrt{gl}$$

ⅱ・ⅲ．時刻 $t=0$ から $t = \dfrac{T}{2}$ の間において，θ，a，v_1 を求めたのと同様に，時刻

$t = \dfrac{T}{2}$ から $t = T$ の間において，θ，a，v_2 を求めればよい。

テーマ

　Ⅰ．等加速度運動をする台車上のばね振り子の問題である。台とともに運動する観測者から見ると，弾性力と慣性力のつりあいの位置が振動中心であるから，加速度の符号によって振動中心の位置がずれる。単振動の問題は，振動中心と振動の両端の位置を把握し，グラフを描けば容易に処理できる。

　Ⅱ．倒立振子の問題である。質点の変位が角度 θ と時刻 t のグラフで与えられているので，振動中心と振動の両端の位置がわかる。$z = z_0$ を振動中心として，角振動数 ω で単振動する質量 m の質点では，復元力が $F = -m\omega^2(z - z_0)$ であることと，加速度，速度，変位が時刻 t の三角関数の式で表されることを利用すればよい。

　●出題の意図（東京大学 発表）

　　時間変化する慣性力と復元力を分析し，運動の規則性を見抜くことができるかを問う。物体の運動に関する基本的な取り扱いに加え，状況に応じた論理的で柔軟な思考力を求めている。

17

解 答

I. (1) 小球が最初に最下点を通過するときの, 小球の速度の x 成分を v_0, 台の速度の x 成分を V_0 とすると, x 軸方向の運動量保存則より

$$0 = MV_0 + mv_0$$

小球の最下点での位置を重力による位置エネルギーの基準とすると, 力学的エネルギー保存則より

$$mgL(1 - \cos\theta_0) = \frac{1}{2}MV_0{}^2 + \frac{1}{2}mv_0{}^2$$

$v_0 > 0$ に注意して

$$v_0 = \sqrt{\frac{2M}{M+m}gL(1-\cos\theta_0)} \quad \cdots (答)$$

(2) 点Pから距離 l だけ離れた糸上の点をRとする。台とともに移動する点Pから見ると, 点Pから点Rまでの距離は小球までの距離の $\dfrac{l}{L}$ 倍となるので, 台に対する点Rの速度も台に対する小球の速度の $\dfrac{l}{L}$ 倍となる。台に対する小球の速度の x 成分は $v - V$ となるので, 点Rの台に対する速度の x 成分は

$$\frac{l}{L}(v - V)$$

よって, 点Rの床に対する速度の x 成分は

$$\frac{l}{L}(v - V) + V \quad \cdots (答)$$

(3) x 軸方向の運動量保存則より

$$0 = MV + mv$$

点Qは x 軸方向には運動しないので, (2)より

$$\frac{l_0}{L}(v - V) + V = 0$$

2式より

$$l_0 = \frac{V}{V-v}L = \frac{V}{V + \dfrac{M}{m}V}L$$

$$= \frac{m}{M+m}L \quad \cdots (答)$$

(4) 点Qから小球までの距離は $L-l_0$ なので，点Qから見た小球の運動は長さ $L-l_0$ の糸に質量 m のおもりがつけられた振り子と考えられる。振れ角 θ_0 が十分小さいとき，おもりの振動は単振動となるので，その周期 T_1 は

$$
\begin{aligned}
T_1 &= 2\pi\sqrt{\frac{L-l_0}{g}} \\
&= 2\pi\sqrt{\frac{L-\dfrac{m}{M+m}L}{g}} \\
&= 2\pi\sqrt{\frac{ML}{(M+m)g}} \quad \cdots (\text{答})
\end{aligned}
$$

Ⅱ．(1) 台とともに運動する観測者には，小球に対して x 軸の負の向きに慣性力がはたらくように見える。慣性力と重力の合力である見かけの重力の向きが，鉛直下向きから時計回りに ϕ の角度をなすとすると

$$
\tan\phi = \frac{ma}{mg} = \frac{a}{g}
$$

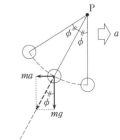

見かけの重力方向

小球の運動は，糸の向きが見かけの重力の向きと同じになるときが振動中心であり，糸が鉛直下向きになるときに小球は台に対して静止するので，糸が鉛直下向きから時計回りに 2ϕ の角度をなすときも小球は台に対して静止する。そのとき，小球の高さが最大となる。よって，時刻 $t=t_0$ での小球の高さを H とすると

$$
\begin{aligned}
H &= h + L(1-\cos 2\phi) \\
&= h + 2L\sin^2\phi \\
&= h + 2L\frac{a^2}{a^2+g^2} \quad \cdots (\text{答})
\end{aligned}
$$

(2) 時刻 $t=t_0$ における台の速度は at_0 となる。このとき，小球は台に対して静止しているので，小球の速度も at_0 となる。小球と台の物体系に加えた外力 $F(t)$ がした仕事 W は，小球と台の力学的エネルギーの変化となる。したがって

$$
\begin{aligned}
W &= \left\{ mgH + \frac{1}{2}(m+M)(at_0)^2 \right\} - mgh \\
&= mg\cdot 2L\frac{a^2}{a^2+g^2} + \frac{1}{2}(m+M)(at_0)^2 \\
&= 2mgL\frac{a^2}{a^2+g^2} + \frac{1}{2}(m+M)(at_0)^2 \quad \cdots (\text{答})
\end{aligned}
$$

(3) $t=0$ のとき，台の x 軸方向の運動方程式より

$$
Ma = F(0)
$$

$t=t_0$ のとき，糸の張力の大きさを S とすると，台の x 軸方向の運動方程式より

$$Ma = F(t_0) - S \cdot \sin 2\phi$$

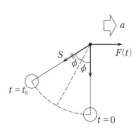

台に対する小球の円運動の中心方向の運動方程式より，$t = t_0$ では小球は台に対して静止していることに注意すると，向心加速度は 0 であるから

$$0 = S - m\sqrt{g^2 + a^2}\cos\phi$$

よって

$$
\begin{aligned}
F(t_0) &= Ma + m\sqrt{g^2 + a^2}\cos\phi\sin 2\phi \\
&= Ma + m\sqrt{g^2 + a^2} \cdot 2\sin\phi\cos^2\phi \\
&= Ma + m\sqrt{g^2 + a^2} \cdot 2\frac{a}{\sqrt{g^2 + a^2}}\left(\frac{g}{\sqrt{g^2 + a^2}}\right)^2 \\
&= Ma + ma\frac{2g^2}{g^2 + a^2}
\end{aligned}
$$

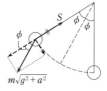

ここで，$0 < a < g$ より $1 < \dfrac{2g^2}{g^2 + a^2} < 2$ であるから

$$(M + m)a < F(t_0) < (M + 2m)a$$

よって，適切なグラフは　**イ**　…(答)

⑷　時刻 $t = t_0$ での台の速度と等しく，x 軸方向の正の向きに速度 at_0 で移動する観測者には，Ⅰの θ_0 を 2ϕ に置き換えたのと同じような運動に見えるので，点Qは x 軸方向に運動しない。

よって，点Qの速度の x 成分は　**at_0**　…(答)

a が g に比べて十分小さいとき，ϕ も十分小さくなるので，Ⅰ⑷と同様に，点Qから見た小球の運動は長さ $L - l_0$ の糸に質量 m のおもりがつけられた振り子の単振動と考えられるので，周期 T_2 は

$$T_2 = 2\pi\sqrt{\frac{ML}{(M + m)g}} \quad …(答)$$

解　説

Ⅰ．▶⑴　小球が最下点を通過するとき，台に対する小球の速さが最大となる。小球と台の x 軸方向の運動量保存則と力学的エネルギー保存則から，小球と台の速度が求まる。

▶⑵　点Pから距離 l だけ離れた糸上の点Rは，点Pと小球を結ぶ線分を $l : (L - l)$ に内分する点である。よって，台に対する点Rの移動距離・速度・加速度は小球のそれらに比べて $\dfrac{l}{L}$ 倍となる。

▶⑶　x 軸方向の運動量保存則を用いると，点Qの位置が求まる。点Qは，台と小球の重心の位置である。台の質量 M が点Pにあると考えるとわかりやすい。点Qは点

Pと小球を結ぶ線分を $m:M$ に内分する点となる。

▶(4)　点Qは移動しないので，点Qを支点とした小球の振り子と考えることができる。

この振り子について，糸が鉛直方向と角度 θ をなすとき，小球
の軌道に沿った振動中心Oからの変位を x，加速度を a とする
と，運動方程式より

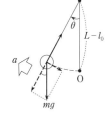

$$ma = -mg\sin\theta$$

$$a = -g\sin\theta \fallingdotseq -g\theta = -g\frac{x}{L-l_0} = -\frac{g}{L-\dfrac{m}{M+m}L}x$$

$$= -\frac{M+m}{M}\frac{g}{L}x$$

これは，角振動数 $\omega_1 = \sqrt{\dfrac{M+m}{M}\dfrac{g}{L}}$ の単振動である。

よって，周期 T_1 は

$$T_1 = \frac{2\pi}{\omega_1} = 2\pi\sqrt{\frac{ML}{(M+m)g}}$$

この台と小球の運動は次のように考えることもできる。

床に対する台の加速度を α，台に対する小球の加
速度を β，糸が鉛直方向から角度 θ をなすとき，
糸の張力の大きさを S とすると

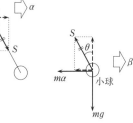

　　床に対する台の水平方向の運動方程式：

$$M\alpha = S\sin\theta$$

　　台に対する小球の水平方向の運動方程式：

$$m\beta = -S\sin\theta - m\alpha$$

α を消去すると

$$m\beta = -\frac{M+m}{M}\cdot S\sin\theta \qquad \therefore \quad \frac{Mm}{M+m}\beta = -S\sin\theta$$

これは，質量 $\dfrac{Mm}{M+m}$ の物体が大きさ $S\sin\theta$ の張力を受けて単振り子の運動をしてい

る式である。この $\dfrac{Mm}{M+m}$ を換算質量という。

θ が十分小さいときの近似式 $\sin\theta \fallingdotseq \theta = \dfrac{x}{L}$ を用いると，小球の鉛直方向の力のつりあ

いの式は

$$S\cos\theta = mg \qquad \therefore \quad S \fallingdotseq mg$$

となるので

$$\frac{Mm}{M+m}\beta = -mg\cdot\frac{x}{L} \qquad \therefore \quad \beta = -\frac{M+m}{M}\cdot\frac{g}{L}x$$

これは，角振動数 $\sqrt{\dfrac{(M+m)g}{ML}}$ の単振動であり，周期 T_1 は $T_1 = 2\pi\sqrt{\dfrac{ML}{(M+m)g}}$ となる。

Ⅱ. ▶(1) 台とともに等加速度運動する観測者には，小球に見かけの力である慣性力がはたらくように見えるため，重力と慣性力の合力が見かけの重力としてはたらく。振り子の振動の中心は，糸が見かけの重力と同じ向きになるときである。振動の一方の端は，振り子の糸が鉛直下向きとなるときなので，他方の端は，振動の中心における糸の角度 ϕ に対して，倍の角度の 2ϕ となるときである。

▶(2) 時刻 $t=0$ と $t=t_0$ では，小球は台に対して静止していることに注意する。力学的エネルギーと仕事の関係から計算する。

▶(3) 台には力 $F(t)$ と糸の張力，床からの垂直抗力がはたらく。台が x 軸方向に加速度 a で等加速度運動することから，力 $F(t)$ と糸の張力の x 軸方向の成分を用いて運動方程式をつくる。

小球の加速度の x 軸方向成分は一定ではないから，糸の張力を求めるために，台に対する小球の円運動（振り子運動）の運動方程式をつくる。このとき，小球にはたらく力は，糸の張力と見かけの重力である。運動の途中の代表的な点を $2 \sim 3$ 点求めて，グラフの概略をつかめばよい。

▶(4) 小球と台の物体系の重心の速度 v_G は，$v_G = \dfrac{MV + mv}{M + m}$ である。物体系に外力の力積が加わらないとき，物体系の運動量は保存するから，重心の速度は変化しない。小球と台がともに速度 at_0 で運動しているとき，重心の速度も at_0 である。時刻 $t=t_0$ での台の速度と等しい速度で運動する観測者には，小球と台の運動を Ⅰ(4)と同様に考えることができるというのがポイントである。

テーマ

振り子が取り付けられた台の運動を考える力学の問題である。振り子の運動を考えるとき，静止した観測者の視点で考えるだけでなく，台とともに移動する観測者の視点で考える必要がある。

Ⅰ. 台と小球の物体系に，非保存力が仕事を加えないとき力学的エネルギーは保存され，外力が力積を加えないとき運動量は保存する。

質量がそれぞれ m_1, m_2 の2物体が位置 x_1, x_2 にあり，速度が v_1, v_2 であるとき，重心の位置は $\dfrac{m_1 x_1 + m_2 x_2}{m_1 + m_2}$，重心の速度は $\dfrac{m_1 v_1 + m_2 v_2}{m_1 + m_2}$ である。物体系の運動量が保存するとき，重心の速度は一定である。

Ⅱ. 台が等加速度運動することから，台とともに移動する観測者には，小球に慣性力がはたらくように見え，重力と慣性力の合力が見かけの重力となる。

18

解 答

(1) 手を離しても静止したままであるとき，小球に作用する力の斜面方向のつりあいより

$$kx_0 - mg\sin\theta = 0$$

$$\therefore \quad x_0 = \frac{mg\sin\theta}{k} \quad \cdots (\text{答})$$

(2) 小球が点Aに達したときの速さを v とすると，力学的エネルギー保存則より

$$\frac{1}{2}kx^2 = \frac{1}{2}mv^2 + mgx\sin\theta$$

$$\therefore \quad v^2 = \frac{kx^2}{m} - 2gx\sin\theta = \frac{kx}{m}\left(x - \frac{2mg\sin\theta}{k}\right)$$

となる。小球が点Aに達して斜面から飛び出すためには $v^2 > 0$ が必要であるから

$$x > \frac{2mg\sin\theta}{k} \quad \cdots (\text{答})$$

(3) 小球の斜面上の運動は単振動であり，振動の周期は

$$T = 2\pi\sqrt{\frac{m}{k}} \ \text{である。}$$

ばねの自然長からの縮みを X として小球の位置を表すと，振動の中心は $X = x_0$ であり，$x = 3x_0$ のとき，X の時間変化のグラフは右図のようになる。小球が動き出してから点Aに達するまでの時間は

$$\frac{T}{3} = \frac{2\pi}{3}\sqrt{\frac{m}{k}} \quad \cdots (\text{答})$$

小球の位置 X

（グラフ）縦軸 $3x_0$、x_0、0、横軸 時刻 t、$\dfrac{T}{4}\times\dfrac{1}{3}$、$\dfrac{T}{4}$、$\dfrac{T}{3}$

(4) (2)の式より

$$v = \sqrt{\frac{kx^2}{m} - 2gx\sin\theta} \quad \cdots (\text{答})$$

である。x が一定のとき，θ が大きくなるほど，点Aから投げ出される速さ v は小さくなるから，s が最大となる θ は，45°より小さい $\cdots (\text{答})$

(5) 小球が点Aから飛び出して最高点に達するまでの時間を τ とすると

$$0 = v\sin\theta - g\tau$$

$$\therefore \quad \tau = \frac{v\sin\theta}{g}$$

となり，水平面に落下するまでの時間は 2τ であるから

$$s = v\cos\theta \times 2\tau = v\cos\theta \times \frac{2v\sin\theta}{g} = \frac{v^2}{g}\sin 2\theta$$

となる。(2)の式を用いると

$$s = \frac{kx}{mg}\left(x - \frac{2mg\sin\theta}{k}\right)\sin 2\theta \quad \cdots (答)$$

(6) $x = \dfrac{2mg}{k}$ のとき，(5)の結果は

$$s = \frac{4mg}{k}(1 - \sin\theta)\sin 2\theta$$

となる。表1-1を用いると

θ	10°	15°	20°	25°	30°	35°	40°	45°
$(1-\sin\theta)\sin 2\theta$	0.28	0.37	0.42	0.45	0.44	0.40	0.35	0.29

となり，s が最も大きくなるときの θ の値は

$$\theta = 25° \quad \cdots (答)$$

(7) (5)の結果より

$$s = \frac{kx^2}{mg}\left(1 - \frac{2mg\sin\theta}{kx}\right)\sin 2\theta$$

となるから，x を大きくしていくと

$$s \to \frac{kx^2}{mg}\sin 2\theta$$

となる。s が最大となる θ は

$$\sin 2\theta = 1$$
$$2\theta = 90°$$
$$\therefore \quad \theta = 45° \quad \cdots (答)$$

に近づく。

解 説

▶(1) 距離 x は題意により，ばねの自然長からの縮みを表すことに注意。小球に作用する弾性力は，斜面に沿って上向きに，大きさは kx_0 となる。

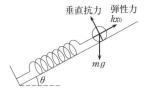

▶(2) 弾性力と重力による位置エネルギーを考慮して，力学的エネルギー保存則の関係式をつくればよい。

▶(3) 小球が斜面上を運動しているとき，小球の加速度を斜面に沿って下向きに a として運動方程式をつくると

$$ma = -kX + mg\sin\theta \qquad \therefore \quad a = -\frac{k}{m}\left(X - \frac{mg\sin\theta}{k}\right)$$

となるから，小球の斜面上の運動は単振動であり，振動の中心は

$$X = \frac{mg\sin\theta}{k} = x_0$$

であることがわかる（一般に，単振動の中心は，作用する力のつりあう位置である）。ばね定数 k のばねに質量 m の小球をつけたばね振り子の周期は，斜面上を運動する場合も $T = 2\pi\sqrt{\dfrac{m}{k}}$ である（水平面上に置いた場合や鉛直につるした場合と同じ）。求める時間は，周期 T の何倍になるかを考察すればよい。

なお，(2)で，単振動のエネルギー保存則の関係式をつくると

$$\frac{1}{2}k(x - x_0)^2 = \frac{1}{2}mv^2 + \frac{1}{2}kx_0{}^2$$

となり，これを変形すると，(2)と同じ式が得られる。

また，単振動の中心の両側の対称性に着目すると，(2)で求める条件が

$$x > 2x_0 = \frac{2mg\sin\theta}{k}$$

であることは自明である（振動の下端が $X = x$，中心が $X = x_0$ であるから，振幅は $x - x_0$ で，上端の位置は $X = x_0 - (x - x_0) = 2x_0 - x$ となり，求める条件は $2x_0 - x < 0$）。

▶(4)　x が一定のとき，θ が大きいということは，点Aに対し，より低い位置で動き出すことになるから，点Aに達したときの速さ v は小さくなる。

▶(5)　点Aから水平面上の落下点までの距離は $s = \dfrac{v^2}{g}\sin 2\theta$ となり，投射運動の初速 v が一定であれば，s が最大になるのは

$$\sin 2\theta = 1 \qquad 2\theta = 90° \qquad \therefore \quad \theta = 45°$$

のときである。本問では問題文に示されているように，これはよく知られた結果である。

▶(6)　$f(\theta) = (1 - \sin\theta)\sin 2\theta$ の変化を解析的に調べるのは容易ではなく，数値を順に代入して，変化の様子を調べることになる。参考までに，$1°$ 刻みで数値を代入して計算し，グラフを描くと右図のようになる。

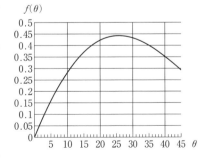

▶(7)　点Aから投げ出されるときの速さは $v = \sqrt{\dfrac{kx^2}{m} - 2gx\sin\theta}$ と表されるが，根号の中の第 1 項は x^2 に比例し，$\sin\theta$ を含む第 2 項は x に比例する。x を大きくしていくと，第 1 項に比べて第 2 項の影響が小さくなる

ため，通常の放物運動と同様，s が最大となる θ は $45°$ に近づくことになる。

テーマ

　摩擦のない斜面上のばね振り子では，つりあいの位置を中心として，小球は単振動を行う。単振動には時間や位置などの対称性があり，グラフを描いて上手に利用すると，計算が簡単になることがある。

　問題の後半は通常の放物運動の応用になるが，数式の文字計算にこだわりすぎず，数式の意味を読むこと，素早い数値計算をすることがポイントになる。(4)と(7)は，科学的な思考力・洞察力が必要。(6)は式の変形にこだわると，時間を空費してしまう。

19

解　答

Ⅰ.(1)　衝突直前の小球1の速さを v_0 とする。力学的エネルギー保存則より

$$\frac{1}{2}mv_0{}^2 + \frac{1}{2}kd^2 = \frac{1}{2}ks^2$$

$$\therefore \quad v_0 = \sqrt{\frac{k}{m}(s^2 - d^2)} \quad \cdots(答)$$

(2)　質量の等しい2球の一直線上の弾性衝突では，衝突の直前直後で2球の速度が交換されるから，衝突直後の速さは

$$小球1：0，小球2：\sqrt{\frac{k}{m}(s^2 - d^2)} \quad \cdots(答)$$

(3)　衝突直後，小球1側のばねが自然長から d だけ伸びた位置で小球1は静止したから（振動の右端），この後，ばねの縮みが最大になるのは振動の左端である。単振動の対称性より，自然長からの縮みの最大値は

$$d \quad \cdots(答)$$

となる。

　また，小球2側のばねの自然長からの縮みの最大値を A とすると，力学的エネルギー保存則より

$$\frac{1}{2}kA^2 = \frac{1}{2}mv_0{}^2$$

$$\therefore \quad A = v_0\sqrt{\frac{m}{k}} = \sqrt{s^2 - d^2} \quad \cdots(答)$$

(4)　$s = \sqrt{2}d$ の場合，(3)の結果より $A = d$ となり，2球の運動は次図のようになる。

　最初の衝突から再衝突までは，2球の運動はともに，周期 $T = 2\pi\sqrt{\dfrac{m}{k}}$ の単振動の $\dfrac{3}{4}$ 周期に相当するから

$$\frac{3}{4}T = \frac{3}{2}\pi\sqrt{\frac{m}{k}} \quad \cdots(答)$$

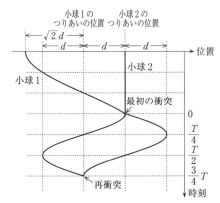

II. (1)　小球1に作用する最大摩擦力の大きさは μmg であり，弾性力がこれより大きければ小球1は動き始める。求める条件は

$$ks > \mu mg \quad \therefore \quad s > \frac{\mu mg}{k} \quad \cdots(\text{答})$$

(2)　小球2と衝突する直前の小球1の速さを v' とすると，動摩擦力による仕事の分だけ，小球1の力学的エネルギーは変化するから

$$\left(\frac{1}{2}mv'^2 + \frac{1}{2}kd^2\right) - \frac{1}{2}ks^2 = -\mu'mg(s+d)$$

が成り立ち

$$\frac{1}{2}mv'^2 = \frac{1}{2}ks^2 - \mu'mg(s+d) - \frac{1}{2}kd^2$$

$$= \frac{1}{2}k(s^2 - d^2) - \mu'mg(s+d)$$

$$= (s+d)\left\{\frac{1}{2}k(s-d) - \mu'mg\right\}$$

となる。小球1が小球2に衝突するためには $\frac{1}{2}mv'^2 \geqq 0$ であればよいが，$s+d>0$ であるから

$$\frac{1}{2}k(s-d) - \mu'mg \geqq 0 \quad \therefore \quad s \geqq d + \frac{2\mu'mg}{k}$$

となる。よって，s がとるべき最小値を s_0 とすると

$$s_0 = d + \frac{2\mu'mg}{k} \quad \cdots(\text{答})$$

解　説

I. ▶(1)　弾性力による位置エネルギーを考慮して，力学的エネルギー保存則の式をつくればよい。なお，この関係式は，単振動のエネルギー保存則の式とみなすことも

できる。

▶(2)　2物体の衝突は一般に，運動量保存則の式，はねかえり係数（反発係数）e の式を用いて扱う（$e=1$ の弾性衝突では，力学的エネルギー保存則の式を用いることもできる）。

　質量の等しい2物体の一直線上の弾性衝突において，衝突の直前直後で2物体の速度が交換されるのは，よく知られた性質である。

▶(3)　1回目に衝突してから再び衝突するまで，小球1の運動は，振幅 d の単振動となる。また，小球2の単振動については，自然長からの縮みの最大値 A は，振幅に等しい。振動の中心である自然長の位置での速さが v_0 であり，角振動数 $\omega = \sqrt{\dfrac{k}{m}}$ を用いると，$v_0 = A\omega$ と表されることから

$$A = \frac{v_0}{\omega} = \sqrt{s^2 - d^2}$$

としてもよい。

▶(4)　各小球の単振動の中心（つりあいの位置，ばねが自然長となる位置）に注意して運動の様子を図示すると，わかりやすい。

Ⅱ．▶(1)　小球1に対して，水平方向に作用する力は静止摩擦力と弾性力だけであり，これらの関係を考えればよい。

▶(2)　小球1が動き始めてから，小球2と衝突するまでに水平面上を動く距離は $s+d$ である。水平面から作用する動摩擦力がする仕事の分だけ，小球1の力学的エネルギーは変化する。あるいは，小球1が動摩擦力に抗してする仕事の分だけ，小球1の力学的エネルギーは減少すると考えてもよいが，混乱して正負を誤らないように注意すること。

　なお，この問題では問われていないが，摩擦があっても，ばね振り子の振動周期は $T = 2\pi \sqrt{\dfrac{m}{k}}$ である。

テーマ

　摩擦のない水平面上のばね振り子では，小球（おもり）は，ばねが自然長となる位置を中心として，単振動を行う。

　力学の問題では，どのような運動を扱うのか，最初に運動の全体像を把握する必要がある。単振動には時間や位置など，さまざまな対称性があり，2つの小球の運動を対称性に注意して整理すると，わかりやすい。

20

解 答

Ⅰ. (1) 単振動の中心は，物体に作用する力のつりあう位置である。物体1と物体2が互いに接した状態で運動するとき，単振動の中心を $x = x_0$ とすると

$$k(h - x_0) - 2mg = 0 \qquad \therefore \quad x_0 = h - \frac{2mg}{k} \quad \cdots (\text{答})$$

(2) 各物体に作用する力は右図のようになる。

物体1の運動方程式：

$$ma_1 = k(h - x) - N - mg \quad \cdots (\text{答})$$

物体2の運動方程式：

$$ma_2 = N - mg \quad \cdots (\text{答})$$

(3) 物体1と物体2が互いに接して運動しているとき，(2)の式で $a_1 = a_2$ として

$$k(h - x) - N - mg = N - mg \qquad \therefore \quad N = \frac{1}{2}k(h - x)$$

が得られる。物体1と物体2が分離するのは $N = 0$ となる瞬間であり，そのときの物体1の x 座標は

$$x = h \quad \cdots (\text{答})$$

(4) 分離の瞬間の物体1の速度を v とすると，力学的エネルギー保存則より

$$\frac{1}{2}k(h - x_A)^2 = \frac{1}{2} \times 2m \times v^2 + 2mg(h - x_A)$$

$$\therefore \quad mv^2 = \frac{1}{2}k(h - x_A)^2 - 2mg(h - x_A)$$

となり，$v > 0$ であるから

$$v = \sqrt{\frac{k}{2m}(h - x_A)^2 - 2g(h - x_A)} \quad \cdots (\text{答})$$

が得られる。実際に分離が起きるためには $v^2 > 0$ が必要であり

$$\frac{1}{2}k(h - x_A)^2 - 2mg(h - x_A) = \frac{1}{2}k(h - x_A)\left\{(h - x_A) - \frac{4mg}{k}\right\} > 0$$

$$\therefore \quad h - x_A < 0 \quad \text{または} \quad h - x_A > \frac{4mg}{k}$$

となるが，$x_A < h$ であるから

$$x_A < h - \frac{4mg}{k} \quad \cdots (\text{答})$$

Ⅱ. (1) 物体1が単独で単振動する際の周期は

$$T = 2\pi\sqrt{\frac{m}{k}} \quad \cdots (\text{答})$$

である。物体1は1周期後に元の位置に戻るから，物体2と衝突する瞬間の物体1の x 座標は

$$x = h \quad \cdots (\text{答})$$

(2)　物体2は分離してから時間 T の後に元の位置に戻ることになるから，等加速度直線運動の関係より

$$VT - \frac{1}{2}gT^2 = 0 \qquad \therefore \quad V = \frac{1}{2}gT \quad \cdots (\text{答})$$

(3)　質量の等しい2物体の弾性衝突では，衝突の直前と直後で，2物体の速度が交換される。$v = V$ であり，単振動と等加速度直線運動のそれぞれの対称性に注目すると，物体1と物体2が T_1 以降に再び接触するとき

$$T_2 = T_1 + T \quad \cdots (\text{答})$$

であり，そのときの物体1の x 座標は

$$x = h \quad \cdots (\text{答})$$

である。求めるグラフは下図のようになる。

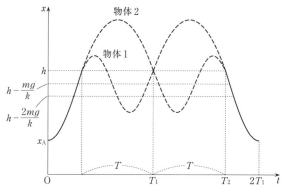

(4)　(1)と(2)の結果より

$$V = \frac{1}{2}g \times 2\pi\sqrt{\frac{m}{k}} = \pi g\sqrt{\frac{m}{k}}$$

である。I(4)の結果を用いて，$v = V$ とすると

$$\frac{k}{2m}(h - x_A)^2 - 2g(h - x_A) = \pi^2 g^2 \frac{m}{k}$$

$$\therefore \quad \frac{k}{2m}(h - x_A)^2 - 2g(h - x_A) - \pi^2 g^2 \frac{m}{k} = 0$$

となり，2次方程式の解の公式を用いると

$$h-x_{\mathrm{A}}=\cfrac{g\pm\sqrt{g^2+\cfrac{\pi^2g^2}{2}}}{\cfrac{k}{2m}}=\frac{2mg}{k}\left(1\pm\sqrt{1+\frac{\pi^2}{2}}\right)$$

となる。$h-x_{\mathrm{A}}>0$ であるから

$$x_{\mathrm{A}}=h-\frac{2mg}{k}\left(1+\sqrt{1+\frac{\pi^2}{2}}\right)\quad\cdots(答)$$

解　説

Ⅰ．▶(1)　ばねが自然長になっているときの物体1のx座標はhであるから，物体1の位置がxであるとき，ばねの自然長からの縮みは $(h-x)$，物体1に作用する弾性力は鉛直上向きに $k(h-x)$ となる。

　物体1と物体2が互いに接した状態で運動するとき，2物体をまとめて作用する力のつりあう位置が，単振動の中心になる。

▶(2)　物体1と物体2が互いに接して運動しているとき，$a_1=a_2$ であり，Nを消去すると

$$2ma_1=k(h-x)-2mg=-k\left\{x-\left(h-\frac{2mg}{k}\right)\right\}$$

となる。単振動の中心を $x=x_0$ とすると，$2ma_1=-k(x-x_0)$ と表されるから，確かに，$x_0=h-\dfrac{2mg}{k}$ であることがわかる。

▶(3)　物体が上昇してxが増加するにしたがって，$N=\dfrac{1}{2}k(h-x)$ が減少し，やがて，$N=0$ になった瞬間に，物体1と物体2が分離する。

　本問のような装置では，ばねが自然長となる位置で離れるのは，よく知られた結果である。

▶(4)　弾性力の位置エネルギーと重力の位置エネルギーを考慮して，力学的エネルギー保存則の関係（運動エネルギー，弾性力による位置エネルギー，重力による位置エネルギーの和が一定）を用いる。あるいは，つりあいの位置からの変位 $(x-x_0)$ を用いて，弾性力と重力の合力による位置エネルギーを $\dfrac{1}{2}k(x-x_0)^2$ と表すと，単振動のエネルギー保存則の関係（運動エネルギー，合力による位置エネルギーの和が一定）より

$$\frac{1}{2}k(x_{\mathrm{A}}-x_0)^2=\frac{1}{2}\times2m\times v^2+\frac{1}{2}k(h-x_0)^2$$

が成り立つ。これを用いても同じ結果が得られるが，本問では計算が面倒になる。

　なお，単振動の下端は $x=x_{\mathrm{A}}$，中心は $x=x_0$ であるから，振幅は $A=x_0-x_{\mathrm{A}}$，上端

は $x_B = x_0 + A = 2x_0 - x_A$ となる。物体1と物体2の分離が起きる条件は $x_B > h$ であり，次のように求めることもできる。

$$x_B = 2x_0 - x_A > h$$

$$\therefore \quad x_A < 2x_0 - h = 2\left(h - \frac{2mg}{k}\right) - h = h - \frac{4mg}{k}$$

II. ▶(1) 物体1が物体2と分離する前後で，単振動の中心や周期は異なる。

分離前　　中心：$x = x_0 = h - \dfrac{2mg}{k}$　　　周期：$2\pi\sqrt{\dfrac{2m}{k}}$

分離後　　中心：$x = h - \dfrac{mg}{k}$　　　周期：$T = 2\pi\sqrt{\dfrac{m}{k}}$

▶(2)　分離後の物体2の運動は鉛直投げ上げになる。

▶(3)　2回の弾性衝突（はねかえり係数が1）の直前と直後で，物体1と物体2の速度は下図のようになる（ただし，$v = V$）。

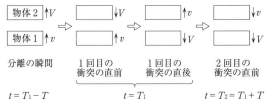

$t = T_2$ で，物体1と物体2の速度は等しいから，はねかえることなく，互いに接した状態で一体となって運動するようになる。これ以降，分離→1回目の弾性衝突→一体化（2回目の弾性衝突）の運動を繰り返すことになる。

なお，グラフについて，問題文には「横軸，縦軸共に，値や式を記入する必要はない」とあるが，〔解答〕では参考のために，主な点の値を記入してある。

テーマ

I. 複数の物体の運動では，各物体に作用する力を考えて運動方程式をつくるのが原則である。これにより垂直抗力が求められるが，物体の接触や分離の条件は，その面での垂直抗力の符号で判断することが多い。

II. 単振動，等加速度直線運動とも，時間・位置・速度について，さまざまな対称性がある。また，弾性衝突にも対称性があり，これらの対称性に注目して2物体の運動の様子を把握し，(3)のグラフを描く。

21

解 答

Ⅰ．Cの箱の運動は単振動となるが，時間 T は $\frac{1}{4}$ 周期に相当するから

$$T=\frac{1}{4}\times 2\pi\sqrt{\frac{m}{k}} \qquad \therefore \quad k=\left(\frac{\pi}{2T}\right)^2 m \quad \cdots（答）$$

Ⅱ．箱の速さ $v(t)$ の時間変化のグラフは，下図のようになる。

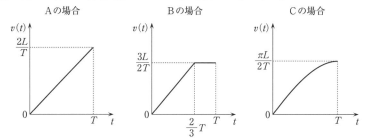

・Aの場合

Aの箱の加速度の大きさを a_A とすると，等加速度直線運動の関係より

$$L=\frac{1}{2}a_A T^2 \qquad \therefore \quad a_A=\frac{2L}{T^2}$$

となる。したがって

$$v(t)=a_A t=\frac{2L}{T^2}t \qquad \therefore \quad v(T)=\frac{2L}{T^2}\times T=\frac{2L}{T} \quad \cdots（答）$$

・Bの場合

Bの箱の中間地点までの加速度の大きさを a_B，中間地点に達した時刻を t_B とする。中間地点に達したときの速さは $a_B t_B$ であり

中間地点に達するまでの等加速度直線運動の関係：$\frac{1}{2}L=\frac{1}{2}a_B t_B{}^2$

中間地点に達した後の等速度運動の関係：$\frac{1}{2}L=a_B t_B\times(T-t_B)$

が成り立つ。この2式から

$$\frac{1}{2}a_B t_B{}^2=a_B t_B(T-t_B) \qquad t_B=2(T-t_B)$$

$$3t_B=2T \qquad \therefore \quad t_B=\frac{2}{3}T$$

となり，これを上の2式のいずれかに代入して

$$\frac{1}{2}L=\frac{1}{2}a_{\mathrm{B}}\left(\frac{2}{3}T\right)^2 \qquad \therefore \quad a_{\mathrm{B}}=\frac{9L}{4T^2}$$

が得られる。したがって

$$\begin{cases} 0\leqq t\leqq\dfrac{2}{3}T \text{ において} \qquad v(t)=a_{\mathrm{B}}t=\dfrac{9L}{4T^2}t \\[3mm] \dfrac{2}{3}T\leqq t\leqq T \text{ において} \qquad v(t)=a_{\mathrm{B}}t_{\mathrm{B}}=\dfrac{9L}{4T^2}\times\dfrac{2}{3}T=\dfrac{3L}{2T} \end{cases}$$

$$\therefore \quad v(T)=\frac{3L}{2T} \quad \cdots(答)$$

・Cの場合

Cの箱の単振動の周期は $4T$ であるから，角振動数を ω とすると

$$\omega=\frac{2\pi}{4T}=\frac{\pi}{2T}$$

となる。また，単振動の振幅は L であり，ゴール地点は単振動の中心になるから

$$v(T)=L\omega=\frac{\pi L}{2T} \quad \cdots(答)$$

Ⅲ．仕事とエネルギーの関係より，時刻 T までに箱にした仕事は，いずれも

時刻 T での箱の運動エネルギー $\dfrac{1}{2}m\{v(T)\}^2$ に等しい。 $\cdots$(答)

したがって，この仕事は

$$\left.\begin{array}{l} \text{Aの場合}：\dfrac{1}{2}m\left(\dfrac{2L}{T}\right)^2=\dfrac{2mL^2}{T^2} \\[3mm] \text{Bの場合}：\dfrac{1}{2}m\left(\dfrac{3L}{2T}\right)^2=\dfrac{9mL^2}{8T^2} \\[3mm] \text{Cの場合}：\dfrac{1}{2}m\left(\dfrac{\pi L}{2T}\right)^2=\dfrac{\pi^2 mL^2}{8T^2} \end{array}\right\} \quad \cdots(答)$$

よって

Bの場合が最も仕事が少ない。 $\cdots$(答)

Ⅳ．箱を静止した状態から動かし始め，時刻 T に距離 L だけ離れた所を通過させるのに要する仕事は $\dfrac{1}{2}m\{v(T)\}^2$ であるから，この仕事を最小にするには，時刻 T における速さ $v(T)$ が最小になるようにすればよい。

途中まで一定の大きさの力を加えて加速し，以降は力を加えずに等速で動かすとき，ⅡのBの場合と同様，v-t グラフは右図のようになる。t 軸との間に囲まれる面積（網掛け部）は距離 L に等しいから，この面積が一定で，$v(T)$ を最小にするには，箱の速さが $v(T)$ に達する時刻 τ が最小になるように，力を加えればよい。すなわち，最初から最大

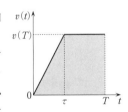

の力 F_0 を加えて，箱の速さが $v(T)$ に達した後は力を加えないようにすればよい。加える力の大きさが F_0 に比べて小さくなるほど $v(T)$ は大きくなるから，力の大きさが一定でないときも含めて，最小の仕事で時刻 T に距離 L だけ離れた所を通過させるためには，最初から最大の力 F_0 を加えて，箱の速さが $v(T)$ に達した後は力を加えないようにすればよい。

最初に大きさ F_0 の力を加える間の加速度の大きさを a とすると

運動方程式：$ma = F_0$ $\quad\quad \therefore\quad a = \dfrac{F_0}{m}$

である。時刻 τ までの等加速度直線運動で進む距離は $\dfrac{1}{2}a\tau^2$ であり，この後の速さは

$$v(T) = v(\tau) = a\tau$$

で一定であるから

$$L = \frac{1}{2}a\tau^2 + a\tau \times (T - \tau) \quad\quad \therefore\quad \tau^2 - 2T\tau + \frac{2L}{a} = 0$$

が成立する。この2次方程式の解は

$$\tau = T \pm \sqrt{T^2 - \frac{2L}{a}}$$

となるが，$\tau \leq T$ であるから

$$\tau = T - \sqrt{T^2 - \frac{2L}{a}} = T - \sqrt{T^2 - \frac{2mL}{F_0}}$$

が得られる。 したがって，箱に加えた力 $F(t)$ の時間変化は右図のようになる。

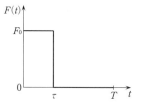

このとき

$$v(T) = v(\tau) = a\tau$$
$$= \frac{F_0}{m}\left(T - \sqrt{T^2 - \frac{2mL}{F_0}}\right)$$

であるから，時刻 T までに箱にした仕事は

$$\frac{1}{2}m\{v(T)\}^2 = \frac{\{F_0 T - \sqrt{(F_0 T)^2 - 2mF_0 L}\}^2}{2m} \quad \cdots\text{(答)}$$

解 説

▶Ⅰ．Cの箱の単振動で，スタート地点は振動の左端，ゴール地点は振動の中心に相当する。単振り子の周期の公式は記憶しておくべきである。

▶Ⅱ．Aの場合，等加速度直線運動の時間を含まない公式を用いて

$$\{v(T)\}^2 = 2a_A L = \left(\frac{2L}{T}\right)^2 \quad\quad \therefore\quad v(T) = \frac{2L}{T}$$

あるいは，v-t グラフと t 軸の間に囲まれる面積は距離 L に等しいことから

$$L = \frac{1}{2} v(T) \times T \qquad \therefore \quad v(T) = \frac{2L}{T}$$

のように求めることもできる。

Bの場合も，v–t グラフと t 軸の間に囲まれる面積は距離 L に等しいことから

$$\frac{1}{2} L = \frac{1}{2} v(T) \times t_{\mathrm{B}}, \qquad \frac{1}{2} L = v(T) \times (T - t_{\mathrm{B}})$$

$$\therefore \quad v(T) = \frac{3L}{2T}, \qquad t_{\mathrm{B}} = \frac{2}{3} T$$

のように求めることもできる。あるいは，右の v–t 図で，
三角形の部分と長方形の部分の面積が等しいことを用い
ると

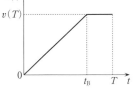

$$t_{\mathrm{B}} = \frac{2}{3} T$$

であることは容易にわかる。

Cの場合，単振動の速度のグラフであるから，$t = 0$ のときに $v = 0$，$t = T$ のときに
速度が最大になることに注意して，正弦曲線を描けばよい。

最大値 $v(T)$ を求めるときは，エネルギー保存則を用いて

$$\frac{1}{2} m \{v(T)\}^2 = \frac{1}{2} kL^2 \qquad \therefore \quad v(T) = L\sqrt{\frac{k}{m}} = \frac{\pi L}{2T}$$

のように計算してもよい。なお，速度の式は

$$v(t) = v(T) \times \sin \omega t = \frac{\pi L}{2T} \sin\left(\frac{\pi}{2T} t\right)$$

となるが，これは次のように求めることもできる。

ゴール地点を原点 $x = 0$ として右向きに x 軸をとり，Cの箱の位置 x を表すと，
$t = 0$ のときに $x = -L$ であるから

$$x(t) = -L \cos \omega t = -L \cos\left(\frac{\pi}{2T} t\right)$$

となり

$$v(t) = \frac{dx}{dt} = \frac{\pi L}{2T} \sin\left(\frac{\pi}{2T} t\right)$$

▶Ⅲ．仕事は本来，力と変位の積として定義されているが，物体がされた仕事の分，
力学的エネルギーが変化するという関係は一般的であり，〔解答〕では，これを用い
た。「箱にした仕事とⅡで求めた速さ $v(T)$ との関係を求めよ」とあるが，周知の結
論であり，仕事とエネルギーの関係を導く必要はないだろう。力と変位の積として求
めると，次のようになる。

• Aの場合
箱に加える力の大きさは $F_{\mathrm{A}} = ma_{\mathrm{A}}$ であるから，求める仕事は

$$F_A L = ma_A L = \frac{2mL}{T^2} \times L = \frac{2mL^2}{T^2}$$

- Bの場合

中間地点まで，箱に加える力の大きさは $F_B = ma_B$ であり，中間地点以降は力を加えていない。求める仕事は

$$F_B \cdot \frac{1}{2}L = ma_B \cdot \frac{1}{2}L = \frac{9mL}{4T^2} \times \frac{1}{2}L = \frac{9mL^2}{8T^2}$$

- Cの場合

弾性力がする仕事は位置エネルギーの減少分であるから，求める仕事は

$$\frac{1}{2}kL^2 = \frac{1}{2} \times \left(\frac{\pi}{2T}\right)^2 m \times L^2 = \frac{\pi^2 mL^2}{8T^2}$$

となる。あるいは，箱の加速度は $a_C = -\omega^2 x$ と表され，箱に加える力の大きさは $F_C = ma_C = -m\omega^2 x$ であるから，求める仕事は

$$\int_{-L}^{0} F_C \, dx = \int_{-L}^{0} (-m\omega^2 x) \, dx = -\frac{1}{2}m\omega^2 \left[x^2\right]_{-L}^{0}$$
$$= \frac{1}{2}m\omega^2 L^2 = \frac{\pi^2 mL^2}{8T^2}$$

▶Ⅳ．箱に加えられた力積は箱の運動量の変化に等しいことを用いて，$v(T)$ は次のように計算することもできる。

$$mv(T) = F_0 \tau$$
$$\therefore \quad v(T) = \frac{F_0 \tau}{m} = \frac{F_0}{m}\left(T - \sqrt{T^2 - \frac{2mL}{F_0}}\right)$$

テーマ

v-t グラフに関して，接線の傾きが加速度を示すこと，t 軸との間で囲まれる面積が動いた距離を示すことは，知っているはずである。必ずしも式をつくってからグラフを描くのではなく，先にグラフを描いてから，その式や各種の物理量を求める方が，考えやすかったり計算が簡単になる場合もある。特にⅣは，グラフを用いないと説明しにくい。

22

解 答

Ⅰ. (1) 箱には両側の糸から張力が働き（右図），
これらの力の変位 x の方向の成分が復元力となる。
糸から箱に働く復元力を f とすると

$$f = -2F\sin\theta$$

であり，また

$$\sin\theta \fallingdotseq \tan\theta = \frac{x}{\frac{L}{2}} = \frac{2x}{L}$$

であるから

$$f = -2F \times \frac{2x}{L} = -\frac{4Fx}{L}$$

と表される。すなわち，復元力の大きさを F, θ を用いて表すと

$$|f| = 2F|\sin\theta| \quad \cdots（答）$$

また，L, F, x を用いて表すと

$$|f| = 2F|\sin\theta| = \frac{4F}{L}|x| \quad \cdots（答）$$

上から見た図

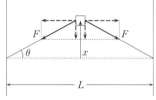

(2) (1)より

$$f = -kx \quad \left(ただし，k = \frac{4F}{L}\right)$$

と表されるから，箱の単振動の周期は

$$T = 2\pi\sqrt{\frac{m}{k}} = 2\pi\sqrt{\frac{Lm}{4F}} = \pi\sqrt{\frac{Lm}{F}} \quad \cdots（答）$$

Ⅱ. (1) (a)—(エ)　(b)—(オ)　(c)—(ア)　(d)—(イ)

(2) 箱がベルトに対して滑り始める直前，静止摩擦力は
最大摩擦力になっている。滑る直前のつりあいの式をつ
くると（右図）

$$\mu N - ks = 0$$

$$\therefore \quad s = \frac{\mu N}{k} = \frac{\mu L N}{4F} \quad \cdots（答）$$

点 P で横から見た図

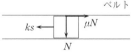

（注：重力，水平面から受ける
　　　垂直抗力は省略）

(3) 箱の振動の端 $x = A$ と，箱が滑り出す位置 $x = s$ を比較して，力学的エネルギー
保存則より

$$\frac{1}{2}kA^2 = \frac{1}{2}mV^2 + \frac{1}{2}ks^2$$

$$A^2 = s^2 + \frac{m}{k}V^2 = \left(\frac{\mu LN}{4F}\right)^2 + \frac{Lm}{4F}V^2$$

となるから

$$A = \sqrt{\left(\frac{\mu LN}{4F}\right)^2 + \frac{Lm}{4F}V^2}\quad \cdots (答)$$

⑷ 垂直抗力 N を大きくすると，⑶の結果より

最大変位 A は**大きくなる**。 …(答)

　単振動の振幅は最大変位 A に等しいが，周期は振幅に無関係である。また，x-t 図の接線の傾きは速度を表すから，垂直抗力 N が大きい場合と小さい場合で，箱の運動の x-t 図は下図の実線のようになる（x が最大になる時刻をそろえてある）。

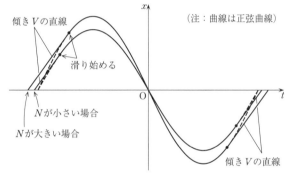

① 図からわかるように，$x=0$ で運動を開始してから，x が正の向きに最大の位置（振動の端）に達するまでの時間は，垂直抗力 N が大きい場合の方が大きい。
② x が正の向きに最大の位置から負の向きに最大の位置に達するまでの時間は，単振動の半周期に相当し，垂直抗力 N の大小に関係しない。
③ x が負の向きに最大の位置から，最初の位置 $x=0$ に戻るまでの運動は，原点Oに関して①と対称的であり，この時間は垂直抗力 N が大きい場合の方が大きい。

したがって，垂直抗力 N を大きくすると

周期 T' は**大きくなる**。 …(答)

解 説

Ⅰ．▶⑴ 箱には両側の糸から張力が働くが，変位 x に垂直な方向の成分は打ち消し合い，変位 x の方向の成分が復元力となる。

▶⑵ 運動方程式 $ma=f$ から，加速度 $a=\dfrac{f}{m}=-\dfrac{4F}{Lm}x$ であり，単振動の関係式

$a=-\omega^2 x$ と比較して，角振動数 $\omega=\sqrt{\dfrac{4F}{Lm}}$ が得られる。

これから

周期：$T = \dfrac{2\pi}{\omega} = 2\pi\sqrt{\dfrac{Lm}{4F}} = \pi\sqrt{\dfrac{Lm}{F}}$

としてもよいが，比例定数 k を導入しておく方が，Ⅱの計算が容易になる。

Ⅱ．まず，箱の運動の様子を正しく把握することが必要である。

① 最初，ベルトと箱の相対速度は 0 であるから，ベルトから静止摩擦力が働き，箱は一定の速度 V で動く（$x = Vt$）。糸から働く復元力と静止摩擦力がつりあうから，x が増加すると，静止摩擦力も大きくなっていく。

② 箱が $x = s$ に達して，静止摩擦力が最大摩擦力になると，速度 V の状態から単振動を行う。動摩擦力を無視することに注意。正の向きに動いて，振動の一端 $x = A$ に達した後，負の向きに動く。振動の他端 $x = -A$ に達した後，再び正の向きに動く。

③ 単振動の対称性より，$x = -s$ で，正の向きに動く箱の速度は V になる。この瞬間，ベルトと箱の相対速度は 0 であるから，ベルトから再び静止摩擦力が働き，箱は一定の速度 V で動くようになる。この後，箱は最初の位置 $x = 0$ に戻り，①〜③の運動を繰り返す。

▶(1)(a) 上述の運動の様子から考えてもよいが，図1-2の接線の傾きから，箱の速度 v が求められる。最初は $v = V$：一定であり，途中から正弦的に変化する。

(b) ベルトと箱の相対速度は $v - V$ であり，(a)で選んだグラフを下方に平行移動すればよい。最初，相対速度は 0 である。

(c) 糸から箱に働く復元力は $f = -kx$ と表されるから，f-t 図は，図1-2の上下を逆にしたような図になる。

(d) ベルトから箱に働く静止摩擦力は，箱が滑っていないときは復元力とつりあうから，f-t 図の上下を逆にした図になる。箱が滑っているときは，静止摩擦力は 0 である。

▶(2) ベルトに対して滑り始めるまで，箱は等速度運動を行うから，箱が最初に滑り始める時刻は $t_1 = \dfrac{s}{V}$ である。

▶(3) 箱が滑っている間，動摩擦力を無視できるから，力学的エネルギーは保存される。

次のような計算で求めることもできる。

箱が単振動をしているときの変位を $x = A\sin(\omega t + \theta)$ と表すと（θ は適当な定数），その速度は $v = A\omega\cos(\omega t + \theta)$ と表される。箱が最初に滑り始める時刻を t_1 とすると

$$s = A\sin(\omega t_1 + \theta) \qquad V = A\omega\cos(\omega t_1 + \theta)$$

$$\therefore \quad s^2 + \left(\dfrac{V}{\omega}\right)^2 = A^2\{\sin^2(\omega t_1 + \theta) + \cos^2(\omega t_1 + \theta)\} = A^2$$

$$\therefore \quad A = \sqrt{s^2 + \left(\frac{V}{\omega}\right)^2} = \sqrt{\left(\frac{\mu L N}{4F}\right)^2 + \frac{Lm}{4F}V^2}$$

▶(4) 垂直抗力 N を大きくすると，$x=s$ から滑り始める時刻 t_1 は遅れるが，滑り始めてから振動の幅 $x=A$ に達するまでの時間は短くなる。周期 T' について考察するとき，この2つの条件を考慮する必要があり，前者の条件だけでは不十分である。適当な図を用いないと，説明は難しい。

テーマ

　バイオリンの弦の振動を扱った問題である。
　弦を弾いた後の定常的な振動を扱う問題は多いが，本問では，弓でこすり続けるときの弦の振動を考察する。摩擦により弓とくっついて動くときは等速度運動，弓と滑って動くときは単振動と考えて，2つの状態の繰り返しとして，バイオリンの弦の振動をモデル化している。

23

解 答

Ⅰ. (1) 小球に働く力は，地球からの万有引力だけである。地球の密度を一様と仮定すると，点Oを中心とする半径 r の球の質量は $M=\rho \times \dfrac{4}{3}\pi r^3$ である。小球が地球の中心Oから距離 r $(r<R)$ の位置にあるとき，題意により，地球から受ける力 F の大きさは

$$|F| = G\frac{Mm}{r^2} = G\frac{m}{r^2} \times \frac{4}{3}\pi\rho r^3$$

$$\therefore \quad |F| = \frac{4\pi G\rho m}{3}r \quad \cdots(答)$$

(2) 中心Oを原点 $x=0$ として，B→A の向きに x 軸をとる。(1)により，位置 x で小球に作用する力は

$$F = -\frac{4\pi G\rho m}{3}x = -kx \quad \left(ただし，k=\frac{4\pi G\rho m}{3}\right)$$

と表されるから，小球は点Oを中心とする単振動を行う。加速度を a とすると

運動方程式：$ma = -kx \qquad \therefore \quad a = -\dfrac{k}{m}x$

であるが，単振動の角振動数を ω とすると $a = -\omega^2 x$ が成立するから，$\omega^2 = \dfrac{k}{m}$ となる。小球を地点Aで静かにはなしてからはじめて地点Aに戻ってくるまでの運動は，単振動の1回分に相当し，時間 T は単振動の周期に等しいから

$$T = \frac{2\pi}{\omega} = 2\pi\sqrt{\frac{m}{k}} = 2\pi\sqrt{\frac{3m}{4\pi G\rho m}} = \sqrt{\frac{3\pi}{G\rho}} \quad \cdots(答)$$

Ⅱ. (1) 時刻 $t=0$ に点 A $(x=R)$ から運動を始めた場合，衝突がないと，小球の運動の x-t グラフは右図のようになる。小球Pが運動を始めてから OB の中点 C $\left(x=-\dfrac{1}{2}R\right)$ で衝突するまでの時間は $t_\mathrm{P} = \dfrac{2}{3}T$，小球Qが運動を始めてから点Cで

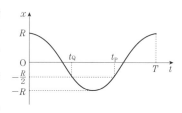

衝突するまでの時間は $t_\mathrm{Q} = \dfrac{1}{3}T$ と考えられるから，二つの小球が点Cで衝突するとき

$$t_1 = t_P - t_Q = \frac{1}{3}T \quad \cdots (\text{答})$$

(2) 単振動の対称性より，点Cで衝突する直前の二つの小球の速度の大きさは等しく，向きは逆である。したがって，運動量保存則より，衝突して一体となった直後の速度は0である。この後，二つの小球は一体となって単振動を行うが，点Cは衝突後の振動の端になるから，はじめて中心Oを通過するまでの時間は

$$\frac{1}{4}T \quad \cdots (\text{答})$$

Ⅲ. (1) 二つの小球が点Cで最初に衝突する直前の速さを v とすると，二つの小球の質量は等しいから，衝突直後の速さはどちらも ev である。衝突の前後で，小球Pの単振動のエネルギー保存則より

$$\frac{1}{2}kR^2 = \frac{1}{2}mv^2 + \frac{1}{2}k\left(\frac{1}{2}R\right)^2 \quad \cdots ①$$

$$\frac{1}{2}kd^2 = \frac{1}{2}m(ev)^2 + \frac{1}{2}k\left(\frac{1}{2}R\right)^2 \quad \cdots ②$$

が成り立つ。①より $mv^2 = \frac{3}{4}kR^2$ となり，これを②に代入すると

$$kd^2 = e^2 \times \frac{3}{4}kR^2 + \frac{1}{4}kR^2 = \frac{3e^2+1}{4}kR^2$$

$$\therefore \quad d = \frac{\sqrt{3e^2+1}}{2}R \quad \cdots (\text{答})$$

(2) 点Cで衝突した直後の二つの小球の速度の大きさは等しく，向きは逆であるから，各球の x-t グラフは右図のようになる。

　二回目に衝突する，すなわち，x が一致する位置は

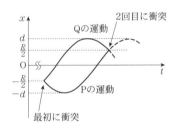

$$x = \frac{1}{2}R \text{ の位置，つまり OA の中点}$$

$$\cdots (\text{答})$$

(3) (1)・(2)と同様に考察すると，二つの小球は，OA の中点 $x = \frac{1}{2}R$ と，OB の中点 $x = -\frac{1}{2}R$ で交互に衝突を繰り返し，衝突直後の速さは次第に小さくなっていくことがわかる。

　したがって，十分時間が経過した後，二つの小球は一体となって，中心が点Oとなる単振動を行い，その周期は T，振幅は $\frac{1}{2}R$ である。 $\cdots (\text{答})$

解 説

Ⅰ. ▶(1) 万有引力の法則は本来，大きさの無視できる質点間の関係であり，大きさの無視できない物体の場合は，物体を小さく分割して適用し，合力を求める。合力を求める際には積分計算が必要であるが，その結果が問題文に与えられていて，本問ではそれを適用すればよい。

この結果が意味するところは，小球が地球内部にある場合（下図），小球よりA側の の部分の引力と，小球よりB側の 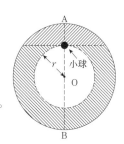 の部分の引力は打ち消し合い，小球より内側の半径 r の球の部分から受ける引力だけを考えればよいということである。

▶(2) 小球に作用する力は常に点Oを向く復元力であり，大きさは点Oからの距離に比例するから，小球は単振動を行う。〔解答〕のように x 軸をとり，x 軸と同じ向きを正とする力 F の形で表しておく方が扱いやすいだろう。

なお，角振動数 ω を求めずに，ばね振り子の周期と同様の形ということで，$T = 2\pi\sqrt{\dfrac{m}{k}}$ としてもよい。

Ⅱ. ▶(1) 小球Pは点Bに達して引き返す途中で，点Bに向かう途中の小球Qと衝突するという運動の様子を，まず正しく理解する必要がある。

単振動に関する問題では，周期との関係として，時間を扱うことが多い。本問でも，正弦曲線の対称性を利用して，時間 t_P や t_Q が T の何倍になるかを表すとわかりやすい。計算で求めるなら，$x = R\cos\omega t$ と表し，$x = -\dfrac{1}{2}R$ になる解として $t = \dfrac{1}{3}T,\ \dfrac{2}{3}T$ が得られ，運動の様子を考慮して t_P や t_Q を決めることになる。

なお，「時間 T」を用いて表すのは，雪崩式の失点を防ぐ配慮と考えられる。

▶(2) 小球PとQは同じ位置で静かにはなされているから，衝突前の速さが等しいことは，力学的エネルギー保存則を用いてもわかる。

なお，Ⅰ(2)の結果からわかるように，単振動の周期 T は小球の質量 m に無関係であるから，二つの小球が一体となっても周期は T のままである。

Ⅲ. ▶(1) 2物体の衝突は一般に，はねかえり係数 e と運動量保存則を用いて扱うが，同じ質量の物体が同じ速さで衝突すると（衝突前の全運動量は0），互いに e 倍の速さではねかえることは容易にわかる。

本問で考慮する位置エネルギーは万有引力による位置エネルギーであるが，地球の内部では力が $F = -kx$ と表されることから，位置エネルギーは弾性力による場合と同様に，$U = \dfrac{1}{2}kx^2$ と表される。

▶(2)　$x = -\dfrac{1}{2}R$ の点Cで衝突した後，同じ速さで逆向きに動

き出した小球PとQが次に衝突する位置が $x = \dfrac{1}{2}R$ になること

は，単振動は等速円運動の正射影であるという関係から考察す

ることもできる（右図）。

▶(3)　非弾性衝突を繰り返して，力学的エネルギーが失われて

いくので，$x = \pm\dfrac{1}{2}R$ の位置での速さが0になることに注意。

　なお，単振動の振幅は衝突を繰り返して小さくなっていくが，周期 T は振幅によ
らない。

　　　　テーマ

　　地球を貫通するトンネル内の運動を題材とし，単振動，2物体の衝突を中心とする，
力学の総合問題である。ⅡとⅢは単振動と衝突の特徴をよく把握し，単振動の対称性を
うまく利用する必要があるが，グラフを描くとわかりやすい。

24

解 答

Ⅰ．(1) はねかえり係数の式をつくると（右図）

衝突直前 $\boxed{B}$ $\boxed{C} \xrightarrow{u_0}$

$$1 = -\frac{u_1 - (-v_1)}{u_0} \qquad \Downarrow \qquad (u_0 < 0)$$

$\therefore \quad u_0 = -u_1 - v_1$ …(答)

衝突直後 $\xleftarrow{v_1} \boxed{B}$ $\boxed{C} \xrightarrow{u_1}$

(2) ばねが最も縮んだときと物体Cが物体Bに衝突した直後を比較して，力学的エネルギー保存則より

$$\frac{1}{2}kx^2 = \frac{1}{2}Mv_1{}^2$$

$\therefore \quad x = v_1 \sqrt{\dfrac{M}{k}}$ …(答)

(3) 物体Bと物体Cが衝突してから，ばねの長さが自然長に戻るまでの時間 T は，単振動の半周期に相当するから

$$T = 2\pi\sqrt{\frac{M}{k}} \times \frac{1}{2}$$

$$= \pi\sqrt{\frac{M}{k}} \quad \text{…(答)}$$

Ⅱ．(1) 単振動の対称性より，ばねの長さが自然長に戻ったとき，物体Bの速度は $+v_1$ である。物体Aが壁から離れた後，物体A，物体Bとばねからなる系に水平方向の外力は作用しないから，運動量保存則より

$$(2M + M)\, v_2 = Mv_1$$

$\therefore \quad v_2 = \dfrac{1}{3}v_1$ …(答)

(2) ばねの長さが最大になったときと物体Aが壁から離れたとき（ばねの長さが自然長のとき）を比較して，力学的エネルギー保存則より

$$\frac{1}{2}(2M + M)\, v_2{}^2 + \frac{1}{2}ky^2 = \frac{1}{2}Mv_1{}^2$$

が成立する。Ⅱ(1)の結果を用いて整理すると

$$\frac{1}{2}ky^2 = \frac{1}{2}Mv_1{}^2 - \frac{3}{2}Mv_2{}^2$$

$$= \frac{1}{2}Mv_1{}^2 - \frac{3}{2}M\left(\frac{1}{3}v_1\right)^2 = \frac{1}{3}Mv_1{}^2$$

$$\therefore \quad y = v_1 \sqrt{\frac{2M}{3k}} \quad \cdots (\text{答})$$

(3) ばねの長さが再び自然長に戻ったとき，物体Bの速度を v とすると，この瞬間と物体Aが壁から離れたときを比較して

水平方向の運動量保存則の式：

$$2MV + Mv = Mv_1$$

$$\therefore \quad v = v_1 - 2V \quad \cdots ①$$

力学的エネルギー保存則の式：

$$\frac{1}{2} \cdot 2M \cdot V^2 + \frac{1}{2} Mv^2 = \frac{1}{2} Mv_1{}^2$$

$$\therefore \quad 2V^2 + v^2 = v_1{}^2 \quad \cdots ②$$

が成立する。①を②に代入すると

$$2V^2 + (v_1 - 2V)^2 = v_1{}^2$$

$$\therefore \quad 0 = 3V^2 - 2v_1 V = V(3V - 2v_1)$$

となる。$V \neq 0$ であるから

$$V = \frac{2}{3} v_1 \quad \cdots (\text{答})$$

Ⅲ．物体Bと衝突した後，物体Cは速度 u_1 で動き続ける。また，物体Aが壁から離れた後，物体A，物体Bとばねからなる系は全体として右向きに動くが，この系の重心の速度は v_2 である。ばねが伸び縮みを繰り返すたびに，物体Bと物体Cの間隔が広がるから

$$u_1 > v_2 = \frac{1}{3} v_1$$

$$\therefore \quad 3u_1 > v_1 \quad \cdots (\text{答})$$

解 説

Ⅰ．▶(1) 完全弾性衝突では，はねかえり係数は1である。物体Bと物体Cの衝突の瞬間，ばねや物体Aの存在を考慮する必要はない。はねかえり係数は衝突の直前直後の速度の関係であり，各物体の速度の向きに注意。

▶(2)・(3) 物体Aは壁に接したまま，物体Bが左向きに進み，ばねは縮む。最初，物体A，Bは静止しているのでつりあいの状態で，ばねの長さは自然長である。物体Bと物体Cが衝突してから，ばねがいったん縮んだ後，ばねの長さが再び自然長に戻るまでの運動は，ばねと物体Bからなるばね振り子の運動とみなせる。

Ⅱ．▶(1) ばねの長さが自然長に戻ったとき，物体Bは右向きに動いているから，次の瞬間，ばねは自然長より伸び，物体Aは右向きに引かれて動き出す。また，物体B

は減速しながら右向きに動き続ける。物体Aの速度を v_A, 物体Bの速度を v_B とすると

$v_A < v_B$ … AとBの間隔は広がり, ばねは伸びつつある

$v_A > v_B$ … AとBの間隔は狭まり, ばねは縮みつつある

となるから, ばねの長さが最大になった瞬間, $v_A = v_B$ である。物体A, 物体Bとばねからなる系で, ばねの質量は無視できるから

水平方向の運動量保存則の関係:

$$2Mv_A + Mv_B : 一定 \quad \cdots ③$$

が成り立つ。

▶(2) 物体A, 物体Bとばねからなる系で, 力学的エネルギー保存則の関係を用いる。

▶(3) 物体Aが壁から離れてから, 物体A, 物体Bとばねからなる系に水平方向の外力は作用しないから, 水平方向の運動量や力学的エネルギーは保存される。ばねの長さが最大になったときではなく, 物体Aが壁から離れたときと直接比較する方が, 計算量は少なくなる (右図)。ばねの長さが再び自然長に戻った後, ばねは縮み, 物体Aは左向きに押されて減速するから, 物体Aの速度の最大値は V である。また, 物体Bは右向きに押されて加速するから, 物体Bの速度の最小値は v になる。

物体Aが壁から離れたとき

ばねの長さが最大になったとき

ばねの長さが再び自然長に戻ったとき

なお, 力学的エネルギーが保存されるから, 物体Aが壁から離れてから, ばねの長さが自然長に戻るまでの変化を完全弾性衝突とみなすと

$$1 = -\frac{v - V}{v_1}$$

が成立する。これと①を用いると, 計算は簡単になる。

▶Ⅲ. 物体Aの位置を x_A, 物体Bの位置を x_B とすると, 物体Aと物体Bからなる系の重心Gの位置は

$$x_G = \frac{2Mx_A + Mx_B}{2M + M} \left(= \frac{2x_A + x_B}{3} \right)$$

と表される。重心Gの速度は

$$v_G = \frac{dx_G}{dt}$$

$$= \frac{2M\dfrac{dx_A}{dt} + M\dfrac{dx_B}{dt}}{2M + M} = \frac{2Mv_A + Mv_B}{2M + M}$$

となるから, 系の運動量が保存され③が成立するとき, 重心の速度は一定となる。本

問では，物体Aと物体Bの速度が等しくなるときがあるから，そのときの速度 v_2 が重心の速度となることがわかる $\left(\text{あるいは，物体Aが壁から離れる瞬間で，}\right.$

$$v_G = \frac{2M \cdot 0 + Mv_1}{2M + M} = \frac{1}{3}v_1 \Big).$$

〔解答〕では，問題文「物体Bと物体Cの間隔は，ばねが伸び縮みを繰り返すたびに広がっていった」を，『物体A，物体Bとばねからなる系と物体Cの間隔が広がる』と解釈した。『物体Bと物体Cの間隔が常に広がる』と解釈すると，物体Bの速度の最大値は v_1 であるから，次のようになる。

$$u_1 > v_1$$

テーマ

　ばねで連結された2物体の運動を題材とした問題である。
Ⅰ．物体Aが壁に接しているとき，ばねと物体Bで，ばね振り子が形成されていると考えればよい。
Ⅱ・Ⅲ．物体Aが壁から離れると，物体A，物体Bは振動し，この2物体とばねからなる系の重心は等速で右向きに移動する。運動の様子をイメージしながら，力学的エネルギー保存則，水平方向の運動量保存則の関係を用いる。

25

解答

Ⅰ. (1) 小球の位置が x_1 であるとき，レール上の点を X とし，CX が鉛直線 CP となす角を θ とする（右図，$x_1 < 0$ では $\theta < 0$ とする）。L が R に比べて十分に小さいとき，円の接線方向の小球の運動は，x 軸方向の運動に近似することができて，その運動方程式は

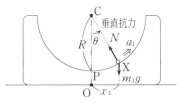

$$m_1 a_1 = -m_1 g \sin\theta$$

となる。$x_1 = R\sin\theta$ であるから

$$\boldsymbol{m_1 a_1 = -\frac{m_1 g}{R} x_1} \quad \cdots (答)$$

(2) (1)の結果の式は

$$a_1 = -\frac{g}{R} x_1$$

となる。単振動の角振動数を ω とすると，$a_1 = -\omega^2 x_1$ が成立するから，係数を比較して

$$\omega^2 = \frac{g}{R}$$

が得られる。よって単振動の周期は

$$\frac{2\pi}{\omega} = 2\pi\sqrt{\frac{R}{g}} \quad \cdots (答)$$

Ⅱ. (1) 小球に作用する力の x 軸方向の成分を F_{1x}，台に作用する力の x 軸方向の成分を F_{2x} とすると，それぞれの運動方程式は

$$m_1 a_1 = F_{1x}, \qquad m_2 a_2 = F_{2x}$$

となる。小球と台からなる系に対して，x 軸方向では外力が作用しないから，F_{1x} と F_{2x} は作用反作用の関係にあり

$$F_{1x} + F_{2x} = 0$$

が成立するから

$$\boldsymbol{m_1 a_1 + m_2 a_2 = 0} \quad \cdots (答)$$

(2) 小球と台からなる系の重心の x 座標は $x_G = \dfrac{m_1 x_1 + m_2 x_2}{m_1 + m_2}$ と表されるが，これが変化しないことになる。最初に

$$x_1 = L, \qquad x_2 = 0$$

であったから

$$x_G = \frac{m_1 x_1 + m_2 x_2}{m_1 + m_2} = \frac{m_1 L + m_2 \cdot 0}{m_1 + m_2}$$

$$\therefore \quad \boldsymbol{m_1 x_1 + m_2 x_2 = m_1 L} \quad \cdots(答)$$

(3)　Ⅰと同様に，小球がレール上の点Xにある
とき，CX が鉛直線 CP となす角を θ とする
（右図）。小球の運動方程式は

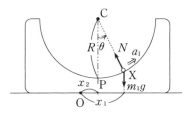

$$m_1 a_1 = -m_1 g \sin\theta$$

となり，$x_1 - x_2 = R\sin\theta$ であるから

$$a_1 = -\frac{g}{R}(x_1 - x_2)$$

が得られる。(2)の結果より得られる $x_2 = \dfrac{m_1(L - x_1)}{m_2}$ を，これに代入すると

$$a_1 = -\frac{g}{R}\left\{x_1 - \frac{m_1(L - x_1)}{m_2}\right\} = -\frac{(m_1 + m_2)g}{m_2 R}\left(x_1 - \frac{m_1 L}{m_1 + m_2}\right)$$

となる。小球の単振動の中心を $x_1 = x_{10}$ とすると，この位置では $a_1 = 0$ となるから

$$x_{10} - \frac{m_1 L}{m_1 + m_2} = 0 \qquad \therefore \quad \boldsymbol{x_{10} = \frac{m_1 L}{m_1 + m_2}} \quad \cdots(答)$$

(4)　小球の単振動の右端は $x_1 = L$ であるから，振幅は

$$L - x_{10} = L - \frac{m_1 L}{m_1 + m_2} = \frac{m_2 L}{m_1 + m_2} \quad \cdots(答)$$

(5)　小球の単振動の角振動数を ω' とすると，$a_1 = -\omega'^2(x_1 - x_{10})$ が成立するから，
(3)の式と係数を比較して

$$\omega'^2 = \frac{(m_1 + m_2)g}{m_2 R}$$

が得られる。単振動の周期は

$$\frac{2\pi}{\omega'} = 2\pi\sqrt{\frac{m_2 R}{(m_1 + m_2)g}} \quad \cdots(答)$$

解　説

Ⅰ．▶(1)　小球は鉛直面内で不等速円運動を行い，点Xでの
小球の速さを v，小球が台から受ける垂直抗力を N とする
と，一般に，次の関係式が成立する。

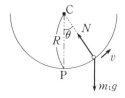

法線方向：向心加速度 $\dfrac{v^2}{R}$ を考慮した運動方程式

$$m_1 \frac{v^2}{R} = N - m_1 g\cos\theta \quad \cdots①$$

$$\left(\text{遠心力}\, m_1 \frac{v^2}{R}\, \text{を考慮した，つりあいの式とみなしてもよい}\right)$$

接線方向：加速度 $\alpha = \dfrac{dv}{dt}$ を考慮した運動方程式

$$m_1\alpha = -m_1 g\sin\theta \quad \cdots ②$$

　本問では，L が R に比べて十分に小さいとされていて，〔解答〕では，円の接線方向の運動を x 軸方向の直線運動に近似して，単振動の関係式を導いた（すなわち，② で $\alpha \fallingdotseq a_1$ とした）。他に，次のような考え方も可能である。

> v が小さいから，①より $N \fallingdotseq m_1 g\cos\theta \fallingdotseq m_1 g$ として
> 水平方向の運動方程式：$m_1 a_1 = -N\sin\theta \fallingdotseq -m_1 g\sin\theta$
> 鉛直方向では，力がつりあうとして
> $$N\cos\theta \fallingdotseq m_1 g \qquad \therefore \quad N \fallingdotseq \frac{m_1 g}{\cos\theta} \fallingdotseq m_1 g$$
> 水平方向の運動方程式：$m_1 a_1 = -N\sin\theta \fallingdotseq -m_1 g\sin\theta$

▶(2)　単振動において，$a_1 = -\omega^2 x_1$ は最も基本的な関係式であり，角振動数 ω から

周期 $T = \dfrac{2\pi}{\omega}$ を求めるのは，よく用いられる計算法である。

Ⅱ.　▶(1)　F_{1x} と F_{2x} は，具体的に書くと，次のようになる。

$$F_{1x} = -N\sin\theta, \qquad F_{2x} = N\sin\theta$$

▶(2)　小球と台の速度の x 軸方向の各成分を v_1，v_2 とすると，小球と台からなる系に対して，x 軸方向では外力が作用しないから，運動量保存則より

$$m_1 v_1 + m_2 v_2 = 0$$

が成立する。この式の両辺を微分すると

$$m_1 a_1 + m_2 a_2 = 0$$

が得られ，両辺を積分すると

$$m_1 x_1 + m_2 x_2 : \text{一定}$$

が得られる。

▶(3)　単振動の中心 $x_1 = x_{10}$ では，力がつりあい，加速度が 0 になるから

$$a_1 = -\omega^2(x_1 - x_{10})$$

が成立する。

▶(4)　単振動の振幅は，中心と端の距離，あるいは，両端間の距離の半分として，求められる。

▶(5)　Ⅰ(2)と同様である。なお

$$a_2 = -\frac{m_1}{m_2} a_1 = \frac{m_1 g}{m_2 R}(x_1 - x_2) = \frac{m_1 g}{m_2 R}\left\{\left(L - \frac{m_2}{m_1}x_2\right) - x_2\right\}$$

$$= -\frac{(m_1 + m_2)\, g}{m_2 R}\left(x_2 - \frac{m_1 L}{m_1 + m_2}\right)$$

となるから，台も単振動を行い，その中心は $x_{20} = \dfrac{m_1 L}{m_1 + m_2} = x_{10}$，角振動数は ω' であることがわかる。あるいは

$$a_1 - a_2 = a_1 - \left(-\frac{m_1}{m_2} a_1\right) = \frac{m_1 + m_2}{m_2} a_1 = -\frac{m_1 + m_2}{m_2} g \sin\theta$$

$$= -\frac{m_1 + m_2}{m_2} g \times \frac{x_1 - x_2}{R} = -\frac{(m_1 + m_2) g}{m_2 R} (x_1 - x_2)$$

であるから，小球と台の間の相対運動も単振動になり，角振動数は ω' であることがわかる。

テーマ

　半円形のレールが取り付けられた台上での，小球の単振動を扱っている。
Ⅰ．台が固定されていて，小球の運動は単振り子と同様に扱えばよい（本問で台から作用する垂直抗力が，単振り子における糸の張力に対応する）。
Ⅱ．机と台の間に摩擦がないことから，小球と台からなる系に対して，水平方向では外力が作用しない。台と小球が共に単振動するが，台の単振動は直接は問われていない。

第2章　熱力学

1　熱力学

26

解　答

I．(1)　風船の半径を r から $r+\Delta r$ に変化させたとき，風船の体積の増加を ΔV とする。Δr は十分小さく，Δr の二次以上の項を無視すると

$$\Delta V = \frac{4}{3}\pi (r+\Delta r)^3 - \frac{4}{3}\pi r^3$$

$$= \frac{4}{3}\pi \{r^3 + 3r^2\Delta r + 3r(\Delta r)^2 + (\Delta r)^3 - r^3\}$$

$$\fallingdotseq 4\pi r^2 \Delta r$$

液体の体積は一定であるから，風船の体積が ΔV だけ増加したとき，シリンダー内の液体は ΔV だけ減少している。ピストンの断面積を A，ピストンを動かした距離を Δx とすると

$$\Delta x = \frac{\Delta V}{A}$$

ピストンを押す力の大きさを F とすると，ピストンにはたらく力のつりあいの式より

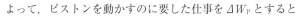

$$pA = p_0 A + F$$

$$\therefore \quad F = (p - p_0) A$$

よって，ピストンを動かすのに要した仕事を ΔW_P とすると

$$\Delta W_P = F\Delta x$$

$$= (p - p_0) A \times \frac{\Delta V}{A}$$

$$= 4\pi r^2 (p - p_0) \, \Delta r \quad \cdots (答)$$

(2)　風船の半径を r から $r+\Delta r$ に変化させたとき，風船の表面積の増加を ΔS とする。Δr の二次以上の項を無視すると

$$\Delta S = 4\pi (r+\Delta r)^2 - 4\pi r^2$$

$$= 4\pi \{r^2 + 2r\Delta r + (\Delta r)^2 - r^2\}$$

$$\fallingdotseq 8\pi r\Delta r$$

よって，風船の表面積を大きくするのに要した仕事を ΔW とすると

$$\Delta W = \sigma \Delta S$$

$$= 8\pi\sigma r \varDelta r \quad \cdots(答)$$

(3) (1)の $\varDelta W_{\mathrm{P}}$ がすべて(2)の $\varDelta W$ に変換されるから

$$4\pi r^2(p - p_0)\varDelta r = 8\pi\sigma r \varDelta r$$

$$\therefore \quad p = p_0 + \frac{2\sigma}{r} \quad \cdots(答)$$

Ⅱ. (1)　アー② イー④

理由：設問Ⅰ(3)より，風船は半径 r が小さい方が内圧 p が大きい。気体は，内圧が大きい風船から小さい風船に移る，すなわち半径が小さい風船から大きい風船に移っていくから。

(2) 弁を開く前に，半径 r_{A}，r_{B} の風船に封入された気体の物質量をそれぞれ n_{A}，n_{B}，気体定数を R，気体の温度を T とする。それぞれの風船に封入された理想気体の状態方程式より

$$\left(p_0 + \frac{2\sigma}{r_{\mathrm{A}}}\right) \times \frac{4}{3}\pi r_{\mathrm{A}}{}^3 = n_{\mathrm{A}}RT$$

$$\left(p_0 + \frac{2\sigma}{r_{\mathrm{B}}}\right) \times \frac{4}{3}\pi r_{\mathrm{B}}{}^3 = n_{\mathrm{B}}RT$$

弁を開いた後，気体の温度 T は一定に保たれ，片方の風船がしぼみきり，気体がすべて半径 r_{C} の風船に移動したとき，気体の物質量の和は一定である。理想気体の状態方程式より

$$\left(p_0 + \frac{2\sigma}{r_{\mathrm{C}}}\right) \times \frac{4}{3}\pi r_{\mathrm{C}}{}^3 = (n_{\mathrm{A}} + n_{\mathrm{B}})RT$$

よって

$$\left(p_0 + \frac{2\sigma}{r_{\mathrm{C}}}\right) \times \frac{4}{3}\pi r_{\mathrm{C}}{}^3 = \left(p_0 + \frac{2\sigma}{r_{\mathrm{A}}}\right) \times \frac{4}{3}\pi r_{\mathrm{A}}{}^3 + \left(p_0 + \frac{2\sigma}{r_{\mathrm{B}}}\right) \times \frac{4}{3}\pi r_{\mathrm{B}}{}^3$$

$$p_0 r_{\mathrm{C}}{}^3 + 2\sigma r_{\mathrm{C}}{}^2 = p_0 r_{\mathrm{A}}{}^3 + 2\sigma r_{\mathrm{A}}{}^2 + p_0 r_{\mathrm{B}}{}^3 + 2\sigma r_{\mathrm{B}}{}^2$$

$$\therefore \quad \sigma = \frac{p_0}{2} \times \frac{r_{\mathrm{C}}{}^3 - r_{\mathrm{A}}{}^3 - r_{\mathrm{B}}{}^3}{r_{\mathrm{A}}{}^2 + r_{\mathrm{B}}{}^2 - r_{\mathrm{C}}{}^2} \quad \cdots(答)$$

Ⅲ. (1)　設問Ⅰ(3)の σ を $\sigma(r)$ と書き換えると

$$p = p_0 + \frac{2\sigma(r)}{r}$$

$$= p_0 + 2a\frac{r - r_0}{r^3}$$

内圧 p は半径 r の関数として変化するから，微分して p の増減を考えると

$$\frac{dp}{dr} = 2a\frac{r^3 - (r - r_0) \cdot 3r^2}{r^6}$$

$$= 2a\frac{-2r + 3r_0}{r^4}$$

よって，増減表は左下の通りで，p は，$r=\dfrac{3}{2}r_0$ で極大となる。グラフは右下の通りである。

r	r_0	$\cdots$	$\dfrac{3}{2}r_0$	$\cdots$	$r\to\infty$
$\dfrac{dp}{dr}$		$+$	0	$-$	
p	p_0	↗	極大	↘	p_0 に漸近

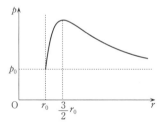

グラフより，片方の風船を手で押してわずかにしぼませたとき，半径が小さい風船から半径が大きい風船に気体が移動し，その後，半径が小さい風船も半径が大きい風船もともに内圧が等しくなったところで気体の移動が止まるような r_D は

$$r_D > \frac{3}{2}r_0 \quad \cdots\text{(答)}$$

(2) 外気圧 p_0 は一定なので，風船内の気体の温度を上げると，風船の体積と半径はともに大きくなる。

設問Ⅲ(1)（二つの風船の半径と内圧の関係が右図の点 E_2 と F_2）の後，半径が小さい風船は，半径が $\dfrac{3}{2}r_0$ より小さいので，半径が大きくなると（点 E_3）内圧は大きくなり，半径が大きい風船は，半径が $\dfrac{3}{2}r_0$ より大きいので，半径が大きくなると（点 F_3）内圧は小さくなる。よって，気

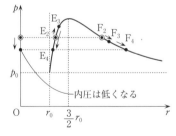

体は半径が小さい風船から半径が大きい風船に移動する。
その後，気体の移動によって，半径が小さかった風船は半径がさらに小さくなって内圧が小さくなり，半径が大きかった風船はさらに半径が大きくなって内圧が小さくなる。
ついには内圧が等しくなったところ（点 E_4 と F_4）で気体の移動が止まる。よって，二つの風船の内圧は設問Ⅲ(1)に比べて低くなる。

(3) 風船内の気体の温度を下げると，風船の体積と半径は小さくなり，気体は半径が大きい風船から半径が小さい風船に移動する。ついには，二つの風船の半径が $\dfrac{3}{2}r_0$ になったとき，内圧も等しくなって気体の移動が止まる。このとき，設問Ⅲ(1)のグラフより，半径が大きい風船の半径の減少と半径が小さい風船の半径の増加は異なる傾きである。さらに温度を下げると，二つの風船の半径は等しいまま小さくなっていき，

ともに半径 r_0 になったとき膜張力が 0 となり，内圧は外気圧 p_0 に等しくなる。

（答）　⑥

解　説

▶Ⅱ．気体は，半径が小さくて内圧が大きい風船から，半径が大きくて内圧が小さい風船へ移動する。気体の移動によって，半径が小さくなっていった風船はますます内圧が大きくなり，半径が大きくなっていった風船はますます内圧が小さくなるので，気体の移動が続き，十分時間が経ったとき，はじめに半径の小さかった風船はしぼみきる。

一定体積の気体を入れた二つの風船が安定な平衡状態であるためには，膜張力によるポテンシャルエネルギーの和が最小，すなわち表面積が最小であればよい。気体の体積を V，片方の風船の半径を r，他方の風船の半径を kr（二つの風船のうち半径が小さい方として，$0 \leqq k \leqq 1$），表面積の和を S とすると

$$V = \frac{4}{3}\pi r^3 + \frac{4}{3}\pi (kr)^3$$
$$= \frac{4}{3}\pi r^3(1+k^3)$$
$$S = 4\pi r^2 + 4\pi (kr)^2$$
$$= 4\pi r^2(1+k^2)$$

V が一定で，r を消去して S を k の関数として表すと

$$S = 4\pi \left\{ \frac{3V}{4\pi(1+k^3)} \right\}^{\frac{2}{3}} (1+k^2)$$
$$= (36\pi V^2)^{\frac{1}{3}} \left\{ \frac{(1+k^2)^3}{(1+k^3)^2} \right\}^{\frac{1}{3}}$$

S を最小にするのは，$0 \leqq k \leqq 1$ であるから，$k=0$ のとき，すなわち，一方の風船の体積が 0 のときである。

Ⅲ．▶(1)　片方の風船をわずかにしぼませた後，さらに風船の大きさが変化し，半径が異なる二つの風船となって保たれるためには，異なる二つの半径の風船で，内圧が等しい状態がつくられればよい。

(i) $r_D < \dfrac{3}{2} r_0$ であったとする（右図の点A）と，片方の風船を手で押してわずかにしぼませると，半径 r が小さくなって（点B）内圧 p が小さくなり，他方の風船は半径 r が大きくなって（点C）内圧 p が大きくなるので，気体は半径の大きい風船から半径の小さい風船に移動し，十分時間が経

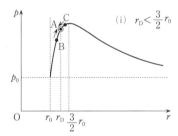

つと，二つの風船の半径は等しくなり，もとの半径 r_D に戻る。

(ii)　$r_D = \dfrac{3}{2}r_0$ であったとすると，片方の風船を手で押してわずかにしぼませると，半径 r が小さくなって内圧 p が小さくなり，他方の風船は半径 r が大きくなって内圧 p が小さくなるが，$r_D = \dfrac{3}{2}r_0$ 付近での p-r グラフの傾きの絶対値が，$r_D < \dfrac{3}{2}r_0$ での傾きが $r_D > \dfrac{3}{2}r_0$ での傾きより大きいので，気体は半径の大きい風船から半径の小さい風船に移動し，十分時間が経つと，二つの風船の半径は等しくなり，もとの半径 r_D に戻る。

(iii)　$r_D > \dfrac{3}{2}r_0$ であったとする（右図の点D）と，片方の風船を手で押してわずかにしぼませると，半径 r が小さくなって（点 E_1）内圧 p が大きくなり，他方の風船は半径 r が大きくなって（点 F_1）内圧 p が小さくなるので，気体は半径の小さい風船から半径の大きい風船に移動する。その

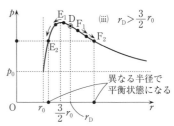

後，半径が小さくなっていった風船の半径が $\dfrac{3}{2}r_0$ より小さくなると，内圧 p は小さくなりはじめる。さらに，気体は半径の小さい風船から半径の大きい風船への移動が続き，ともに内圧 p が小さくなり続けるが，ついには内圧 p が等しくなったところ（点 E_2 と F_2）で気体の移動が止まる。よって，r_D が満たすべき条件は

$$r_D > \frac{3}{2}r_0$$

▶(3)　半径が $\dfrac{3}{2}r_0$ 付近では，設問Ⅲ(1)の〔解答〕のグラフより，圧力はほぼ一定としてよいから，理想気体の状態方程式より，気体の体積と温度は比例する。よって⑥が適切。なお，二つの風船の半径が $\dfrac{3}{2}r_0$ で内圧も等しくなった後，さらに温度を下げる過程において，④は，設問Ⅲ(1)の〔解答〕のグラフより，半径が $\dfrac{3}{2}r_0$ 付近では，温度が変化しても体積がほとんど変化しないので，不適。

　　二つの風船をそれぞれ異なる大きさに膨らませ，この二つの風船の口をつないだとき何が起こるかという比較的有名な問題で「二つの風船の実験」と呼ばれる。

　　このとき，①二つの風船が等しい大きさになるように空気が移動するのか，②小さい方の風船がさらに小さくなり，大きい方の風船がさらに大きくなるように空気が移動するのか，を定量的，定性的に論じた問題である。

　　日常生活の中で，しぼんだ風船に息を吹き込んで膨らませようとするとき，最初の半径が小さいときには大きな吹き込む力（風船内の空気による内圧に逆らう力）が必要であるが，ある半径を超えた後は，吹き込む力は小さくてよいことと関係している。

Ⅰ．題意に沿って，風船を膨らませたときの体積の増加，表面積の増加と仕事の関係を考える。

Ⅱ．半径が小さい方が内圧が大きいので，気体は半径が小さい風船から半径が大きい風船に移動することがポイントである。

Ⅲ．内圧 p が半径 r の関数として表されるので，このグラフを描いて気体の移動の向きを考える必要がある。

●出題の意図（東京大学 発表）

　　熱力学における仕事や気体の状態方程式に関する基礎的理解と，現象を物理法則に基づき深く理解し状況変化の本質を見抜く高い洞察力を問うています。風船という身の回りのものを題材にすることで，物理を身近に感じてもらうことも意図しています。

27

解　答

I. (1)　気体Xの分子１個の速度の z 成分を v_z，この分子がピストンと弾性衝突したときの運動量の z 成分の変化を ΔP_z とすると

$$\Delta P_z = -m_X v_z - m_X v_z = -2m_X v_z$$

ピストンはこの反作用として分子から力積 $2m_X v_z$ を受ける。この分子がピストンに衝突してからシリンダーの底面に衝突した後，再びピストンに衝突するまでの時間は，

$2 \times \dfrac{\dfrac{V_1 + V_2}{S}}{v_z}$ であるから，時間 Δt あたりにこの分子がピストンと衝突する回数は，

$\dfrac{v_z S}{2(V_1 + V_2)} \Delta t$ となる。

この分子が時間 Δt にわたって一定の大きさの力 f を加えていたとして，時間 Δt あたりにピストンが受ける力積は $f \cdot \Delta t$ であるから

$$f \cdot \Delta t = 2m_X v_z \times \frac{v_z S}{2(V_1 + V_2)} \Delta t$$

$$\therefore \quad f = \frac{m_X v_z^2 S}{V_1 + V_2}$$

ピストンが１モルの気体Xのすべての分子 N_A 個から受ける力の大きさの平均 F_1 は，f の和であり，気体Xの分子の速度の z 成分の２乗の平均 $\overline{v_z^2}$ を用いて

$$F_1 = N_A \times \frac{m_X \overline{v_z^2} S}{V_1 + V_2} = \frac{N_A m_X \overline{v_z^2} S}{V_1 + V_2} \quad \cdots (答) \quad \cdots ①$$

(2)　シリンダーの底面が１モルの気体Yのすべての分子 N_A 個から受ける力の大きさの平均を F_Y とすると，①と同様にして

$$F_Y = \frac{N_A m_Y \overline{w_z^2} S}{V_2}$$

シリンダーの底面は気体Xから大きさの平均 F_1 の力を受けるので，気体XとYから受ける合計の力の大きさの平均 F_2 は

$$F_2 = F_1 + F_Y = \frac{N_A m_X \overline{v_z^2} S}{V_1 + V_2} + \frac{N_A m_Y \overline{w_z^2} S}{V_2} \quad \cdots ②$$

$$= N_A S \left(\frac{m_X \overline{v_z^2}}{V_1 + V_2} + \frac{m_Y \overline{w_z^2}}{V_2} \right) \quad \cdots (答)$$

(3)　気体Xの分子１個の速度の z 方向の運動エネルギーの平均は $\dfrac{1}{2} m_X \overline{v_z^2}$ である。

題意より，これが $\frac{1}{2}kT$ に等しいから，ボルツマン定数 k が $k=\dfrac{R}{N_{\mathrm{A}}}$ であることを用いると

$$\frac{1}{2}m_{\mathrm{X}}\overline{v_z{}^2}=\frac{1}{2}kT=\frac{1}{2}\frac{R}{N_{\mathrm{A}}}T$$

$$\therefore\ \ N_{\mathrm{A}}m_{\mathrm{X}}\overline{v_z{}^2}=RT\quad\cdots③$$

圧力 p_1 は，①，③より

$$p_1=\frac{F_1}{S}=\frac{N_{\mathrm{A}}m_{\mathrm{X}}\overline{v_z{}^2}}{V_1+V_2}=\frac{RT}{V_1+V_2}\quad\cdots(答)\quad\cdots④$$

気体Yについて，③と同様に

$$N_{\mathrm{A}}m_{\mathrm{Y}}\overline{w_z{}^2}=RT\quad\cdots⑤$$

圧力 p_2 は，②，③，⑤より

$$p_2=\frac{F_2}{S}=\frac{N_{\mathrm{A}}m_{\mathrm{X}}\overline{v_z{}^2}}{V_1+V_2}+\frac{N_{\mathrm{A}}m_{\mathrm{Y}}\overline{w_z{}^2}}{V_2}=\frac{RT}{V_1+V_2}+\frac{RT}{V_2}$$

$$=\left(\frac{1}{V_1+V_2}+\frac{1}{V_2}\right)RT\quad\cdots(答)$$

(4)　気体分子1個は一方向あたり平均して $\frac{1}{2}kT$ の運動エネルギーをもつので，三方向の運動エネルギーを，それぞれ N_{A} 個の気体XとYについて，和をとる。これが内部エネルギーの合計であるから，これを U とすると

$$U=N_{\mathrm{A}}\times\frac{1}{2}kT\times3+N_{\mathrm{A}}\times\frac{1}{2}kT\times3$$

$$=3N_{\mathrm{A}}kT=3RT\quad\cdots(答)\quad\cdots⑥$$

II．(1)　気体Xは，圧力 p_1，体積 V_1+V_2，温度 T の状態から，圧力 $p_1+\Delta p_1$，体積 $(V_1-\Delta V_1)+V_2$，温度 $T+\Delta T$ の状態へ変化している。

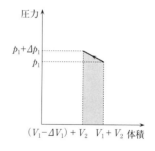

内部エネルギーの増加 ΔU は，⑥より，気体XとYの合計で

$$\Delta U=3R(T+\Delta T)-3RT=3R\Delta T$$

気体Xが外部へした仕事 W_{X} は，Δp_1，ΔV_1 が微小量なので，この間，体積の減少とともに圧力が一定の割合で増加したとして，右上図の圧力一体積グラフの面積で表されるから

$$W_{\mathrm{X}}=-\frac{1}{2}\{p_1+(p_1+\Delta p_1)\}\Delta V_1$$

$$=-p_1\Delta V_1-\frac{1}{2}\Delta p_1\Delta V_1\fallingdotseq-p_1\Delta V_1$$

気体Yは，体積変化がないので，外部へした仕事は0である。

この過程で，気体と外部の間で熱のやりとりはなかったので，気体が吸収した熱量 Q は 0。

よって，熱力学第1法則より

$$0 = 3R\Delta T - p_1 \Delta V_1$$

$$\therefore \quad \Delta T = \frac{p_1 \Delta V_1}{3R} \quad \cdots (答) \quad \cdots ⑦$$

(2) ピストンを押し下げる前後における，1モルの理想気体Xの状態方程式より，変化前は

$$p_1(V_1 + V_2) = 1 \cdot RT$$

変化後は

$$(p_1 + \Delta p_1)\{(V_1 - \Delta V_1) + V_2\} = 1 \cdot R(T + \Delta T)$$

この2式より，また，微小量どうしの積は無視できるので

$$-p_1 \Delta V_1 + \Delta p_1(V_1 + V_2) \fallingdotseq R\Delta T$$

⑦を用いると

$$\Delta p_1(V_1 + V_2) = p_1 \Delta V_1 + R \cdot \frac{p_1 \Delta V_1}{3R}$$

$$= \frac{4}{3}p_1 \Delta V_1$$

$$\therefore \quad \frac{\Delta p_1}{p_1} = \frac{4}{3}\frac{\Delta V_1}{V_1 + V_2}$$

よって，アに入る数は　$\dfrac{4}{3}$　$\cdots$(答)

Ⅲ．(1)　設問Ⅲの最後の状態での気体の温度を T' とする。

ピストンは，おもりが押す力と気体Xが押す力とが常につりあいを保ちながら押し上げられたので，この変化は圧力 p_1 の定圧変化である。

ボイル・シャルルの法則より

$$\frac{V_1 + V_2}{T} = \frac{2V_1 + V_2}{T'}$$

$$\therefore \quad T' = \frac{2V_1 + V_2}{V_1 + V_2}T \quad \cdots (答)$$

(2)　内部エネルギーの増加 $\Delta U'$ は，⑥より，気体XとYの合計で

$$\Delta U' = 3R(T' - T) = 3R\left(\frac{2V_1 + V_2}{V_1 + V_2}T - T\right) = \frac{3V_1}{V_1 + V_2}RT$$

気体が外部へした仕事 W は，④の p_1 を用いて

$$W = p_1(2V_1 - V_1) = \frac{RT}{V_1 + V_2} \cdot V_1 = \frac{V_1}{V_1 + V_2}RT$$

よって，気体XとYが吸収した熱量の合計 Q は，熱力学第1法則より

$$Q = \frac{3V_1}{V_1 + V_2}RT + \frac{V_1}{V_1 + V_2}RT = \frac{4V_1}{V_1 + V_2}RT \quad \cdots (\text{答})$$

解 説

Ⅰ．▶(1) (3)の条件「気体Xの分子1個の一方向あたりの運動エネルギーの平均 $\frac{1}{2}m_X\overline{v_z^2}$ が $\frac{1}{2}kT$ である」ことを先取りし，ボルツマン定数 k が $k = \frac{R}{N_A}$ であることを用いると，次のように解答することもできる。

$$\frac{1}{2}m_X\overline{v_z^2} = \frac{1}{2}kT = \frac{1}{2}\frac{R}{N_A}T$$

ピストンは気体Xから圧力 p_1 を受けるので，理想気体の状態方程式より

$$p_1(V_1 + V_2) = 1 \cdot RT$$

$$\therefore \quad F_1 = p_1 S = \frac{RT}{V_1 + V_2} \cdot S = \frac{N_A m_X \overline{v_z^2} S}{V_1 + V_2}$$

▶(3) 気体Xは領域1と領域2に一様に分散し，気体Yは領域2のみに分散している。気体XとYは理想気体であるから，互いに力を及ぼさないので，領域1の圧力は気体Xの分圧，領域2の圧力は気体Xの分圧と気体Yの分圧の和である。

▶(4) 単原子分子理想気体の内部エネルギーとは，気体分子がもつ運動エネルギーの和である。理想気体では，分子間に働く分子間力の位置エネルギーは無視する。単原子分子では，分子1個は一方向あたり平均して $\frac{1}{2}kT$ の運動エネルギーをもつので，分子1個の運動エネルギーは空間の三方向の和として $\frac{3}{2}kT$ である。これを，エネルギー等分配則という。

気体XとYの分子の速度の2乗の平均をそれぞれ $\overline{v^2}$，$\overline{w^2}$ とすると，$\overline{v_z^2} = \frac{1}{3}\overline{v^2}$，$\overline{w_z^2} = \frac{1}{3}\overline{w^2}$ であるから

$$\frac{1}{2}m_X\overline{v_z^2} \times 3 = \frac{1}{2}m_X\overline{v^2}$$

$$\frac{1}{2}m_Y\overline{w_z^2} \times 3 = \frac{1}{2}m_Y\overline{w^2}$$

よって

$$U = N_A \times \frac{1}{2}m_X\overline{v^2} + N_A \times \frac{1}{2}m_Y\overline{w^2}$$

$$= N_A \times \left(\frac{3}{2}m_X\overline{v_z^2} + \frac{3}{2}m_Y\overline{w_z^2}\right)$$

$$= N_A \times \left(\frac{3}{2}kT + \frac{3}{2}kT\right) = 3N_A kT = 3RT$$

別解　n モルの単原子分子理想気体がもつ内部エネルギーは $\frac{3}{2}nRT$ である。

よって，1モルの気体XとYの内部エネルギーの合計 U は

$$U = \frac{3}{2} \cdot 1 \cdot RT + \frac{3}{2} \cdot 1 \cdot RT = 3RT$$

Ⅱ．熱力学第1法則は，気体が吸収した熱量を Q，気体の内部エネルギーの増加を ΔU，気体が外部へした仕事を W とすると

$$Q = \Delta U + W$$

または，気体が吸収した熱量を Q，気体が吸収した（外部からされた）仕事を w，気体の内部エネルギーの増加を ΔU とすると

$$\Delta U = Q + w$$

▶(1)　膜は固定されているので，体積 V_2 は一定である。

▶(2)　気体Xの変化前の状態方程式は設問Ⅰ(3)の④に等しい。

Ⅲ．▶(2)　定圧モル比熱，定積モル比熱を用いて解くこともできる。

この過程で，気体Xは定圧変化をする。単原子分子理想気体の定圧モル比熱は $\frac{5}{2}R$ であるから，1モルの気体Xが吸収した熱量 Q_X は

$$Q_X = 1 \cdot \frac{5}{2} R (T' - T)$$

この過程で，気体Yは定積変化をする。単原子分子理想気体の定積モル比熱は $\frac{3}{2}R$ であるから，1モルの気体Yが吸収した熱量 Q_Y は

$$Q_Y = 1 \cdot \frac{3}{2} R (T' - T)$$

よって，気体XとYが吸収した熱量の合計 Q は

$$Q = Q_X + Q_Y = \frac{5}{2} R (T' - T) + \frac{3}{2} R (T' - T)$$

$$= 4R \left(\frac{2V_1 + V_2}{V_1 + V_2} T - T \right) = \frac{4V_1}{V_1 + V_2} RT$$

Ⅰ(1)は定番の気体の分子運動論，(2)～(4)は混合気体から受ける力と圧力，内部エネルギーの問題である。Ⅱは混合気体全体が断熱変化でありながら，気体Ⅹは体積減少の割合と圧力増加の割合が一定と近似する変化，気体Ⅿは定積変化，Ⅲは気体Ⅹは定圧変化で気体Ⅿは定積変化である。これらの内容を理想気体の状態方程式，ボイル・シャルルの法則の式，熱力学第1法則を用いて表現する。

気体の分子運動論から得られる次の2式は，よく現れる式である。

(i) 気体の圧力

$$p=\frac{F}{S}=\frac{Nm\overline{v^2}}{3V}$$

(ii) 気体分子1個あたりの運動エネルギーの平均値

$$\varepsilon=\frac{1}{2}m\overline{v^2}=\frac{3}{2}\frac{R}{N_A}T=\frac{3}{2}kT$$

●出題の意図（東京大学　発表）

　気体分子運動論の基礎的な理解と，気体の状態方程式や様々な状態変化に対する熱力学の法則についての理解を問うています。2種類の気体が混合されていて，片方の気体しか通さない膜によって仕切られているという設定を題材にすることで，状況に応じて的確に物理現象を把握する力を問いました。なお，気体分子運動論を用いなくても気体ごとに独立な状態方程式を考えることで設問Ⅰ(3)やⅡ，Ⅲを解答することも可能です。

28

解 答

I. 操作①は容器Xが，容器Y，物体Zのいずれとも接触しない状態なので，断熱変化である。よって，熱力学第1法則より，容器X内の気体がされた仕事 W_1 は，気体の内部エネルギーの変化 ΔU_1 に等しい。表3－1の温度を用いると

$$W_1 = \Delta U_1 = 1 \cdot \frac{3}{2} R \cdot \left(\frac{T_A}{a^2} - T_A \right) = -\frac{3}{2} \left(1 - \frac{1}{a^2} \right) R T_A \quad \cdots (答)$$

操作②はピストンにはたらく力が変化しないので，定圧変化 $\left(\dfrac{p_A}{a^5} = 一定 \right)$ である。よって，容器X内の気体がされた仕事 W_2 は

$$W_2 = -\frac{p_A}{a^5} \times \left(\frac{4}{5} a^5 \frac{R T_A}{p_A} - a^3 \frac{R T_A}{p_A} \right) = -\left(\frac{4}{5} - \frac{1}{a^2} \right) R T_A \quad \cdots (答)$$

操作③は断熱変化であるから，容器X内の気体がされた仕事 W_3 は，気体の内部エネルギーの変化 ΔU_3 に等しい。

$$W_3 = \Delta U_3 = 1 \cdot \frac{3}{2} R \cdot \left(\frac{4}{5} a^2 T_A - \frac{4}{5} T_A \right) = \frac{6}{5} (a^2 - 1) R T_A \quad \cdots (答)$$

II. (1) 容器X内の気体の内部エネルギーの変化 ΔU_4 は

$$\Delta U_4 = 1 \cdot \frac{3}{2} R \cdot (T_E - T_D) = \frac{3}{2} R (T_E - T_D) \quad \cdots (答)$$

(2) 操作④は定圧変化であるから状態Eの容器X内の気体の圧力は p_A である。状態D，Eの気体の体積をそれぞれ V_D，V_E とすると，理想気体の状態方程式より

$$p_A V_D = 1 \cdot R T_D \qquad \therefore \quad V_D = \frac{R T_D}{p_A}$$

$$p_A V_E = 1 \cdot R T_E \qquad \therefore \quad V_E = \frac{R T_E}{p_A}$$

よって，容器X内の気体がされた仕事 W_4 は

$$W_4 = -p_A \times \left(\frac{R T_E}{p_A} - \frac{R T_D}{p_A} \right) = -R (T_E - T_D) \quad \cdots (答) \quad \cdots (あ)$$

(3) 容器X内の気体について，操作④で気体が受け取る熱量を Q_4 とすると

$$Q_4 = \Delta U_4 - W_4 = \frac{3}{2} R (T_E - T_D) + R (T_E - T_D) = \frac{5}{2} R (T_E - T_D)$$

容器Y内の気体について，気体は体積変化をしないので，気体がされた仕事は0である。気体が受け取る熱量を Q_Y，気体の内部エネルギーの変化を ΔU_Y とすると

$$Q_Y = \Delta U_Y = \frac{3}{2} R (T_E - T_A) \quad \cdots(\text{い})$$

容器X，Y内の気体全体では，受け取る熱量は0であるから

$$Q_4 + Q_Y = 0 \quad \cdots(\text{う})$$

$$\frac{5}{2} R (T_E - T_D) + \frac{3}{2} R (T_E - T_A) = 0$$

$$\therefore \quad T_E = \frac{3T_A + 5T_D}{8} \quad \cdots(\text{答}) \quad \cdots(\text{え})$$

Ⅲ．(1)—**オ**

(2) (い)より，$\Delta U_Y = \frac{3}{2} R (T_E - T_A) > 0$ となるための条件は

$$T_E - T_A = \frac{3T_A + 5T_D}{8} - T_A = \frac{5}{8}(T_D - T_A) = \frac{5}{8}\left(\frac{4}{5}a^2 T_A - T_A\right)$$

$$= \frac{5}{8}\left(\frac{4}{5}a^2 - 1\right)T_A > 0$$

$$\therefore \quad a > \frac{\sqrt{5}}{2} \quad \cdots(\text{答})$$

(3) 操作①〜④のすべての間で，熱力学第1法則より，容器X内の気体について，内部エネルギーの変化を ΔU_X とすると

$$\Delta U_X = (Q_2 + Q_4) + W$$

容器Y内の気体について

$$\Delta U_Y = Q_Y$$

容器X，Y内の気体全体では

$$\Delta U_X + \Delta U_Y = (Q_2 + Q_4) + Q_Y + W \quad \cdots(\text{お})$$

ここで

$$\Delta U_X = 1 \cdot \frac{3}{2} R \cdot (T_E - T_A)$$

$$\Delta U_Y = 1 \cdot \frac{3}{2} R \cdot (T_E - T_A) = \Delta U_X \quad \cdots(\text{か})$$

(お)に，(う)，(か)を用いると

$$\Delta U_Y + \Delta U_Y = Q_2 + W$$

$$\therefore \quad \Delta U_Y = \frac{W + Q_2}{2} \quad \cdots(\text{答})$$

(4) 容器X内の気体の温度は，状態Cで物体Zの温度と等しく $\frac{4}{5} T_A$ となり，状態Dで $\frac{4}{5}a^2 T_A$ となる。この操作を何度も繰り返してもこれらの温度は変わらず，漸近する温度 T_F は

$$T_F = \frac{4}{5}a^2 T_A \quad \cdots (答)$$

別解　Ⅰ.（W_1 の求め方）

表3－1の内部エネルギーを用いると，$a>1$ に注意して

$$W_1 = \Delta U_1 = \frac{3}{2a^2}RT_A - \frac{3}{2}RT_A = -\frac{3}{2}\left(1 - \frac{1}{a^2}\right)RT_A$$

（W_3 の求め方）

W_1 と同様に

$$W_3 = \Delta U_3 = \frac{6}{5}a^2 RT_A - \frac{6}{5}RT_A = \frac{6}{5}(a^2 - 1)RT_A$$

Ⅲ.(2)　設問Ⅱの(い)より，$Q_Y = \Delta U_Y > 0$，すなわち操作④で容器Y内の気体が熱量を受け取るためには，状態Dで容器X内の気体の温度が容器Y内の気体の温度より高くなければならない。よって

$$T_D > T_A$$

$$\frac{4}{5}a^2 T_A > T_A \quad \therefore \quad a > \frac{\sqrt{5}}{2}$$

(4)　操作①〜④を n 回繰り返した後の容器Y内の温度を T_n とする。

設問Ⅱの(え)を変形すると

$$T_E - T_D = \frac{3}{8}(T_A - T_D)$$

これは，1回の操作で状態Eと状態Dの温度差が，状態Aと状態Dの温度差の $\frac{3}{8}$ 倍になることを表している。この操作を $n+1$ 回繰り返した後の温度 T_{n+1} は

$$T_{n+1} - T_D = \frac{3}{8}(T_n - T_D)$$

$$\therefore \quad T_n = \left(\frac{3}{8}\right)^n (T_A - T_D) + T_D$$

よって，n を大きくすると，$\left(\frac{3}{8}\right)^n \to 0$ なので

$$T_F = T_D = \frac{4}{5}a^2 T_A$$

解　説

▶Ⅰ.　熱力学第1法則より，気体の内部エネルギーの変化 ΔU は，気体が受け取る熱量 Q と気体がされた仕事 W の和に等しい。すなわち

$$\Delta U = Q + W$$

ただし，気体がした仕事を w とすると，$w = -W$ であるから，熱力学第1法則は，

$Q = \Delta U + w$ と表すこともできる。

気体が圧力 p の定圧変化をするとき，操作のはじめの体積を V，おわりの体積を V' とすると気体がした仕事は $w = p(V'-V)$，気体がされた仕事は $W = -p(V'-V)$ である。

気体の内部エネルギーの変化 ΔU は，気体の物質量を n，定積モル比熱を C_V，温度変化を ΔT とすると

$$\Delta U = nC_V \Delta T$$

単原子分子理想気体の場合，$C_V = \dfrac{3}{2}R$ であり，1 モルの単原子分子理想気体の内部エネルギーの変化は

$$\Delta U = 1 \cdot \frac{3}{2}R\Delta T$$

である。

Ⅱ．気体の状態変化における物理量の基本的な計算である。

▶(3)　容器X，Yをあわせた熱量が保存することと，容器Yの体積は一定であるから，気体は定積変化をすることに注意する。

Ⅲ．▶(1)　以下の(i)〜(ⅲ)のポイントに注意して絞りこんでいく。

(i)　操作①と③が断熱変化，操作②と④が定圧変化であるから，図のアとエは誤りである。

(ⅱ)　残りのうち，題意の $\Delta U_Y > 0$ より，$T_E > T_A$ の関係を表す図は，オとカである。これは，気体の温度を T とすると，状態方程式 $pV = RT$ より，圧力が等しい状態Aと状態Eでは，温度 T が高い状態Eの方が，体積 V も大きいことからもわかる。

(ⅲ)　最後に，状態Dから状態Eへ変化する操作④において，気体が仕事をされて（$W_4 > 0$）体積が減少する変化（図オ）であるか，気体が仕事をして（$W_4 < 0$）体積が増加する変化（図カ）であるかの判断である。

(え)より

$$T_E = \frac{3T_A + 5T_D}{8} \qquad \therefore \quad T_D = \frac{8T_E - 3T_A}{5}$$

(あ)より

$$W_4 = -R(T_E - T_D) = -R\left(T_E - \frac{8T_E - 3T_A}{5}\right) = \frac{3}{5}R(T_E - T_A) > 0$$

よって，状態Dから状態Eへの変化では，気体は仕事をされているから体積が減少する。したがって，p と V の関係を表す図として最も適当なものは，オである。

▶(4)　操作①〜④の過程で，容器X内の気体の温度は，操作②終了後の状態Cで，物体Zに接触して必ず $\dfrac{4}{5}T_A$ となり，その後の操作③終了後の状態Dで，必ず $\dfrac{4}{5}a^2 T_A$ となる。

一度目の操作④では $T_E > T_A$ であるから，容器Y内の気体に向かって容器X内の気体から熱が移動し，容器Y内の気体の温度が上昇する。この操作①〜④を何度も繰り返すと，容器Y内の気体の温度が容器X内の気体の温度と等しくなり，さらに操作を繰り返しても容器Y内の気体の温度は上昇しなくなる。この温度とは，容器X内の気体の状態Dでの温度である。よって

$$T_F = T_D = \frac{4}{5}a^2 T_A$$

参考　表3−1のそれぞれの状態の圧力，温度，体積を導出する。

(ⅰ)　状態Aで，容器X内の気体の体積を V_A とする。

p_A，T_A が問題文に与えられているから，ピストンの断面積を S，重力加速度の大きさを g とすると，ピストンの質量は無視できるのでピストンにはたらく力のつりあいの式より

$$p_A S = a^5 mg$$

$$\therefore \quad p_A = \frac{a^5 mg}{S}$$

理想気体の状態方程式より

$$p_A V_A = RT_A$$

$$\therefore \quad V_A = \frac{RT_A}{p_A}$$

(ⅱ)　状態Bで，容器X内の気体の圧力，温度，体積をそれぞれ p_B，T_B，V_B とする。ピストンにはたらく力のつりあいの式より

$$p_B S = mg$$

$$\therefore \quad p_B = \frac{mg}{S} = \frac{p_A}{a^5}$$

状態A→状態B（操作①）は断熱変化であるから，気体の圧力 p，温度 T，体積 V の間に，比熱比を γ $\left($単原子分子理想気体では $\gamma = \dfrac{5}{3}\right)$ として

$$pV^\gamma = 一定 \quad または \quad TV^{\gamma-1} = 一定$$

というポアソンの式が成り立つ。よって

$$p_A \cdot V_A^{\frac{5}{3}} = \frac{p_A}{a^5} \cdot V_B^{\frac{5}{3}}$$

$$\therefore \quad V_B = a^3 \cdot V_A = a^3 \cdot \frac{RT_A}{p_A}$$

ボイル・シャルルの法則より

$$\frac{p_A V_A}{T_A} = \frac{\dfrac{p_A}{a^5} \cdot a^3 V_A}{T_B}$$

$$\therefore \quad T_B = \frac{T_A}{a^2}$$

(ⅲ)　状態Cで，容器X内の気体の圧力，温度，体積をそれぞれ p_C，T_C，V_C とする。状態B→状態C（操作②）は定圧変化であるから

$$p_C = p_B = \frac{p_A}{a^5}$$

また, 問題文の操作②より

$$T_C = \frac{4}{5} T_A$$

ボイル・シャルルの法則より

$$\frac{a^3 V_A}{\frac{1}{a^2} T_A} = \frac{V_C}{\frac{4}{5} T_A}$$

$$\therefore \quad V_C = \frac{4}{5} a^5 V_A = \frac{4}{5} a^5 \frac{R T_A}{p_A}$$

(iv) 状態D, 状態Eは, 状態C→状態Dに操作①と同様の断熱変化の式を, 状態D→状態Eに操作②と同様の定圧変化の式を用いて求めることができる。

(v) 表3-1と同様に, 操作①~④における容器X内の気体の内部エネルギーの変化 ΔU, 受け取る熱量 Q, された仕事 W をまとめると次の表のようになる。気体の状態量の p, V, T や, エネルギー量の ΔU, Q, W をまとめることで, 理想気体の状態方程式や熱力学第1法則 $\Delta U = Q + W$ が確認できる。

操作	内部エネルギーの変化 ΔU	受け取る熱量 Q	された仕事 W
①	$-\frac{3}{2}\left(1 - \frac{1}{a^2}\right) R T_A$	0	$-\frac{3}{2}\left(1 - \frac{1}{a^2}\right) R T_A$
②	$\frac{3}{2}\left(\frac{4}{5} - \frac{1}{a^2}\right) R T_A$	$\frac{5}{2}\left(\frac{4}{5} - \frac{1}{a^2}\right) R T_A$	$-\left(\frac{4}{5} - \frac{1}{a^2}\right) R T_A$
③	$\frac{6}{5}(a^2 - 1) R T_A$	0	$\frac{6}{5}(a^2 - 1) R T_A$
④	$\frac{3}{2} R (T_E - T_D)$	$\frac{5}{2} R (T_E - T_D)$	$-R (T_E - T_D)$

テーマ

　熱サイクル問題の解法のためのおもな道具は，状態方程式またはボイル・シャルルの法則，熱力学第1法則，ポアソンの式，力のつりあいの式である。熱力学第1法則では，モル比熱を用いた内部エネルギーと熱量，仕事の定義式は基本事項である。各状態A〜Dでの圧力，温度，体積が与えられているので，状態方程式を使う場面はない。各操作①〜④が定圧，定積，等温，断熱のどの変化であるのかを把握しながら，各操作における気体の内部エネルギーの変化，気体が受け取る熱量，気体がされた仕事を熱力学第1法則と関連付けながら丁寧に計算すればよい。Ⅲでは，操作③，④での熱の移動の判断がポイントである。

　一般に，高温物体と低温物体を接触させると，高温物体側から低温物体側に熱が移動し（これを熱伝導という），やがて同じ温度になる（これを熱平衡という）。しかし，この逆に低温物体側から高温物体側に熱が移動するというような現象はひとりでには起こらない。また，気体を満たした容器と真空容器を連結させると，気体は拡散し気体の熱エネルギーは真空側へ流れ，やがて気体は全体に均一に広がる。しかし，この逆に均一に広がった気体が一方の容器に収まり，他方が真空になるというような現象はひとりでには起こらない。このように，外から何らかの操作をしない限り（周囲に何の変化も残さずに），はじめの状態にもどらない変化を不可逆変化といい，熱力学第2法則のひとつの表現である。

　設問Ⅲで，「容器X内の気体に対して仕事を行うことで，低温の物体Zから容器Y内の高温の気体に熱を運ぶ操作になっている」とあるが，このような装置はヒートポンプと呼ばれる。気体に熱を加えて膨張するときの仕事を取り出すのが熱機関であるが，この熱機関を逆向きに運転すると，気体に仕事を加えて熱を取り出す熱機関ができる。このように，低温物体から高温物体に熱を送り込む装置をヒートポンプという。このとき，ヒートポンプの片側は冷却され，反対側は加熱される。冷却される側を室内に，加熱される側を室外に置いた機関が冷房であり，室外機からは温風が排出されている。加熱される側を利用するのが，暖房や給湯器である。

●出題の意図（東京大学 発表）

　　複数の物質の間で熱や仕事がやりとりされる状況を正確に把握できるかを試問しています。個々の操作に対し熱力学に関する基礎的事項を適用できることに加えて，全体の状況を俯瞰して，対象を的確に理解し分析する能力が求められます。

29

解 答

Ⅰ. 液体の密度を ρ, 重力加速度を g とする。容器Cの液面にかかる圧力は p_0 であるから，この高さを基準として容器Aと容器Bの圧力を考えると

$$\rho g \cdot 5h = p_1 + \rho g \cdot 2h = p_0$$

よって，$\rho g = \dfrac{p_0}{5h}$ より

$$p_1 = p_0 - \frac{p_0}{5h} \cdot 2h = \frac{3}{5}p_0 \quad \cdots（答）$$

Ⅱ.（1） 容器Aと容器Cの液面の高さの差は外気圧に対応するので変化しない。一方で，容器Bの液面は x だけ下がっているので，下図のように，容器Aと容器Cの液面はともに $\dfrac{x}{2}$ だけ上向きに移動する。 …（答）

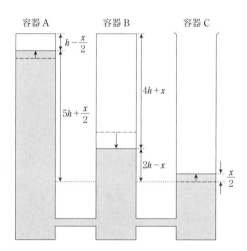

（2） 体積は

$$V_1 = S \cdot 4h, \quad \Delta V = S \cdot x$$

$$\frac{\Delta V}{V_1} = \frac{x}{4h} \quad \cdots（答）$$

Ⅱ(1)の図より，Ⅰと同様にして，容器Cのもとの液面の高さを基準として容器Bと容器Cの圧力を考えると

$$p_1 + \Delta p + \rho g (2h - x) = p_0 + \rho g \frac{x}{2}$$

ここで，$\rho g = \dfrac{p_0}{5h} = \dfrac{1}{5h} \cdot \dfrac{5}{3} p_1 = \dfrac{p_1}{3h}$ より

$$p_1 + \Delta p + \frac{p_1}{3h}(2h - x) = \frac{5}{3} p_1 + \frac{p_1}{3h} \cdot \frac{x}{2}$$

$$\Delta p = \frac{x}{2h} p_1$$

$$\therefore \quad \frac{\Delta p}{p_1} = \frac{x}{2h} \quad \cdots (答)$$

(3) 容器Bの気体の圧力は p_1 で一定であるから

$$W = p_1 S x = \frac{3}{5} p_0 S x \quad \cdots (答)$$

(4) 図3の状態の容器Cの液面を位置エネルギーの基準とすると，位置エネルギーの変化は

$$\Delta E = \rho S \frac{x}{2} g \cdot \left(5h + \frac{x}{4}\right) - \rho S x g \cdot \left(2h - \frac{x}{2}\right) + \rho S \frac{x}{2} g \cdot \frac{x}{4}$$

$$= \rho S x g \cdot \frac{2h + 3x}{4} \quad \cdots (*)$$

ここで，x^2 に比例する項を無視すると

$$\Delta E = \frac{\rho S x g h}{2}$$

$$= \frac{1}{6} p_1 S x = \frac{1}{10} p_0 S x \quad \cdots (答)$$

(5) Ⅱ(3)，Ⅱ(4)より

$$W - \Delta E = \frac{3}{5} p_0 S x - \frac{1}{10} p_0 S x = \frac{1}{2} p_0 S x$$

これは，容器Cの液面が大気に対してする仕事に対応している。

よって，W と ΔE は**等しくない。** $\cdots (答)$

その原因は，容器Bの気体がした仕事は，液体の位置エネルギーを増加させるだけでなく，容器Cの液面が大気に対してする仕事にも使われるからである。

Ⅲ. (1) Ⅱ(2)と同様にして，体積は

$$V_1 = S \cdot 4h, \quad V_2 = S \cdot 6h$$

$$\frac{V_2}{V_1} = \frac{3}{2}$$

圧力は

$$p_2 = p_0 + \rho g h = \frac{5}{3} p_1 + \frac{p_1}{3h} \cdot h = 2p_1$$

$$\frac{p_2}{p_1} = 2$$

ボイル・シャルルの法則より

$$\frac{p_1 V_1}{T_1} = \frac{p_2 V_2}{T_2}$$

$$\frac{T_2}{T_1} = \frac{p_2 V_2}{p_1 V_1} = 3$$

よって，体積は $\dfrac{3}{2}$ 倍，圧力は **2 倍**，温度は **3 倍**になる。 …(答)

(2)　容器Bの気体の内部エネルギーの増加量を ΔU とすると

$$\Delta U = \frac{3}{2} nR (T_2 - T_1)$$

図3の状態の容器Cの液面を位置エネルギーの基準として，液体の位置エネルギーの変化を $\Delta E'$ とすると，Ⅱ(4)の(＊)において，x^2 の項を無視せずに計算すればよいので，$x = 2h$ より

$$\Delta E' = \rho S \cdot 2h \cdot g \frac{2h + 3 \cdot 2h}{4} = 4\rho Sh^2 g = \frac{4}{3} p_1 Sh$$

容器Cの液面が大気に対してする仕事 w は

$$w = p_0 Sh = \frac{5}{3} p_1 Sh$$

容器Bの気体がする仕事を W' とすると，液体の位置エネルギーの増加量と容器Cの液面が大気に対してする仕事の和となるので

$$W' = \Delta E' + w$$

$$= \frac{4}{3} p_1 Sh + \frac{5}{3} p_1 Sh$$

$$= 3 p_1 Sh$$

理想気体の状態方程式より

$$p_1 S \cdot 4h = nRT_1$$

よって

$$W' = \frac{3}{4} nRT_1$$

Ⅲ(1)より $T_2 = 3T_1$ なので

$$W' = \frac{3}{8} nR (T_2 - T_1)$$

熱力学第1法則より

$$Q = \Delta U + W'$$

$$= \frac{3}{2} nR (T_2 - T_1) + \frac{3}{8} nR (T_2 - T_1)$$

$$= \frac{15}{8} nR (T_2 - T_1)$$

よって

$$\frac{Q}{T_2 - T_1} = \frac{15}{8} nR \quad \cdots (答)$$

別解 Ⅲ. (2) 容器Bの気体の内部エネルギーの変化 ΔU は

$$\Delta U = \frac{3}{2} nR (T_2 - T_1)$$

ここで

$$T_2 - T_1 = \frac{p_2 V_2}{nR} - \frac{p_1 V_1}{nR} = \frac{2p_1 \cdot 6Sh - p_1 \cdot 4Sh}{nR}$$

$$= \frac{8p_1 Sh}{nR}$$

図3の状態から容器Aの液面がちょうど上端に達す
るまでの，容器Bの気体の p-V グラフは，Ⅱ(2)よ
り，右図のような直線となる。気体がした仕事 W'
は，右図の斜線部の面積であるから

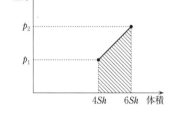

$$W' = \frac{1}{2} \cdot (p_1 + p_2) \cdot (6Sh - 4Sh)$$

$$= \frac{1}{2} (p_1 + 2p_1) \cdot 2Sh = 3p_1 Sh$$

気体に与えられた熱量 Q は，熱力学第1法則より

$$Q = \Delta U + W' = \frac{3}{2} nR \frac{8p_1 Sh}{nR} + 3p_1 Sh$$

$$= 15p_1 Sh$$

よって

$$\frac{Q}{T_2 - T_1} = \frac{15p_1 Sh}{\dfrac{8p_1 Sh}{nR}} = \frac{15}{8} nR$$

解　説

▶ Ⅰ. 静止している液体内において，同じ高さでは圧力が等しくなることを用いる。

Ⅱ. ▶(1) 液体の体積は変化しないので，容器Bの液面が x だけ下がるならば，残り
の容器において液面が上がった距離の和は x に等しくなければならない。容器Aと容
器Cの液面の高さの差は外気圧に対応して一定であるため，どちらも同じ距離 $\dfrac{x}{2}$ だ
け液面が上昇する。

▶(3) 容器Bの気体の圧力は p_1 で一定で，体積が Sx だけ増加する。p_0 と p_1 のどち
らを用いて解答してもよい。

▶(4) 移動した液体部分の位置エネルギーを計算する。〔解答〕では，移動した液体

部分の重心を高さの中間にあるとして計算したが，その後の近似において x^2 に比例する項は無視するので，厳密に考えなくてもよい。また，p_0 と p_1 のどちらを用いて解答してもよい。

▶(5) 容器Bの気体がした仕事は，液体の位置エネルギーの増加と，容器Cの液面が大気に対してする仕事に使われる。大気がされた仕事 $\frac{1}{2}p_0 Sx$ は，$p_0 \times \left(S \cdot \frac{1}{2}x\right)$ と考えると，圧力×体積変化であることがわかる。

Ⅲ．▶(1) Ⅱにおいて，容器Bの気体に与えた熱量が十分に小さいという近似は(3)以降で用いられるので，Ⅱ(1)・(2)の結果をⅢでも使うことができる。

▶(2) Ⅱ(3)〜(5)と同様に，容器Bの気体に与えられた熱量は，容器Bの気体の内部エネルギーの増加，液体の位置エネルギーの増加，容器Cの液面が大気に対してする仕事に使われる。

テーマ

静止する流体の圧力を絡めた熱力学の問題である。Ⅰは基本的な静止流体の圧力の問題。重力加速度の大きさ g のもとで，密度 ρ，高さ h の流体が，その底面に与える圧力 p は $p=\rho g h$ である。Ⅱ(5)では，容器Bの気体がした仕事と液体の位置エネルギーの変化の差を計算すれば，容器Cの液面が大気に対して仕事をしていることに気づけるだろう。この小問がⅢ(2)で容器Bの気体に与えられた熱量を求める方法を誘導してくれている。

30

解　答

Ⅰ. (1) 図3－2の状態で，ピストン1に作用する力のつりあいより

$$P_1 S = P_0 S + k\frac{L}{2}$$

$$\therefore\quad P_1 = P_0 + \frac{kL}{2S}\quad\cdots(\text{答})$$

A内の気体について，ボイル・シャルルの法則を用いると

$$\frac{P_0 L S}{T_0} = \frac{P_1\left(L + \frac{L}{2}\right)S}{T_1}$$

$$\therefore\quad T_1 = \frac{3}{2}T_0\frac{P_1}{P_0} = \frac{3}{2}T_0\left(1 + \frac{kL}{2P_0 S}\right)\quad\cdots(\text{答})$$

(2) A内の気体の物質量を n モル，気体定数を R とする。A内の気体の内部エネルギーは

$$\text{加熱前}:\frac{3}{2}nRT_0 = \frac{3}{2}P_0 L S\quad(\text{状態方程式}\quad P_0 L S = nRT_0)$$

$$\text{加熱後}:\frac{3}{2}nRT_1 = \frac{3}{2}P_1\cdot\frac{3}{2}L S\quad\left(\text{状態方程式}\quad P_1\cdot\frac{3}{2}L S = nRT_1\right)$$

であり，内部エネルギーの変化 ΔU は

$$\Delta U = \frac{3}{2}nRT_1 - \frac{3}{2}nRT_0 = \frac{3}{2}L S\left(\frac{3}{2}P_1 - P_0\right) = \frac{3}{2}L S\left(\frac{1}{2}P_0 + \frac{3kL}{4S}\right)$$

$$= \frac{3}{4}P_0 L S + \frac{9}{8}kL^2\quad\cdots(\text{答})$$

(3) この過程で，A内の気体がする仕事 W は

$$W = \frac{P_0 + P_1}{2}\times\frac{L S}{2} = \frac{1}{2}P_0 L S + \frac{1}{8}kL^2$$

であるから，熱力学第1法則を用いると

$$Q_0 = \Delta U + W = \frac{5}{4}\left(P_0 L S + kL^2\right)\quad\cdots(\text{答})$$

Ⅱ. 断熱自由膨張であるから

$$T_2 = T_1\quad\cdots(\text{答})$$

また，ボイル・シャルルの法則を用いると

$$\frac{P_2 \times \frac{5}{2}LS}{T_2} = \frac{P_1 \times \frac{3}{2}LS}{T_1} \qquad \therefore \quad P_2 = \frac{3}{5}P_1 \quad \cdots (答)$$

Ⅲ．ピストン1が動き始めるときの気体の圧力は P_1 である。状態Xからピストン1が動き始めるまで，気体の体積は一定であり，気体は仕事をしない。したがって，ヒーター2が気体に与えた熱量 Q_1 は，シリンダー内の気体の内部エネルギーの変化量 $\Delta U'$ に等しく

$$Q_1 = \Delta U' = \frac{3}{2}\left(P_1 \cdot \frac{5}{2}LS - P_2 \cdot \frac{5}{2}LS\right) = \frac{15}{4}LS(P_1 - P_2)$$

$$= \frac{3}{2}P_1 LS \quad \cdots (答)$$

Ⅳ．(1)　A，B内の気体の内部エネルギーの変化は

$$\Delta U_A = \frac{3}{2}\left(P_1 \times L_A S - P_2 \times \frac{3}{2}LS\right)$$

$$\Delta U_B = \frac{3}{2}\left\{P_1 \times \left(\frac{5}{2}L - L_A\right)S - P_2 LS\right\}$$

$$\therefore \quad \Delta U_A + \Delta U_B = \frac{3}{2} \cdot \frac{5}{2}(P_1 - P_2)LS = \frac{3}{2}P_1 LS \quad \cdots (答)$$

(2)　熱力学第1法則より

$$Q_2 = \Delta U_A + \Delta U_B = \frac{3}{2}P_1 LS$$

Ⅲの結果より

$$Q_2 = Q_1 \quad \cdots (答)$$

解　説

Ⅰ．▶(1)　ばねは自然長から縮んでいる。弾性力の向きに注意。

▶(2)　内部エネルギー U は，状態方程式を利用すると，圧力・体積を用いて表すことができる。Ⅱ以降も，これを用いて，計算を進める。

▶(3)　次のように考えてもよい。

ヒーター1から与えられた熱量 Q_0 と大気圧による仕事の分，気体の内部エネルギーとばねの弾性エネルギーは変化するから

$$\frac{1}{2}k\left(\frac{L}{2}\right)^2 + \Delta U = Q_0 - P_0 S\left(\frac{3}{2}L - L\right)$$

$$\therefore \quad Q_0 = \frac{5}{4}(P_0 LS + kL^2)$$

▶Ⅱ．真空中への膨張（自由膨張）では，気体が仕事をする必要がないため，断熱変化であれば，内部エネルギーは変化せず，気体の温度は変化しない。

▶Ⅲ．気体は定積変化をして，A内の気体の圧力が P_1 に戻ると，ピストン1がスト

ッパーから離れて左側に動き始める。

テーマ

　気体の状態変化は，次のような関係式を組み合わせて扱う。

- 状態方程式（または，ボイル・シャルルの法則）
- 熱力学第1法則
- 理想気体の内部エネルギー U は，気体の絶対温度 T に比例する。

　特に，物質量 n モルの

　　単原子分子理想気体では　　　$U = \dfrac{3}{2} nRT$

　　2原子分子理想気体では　　　$U = \dfrac{5}{2} nRT$

- 断熱変化については，ポアソンの式を用いる。

　　　$pV^\gamma = $ 一定　または　$TV^{\gamma-1} = $ 一定　（γ：比熱比）

31

解 答

Ⅰ．(1) 容器内の気体の圧力を p とすると

$$p = P + \rho g d$$

である。容器に作用する力のつりあいより（右図）

$$PS + mg = pS = (P + \rho g d) S$$

$$\therefore \quad d = \frac{m}{\rho S} \quad \cdots（答）$$

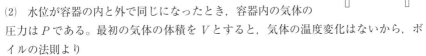

(2) 水位が容器の内と外で同じになったとき，容器内の気体の
圧力は P である。最初の気体の体積を V とすると，気体の温度変化はないから，ボ
イルの法則より

$$pV = P \cdot rV$$

$$\therefore \quad r = \frac{p}{P} = \frac{P + \rho g d}{P} \quad \cdots（答）$$

Ⅱ．(1) 容器に作用する力は常につりあっているから，気体の圧力は p で一定である。
体積の変化 ΔV は

$$\Delta V = \frac{6}{5} V - V = \frac{1}{5} V$$

であり，気体がした仕事は

$$W = p \Delta V = \frac{1}{5} pV$$

となる。状態方程式 $pV = RT$ を考慮すると

$$W = \frac{1}{5} RT \quad \cdots（答）$$

(2) 気体の温度変化を ΔT とすると，状態方程式より

$$p \Delta V = R \Delta T \qquad \therefore \quad \Delta T = \frac{p \Delta V}{R} = \frac{1}{5} T$$

が成り立つ。単原子分子理想気体の定圧モル比熱は $\frac{5}{2} R$ であるから，気体が吸収し
た熱量は

$$Q = \frac{5}{2} R \Delta T = \frac{1}{2} RT \quad \cdots（答）$$

Ⅲ．(1) 図3－2の状態で，容器内の気体の体積を V' とすると，重力と浮力のつり
あいから

$$mg = \rho V'g \quad \therefore \quad m = \rho V'$$

が成り立つ。また，気体の圧力は $P + \rho gh$ であり，状態方程式は

$$(P + \rho gh)\, V' = RT \quad \cdots ①$$

となる。この2式より，V' を消去すると

$$(P + \rho gh)\, \frac{m}{\rho} = RT$$

$$\therefore \quad h = \frac{1}{\rho g}\left(\frac{\rho RT}{m} - P\right) = \frac{P}{\rho g}\left(\frac{\rho RT}{mP} - 1\right) \quad \cdots (答)$$

(2) Ⅲ(1)の結果より，気圧 P の値を大きくすると，h は小さくなるから，つりあいの位置は浅くなる。また，①式より，P の値を大きくすると，深さ h の位置における体積は V' より減少するから，浮力は小さくなって，容器は下降する。すなわち，**エ** $\cdots$(答)

Ⅳ. (1) 最初の気体の圧力を P_1，気体の体積が V_2 になったときの温度を T_2，圧力を P_2 とすると，題意より

$$P_1 V_1^{\frac{5}{3}} = P_2 V_2^{\frac{5}{3}}$$

が成り立つ。また，ボイル・シャルルの法則より $\dfrac{P_1 V_1}{T_1} = \dfrac{P_2 V_2}{T_2}$ が成り立つから

$$T_1 V_1^{\frac{2}{3}} = T_2 V_2^{\frac{2}{3}} \quad \therefore \quad T_2 = \left(\frac{V_1}{V_2}\right)^{\frac{2}{3}} T_1$$

と表される。気体の内部エネルギーの変化は

$$\Delta U = \frac{3}{2} R\,(T_2 - T_1) = \frac{3}{2} R T_1\left\{\left(\frac{V_1}{V_2}\right)^{\frac{2}{3}} - 1\right\} \quad \cdots (答)$$

(2) 容器の上面や仕切りで作用する水圧に抗してする仕事，容器に作用する重力による位置エネルギーの変化。(60字以内)

解 説

Ⅰ. ▶(1) 同じ深さの位置の水圧は，容器の外でも内でも等しく，容器内の水面の位置の水圧は $P + \rho gd$ である。また，水面の位置で，水圧と気圧は等しいことから，容器内の気体の圧力 $p = P + \rho gd$ が求められる。なお，気体の質量が無視できないときは，容器内の気圧は高さによって変化する（下方ほど大きい）ことになる。

　容器に作用する力は，重力 mg，大気圧により下向きに押される力 PS，水圧により上向きに押される力 pS である。これらのつりあいを考えればよい。

　なお，容器内で排除されている水の体積は dS であるから，容器が水から受ける浮力の大きさは $\rho \cdot dS \cdot g$ であり，これと重力のつりあいから

$$\rho \cdot dS \cdot g = mg \quad \therefore \quad d = \frac{m}{\rho S}$$

のように求めることもできる。

▶(2)　問題を解くために必要ではないが，水位が容器の内と外で同じになったとき，容器に上向きに加えている力の大きさは $\rho g d S$ である。

Ⅱ．▶(1)　「容器は水面に浮いたままゆっくりと上昇」したから，容器に作用している力は常につりあっていると考えられる。大気圧や容器の質量は変化しないから，容器内の気体の圧力は p で一定である（定圧変化になることに気付かないと，考察が進められない）。

　気体の圧力 p が一定で，体積が ΔV だけ変化するとき，気体のする仕事が $W = p\Delta V$ と表されるのは基本事項である。

▶(2)　内部エネルギーの変化は $\Delta U = \dfrac{3}{2}R\Delta T$ であり，熱力学第 1 法則より，$Q = \Delta U + W$ を求めてもよい。

Ⅲ．▶(1)　浮力の式を用いないで，Ⅰ(1)と同様に，容器に作用する力のつりあいの式を用いることもできる。深さ h の位置において，容器内の気体部分の長さを x とすると

$$\{P + \rho g(h - x)\}S + mg = (P + \rho gh)S$$

　∴　$m = \rho x S = \rho V'$　（以降の計算は〔解答〕と同様）

▶(2)　P を大きくすると，h は小さくなるから，つりあいの位置は浅くなる。したがって，容器は元の位置に静止できず，上昇して新たなつりあいの位置に達するか，沈むことになる。浮力が小さくなることを考えると，容器は沈んでしまうことになる。

Ⅳ．▶(1)　理想気体の断熱変化においては，「(圧力)×(体積)$^\gamma$＝一定」という関係式が成立することが知られており，ポアソンの式と呼ばれる。γ は定圧比熱と定積比熱の比（比熱比）であり，次のような値になる。

単原子分子理想気体　　$\gamma = \dfrac{\dfrac{5}{2}R}{\dfrac{3}{2}R} = \dfrac{5}{3}$

2 原子分子理想気体　　$\gamma = \dfrac{\dfrac{7}{2}R}{\dfrac{5}{2}R} = \dfrac{7}{5}$

▶(2)　仕事やエネルギーについては，さまざまな表現が可能である。簡単な例で，物体に糸を結んで引き上げる場合，次のような言い方ができる。

- 張力と重力が物体に仕事をして，物体の運動エネルギーが変化した。
- 張力が物体に仕事をして，物体の運動エネルギーと位置エネルギー（力学的エネルギー）が変化した。

本問の場合，容器に作用する力は，外力，重力，水から容器上面に作用する力，水

から仕切りに作用する力である（厳密に言うと，容器側面に作用する抵抗力等もある）。気体に熱の出入りはないから，熱力学第1法則より

　　　（外力のする仕事）W'＋（重力のする仕事）W_1

　　　　＋（水から容器上面に作用する力のする仕事）W_2

　　　　＋（水から仕切りに作用する力のする仕事）W_3

　　　＝ΔU

　∴　$W' - \Delta U = -W_1 - W_2 - W_3$

となる。$-W_2$（＜0）や$-W_3$（＞0）は，容器が水圧に抗して（逆らって）する仕事であるが，これらをまとめて，$-W_2 - W_3$（＞0）を，「浮力に抗する仕事」と書いてもよいだろう。

　また，容器は沈むから$W_1 > 0$である。$-W_1$は負の値になるので，「重力に抗する仕事」とは書きにくい（誤りではないが）。

テーマ

　問題文中に，
　　(i)　深さ h での水圧は $P + \rho g h$
　　(ii)　排除した水の体積 V を用いて，浮力の大きさは $\rho V g$
が与えられているが，これは教科書に記載されている基本事項であり，記憶しておくべきものである。なお，(ii)は(i)から導くことが可能であり，本問でも，どちらを使っても解ける設問がある。

32

解 答

I. (1) 液体の密度を ρ とすると，ピストンに作用する力のつりあいより

$$\rho \times \left(S \times \frac{h}{2}\right) \times g = P_0 S \qquad \therefore \quad \rho = \frac{2P_0}{hg} \quad \cdots (答)$$

(2) 気体の圧力は一定であるから，気体がした仕事は

$$P_0 S \times \frac{h}{2} = \frac{1}{2} P_0 S h \quad \cdots (答)$$

(3) 気体の物質量を n [mol]，気体定数を R とする。気体部分の高さが $\frac{h}{2}$，h のときの気体の各温度を T_0，T_1 として，2つの状態の状態方程式を作ると

$$P_0 \times \left(S \times \frac{h}{2}\right) = nRT_0 \quad , \quad P_0 \times (S \times h) = nRT_1$$

となる。単原子分子理想気体の定圧モル比熱は $\frac{5}{2}R$ であるから，この間に気体が吸収した熱量は

$$\frac{5}{2} nR (T_1 - T_0) = \frac{5}{2}\left(P_0 S h - \frac{1}{2}P_0 S h\right) = \frac{5}{4}P_0 S h \quad \cdots (答)$$

II. (1) 気体部分の高さが $h + x$ となった場合，液体部分の高さは，容器の断面積 S の部分で $\frac{h}{2} - x$，断面積 $2S$ の部分で $\frac{x}{2}$ となるから，ピストンに作用する力のつりあいより

$$\rho \times \left\{S \times \left(\frac{h}{2} - x + \frac{x}{2}\right)\right\} \times g = PS$$

となり，I(1)の結果を用いると

$$P = \rho \times \frac{h-x}{2} \times g = \frac{h-x}{h}P_0 = \left(1 - \frac{x}{h}\right)P_0 \quad \cdots (答)$$

(2) ボイル・シャルルの法則より

$$\frac{P_0 \times (Sh)}{T_1} = \frac{P \times \{S \times (h+x)\}}{T}$$

が成り立つ。II(1)の結果を用いると

$$T = \frac{P}{P_0} \times \frac{h+x}{h} \times T_1 = \left(1 - \frac{x}{h}\right)\left(1 + \frac{x}{h}\right)T_1 = \left\{1 - \left(\frac{x}{h}\right)^2\right\}T_1 \quad \cdots (答)$$

(3) 気体部分の高さが h から $h+x$ に変化する間，II(1)の結果より，気体の平均の圧力 $\overline{P}$ は

$$\overline{P} = \frac{P_0 + P}{2} = \left(1 - \frac{x}{2h}\right)P_0$$

となるから，気体がした仕事は

$$W = \overline{P} \times (Sx) = P_0 Sx\left(1 - \frac{x}{2h}\right) \quad \cdots(答)$$

(4)　気体部分の高さが h から $h+x$ に変化する間，気体の内部エネルギーの変化は

$$\frac{3}{2}nR(T - T_1) = -\frac{3}{2}nR \times \left(\frac{x}{h}\right)^2 T_1 \qquad (\text{II}(2)の結果を用いた)$$

$$= -\frac{3}{2}P_0 Sh\left(\frac{x}{h}\right)^2 \qquad (\text{I}(3)の状態方程式を用いた)$$

であるから，気体が吸収する熱量を Q とすると，熱力学第1法則より

$$Q = \frac{3}{2}nR(T - T_1) + W = -2P_0 Sh\left\{\left(\frac{x}{h}\right)^2 - \frac{1}{2}\left(\frac{x}{h}\right)\right\}$$

$$= -2P_0 Sh\left(\frac{x}{h} - \frac{1}{4}\right)^2 + \frac{1}{8}P_0 Sh$$

となる。$\frac{x}{h} = \frac{1}{4}$ のときに Q は最大になるから，これ以降，ピストンを上昇させるために外部から熱を与える必要はない。したがって

$$\frac{X}{h} = \frac{1}{4} \qquad \therefore \quad X = \frac{1}{4}h \quad \cdots(答)$$

解　説

I．▶(1)　ピストンには，液体の重さ $\rho \times \left(S \times \frac{h}{2}\right) \times g$ が下向き，気体の圧力による力 $P_0 S$ が上向きに作用し，これらがつりあっている。

▶(2)　一定の圧力の気体がする仕事は，(力)×(変位)，あるいは，(圧力)×(体積変化) として計算することができる。

　なお，この仕事は液体を持ち上げる仕事であり，液体の位置エネルギーの増加量として求めることもできる。

▶(3)　気体の内部エネルギーの変化は $\frac{3}{2}nR(T_1 - T_0)$ であり，熱力学第1法則より，(2)の結果との和として，気体が吸収した熱量を求めることもできる。

II．▶(1)　I(1)と同様に計算すればよいが，液体の一部が容器の断面積 $2S$ の部分に入ると，液体の重さの一部が容器の境界部の底面にかかるため，気体の圧力は減少する。

▶(2)　気体は加熱されていても，外部にする仕事の方が吸熱量よりも大きければ，熱力学第1法則より内部エネルギーは減少し，温度は降下する。

▶(3)　II(1)より，気体の圧力 P は x の1次関数となるから，平均の圧力 $\overline{P}$ は簡単に

求めることができる。

　あるいは，右のような（圧力）-（体積）のグラフの斜
線部の面積として，仕事 W を求めてもよい。

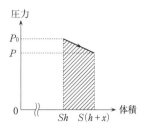

▶(4)　〔解答〕で仮定した熱量 Q は，気体部分の高さが
h から $h+x$ に変化する間に吸収する総熱量であり，こ
の値が減少し始めた瞬間から気体は熱を放出することに
なる。これは，ピストンをさらに上昇させるために加熱
する必要がなくなり，ピストンが一気に浮上してしまうことを表すと考えられる。し
たがって，Q が最大となって減少に転じるときが $x=X$ である。

33

解 答

I. ピストンに作用する力のつりあいより

$$p_1 A - m_1 g = 0, \qquad p_2 A - (m_1 + m_2) g = 0$$

$$\therefore \quad m_1 = \frac{p_1 A}{g} \, (kg), \qquad m_2 = \frac{(p_2 - p_1) A}{g} \, (kg) \quad \cdots (答)$$

II. 水の体積の関係より

$$nv_1 = Ad \qquad \therefore \quad d = \frac{nv_1}{A} \, (m) \quad \cdots (答)$$

III. A→Bは定圧変化であるから

$$Q_1 = nc \, (30 - 20) = 10nc \, (J) \quad \cdots (答)$$

IV. 水の物質量は $(n-x) \, (mol)$ となるから,体積の関係より

$$(n-x) \, v_2 + xv_3 = AL \qquad \therefore \quad x = \frac{AL - nv_2}{v_3 - v_2} \, (mol) \quad \cdots (答)$$

V. IVの過程で,温度と圧力は変化していないから

$$Q_2 = xq = \frac{AL - nv_2}{v_3 - v_2} q \, (J) \quad \cdots (答)$$

VI. (1) 圧力は p_2 から p_1 まで共存線に沿ってゆっくりと減少した後, p_1 のまま一定になる。

(2) 装置全体がゆっくりと冷えると,ピストンは最初,ストッパーに接したままであり,やがて,ストッパーから離れてゆっくりと降下する。水蒸気がすべて水になり,ピストンが水面に接するまで降下した後,ピストンは水面に接したままとなる。

解 説

▶ I. 「蒸気圧」は本問に直接は関係なく,「質量 m_1 のピストンのみのとき,内部の圧力が p_1」「質量 m_2 のおもりをピストンにのせたとき,内部の圧力が p_2」という関係式をつくればよい。

圧力の大きさは単位面積あたりに作用する力の大きさであることに注意。

▶ II. 圧力 p_2,温度20℃のとき,図3−1の状態図より,シリンダー内に入れた n 〔mol〕全部が水のままであることがわかる。

▶ III. 物体の温度が変化するとき,体積が変化すると仕事のやりとりがあるため,定圧モル比熱と定積モル比熱は異なる。気体は体積変化の割合が大きく,定圧モル比熱と定積モル比熱はかなり異なるが,固体や液体でも体積変化があり,定圧モル比熱と

定積モル比熱は区別される。

A→B では，水蒸気は存在せず，すべてが水のままの定圧変化である。

▶Ⅳ．水としての体積が $(n-x)v_2$〔m³〕，水蒸気としての体積が xv_3〔m³〕であり，これらの和がシリンダー内の体積 AL〔m³〕に等しい。

▶Ⅴ．Ⅳの過程で，ピストンがストッパーに達するまでに，最初にあった20℃の水 n〔mol〕のうち，x〔mol〕が水蒸気に変化している。

▶Ⅵ．室温が18℃であるから，シリンダー内の温度も，最終的には18℃になる。圧力 p_1，温度18℃のとき，状態図より，n〔mol〕全部が水として存在する。シリンダー内では，次のような変化が順に起きる。

①気体の温度が30℃から20℃まで下がる間，圧力は p_2 から p_1 まで共存線に沿ってゆっくりと減少する。この間の圧力は p_1 より大きいから，ピストンはストッパーに接したままである。

②圧力 p_1，温度20℃になると，圧力と温度が一定のまま，水蒸気が少しずつ水に変化して，ピストンはゆっくりと降下する。

③水蒸気がすべて水に変化すると，ピストンは水面に接して静止し，温度は20℃から18℃までゆっくりと下がる。

テーマ

　物質の状態は，温度と圧力によって定まり，固体・液体・気体のいずれか，あるいは共存状態となるが，これらの関係を示す状態図は右図のようになる。本問の図3－1はこの一部であり，液体（水）と気体（水蒸気）の間の変化を扱っている。

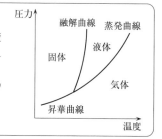

34

解　答

I．(1)　単位体積の気体の状態方程式をつくると

$$p(z) = c(z)RT \quad \cdots(答)$$

(2)　注目している気柱の重さは $c(z)S\Delta z \times mg$ であるから，鉛直方向の力のつりあいの式は

$$p(z+\Delta z)S + mgSc(z)\Delta z - p(z)S = 0 \quad \cdots(答)$$

(3)　(2)の結果より

$$p(z+\Delta z) + mgc(z)\Delta z - p(z) = 0$$

であり，(1)の結果を用いると

$$c(z+\Delta z)RT + mgc(z)\Delta z - c(z)RT = 0$$

となる。両辺を RT で割って整理すると

$$c(z+\Delta z) - c(z) = -\frac{mg}{RT}\Delta z c(z)$$

が得られる。関係式（＊）と比較すると

$$\alpha = \frac{mg}{RT} \quad \cdots(答)$$

(4)　（＊）から

$$\Delta z = -\frac{c(z+\Delta z) - c(z)}{c(z)} \cdot \frac{RT}{mg}$$

$$= \frac{0.10}{100} \times \frac{8.3 \times (273+13)}{1.3 \times 10^{-1} \times 9.8}$$

$$\fallingdotseq 1.9 \, (m) \quad \cdots(答)$$

(5)　(1)の結果を用いると

$$c(0) - c(L) = \frac{1}{RT}\{p(0) - p(L)\}$$

となる。容器内の気体全体のつりあいを考えると（右図）

$$p(L)S + nmg - p(0)S = 0$$

$$\therefore \quad p(0) - p(L) = \frac{nmg}{S}$$

となるから

$$c(0) - c(L) = \frac{1}{RT} \times \frac{nmg}{S} = \frac{nmg}{RTS} \quad \cdots(答)$$

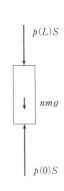

II．(1)　小物体の受ける浮力の大きさは

$$mc(z_0) \cdot vg$$

となるから，重力とのつりあいより

$$Mg - mc(z_0) \cdot vg = 0$$

$$\therefore \quad c(z_0) = \frac{M}{mv} \quad \cdots(\text{答})$$

(2) 物体が高さ $z = z_0 + \Delta z$ （$\Delta z > 0$）にあるとき，浮力は重力より小さくなるから

物体にはたらく合力は**鉛直下向き** $\cdots$（答）

となる。その大きさは

$$|F| = Mg - mc(z_0 + \Delta z) \cdot vg$$

$$= Mg - m\{c(z_0) - \alpha \Delta z c(z_0)\}vg \quad ((*)\text{を用いた})$$

$$= m\alpha vg \Delta z c(z_0)$$

$$= m\alpha vg \Delta z \times \frac{M}{mv}$$

$$\therefore \quad |F| = Mg\alpha \Delta z \quad \cdots(\text{答})$$

解　説

Ⅰ．▶(1)　「単位体積あたりの気体のモル数を c」とすることに注意し，高さ z において，単位体積（体積＝1）の気体の状態方程式をつくればよい。

▶(2)　厚さ Δz，断面積 S の気柱の体積は $S\Delta z$ であるから，気柱内の気体のモル数（物質量）は $c(z)S\Delta z$ となる。「気体1モルあたりの質量を m」とすることに注意して，この気体の質量は $c(z)S\Delta z \times m$，重さ（重力の大きさ）は $c(z)S\Delta z \times mg$ と表される。圧力の大きさは単位面積あたりに作用する力の大きさであるから，気柱が上側から下向きに押される力の大きさは $p(z+\Delta z) \times S$，下側から上向きに押される力の大きさは $p(z) \times S$ となる。

▶(4)　「単位体積あたりの気体のモル数 c が 0.10% 減少」ということは，c の変化の割合である $\dfrac{c(z+\Delta z)-c(z)}{c(z)}$ が -0.10%，すなわち

$$\frac{c(z+\Delta z)-c(z)}{c(z)} = -\frac{0.10}{100}$$

ということである。なお，$[\text{J}] = [\text{kg} \cdot \text{m}^2/\text{s}^2]$ であるから，Δz の単位は，確かに $[\text{m}]$ になっていることがわかる。

▶(5)　（*）を用いて，次のような計算も可能である。（*）の両辺を Δz で割り，$\Delta z \to 0$ の極限をとると

$$\frac{dc}{dz} = -\alpha c(z)$$

であるから

$$c(L) - c(0) = -\alpha \int_0^L c(z)\,dz = -\frac{\alpha}{S} \int_0^L c(z)\,S\,dz$$

となる。ここで，$\displaystyle\int_0^L c(z)\,S\,dz$ は気柱内の気体の総モル数であるから

$$c(L) - c(0) = -\frac{\alpha}{S} \times n \qquad \therefore \quad c(0) - c(L) = \frac{\alpha n}{S} = \frac{nmg}{RTS}$$

▶Ⅱ．流体中の物体が受ける浮力は，鉛直上向きに，大きさは

　　（流体中の物体と同体積の流体の重さ）

　　＝（流体の密度）×（流体中の物体の体積）×（重力加速度の大きさ）

である。物体の密度が容器最下部の流体の密度より大きいと，物体は最下部まで沈み，物体の密度が容器最上部の流体の密度より小さいと，物体は最上部まで浮き上がる。

テーマ

Ⅰ．理想気体の状態方程式は

$$pV = nRT \quad (V：体積，\ n：物質量（モル数）)$$

と表すことが多いが，気体の質量を m，1モルあたりの質量を M とすると $n = \dfrac{m}{M}$ であるから

$$pV = \frac{m}{M}RT \qquad \therefore \quad p = \frac{m}{V} \times \frac{RT}{M} = \frac{\rho RT}{M} \quad \left(\rho = \frac{m}{V}：密度\right)$$

となる。すなわち，気体の圧力 p は密度 ρ に比例する。

　本問は，高さが低いほど，重力の影響によって気体の密度が大きくなる性質に関する問題である。実際に低高度の大気では，高さ $100\,\mathrm{m}$ で，気圧の差は約 $12\,\mathrm{hPa}$ となる。

Ⅱ．下部の方が密度の大きい流体の中に，平均密度 d が

　　（上部の流体の密度）<d<（下部の流体の密度）

を満たすような物体を入れると，物体は流体中の適当な位置で，重力と浮力がつりあって静止する。

35

解　答

Ⅰ. (1)　電子が板に衝突する瞬間の速さを u とすると，電界からされる仕事が電子の運動エネルギーになるから

$$\frac{1}{2}mu^2 = e\phi \qquad \therefore \quad u = \sqrt{\frac{2e\phi}{m}}$$

である。板に衝突する際の運動量の変化から，1 個の電子が板に与える力積は

$$mu = \sqrt{2me\phi} \quad \cdots\text{(答)}$$

(2)　(1)の力積は板の表面に垂直に加えられるが，単位時間当たりの力積が力に等しい。板の表面に単位時間当たりに衝突する電子の数を N_e とすると

$$I = N_e e \qquad \therefore \quad N_e = \frac{I}{e}$$

となるから

$$F = N_e mu = \frac{I}{e} \times \sqrt{2me\phi} = I\sqrt{\frac{2m\phi}{e}} \quad \cdots\text{(答)}$$

Ⅱ. (1)　気体分子の総数は nN_A であり，題意により，
x 軸方向の正負の各向きに運動する分子の数は

$$nN_A \times \frac{1}{3} \times \frac{1}{2} = \frac{1}{6}nN_A$$

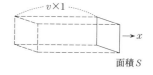

面積 S

となる。x 軸方向の正の向きに運動する気体分子のうち，単位時間に板に入射する気体分子は，右上図の直方体中に含まれる。その数は

$$\frac{1}{6}nN_A \times \frac{vS}{V} = \frac{nN_A vS}{6V} \quad \cdots\text{(答)}$$

(2)　気体分子と板の衝突が弾性衝突のとき，1 個の気体分子の衝突による運動量の変化の大きさは $2Mv$ であり，1 回の衝突で板が受ける力積の大きさはこれに等しい。単位時間当たりの力積が力に等しく，また，圧力は単位面積当たりの力の大きさに等しいから

$$P = \frac{\dfrac{nN_A vS}{6V} \times 2Mv}{S} = \frac{nN_A Mv^2}{3V} \quad \cdots\text{(答)}$$

(3)　理想気体の状態方程式は

$$PV = nRT$$

である。(2)の結果より

$$PV = \frac{1}{3}nN_A Mv^2$$

となるから

$$\frac{1}{3}nN_A Mv^2 = nRT \qquad \therefore \quad v = \sqrt{\frac{3RT}{N_A M}} \quad \cdots (答)$$

(4)　題意により，気体分子の吸着による圧力は$\frac{1}{2}P$であり，放出による圧力もこれに等しい。したがって，吸着・放出によって板に及ぼす圧力は

$$\frac{1}{2}P \times 2 = P = \frac{nN_A Mv^2}{3V} \quad \cdots (答)$$

Ⅲ. (1)　温度が高いほど，気体分子の平均の速さは大きいから，板から放出される分子による圧力は，電子照射面の方が反対側の面より大きくなる。したがって

力fの向きはx軸方向の正の向き　　…(答)

(2)　Ⅱ(3)の結果と同様に，電子照射面から放出される電子の速さv'は

$$v' = \sqrt{\frac{3R(T+\Delta T)}{N_A M}} \quad となり$$

$$v' = \sqrt{\frac{3RT}{N_A M}} \times \sqrt{1 + \frac{\Delta T}{T}} \doteqdot v\left(1 + \frac{\Delta T}{2T}\right)$$

と表される $\left(ここで \dfrac{\Delta T}{T} \ll 1 より，与えられた近似式を用いた\right)$。したがって

$$f = (Mv' - Mv) \times \frac{nN_A vS}{6V} = Mv\frac{\Delta T}{2T} \times \frac{nN_A vS}{6V}$$

$$= \frac{nN_A Mv^2}{3V} \times \frac{S\Delta T}{4T} = \frac{1}{4}PS\frac{\Delta T}{T} \quad \cdots (答)$$

解　説

Ⅰ. ▶(1)　x軸方向の正の向きを正として，1個の電子が板に衝突する際の運動量の変化は$0 - mu = -mu$であり，電子が板から受ける力積はこれに等しい。このとき，作用反作用の法則より，板が電子から受ける力積は$+mu$となる。

▶(2)　力と力積の関係は

(力積) = (力) × (時間)　　　(力) = $\dfrac{(力積)}{(時間)}$

である。また，単位時間当たりに流れる電気量が，電流の大きさである。

Ⅱ. ▶(1)　気体分子運動論で，各方向の同等性を示すために，各方向の速度成分の2乗平均が等しい条件 $\left(v_x^2 = v_y^2 = v_z^2 = \dfrac{1}{3}v^2\right)$ を仮定することが多いが，本問のように，分子は3つの座標軸の中の特定の1つの方向に動き，各方向に動く分子の数は等しい

という条件を仮定することがある。これによると，ある座標軸の1つの向きに動く分子の数は，全体の $\dfrac{1}{6}$ になる。どちらの条件を仮定しても，得られる結果は同じである。

▶(2)　弾性衝突では衝突前後の速さが変化しないから，x 軸方向の正の向きを正として，1個の気体分子が板に衝突する際の運動量の変化は

$$-Mv - Mv = -2Mv$$

であり，分子が板から受ける力積はこれに等しい。このとき，作用反作用の法則より，板が分子から受ける力積は $+2Mv$ となる。

▶(3)　得られる結果から

$$\frac{1}{2}Mv^2 = \frac{3R}{2N_A}T = \frac{3}{2}kT \qquad \left(k = \frac{R}{N_A}：ボルツマン定数\right)$$

となる。これは記憶しておくべき関係式であり，ここまでの計算の適否が確認できる。

▶(4)　吸着・放出の1組で，1回の弾性衝突と同じことになるから，結果は自明である。

Ⅲ．　▶(1)　Ⅱ(3)で求めたように，温度が高いほど，気体分子の平均の速さは大きい。

▶(2)　使用する文字が多いが，計算結果で，PS は力の次元，$\dfrac{\Delta T}{T}$ は無次元であるから，$f = \dfrac{1}{4}PS\dfrac{\Delta T}{T}$ は確かに，力の次元であることがわかる。

36

解 答

Ⅰ．(1) ピストンAが静止している状態において，
水平方向の力のつりあいより（右図）

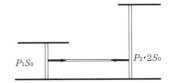

$$P_1 S_0 = P_2 \cdot 2S_0$$

$\therefore$ $\boldsymbol{P_1 = 2P_2}$ …(答)

(2) ヒーターで気体1を加熱して，気体1，2が等
しい温度になったとき，その温度を T_0 とする。このとき，各気体の圧力を P_1'，P_2'
とし，体積を V_1''，V_2' とすると

状態方程式：$P_1' V_1'' = RT_0$ …① $\qquad$ $P_2' V_2' = RT_0$ …②

ピストンAのつりあいの式：$P_1' = 2P_2'$ …③

が成立する。また，気体2の体積の減少量は，気体1の体積の増加量の2倍となるか
ら

$$V_2 - V_2' = 2(V_1'' - V_1) \quad \text{…④}$$

が成立する。①，②，③より

$$\frac{RT_0}{V_1''} = 2\frac{RT_0}{V_2'} \qquad \therefore \quad 2V_1'' = V_2'$$

となり，これと④より

$$V_2 - V_2' = V_2' - 2V_1 \qquad 2V_2' = 2V_1 + V_2$$

$\therefore$ $V_2' = V_1 + \dfrac{1}{2} V_2$ …(答)

Ⅱ．ピストンA，Bが静止している状態において，気体1，2の圧力をそれぞれ P_1''，
P_2'' とすると

ピストンAのつりあいの式：$P_1'' = 2P_2''$

ピストンBのつりあいの式：$P_2'' S = mg$

となり

$$P_2'' = \frac{mg}{S}, \qquad P_1'' = \frac{2mg}{S}$$

が得られる。気体1の状態方程式をつくると

$$P_1'' V_1' = RT$$

$\therefore$ $V_1' = \dfrac{RT}{P_1''} = \dfrac{RTS}{2mg}$ …(答)

Ⅲ．(1) ピストンBが摩擦なく動けるから，気体2の圧力は P_2'' で一定である。温度

が変わらなければ，体積も一定であるから（右図）

$$2S_0 \cdot x = Sh$$

$$\therefore \quad x = \frac{S}{2S_0}h \quad \cdots(\text{答})$$

(2) 気体1の圧力は P_1'' で一定であるから，シャルルの法則より

$$\frac{V_1'}{T} = \frac{V_1' + S_0 x}{T'}$$

$$T' = \frac{V_1' + S_0 x}{V_1'}T = \left(1 + \frac{S_0 x}{V_1'}\right)T = \left(1 + \frac{S_0 \times \dfrac{S}{2S_0}h}{\dfrac{RTS}{2mg}}\right)T$$

$$\therefore \quad T' = T + \frac{mgh}{R} \quad \cdots(\text{答})$$

(3) 気体1の変化は定圧変化であり，単原子分子理想気体の定圧モル比熱は $\frac{5}{2}R$ であるから

$$Q = \frac{5}{2}R(T' - T) = \frac{5}{2}R \times \frac{mgh}{R} = \frac{5}{2}mgh \quad \cdots(\text{答})$$

解 説

I．▶(1) 圧力のつりあいではなく，力のつりあいの式をつくることに注意。本問では，ピストンAの両側の底面積が異なるので，両側の気体の圧力は異なる。

▶(2) ヒーターで気体1を加熱すると，ピストンAは右方に動き，気体1の体積は増加し，気体2の体積は減少する。ピストンAの両側の底面積が異なるので，気体2の体積の減少量は，気体1の体積の増加量の2倍となる。

▶II．気体2の圧力は容器2の中のどこでも等しく，ピストンBのつりあいから，P_2'' の値がわかる。さらに，ピストンAのつりあいから，気体1の圧力 P_1'' の値がわかり，状態方程式をつくることができる。

III．気体2は断熱容器の中にあるが，断熱変化においては，気体の圧力 P と体積 V の間に，ポアソンの式 PV^γ：一定 が成立する（γ：比熱比）。これを用いると，「**気体2の温度は変わらなかった**」という条件が与えられていなくても，圧力が一定であると，体積は変化しないことがわかる。

▶(1) 気体2の体積は一定であり，ピストンAに接している部分で押し込まれる体積（体積の減少量）と，ピストンBに接している部分で押し上げる体積（体積の増加量）は等しい。

▶(2) 変化の前後の状態方程式は

$$P_1''V_1' = RT, \qquad P_1''(V_1' + S_0 x) = RT'$$

となり，これらを用いても同じことである。

▶(3) 気体1の内部エネルギーの変化 $\Delta U = \dfrac{3}{2}R(T'-T)$，気体1がする仕事

$W = P_1'' \cdot S_0 x = R(T'-T)$ から，熱力学第1法則により

$$Q = \Delta U + W = \frac{5}{2}R(T'-T)$$

としてもよい。

テーマ

　ピストンで連結された2容器内の気体の状態変化を扱った問題である。この分野の問題では，内部エネルギーと絶対温度の比例関係，熱力学第1法則を用いることが多いが，本問では，状態方程式（あるいは，ボイル・シャルルの法則の式）を中心に用いればよい。

　ⅡとⅢではピストンBが自由に動けるので，気体2の圧力は一定である。さらに，気体2の温度は変わらないので，体積も一定である。

37

解 答

Ⅰ. (1) 細管の断面積を σ とすると，B室の液面の高さで液体に働く力は右図のようになる。力のつりあいの式をつくると

$$P_2\sigma = P_0\sigma + \rho \cdot 2L\sigma \cdot g$$

$$\therefore \quad P_2 = P_0 + 2\rho gL \quad \cdots (答)$$

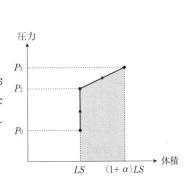

(2) B室内の気体の物質量を n モル，図3－2の状態の温度を T_2 とすると，気体定数を R として

図3－1の状態の状態方程式：$P_0 \cdot LS = nRT_0$ …①

図3－2の状態の状態方程式：$P_2 \cdot LS = nRT_2$ …②

が成り立つ。また，B室内の気体は単原子分子理想気体であり，この間の変化を定積変化と近似すると，ヒーターから加えられた熱量は

$$Q = \frac{3}{2}nR(T_2 - T_0) = \frac{3}{2}(P_2 - P_0)LS \quad （①，②を用いた）$$

となり，Ⅰ(1)の結果を用いると

$$Q = \frac{3}{2}LS \times 2\rho gL = 3\rho gSL^2 \quad \cdots (答)$$

Ⅱ. (1) 図3－3の状態で，B室内の気体の体積は

$$(L + \alpha L)S = (1 + \alpha)LS$$

となっているから

状態方程式：$P_3 \cdot (1 + \alpha)LS = nRT_3$ …③

が成り立つ。①と③より

$$\frac{P_3(1 + \alpha)}{P_0} = \frac{T_3}{T_0}$$

$$\therefore \quad T_3 = (1 + \alpha)\frac{P_3 T_0}{P_0} \quad \cdots (答)$$

(2) 図3－1から図3－2の状態への変化では，題意により，B室内の気体の体積は一定である。また，図3－2から図3－3の状態への変化において，A室内の液面の高さが xL $(0 \leq x \leq \alpha)$ になったときの圧力を P とすると，Ⅰ(1)と同様にして

$$P = P_0 + \rho \cdot 2(L + xL) \cdot g$$

$$\therefore \quad P = P_0 + 2\rho gL\,(1+x)$$
$$= P_2 + 2\rho gLx$$

が得られる。したがって，B室内の気体の状態変化を表すグラフは上図のようになる。

(3) (2)のグラフの網かけ部の面積が，B室内の気体がした仕事に等しいから

$$W = \frac{P_2 + P_3}{2} \times \alpha LS = \frac{1}{2}\alpha\,(P_2 + P_3)\,LS \quad \cdots (答)$$

Ⅲ. (1) A室内の気体について，図3－3の状態と図3－4の状態の温度は等しいから，ボイルの法則より

$$P_0 \cdot (1-\alpha)\,LS = P_A \cdot (1-\beta)\,LS$$

$$\therefore \quad P_A = \frac{1-\alpha}{1-\beta}P_0 \quad \cdots (答)$$

となる。また，B室内の気体について，図3－1の状態と図3－4の状態の温度は等しいから，ボイルの法則より

$$P_0 \cdot LS = P_B \cdot (1+\beta)\,LS$$

$$\therefore \quad P_B = \frac{1}{1+\beta}P_0 \quad \cdots (答)$$

(2) 図3－4の状態で，Ⅰ(1)と同様にして

$$P_B = P_A + \rho \cdot 2\,(L+\beta L)\cdot g$$

$$\therefore \quad P_B = P_A + 2\rho gL\,(1+\beta)$$

が得られる。Ⅲ(1)の結果と比較すると

$$(P_B - P_A =)\; \frac{1}{1+\beta}P_0 - \frac{1-\alpha}{1-\beta}P_0 = 2\rho gL\,(1+\beta)$$

$$\frac{1}{1+\beta} - \frac{1-\alpha}{1-\beta} = \frac{2\rho gL}{P_0}\,(1+\beta)$$

$$-\frac{1-\alpha}{1-\beta} = -\frac{1}{1+\beta} + \frac{2\rho gL}{P_0}\,(1+\beta)$$

$$-(1-\alpha) = -\frac{1-\beta}{1+\beta} + \frac{2\rho gL}{P_0}\,(1-\beta^2)$$

$$\alpha = 1 - \frac{1-\beta}{1+\beta} + \frac{2\rho gL}{P_0}\,(1-\beta^2)$$

$$= \frac{1+\beta-(1-\beta)}{1+\beta} + \frac{2\rho gL}{P_0}\,(1-\beta^2)$$

$$\therefore \quad \alpha = \frac{2\beta}{1+\beta} + \frac{2\rho gL}{P_0}\,(1-\beta^2) \quad \cdots (答)$$

解　説

Ⅰ. ▶(1)　断面積 σ の細管内の，上端から長さ $2L$ の部分（A室の底からB室内の液

体表面の高さまで）の液体に作用する力を考えると（〔解答〕の図を参照），その体積は $2L\sigma$，質量は $\rho\cdot 2L\sigma$ であるから，これに作用する重力の大きさは $\rho\cdot 2L\sigma\cdot g$ となる。また，液体の上端はA室内の気体から圧力 P_0 で下向きに押されている（圧力は単位面積に作用する力の大きさであるから，全圧は $P_0\sigma$）。さらに，液体の下端は接する液体から圧力を受けるが，細管の内外に関係なく同じ高さでは同じ圧力になるから，この高さでの圧力は P_2 になる（液体の表面では接する気体と同じ圧力になっている）。これらのつりあいの式が〔解答〕で示したものである。なお，単位断面積を考えて（すなわち，$\sigma=1$ として），Ⅱ(2)，Ⅲ(2)のように，最初から圧力の関係式をつくってもよい。

なお，細管の容積は無視できるから，液体が上昇してもA室内にあふれるまでは，B室内の気体の体積は一定で，液面の位置は変化しないとする。

▶(2)　単原子分子理想気体 n モルの絶対温度が T であるとき，その内部エネルギーは $\dfrac{3}{2}nRT$ と表されることから，定積モル比熱は $\dfrac{3}{2}R$ となる。

Ⅱ.　▶(1)　A室内にあふれた液体の深さが αL であるとき，B室内の気体の体積の増加はこれに等しい。図3－1の状態と図3－3の状態を比較して，ボイル・シャルルの法則より，次のように求めることもできる。

$$\frac{P_0\cdot LS}{T_0}=\frac{P_3\cdot(1+\alpha)LS}{T_3}\qquad \therefore\quad T_3=(1+\alpha)\frac{P_3 T_0}{P_0}$$

▶(2)　〔解答〕で求めたように，図3－2から図3－3の状態への変化では，グラフは直線になる。

▶(3)　圧力 P と体積 V の関係を示す図において，グラフと V 軸との間で囲まれる面積から，気体のする仕事が求められる。

Ⅲ.　▶(1)　B室内の気体の量はずっと一定であるから，図3－1の状態と図3－4の状態を比較して，ボイルの法則の式を用いると簡単になる。あるいは

図3－4の状態の状態方程式：$P_\mathrm{B}\cdot(1+\beta)LS=nRT_0$

と①より，P_B を求めることもできる。

テーマ

　液体の入った細管で結ばれた上下2室内の気体の状態変化を扱う問題である。B室内の液体中（液面も含む）の圧力は，細管の内外に関係なく，同じ高さでは同じ圧力になる。この圧力の性質を正しく理解していないと，2室内の気体の圧力の関係が求められない。

　気体の状態は，圧力・体積・温度で示される。これらの間に成立する状態方程式，あるいは，いくつかの状態を比較して，ボイル・シャルルの法則の式をつくればよいが，計算力を要する。

38

解　答

Ⅰ. 最初のシリンダー A 内の気体の温度を T_0 として，状態方程式をつくると

$$P_0 V_0 = nRT_0 \quad \cdots ① \qquad \therefore \quad T_0 = \frac{P_0 V_0}{nR}$$

となる。コック C を開くと，シリンダー A 内の気体はシリンダー B 内に断熱膨張するが，シリンダー B は真空であるから，このときに仕事を要しない。したがって

$$T_1 = T_0 = \frac{P_0 V_0}{nR} \quad \cdots (答)$$

である。また，状態 Z_1 の状態方程式は

$$P_1 \cdot 2V_0 = nRT_1 \quad \cdots ②$$

となり，①，②より

$$P_1 = \frac{1}{2}P_0 \quad \cdots (答)$$

Ⅱ. シリンダー A の断熱板が動き始めるとき，ストッパーから受ける力が 0 になっているから，力のつりあいより（右図）

$$P_2 S = mg \quad \cdots ③ \qquad \therefore \quad P_2 = \frac{mg}{S} \quad \cdots (答)$$

である。また，状態 Z_2 の状態方程式は

$$P_2 \cdot 2V_0 = nRT_2 \quad \cdots ④$$

となり，②，④より

$$T_2 = \frac{P_2}{P_1} \times T_1 = \frac{2mg}{P_0 S} \times \frac{P_0 V_0}{nR} = \frac{2mg V_0}{nRS} \quad \cdots (答)$$

Ⅲ. (1)　気体の体積が ΔV だけ増えたとき，ばねの自然長からの縮みは $\dfrac{\Delta V}{S}$ であるから，シリンダー A の断熱板に作用する力のつりあいより（右図）

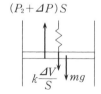

$$(P_2 + \Delta P)S = mg + k\frac{\Delta V}{S} \quad \cdots ⑤$$

となり，③，⑤より

$$\Delta P = \frac{k\Delta V}{S^2} \quad \cdots (答)$$

(2) 気体の体積と圧力の関係は，右図のように変化する。気体がした仕事 W_g は，斜線部の台形の面積に等しいから

$$W_g = \frac{P_2 + (P_2 + \Delta P)}{2} \times \Delta V$$

$$= \frac{1}{2}(2P_2 + \Delta P)\Delta V \quad \cdots (\text{答})$$

(3) 状態 Z_3 における気体の温度を T_3 とすると，状態方程式は

$$(P_2 + \Delta P)(2V_0 + \Delta V) = nRT_3 \quad \cdots \text{⑥}$$

となる。④，⑥を用いると，状態 $Z_2 \to Z_3$ の変化で，気体の内部エネルギーの変化は

$$\Delta U = \frac{3}{2}nR(T_3 - T_2) = \frac{3}{2}(P_2\Delta V + 2V_0\Delta P + \Delta P\Delta V)$$

となる。したがって，熱力学第 1 法則より

$$Q_h = \Delta U + W_g = \frac{5}{2}P_2\Delta V + 3V_0\Delta P + 2\Delta P\Delta V \quad \cdots (\text{答})$$

Ⅳ．シリンダー B 内の気体は断熱変化をするから，熱力学第 1 法則より，気体の内部エネルギーの変化は，気体がされる仕事 W_m に等しい。シリンダー B 内の気体の量は $\frac{n}{2}$ モルであるから

$$\frac{3}{2} \cdot \frac{n}{2} \cdot R(T_4 - T_2) = W_m$$

$$\therefore \quad T_4 = T_2 + \frac{4W_m}{3nR} \quad \cdots (\text{答})$$

Ⅴ．関係：$W_m = Q_h$ $\cdots (\text{答})$

理由：シリンダー A の気体の状態が Z_3 と同じになったということは，シリンダー A とシリンダー B の中の気体全体として，内部エネルギーは等しい。したがって，$Z_2 \to Z_3$ の過程で気体が吸収した熱量 Q_h と，$Z_2 \to Z_4$ の過程で気体がなされた仕事 W_m は等しいはずである。

解 説

▶Ⅰ．理想気体の条件の一つは，分子間力が無視できることである。理想気体が真空中に膨張するとき，仕事をする必要はなく，自由膨張と呼ばれる。断熱容器内であれば，気体の内部エネルギーは一定であり，温度は変化しないことに注意。ただし，実在気体の場合は，弱い分子間力がはたらいていて，これに抗して膨張するのに仕事を要するので，気体の内部エネルギーは減少し，温度は降下する（ジュール・トムソン効果という）。

状態 Z_1 の温度 T_1 は，ボイルの法則を用いて

$$P_0 V_0 = P_1 \cdot 2V_0 \qquad \therefore \quad P_1 = \frac{1}{2} P_0$$

と求めてもよい。

▶Ⅱ．圧力の大きさは，単位面積に作用する力の大きさとして定義されることに注意。

状態 Z_2 の温度 T_2 は，ボイル・シャルルの法則を用いて

$$\frac{P_2 \cdot 2V_0}{T_2} = \frac{P_1 \cdot 2V_0}{T_1} \qquad \therefore \quad T_2 = \frac{P_2}{P_1} \times T_1$$

と求めてもよい。

▶Ⅲ．弾性力が鉛直下向きにかかる分だけ，気体の圧力は増加する。

気体がした仕事は，シリンダー A の断熱板を持ち上げる仕事，ばねを縮ませる仕事になるから，次のように求めることもできる。

$$W_g = mg \cdot \frac{\Delta V}{S} + \frac{1}{2} k \left(\frac{\Delta V}{S} \right)^2$$

$$= P_2 S \cdot \frac{\Delta V}{S} + \frac{1}{2} \cdot \frac{S^2 \Delta P}{\Delta V} \left(\frac{\Delta V}{S} \right)^2 = \frac{1}{2} (2P_2 + \Delta P) \Delta V$$

なお，ΔP や ΔV は微小量とは設定されていないので，これらの積 $\Delta P \Delta V$ を 2 次の微小量として無視する操作は避けた方がよいだろう。

▶Ⅳ・Ⅴ．エネルギーは，熱や仕事の形で受け渡しされるが，これらは同等であることを考慮すればよい。数式を用いると，次のようになる。

Ⅴの変化後の状態を Z_5 として，状態 $Z_2 \sim Z_5$ での内部エネルギーを $U_2 \sim U_5$ とすると，熱力学第 1 法則の関係は

$$Z_2 \rightarrow Z_3 : U_3 - U_2 = Q_h - W_g \quad \cdots ⑦$$
$$Z_2 \rightarrow Z_4 : U_4 - U_2 = W_m \qquad \cdots ⑧$$
$$Z_4 \rightarrow Z_5 : U_5 - U_4 = -W_g \qquad \cdots ⑨$$

と表される。⑧と⑨から

$$U_5 - U_2 = W_m - W_g \quad \cdots ⑩$$

となり，題意より $U_5 = U_3$ であるから，⑦と⑩を比較すると

$$W_m = Q_h$$

テーマ

連結した2室内の気体の状態変化を扱う問題であるが，熱力学第1法則の利用が中心となっている。

理想気体の内部エネルギー U は，気体分子の運動エネルギーに等しく，絶対温度 T に比例する。n モルの単原子分子理想気体では

$$U = \frac{3}{2}nRT \quad (R：気体定数)$$

と表される。気体の内部エネルギー U を増加させるには，気体を加熱したり，気体に仕事をすればよい（逆に，U を減少させるには，気体を冷却したり，気体に仕事をさせればよい）。気体に熱量 Q を与え，仕事 W をするとき，内部エネルギーの変化を ΔU とすると

熱力学第1法則：$\Delta U = Q + W$

が成立するが，これはエネルギー保存則の関係を表している。本問では，この関係を中心として，気体の状態変化を扱えばよい。

第3章　波　動

1　共鳴・ドップラー効果

39

解 答

Ⅰ．(1)　管の両端が開いているときの固有振動の様子は図(a)のようになり，波長の長い順に

$$2L, \quad L, \quad \frac{2}{3}L$$

となる。固有振動数は，小さい順に

$$\frac{V}{2L}, \quad \frac{V}{L}, \quad \frac{3V}{2L} \quad \cdots (答)$$

(2)　管の一端が開いていて，他端が閉じられているときの固有振動の様子は，図(b)のようになり，波長の長い順に

$$4L, \quad \frac{4}{3}L, \quad \frac{4}{5}L$$

となる。固有振動数は，小さい順に

$$\frac{V}{4L}, \quad \frac{3V}{4L}, \quad \frac{5V}{4L} \quad \cdots (答)$$

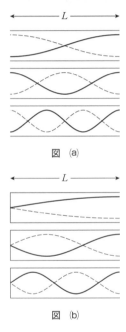

図　(a)

図　(b)

Ⅱ．(1)　管の左端の膜の振動は微小であるから，右端をふたで閉じているときは，両端が閉じているとみなせる。このときの固有振動数の最小値（基本振動数）を ν_1 とすると，Ⅰ(1)と同様に，n 倍振動（小さい方から n 番目）の固有振動数 ν_n は

$$\nu_n = n\nu_1 \quad (n = 1, 2, 3, \cdots)$$

と表される。振動数が 692 Hz のとき，k 倍振動とすると

$$692 = k\nu_1, \quad 519 = (k-1)\nu_1$$

$$\therefore \quad \nu_1 = 173 \text{〔Hz〕}, \quad k = 4$$

となる。このときの空気の固有振動の様子は図(c)のようになり，節の位置を管の右端からの距離で表すと

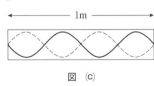

図　(c)

$$0\,\text{m}, \ 0.25\,\text{m}, \ 0.50\,\text{m}, \ 0.75\,\text{m}, \ 1\,\text{m} \quad \cdots (答)$$

(2)　$\nu_4 = 692$〔Hz〕のときの波長が $\lambda_4 = 0.50$〔m〕であるから，音速は

$$V = \nu_4 \lambda_4 = 692 \,[\mathrm{Hz}] \times 0.50 \,[\mathrm{m}] = \mathbf{346} \,[\mathbf{m/s}] \quad \cdots (答)$$

Ⅲ．管の右端が開いているとき，基本振動数を ν'_1 とすると，Ⅰ(2)で求めたように

$$\nu'_1 = \frac{V}{4L} = \frac{346 \,[\mathrm{m/s}]}{4 \times 1 \,[\mathrm{m}]} = 86.5 \,[\mathrm{Hz}]$$

となり，m 倍振動の固有振動数 ν'_m は

$$\nu'_m = m\nu'_1 \quad (m = 1, \ 3, \ 5, \ \cdots)$$

と表される。振動数を $400 \,\mathrm{Hz}$ から $700 \,\mathrm{Hz}$ まで変化させるとき，共鳴が起こるのは

$$m = 5 \quad \nu'_5 = 5 \times 86.5 = 432.5 \,[\mathrm{Hz}]$$
$$m = 7 \quad \nu'_7 = 7 \times 86.5 = 605.5 \,[\mathrm{Hz}]$$

の場合であるが，$f_1 < f_2$ であるから

$$f_1 = \nu'_5 = \mathbf{432.5} \,[\mathbf{Hz}], \quad f_2 = \nu'_7 = \mathbf{605.5} \,[\mathbf{Hz}] \quad \cdots (答)$$

Ⅳ．(1)　B点からの音をD点で聞くときの振動数を f_B とすると，ドップラー効果により

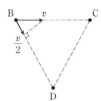

$$f_\mathrm{B} = \frac{V}{V - \dfrac{v}{2}} f_1 = \frac{2V}{2V - v} f_1$$

となる。また，C点のマイクロフォンで観測する音の振動数

f_C は $f_\mathrm{C} = \dfrac{V}{V - v} f_1$ となるが，これを増幅してスピーカーで鳴らした音をD点で聞くときの振動数は f_C のままである。うなりの振動数は

$$f_\mathrm{C} - f_\mathrm{B} = \frac{Vv}{(V - v)(2V - v)} f_1 \quad \cdots (答)$$

(2)　(1)の結果より

$$\frac{f_\mathrm{C} - f_\mathrm{B}}{f_1} = \frac{Vv}{(V - v)(2V - v)} = \frac{\dfrac{v}{V}}{\left(1 - \dfrac{v}{V}\right)\left(2 - \dfrac{v}{V}\right)}$$

となるが，$f_1 = 432.5 \,[\mathrm{Hz}]$，$f_\mathrm{C} - f_\mathrm{B} = 2 \,[\mathrm{Hz}]$ であるから，$\dfrac{v}{V}$ は 1 に比べて十分に小さいとすると

$$\frac{f_\mathrm{C} - f_\mathrm{B}}{f_1} \fallingdotseq \frac{v}{2V}$$

$$\therefore \quad v \fallingdotseq \frac{f_\mathrm{C} - f_\mathrm{B}}{f_1} \times 2V = \frac{2 \,[\mathrm{Hz}]}{432.5 \,[\mathrm{Hz}]} \times 2 \times 346 \,[\mathrm{m/s}] = 3.2 \,[\mathrm{m/s}] \fallingdotseq \mathbf{3} \,[\mathbf{m/s}] \quad \cdots (答)$$

解　説

Ⅰ．管の開端（開口端）は自由端で腹，閉端は固定端で節となる。(1)・(2)とも，基本振動の図を基本として，固有振動の様子を正しく描けることが必要である。

▶(1) 管の両端が開いている開管では，固有振動の波長 λ_n は

$$\lambda_n = \frac{2L}{n} \quad (n = 1, 2, 3, \cdots)$$

となり，固有振動数 ν_n は

$$\nu_n = \frac{V}{\lambda_n} = \frac{nV}{2L} = n\nu_1$$

となる。$n = 1$ の基本振動数がわかれば，$n \geqq 2$ の固有振動数（倍振動数）は $\nu_n = n\nu_1$ で求めることができる。

▶(2) 管の一端が閉じ，他端が開いている閉管では，固有振動の波長 λ'_n は

$$\lambda'_n = \frac{4L}{2n-1} \quad (n = 1, 2, 3, \cdots)$$

となり，固有振動数 ν'_n は

$$\nu'_n = \frac{V}{\lambda'_n} = \frac{(2n-1)V}{4L} = (2n-1)\nu'_1 = m\nu'_1$$

となる（$m = 2n - 1$）。基本振動数がわかれば，一般の固有振動数は $\nu'_m = m\nu'_1$ で求めることができるが，奇数倍の倍振動しか起こらないことに注意。

▶Ⅱ. 管の両端が閉じているとみなせる場合，通常の弦と同様，両端が固定端の固有振動を考えることになる。腹と節の位置は開管と逆になるが，固有振動の波長や振動数はⅠ(1)と同じ式で表される。

519 Hz や 692 Hz は何倍振動になるかを知る必要があるが，692 Hz を k 倍振動とすると，519 Hz は $(k-1)$ 倍振動となることに注意。

なお，ⅡとⅢの数値計算は，有効数字を考慮する必要はないだろう。

▶Ⅲ. Ⅱで音速 V が決まると，閉管として使う場合の固有振動数が求められる（実際には，開口端補正の影響で，少しずれる）。奇数倍の倍振動しか起こらないことに注意して，振動数を変化させた範囲にある値を計算すればよい。

Ⅳ. ▶(1) 音源はC点に向かって進むから，C点のマイクロフォンで観測する音の振動数は，通常のドップラー効果の公式を用いて計算することができる。B点からの音を，音源の進む直線上にないD点で観測する場合，B点とD点を結ぶ方向（音の伝わる方向）の音源の速度成分（視線速度）を考慮して，ドップラー効果の公式を用いる。△BCD が正三角形という条件から，音源がB点を通過する瞬間，視線速度の大きさは $v\cos 60° = \dfrac{v}{2}$ である。

うなりの振動数（1秒間に音の強弱の繰り返される回数）は，干渉する2つの音の振動数の差である。

▶(2) (1)の結果で，$f_C - f_B = 2〔\mathrm{Hz}〕$ とするが，$\dfrac{v}{V}$ は 1 に比べて十分に小さいとした近似計算が必要になる。次のような計算も可能である。

(1)の結果で，$f_C - f_B = 2$ [Hz] とし，式を変形すると

$$2 = \frac{Vv}{(V-v)(2V-v)} f_1$$

$$2(V-v)(2V-v) = Vvf_1$$

$$4V^2 - (f_1+6)Vv + 2v^2 = 0$$

$$\therefore \quad 4 - (f_1+6)\frac{v}{V} + 2\left(\frac{v}{V}\right)^2 = 0$$

となる。この2次方程式を解いて $\dfrac{v}{V}$ の値が求められるが，有効数字1桁でよいから，

2次の微小量 $\left(\dfrac{v}{V}\right)^2$ を無視すると

$$4 - (f_1+6)\frac{v}{V} = 0 \qquad \therefore \quad v = \frac{4V}{f_1+6} = \frac{4\times346}{432.5+6} = 3.2 \doteqdot 3 \,[\text{m/s}]$$

テーマ

Ⅱ．本問で扱っている実験は，クントの実験と呼ばれる。空気の振動が激しい腹の位置ではコルクの粉が舞い散ってしまい，節の位置にコルクの粉が集まった模様が見られる。

Ⅳ．ドップラー効果の公式は，振動数 f_0 の音源と観測者が同一直線上を動く場合

$$\text{観測される振動数 } f = \frac{V - v_観}{V - v_源} f_0 \qquad f_0 \boxed{音源} \xrightarrow{} v_源 \qquad \boxed{観測者} \xrightarrow{} v_観$$

と表される（音速を V とし，音源から観測者に向かう向きを正として，音源の速度を $v_源$，観測者の速度を $v_観$ とする）。音源と観測者が同一直線上を動かない場合は，音源と観測者を結ぶ方向への速度成分（視線速度）を考慮して，この公式を用いることになる。

40

解 答

Ⅰ. (ア)

Ⅱ. 列車の警笛からA君に達する直接音の振動数を求めると，観測者であるA君は列車に乗っていて，振動数 f_0 の音源である警笛と同じ速度で動いているから，直接音の振動数は f_0 に等しい。また，警笛から出て断崖ではね返った後，A君に達する反射音の振動数を求めると，断崖ではね返るときの振動数は

$$f' = \frac{V}{V-u}f_0$$

であるから，A君が観測する振動数は

$$\frac{V+u}{V}f' = \frac{V+u}{V-u}f_0$$

となる。$f_1 < f_2$ であるから

$$f_1 = f_0, \qquad f_2 = \frac{V+u}{V-u}f_0 \quad \cdots (答)$$

Ⅲ. 時刻 $t=0$ に警笛が鳴り始めるから，振動数 f_1 の警笛音に対して（図1）

$$Vt_{A1} + ut_{A1} = L$$

$$\therefore \quad t_{A1} = \frac{L}{V+u} \quad \cdots (答)$$

図 1

となる。また，振動数 f_2 の警笛音に対して（図2）

$$Vt_{A2} + ut_{A2} = 2X + L$$

$$\therefore \quad t_{A2} = \frac{2X+L}{V+u} \quad \cdots (答)$$

Ⅳ. ア

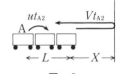

図 2

Ⅴ. B君に対して最初の警笛音が伝わる距離は $\sqrt{X^2+H^2}$ であるから（図3）

$$t_B = \frac{\sqrt{X^2+H^2}}{V} \quad \cdots (答)$$

Ⅵ. 列車の先頭がトンネルの入口に達する時刻は $\frac{X}{u}$ であり，このときに出た最後の警笛音がB君に達する時刻を t_B' とすると

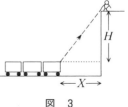

図 3

$$t_B' = \frac{X}{u} + \frac{H}{V}$$

であるから，B君に警笛音が聞こえた時間間隔 Δt_B は

$$\Delta t_B = t_B' - t_B = \frac{X}{u} + \frac{H}{V} - \frac{\sqrt{X^2 + H^2}}{V} = \frac{X}{u} + \frac{H - \sqrt{X^2 + H^2}}{V}$$

である。警笛が鳴っていた時間間隔 $\Delta t = \frac{X}{u}$ と比較すると

$$\Delta t - \Delta t_B = \frac{\sqrt{X^2 + H^2} - H}{V} \text{ だけ短い。} \cdots(答)$$

Ⅶ．列車の先頭がトンネルの入口に達する時刻は $\frac{X}{u}$ であり，

このときに出た最後の警笛音がA君に達する時刻を t_A' とする
と（図4）

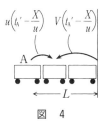

図　4

$$(V + u)\left(t_A' - \frac{X}{u}\right) = L$$

$$\therefore \quad t_A' = \frac{X}{u} + \frac{L}{V + u}$$

となるから，A君に警笛音が聞こえた時間間隔 Δt_A は

$$\Delta t_A = t_A' - t_{A1} = \left(\frac{X}{u} + \frac{L}{V + u}\right) - \frac{L}{V + u} = \frac{X}{u}$$

である。$u = \frac{V}{10}$，$H = X$ とすると

$$\Delta t_A = \frac{X}{u} = \frac{10X}{V}$$

$$\Delta t_B = \frac{X}{u} + \frac{H - \sqrt{X^2 + H^2}}{V} = \frac{10X}{V} + \frac{X - \sqrt{2}X}{V} = \frac{(11 - \sqrt{2})X}{V}$$

$$\therefore \quad \frac{\Delta t_B}{\Delta t_A} = \frac{11 - \sqrt{2}}{10} \text{ 倍} \quad \cdots(答)$$

解　説

▶Ⅰ．〔解答〕のⅡで求めたように，振動数 f_1 の警笛音が直接音，振動数 f_2 の警笛音
が反射音である。また，〔解答〕のⅢで求めたように，$t_{A1} < t_{A2}$ であるから，A君には，
まず低い方の振動数 f_1 の直接音が聞こえる。少しして振動数 f_2 の反射音が混じり，
うなりが聞こえる。警笛が鳴り終えるのは，列車の先頭がトンネルに進入した瞬間で
あり，このときに出た直接音と反射音は同時にA君に達するから，うなりが消えると
同時に，何も聞こえなくなる。

▶Ⅱ．反射がある場合のドップラー効果は，まず，反射物体（断崖）を観測者として
扱い，次に，この波を出す波源として反射物体を扱えばよい。

▶Ⅲ．音速は音源の速度には無関係であり，列車の警笛から出た音は，A君にも，断崖にも，同じ速さ V で伝わる。また，断崖での反射音も，A君に対して，速さ V で伝わる。音の伝わる経路，列車の運動を考慮して，関係式を表せばよい。

▶Ⅳ．右図の場合，警笛とB君を結ぶ方向の列車の速度成分は $u\cos\theta$ であり，これを視線速度という。これを用いると，B君に聞こえた警笛音の振動数は

$$f_B = \frac{V}{V - u\cos\theta} f_0$$

と表される。列車が進むほど，角 θ は大きくなるから，$\cos\theta$ の値は小さくなり，f_B は単調に減少する。列車の先頭がトンネルの入口に達したときは $\theta = \dfrac{\pi}{2}$ であるから，聞こえ終わる時刻には $f_B = f_0$ となる。

▶Ⅴ．B君に対しても，音の伝わる速さは V である。

▶Ⅵ．B君に聞こえる警笛音の振動数は $f_B \geqq f_0$ である。警笛が出した音の数（1回の振動分を1個と数える）と，B君が聞く音の数は等しいから，B君に警笛音が聞こえた時間間隔は，警笛が鳴っていた時間間隔より短いはずである。

▶Ⅶ．A君に聞こえる警笛音（直接音）の振動数は $f_1 = f_0$ であり，A君に警笛音が聞こえた時間間隔は，警笛が鳴っていた時間間隔と等しいはずである。

テーマ

　ドップラー効果に関する問題で，反射がある場合，斜めの場合（視線速度を考慮する場合）が含まれている。また，ドップラー効果の問題は，公式適用型が多いが，公式導出型もあり，本問には両方の要素が含まれている。

　空気中の音速は，媒質である空気の状態（温度など）で決まり，音源の運動には関係しないことは，重要な基本事項である。

2　光波・波の干渉

41

解　答

I．(1)　屈折の法則より　　$\dfrac{\sin\theta_1}{\sin\theta_2} = \dfrac{n_2}{n_1}$

微小角度 θ_1, θ_2 に対する近似式 $\sin\theta_1 \fallingdotseq \theta_1$, $\sin\theta_2 \fallingdotseq \theta_2$ を用いると

$$\frac{\theta_1}{\theta_2} = \boldsymbol{\frac{n_2}{n_1}} \quad \cdots(\text{答})\ \cdots①$$

(2)　△CPO において　　$\alpha_1 + \phi = \theta_1$　　∴　$\theta_1 = \boldsymbol{\phi + \alpha_1}$　$\cdots(\text{答})\ \cdots②$

　　　△APO において　　$\alpha_2 + \phi = \theta_2$　　∴　$\theta_2 = \boldsymbol{\phi + \alpha_2}$　$\cdots(\text{答})\ \cdots③$

(3)　点 P から x 軸に下ろした垂線の足を点 H とする。微小角度 α_1, α_2, ϕ に対する近似式 $\sin\alpha_1 \fallingdotseq \alpha_1$, $\sin\alpha_2 \fallingdotseq \alpha_2$, $\sin\phi \fallingdotseq \phi$, および，$CP \fallingdotseq x_1$, $AP \fallingdotseq x_2$ の近似を用いると

　　　△CPH において　　$\sin\alpha_1 = \dfrac{h}{CP}$　　∴　$\alpha_1 = \boldsymbol{\dfrac{h}{x_1}}$　$\cdots(\text{答})\ \cdots④$

　　　△APH において　　$\sin\alpha_2 = \dfrac{h}{AP}$　　∴　$\alpha_2 = \boldsymbol{\dfrac{h}{x_2}}$　$\cdots(\text{答})\ \cdots⑤$

　　　△OPH において　　$\sin\phi = \dfrac{h}{OP}$　　∴　$\phi = \boldsymbol{\dfrac{h}{r}}$　$\cdots(\text{答})\ \cdots⑥$

(4)　①より　　$n_1\theta_1 = n_2\theta_2$

②，③を代入すると　　$n_1(\phi + \alpha_1) = n_2(\phi + \alpha_2)$

④〜⑥を代入すると

$$n_1\left(\frac{h}{r} + \frac{h}{x_1}\right) = n_2\left(\frac{h}{r} + \frac{h}{x_2}\right)$$

$$\therefore\ n_1\left(\frac{1}{r} + \frac{1}{x_1}\right) = n_2\left(\frac{1}{r} + \frac{1}{x_2}\right) \quad (\text{式 1})$$

$(\text{答})\ \ \boldsymbol{\mathcal{P}.\ \dfrac{1}{x_1}}\ \ \boldsymbol{\mathcal{イ}.\ \dfrac{1}{x_2}}$

(5)　図 3 − 2 (A)の場合，②，③と同様に

　　　△CPO において　　$\alpha_1 + \theta_1 = \phi$　　∴　$\theta_1 = \phi - \alpha_1$

　　　△APO において　　$\alpha_2 + \theta_2 = \phi$　　∴　$\theta_2 = \phi - \alpha_2$

④〜⑥と同様に

$$\alpha_1 = \frac{h}{x_1},\ \ \alpha_2 = \frac{h}{x_2},\ \ \phi = \frac{h}{r}$$

よって

$$n_1\left(\frac{1}{r}-\frac{1}{x_1}\right)=n_2\left(\frac{1}{r}-\frac{1}{x_2}\right) \quad \cdots(答) \quad (式2)$$

図3－2(B)の場合，②，③と同様に

△CPO において $\qquad \phi+\theta_1=\alpha_1 \qquad \therefore \quad \theta_1=-\phi+\alpha_1$

△APO において $\qquad \phi+\theta_2=\alpha_2 \qquad \therefore \quad \theta_2=-\phi+\alpha_2$

④～⑥と同様に

$$\alpha_1=\frac{h}{x_1}, \ \alpha_2=\frac{h}{x_2}, \ \phi=\frac{h}{r}$$

よって

$$n_1\left(-\frac{h}{r}+\frac{h}{x_1}\right)=n_2\left(-\frac{h}{r}+\frac{h}{x_2}\right)$$

$$\therefore \quad n_1\left(\frac{1}{r}-\frac{1}{x_1}\right)=n_2\left(\frac{1}{r}-\frac{1}{x_2}\right) \quad \cdots(答) \quad (式2)$$

Ⅱ．(1) （式1）で，$\frac{1}{r}≒0$ とすると

$$n_1\frac{1}{x_1}≒n_2\frac{1}{x_2}$$

図3－3の場合，媒質の境界から「見かけ上の光源」までの距離を $L_1{}'$ とすると，上式で $x_1=L_1$，$x_2=L_1{}'$ として

$$n_1\frac{1}{L_1}=n_2\frac{1}{L_1{}'} \qquad \therefore \quad L_1{}'=\frac{n_2}{n_1}L_1$$

よって，観察者から「見かけ上の光源」までの距離は

$$\frac{n_2}{n_1}L_1+L_2 \quad \cdots(答)$$

(2) 図3－4の場合，透明な板の中から見ると，光源は板と媒質1の境界から距離 L_1 にあり，「見かけ上の光源」までの距離を $L_1{}''$ とすると

$$n_1\frac{1}{L_1}=n_f\frac{1}{L_1{}''} \qquad \therefore \quad L_1{}''=\frac{n_f}{n_1}L_1$$

次に，媒質2の中の観察者から見ると，光源は板と媒質2の境界から距離 $d+L_1{}''$ にあり，「見かけ上の光源」までの距離を L' とすると

$$n_f\frac{1}{d+L_1{}''}=n_2\frac{1}{L'} \qquad \therefore \quad L'=\frac{n_2}{n_f}(d+L_1{}'')$$

この L' が，板と媒質2の境界から $d+L_1$ であれば，観察者から「見かけ上の光源」までの距離を L_1+L_2 にすることができる。よって

$$d+L_1=\frac{n_2}{n_f}\left(d+\frac{n_f}{n_1}L_1\right) \qquad \left(\frac{n_2}{n_f}-1\right)d=\left(1-\frac{n_2}{n_1}\right)L_1$$

$$\therefore \quad d=\frac{n_f(n_1-n_2)}{n_1(n_2-n_f)}L_1 \quad \cdots(答)$$

ここで，$d>0$ でなければならないから，その条件は

$$n_1-n_2>0 \text{ かつ } n_2-n_f>0 \quad \therefore \quad \boldsymbol{n_f<n_2<n_1}$$
または
$$n_1-n_2<0 \text{ かつ } n_2-n_f<0 \quad \therefore \quad \boldsymbol{n_1<n_2<n_f}$$

…(答)

(3) 図3−5(A)の場合は，図3−1に対応するから，（式1）に代入すると

$$1.5 \times \left(\frac{1}{r}+\frac{1}{1}\right)=1\times\left(\frac{1}{r}+\frac{1}{2}\right) \quad \therefore \quad r=-0.5$$

この場合，r は負となり，不適。

図3−5(B)の場合は，図3−2に対応するから，（式2）に代入すると

$$1.5 \times \left(\frac{1}{r}-\frac{1}{1}\right)=1\times\left(\frac{1}{r}-\frac{1}{2}\right) \quad \therefore \quad r=0.5$$

よって　　球面は(B)の場合で，半径 r は **0.5 m**　…(答)

(4) 観察者（レンズの位置）から 4m の位置にある光源が，3m の位置に見えたのだから，焦点距離を f とすると，レンズの公式より

$$\frac{1}{4}+\frac{1}{-3}=\frac{1}{f} \quad \therefore \quad f=-12$$

よって　　**凹レンズ**で，焦点距離は **12 m**　…(答)

解 説

Ⅰ． ▶(1)　屈折の法則の式に，微小角度に対する近似式を用いる。

▶(2)　$\triangle$CPO と $\triangle$APO に着目するとよい。

▶(3)　微小角度に対する近似式と，CP $\fallingdotseq x_1$，AP $\fallingdotseq x_2$ の近似を用いる。

▶(4)　(1)〜(3)の式を順に用いて計算すれば，（式1）が得られる。

▶(5)　図3−2(A)の場合，図3−2(B)の場合，ともに同じ関係式が得られる。

Ⅱ． ▶(1)　$n_1\dfrac{1}{x_1}\fallingdotseq n_2\dfrac{1}{x_2}$ とおくと，x_1 が光源の位置，x_2 が「見かけ上の光源」の位置である。

▶(2)　はじめに，透明な板の中から見た「見かけ上の光源」までの距離を求め，次に，媒質2の中の観察者から見た「見かけ上の光源」までの距離を求める。

▶(3)　図3−5(A)と(B)が，図3−1または図3−2のどちらに対応するかを考え，（式1）またはⅠ(5)で求めた（式2）に代入する。

▶(4)　レンズの公式は，レンズから物体までの距離を a，レンズから像までの距離を b，レンズの焦点距離を f とすると，$\dfrac{1}{a}+\dfrac{1}{b}=\dfrac{1}{f}$ である。ここで，凹レンズでは $f<0$ であり，像がレンズに対して光源と同じ側につくられるときは $b<0$ で，虚像である。

テーマ

Ⅰ. 幾何光学の問題である。与えられた図の関係に屈折の法則を用い，近軸光線の近似式を考える。

Ⅱ. いわゆる「見かけの深さ」と「レンズの写像公式」の問題である。Ⅰの結果をさらに近似した式を考える。

●**出題の意図（東京大学 発表）**

　異なる状況設定を通じて基本的な光の伝わり方に関する理解の質を問う。論理的で柔軟な思考力とともに物理的洞察力や発展的に対象を扱う力が求められる。

42

解　答

Ⅰ. (1)　領域Aにおける波の波長を λ_A とすると

$$\lambda_A = \frac{d}{2}$$

領域Aにおいて，波の振動数を f として，波の基本式をつくると

$$V = f\lambda_A = \frac{fd}{2} \qquad \therefore \quad f = \frac{2V}{d} \quad \cdots (答)$$

となる。同じ波源が領域Bにある場合に出る波の波長を λ_B とすると

$$\frac{V}{2} = f\lambda_B = \frac{2V}{d}\lambda_B \qquad \therefore \quad \lambda_B = \frac{d}{4} \quad \cdots (答)$$

(2)　$v = g^a h^b$ の式で，両辺の単位の関係より

$$[\text{m/s}] = [\text{m/s}^2]^a \times [\text{m}]^b$$
$$= [\text{m}^{a+b} \text{s}^{-2a}]$$

であり

　[m] について　　$1 = a + b$

　[s] について　　$-1 = -2a$

が成り立つ。したがって

$$a = \frac{1}{2}, \quad b = \frac{1}{2} \quad \cdots (答)$$

であり，$v = \sqrt{gh}$ と表される。

　領域Aにおける波の速さは，領域Bにおける波の速さの2倍であるから，領域Aの水深は領域Bの水深の

$$2^2 = \textbf{4 倍} \quad \cdots (答)$$

(3)　x 軸に関して点Pと線対称な位置にある点 P′$(0, -d)$ を考えると

$$\overline{PQ} + \overline{QR} = \overline{P'Q} + \overline{QR} = \overline{P'R}$$
$$= \sqrt{x^2 + (y+d)^2} \quad \cdots (答)$$

(4)　直線 $y = d$ 上で，直接波と反射波が弱め合う条件は

$$\sqrt{x^2 + (d+d)^2} - |x| = \left(n - \frac{1}{2}\right)\lambda_A$$

$$\therefore \quad \sqrt{x^2 + 4d^2} - |x| = \left(n - \frac{1}{2}\right)\frac{d}{2} \quad (n = 1, \ 2, \ 3, \ \cdots) \quad \cdots (答)$$

　y 軸上の OP 間では，直接波と反射波が干渉して定常波が生じるが，次図のように，

節の数は4個である。領域A内の節線は必ずOP間を通るから、弱め合う点は直線 $y=d$ 上に

  8個 …(答)

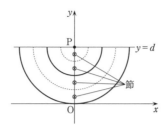

(5) 波源と同じ位相をもつ波面は右図のようになる。点Sの座標は

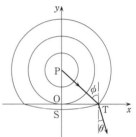

$$(0, \ -\lambda_B) = \left(0, \ -\frac{d}{4}\right) \ \cdots(答)$$

となる。また、$\triangle$POT において

$$\overline{PT} = 3\lambda_A = \frac{3}{2}d$$

$$\overline{PO} = 2\lambda_A = d$$

$$\therefore \ \overline{OT}^2 = \left(\frac{3}{2}d\right)^2 - d^2 = \frac{5}{4}d^2$$

であるから、点Tの座標は

$$\left(\frac{\sqrt{5}}{2}d, \ 0\right) \ \cdots(答)$$

点Tにおける入射角を ϕ とすると

  屈折の法則より $\quad \dfrac{\sin\phi}{\sin\theta} = \dfrac{V}{\dfrac{V}{2}} = 2$

  幾何的な関係より $\quad \sin\phi = \dfrac{\dfrac{\sqrt{5}}{2}d}{\dfrac{3}{2}d} = \dfrac{\sqrt{5}}{3}$

であるから

$$\sin\theta = \frac{1}{2}\sin\phi = \frac{\sqrt{5}}{6} \ \cdots(答)$$

Ⅱ.(1) 原点Oで観測される波の振動数を f' とすると、ドップラー効果の公式を用いて

$$f' = \frac{V}{V+u}f = \frac{V}{V+u} \cdot \frac{2V}{d}$$

であるから，波源の位置で観測される反射波の振動数は

$$\frac{V-u}{V}f' = \frac{V-u}{V} \times \frac{V}{V+u} \cdot \frac{2V}{d} = \frac{V-u}{V+u} \cdot \frac{2V}{d} \quad \cdots (答)$$

となる。また，領域 B の y 軸上を動く点で観測される波の振動数は

$$\frac{\frac{V}{2}-w}{\frac{V}{2}}f' = \frac{V-2w}{V} \times \frac{V}{V+u} \cdot \frac{2V}{d} = \frac{V-2w}{V+u} \cdot \frac{2V}{d} \quad \cdots (答)$$

(2) 波源が領域 A を右向きに動く場合（右図），波源から a 点で出た波は，境界の b 点で反射して，c 点で波源に戻る。求める時間を t とすると

$$(Vt)^2 = (ut)^2 + (2d)^2$$

$$\therefore \quad t = \frac{2d}{\sqrt{V^2-u^2}} \quad \cdots (答)$$

(3) 波源の振動の周期は $\dfrac{1}{f} = \dfrac{d}{2V}$ である。境界で反射し

て波源に戻った波が逆位相になるのは，(2)で求めた時間が，半周期の奇数倍になるときであるから

$$\frac{2d}{\sqrt{V^2-u^2}} = \left(m-\frac{1}{2}\right)\frac{d}{2V}$$

$$\therefore \quad \frac{4V}{\sqrt{V^2-u^2}} = m-\frac{1}{2} \quad (m=1, 2, 3, \cdots) \quad \cdots (答)$$

と表される。これを変形すると

$$V^2-u^2 = \frac{16V^2}{\left(m-\frac{1}{2}\right)^2}$$

$$\therefore \quad u^2 = V^2\left\{1 - \frac{16}{\left(m-\frac{1}{2}\right)^2}\right\}$$

となり，$0 < u < \dfrac{V}{2}$ であるから

$$0 < 1 - \frac{16}{\left(m-\frac{1}{2}\right)^2} < \frac{1}{4}$$

$$\therefore \quad \frac{9}{2} < m < \frac{8}{3}\sqrt{3} + \frac{1}{2} \quad (\fallingdotseq 5.1)$$

となる。この関係を満たすのは $m=5$ だけであり，このとき

$$u^2 = \frac{17}{81}V^2 \quad \therefore \quad u = \frac{\sqrt{17}}{9}V \quad \cdots(答)$$

解　説

Ⅰ．▶(1)　同じ波源であれば，領域Bにあっても，出る波の振動数 f は一定である。

▶(2)　いくつかの物理量が関係する現象で，両辺の次元が等しいことを利用して物理量の関係式を求める方法を次元解析という。本問は，次元より具体的な「単位」を用いて，次元解析を行うものである。

　力学では，「長さ」「質量」「時間」について，次元の関係式をつくることが多く，本問では，長さの単位 [m]，時間の単位 [s] について，関係式をつくることができる。

　水の表面を伝わる波の速さ v は，水深 h があまり大きくないときは，$v = \sqrt{gh}$ と表される。したがって，深い場所では浅い場所より，波は速く伝わる。

▶(3)　x 軸に関して点Pと線対称な位置に点P′をとると（右図），P′Rと x 軸の交点Qは，反射の法則を満たす（入射角と反射角が等しい）境界点となる。

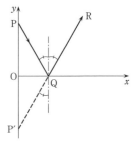

　$\overline{PQ} + \overline{QR}$ は $\overline{P'R}$ に等しいことを用いると，計算は簡単になる。

　なお，領域A内の反射波は点P′から発していると考えると（見かけの波源），(4)が考えやすくなる。

▶(4)　領域Bとの境界で反射する際に位相は変化しないから，点P，P′に同位相の波源があると考えて，干渉条件を表せばよい。

　2つの点波源から出る水面波の干渉の図は，高校物理の教科書の多くに掲載されているが，領域Aでの干渉の様子はこれと同様になる。干渉により弱め合う点を結ぶ線（節線）は必ず，2つの波源の間に生じる定常波の節を通るから，節線の本数は，OP 間の節の数に等しい。

　なお，OP 間では，y 軸の負の向きに進む波と，正の向きに進む反射波が干渉して定常波が生じるが，反射波の振幅は入射波より小さい（領域Bへの透過波にもエネルギーが分配される）から，定常波の腹は振幅が極大，節は振幅が極小の位置になる（透過波がないとしても，円形波では波源から離れるほど振幅が減少するので，腹は振幅が極大，節は振幅が極小の位置になる）。

　後半は下のような解法も考えられる。

干渉条件の式の両辺を2乗すると

$$x^2 + 4d^2 = x^2 + \left(n - \frac{1}{2}\right)d|x| + \left(n - \frac{1}{2}\right)^2 \frac{d^2}{4}$$

$$\therefore \quad |x| = \frac{16 - \left(n - \frac{1}{2}\right)^2}{4\left(n - \frac{1}{2}\right)} d$$

となる。これを満たす整数 n は

$$n = 1, \ 2, \ 3, \ 4$$

の 4 個である。x の正負を考慮すると，直線 $y = d$ 上で，干渉条件を満たす点は 8 個となる。

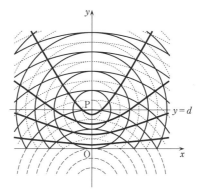

領域A：直接波と反射波について，波源と同位相の位置を実線，逆位相の位置を点線で描いてある。

領域B：見かけの波源から出た反射波を，半波長ごとに描いてある。

節線と直線 $y = d$ の交点は，$x = \pm\dfrac{15}{56}d, \ \pm\dfrac{39}{40}d, \ \pm\dfrac{55}{24}d, \ \pm\dfrac{63}{8}d$ である。

▶(5)　領域A内で波源と同じ位相をもつ波面は，波源から波長 λ_{A} の整数倍だけ離れた位置である。屈折する際に波の位相は変化しないから，領域B内で波源と同じ位相をもつ波面は，〔解答〕の図に示したようになる。

II.　▶(1)　反射がある場合のドップラー効果は，〔テーマ〕に示すように，2段階で公式を用いて計算すればよい。

▶(2)　波源から出た波は，波源の運動に関係なく，出た点から速さ V で広がるから，〔解答〕に示した図のように進んで波源に戻る。△aa′c で

$$ab + bc = a'c = Vt, \quad ac = ut, \quad aa' = 2d$$

として三平方の定理を用いると，〔解答〕の式が得られる。あるいは，△abb′ で三平方の定理を用いて，次の式でもよい。

$$\left(V \cdot \frac{t}{2}\right)^2 = \left(u \cdot \frac{t}{2}\right)^2 + d^2$$

▶(3)　経路差があるときの干渉条件は，距離の差が波長の何倍になるかで扱うことが

多いが，本問では，時間の差が周期の何倍になるかを考慮すればよい。反射する際に波の位相は変化しないから，境界で反射して波源に戻った波が逆位相になるのは，(2)で求めた時間が，波源の振動の周期の $\left(m-\dfrac{1}{2}\right)$ 倍になるときである $\Bigg(m-\dfrac{1}{2}=\dfrac{2m-1}{2}$ であるから，半周期の奇数倍とみなしてもよい $\Bigg)$。

テーマ

　　反射波を扱う場合，境界面に関して線対称な位置に見かけの波源を設定すると，物理的な状況がわかりやすくなることがある。

　　反射体がある場合のドップラー効果は，まず，反射体を観測者として扱い，受ける（観測する）波の振動数を求める。次に，受けた波を発する波源として反射体を扱う。

43

解 答

(1)　明線

理由：スリット S_0，S_1 に入射する光は同位相である。スクリーン B 上の位置 T は，S_0 と S_1 からの距離が等しく，2 つのスリットを通過した光は同位相で干渉するから。

(2)　2 つのスリットから位置 R までの距離の差は

$$S_1R - S_0R = \sqrt{d^2 + z_1{}^2} - \sqrt{d^2 + z_0{}^2}$$

$$= d\sqrt{1 + \left(\frac{z_1}{d}\right)^2} - d\sqrt{1 + \left(\frac{z_0}{d}\right)^2}$$

$$\fallingdotseq d\left\{1 + \frac{1}{2}\left(\frac{z_1}{d}\right)^2\right\} - d\left\{1 + \frac{1}{2}\left(\frac{z_0}{d}\right)^2\right\}$$

$$= \frac{z_1{}^2 - z_0{}^2}{2d}$$

となる。位置 R に 1 次の回折光が生じるから

$$\frac{z_1{}^2 - z_0{}^2}{2d} = \lambda \qquad \therefore \quad d = \frac{z_1{}^2 - z_0{}^2}{2\lambda} \quad \cdots(\text{答})$$

(3)　(2)と同様にして

$$z_n{}^2 - z_{n-1}{}^2 = 2d\lambda$$

$$z_{n-1}{}^2 - z_{n-2}{}^2 = 2d\lambda$$

$$\vdots$$

$$z_1{}^2 - z_0{}^2 = 2d\lambda$$

が成立するから

$$z_n{}^2 = z_0{}^2 + 2nd\lambda \qquad \therefore \quad z_n = \sqrt{z_0{}^2 + 2nd\lambda} \quad \cdots(\text{答})$$

(4)　$z = 0$ に明線が現れるスクリーン B の位置を x とすると，(2)・(3)で m 次の回折光を考慮して

$$\frac{z_n{}^2 - z_{n-1}{}^2}{2x} = m\lambda \quad (m = 1, \ 2, \ 3, \ \cdots)$$

が成立する。(3)の式と比較すると

$$d = \frac{z_n{}^2 - z_{n-1}{}^2}{2\lambda} = mx \qquad \therefore \quad x = \frac{d}{m}$$

となるから，R に近い順に

$$x = \frac{d}{2}, \ \frac{d}{3} \quad \cdots(\text{答})$$

(5) (2)と同様に計算すると，点Pから2つのスリット S_{n+1}, S_n までの距離の差は

$$PS_{n+1} - PS_n = \frac{z_{n+1}{}^2 - z_n{}^2}{2a}$$

となる。また，2つのスリット S_{n+1}, S_n から点 R′ までの距離の差は

$$S_{n+1}R' - S_nR' = \frac{z_{n+1}{}^2 - z_n{}^2}{2b}$$

となる。干渉条件は(4)と同様に

$$(PS_{n+1} + S_{n+1}R') - (PS_n + S_nR') = m'\lambda \quad (m' = 1, 2, 3, \cdots)$$

であり

$$\frac{z_{n+1}{}^2 - z_n{}^2}{2a} + \frac{z_{n+1}{}^2 - z_n{}^2}{2b} = m'\lambda = m'\frac{z_{n+1}{}^2 - z_n{}^2}{2d}$$

$$\therefore \quad \frac{1}{a} + \frac{1}{b} = \frac{m'}{d}$$

となる。ここで，$a > d$，$b > d$ とすると

$$\frac{1}{a} + \frac{1}{b} < \frac{2}{d}$$

であるから，$m' = 1$ となる。したがって

$$\frac{1}{a} + \frac{1}{b} = \frac{1}{d} \qquad \frac{1}{b} = \frac{1}{d} - \frac{1}{a} = \frac{a-d}{ad}$$

$$\therefore \quad b = \frac{ad}{a-d} \quad \cdots(答)$$

(6) ア．2　イ．2　ウ．$\frac{1}{2}$

解　説

▶(1)・(2)　ヤングの実験や回折格子と同様に扱えばよい。2つのスリットから位置Rまでの行路差を求める計算を進めるとき，何らかの近似式を用いる必要がある。

▶(3)　通常の複スリットによるスクリーン上の回折現象では，スリットが2つの「ヤングの実験」でも，多数の「回折格子」でも，明線の方向の条件式は同じであるが，回折格子の方が鋭い明線が見られる。これは，スリットが2つの場合は，同位相で強め合う明部から逆位相で弱め合う暗部への変化は緩やかであるが，多数のスリットから光が届く場合は，同位相で強め合う明部から少しずれると，多数のスリットから届く光はさまざまな位相で干渉するため急激に暗くなるからである。

　本問では，スクリーンを x 軸上で移動し，$z = 0$ の位置に明線が生じる条件を考察するが，考え方は上と同様であり，多数のスリットがある場合は鮮明な明線が見られる。

▶(4)　行路差が $m\lambda$ となる m 次の回折光を考慮すればよい。計算結果は $x = \dfrac{d}{m}$ であ

るから，$z=0$ に明線が現れるスクリーンの位置は等間隔ではない。

▶(5)　点Pから2つのスリット S_{n+1}, S_n に入射する光についても，行路差を考慮することになる。計算方法は(2)と同様であり，計算結果は同様の形になる。

▶(6)　$z<0$ の領域にも，$z>0$ の領域と対称にスリットを配置すると，2つの領域からR′に同位相の光が到達するので，振幅は2倍になる。**ア**と**イ**は，単純に考えればよい。

　上述の明線の条件から微小にずれた位置では，多数のスリットから達する光はほぼ同位相で強め合うので，明線には若干の幅が生じる。波の強さは単位面積を単位時間に通過するエネルギーであるから，光の強度が $2^2=4$ 倍になると，単位時間に単位面積に到達する光のエネルギーは4倍になる。一方，単位時間に到達する光のエネルギーの総量は2倍であるが，図3－4の面積は単位時間に到達する光のエネルギーの総量を表すから，明線の幅は $\dfrac{1}{2}$ 倍になる。

　(3)の〔**解説**〕と関連して考察すると，スリットの総数が2倍になり，明線がより明るく，暗部がより暗くなったので，より明るく，幅の狭い鮮明な明線が生じたということになる。

テーマ

　通常の光学レンズは光の屈折現象を利用したものであるが，本問で扱っているように，回折現象を利用したものを回折レンズという。回折レンズは，カメラのレンズとして製品化され，また，CD・DVD・BD のように規格の異なる光ディスクを利用できる光学ドライブなどで利用されている。

　難問ではないが，干渉条件の考え方を理解していないと，手も足も出ない。計算力，数式を処理する能力も必要である。

44

解 答

I. (1) 振動数が f_0 のとき，板A内を伝わる縦波の超音波の波長 λ_A は

$$\lambda_A = \frac{V_A}{f_0}$$

である。f_0 は板Aに生じる定常波の基本振動数と考えられるが，板Aの両面は自由端であるから

$$h_A = \frac{1}{2}\lambda_A = \frac{V_A}{2f_0} \qquad \therefore \quad f_0 = \frac{V_A}{2h_A} \quad \cdots(答)$$

(2) 正の整数を m_1，m_2 として

$$2.0 \times 10^6 \,(Hz) = m_1 f_0$$
$$3.0 \times 10^6 \,(Hz) = m_2 f_0$$

と表されるが，h_A が最小になるとき，$f_0 = \dfrac{V_A}{2h_A}$ は最大になるから，上の関係式を満たす値は

$$m_1 = 2, \quad m_2 = 3$$

と考えられる。したがって，h_A の最小値は

$$f_0 = 1.0 \times 10^6 \,(Hz) = \frac{V_A}{2h_A}$$

$$\therefore \quad h_A = \frac{V_A}{2 \times 1.0 \times 10^6 \,(Hz)} = \frac{5.0 \times 10^3 \,(m/s)}{2.0 \times 10^6 \,(Hz)} = 2.5 \times 10^{-3}\,(m) \quad \cdots(答)$$

II. (1) ア. QS イ. RP （アとイは順不同） ウ. QPS エ. RSP

(2) Pを中心とする，半径 $\dfrac{V_A}{k}T$ の半円が素元波を表し，これに対してSから引いた接線 R'S が，横波の反射波の波面となる。$\theta' = \angle R'SP$ であり

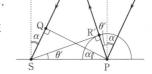

$$R'P = \frac{V_A}{k}T = \frac{1}{k}RP$$

となるから

$$\sin\theta' = \frac{R'P}{PS} = \frac{1}{k} \times \frac{RP}{PS}$$

$$\therefore \quad \sin\theta' = \frac{\sin\alpha}{k} \quad \cdots(答)$$

(3) 縦波については，屈折の法則より

$$\frac{\sin\alpha}{\sin\phi}=\frac{V_A}{V_B} \qquad \therefore \quad \sin\phi=\frac{V_B}{V_A}\sin\alpha \quad \cdots(答)$$

横波については，Ⅱ(2)と同様に考えて，屈折の法則を用いると

$$\frac{\sin\alpha}{\sin\phi'}=\frac{V_A}{\dfrac{V_B}{k}}=\frac{kV_A}{V_B} \qquad \therefore \quad \sin\phi'=\frac{V_B}{kV_A}\sin\alpha \quad \cdots(答)$$

Ⅲ．(1) 板Aと板Bの境界面で，縦波が全反射し，横波は全反射しなければよいから

$$\sin\phi\geqq1 \quad かつ \quad \sin\phi'<1$$

である。Ⅱ(3)の結果を用いて

$$\frac{V_B}{V_A}\sin\alpha\geqq1 \quad かつ \quad \frac{V_B}{kV_A}\sin\alpha<1$$

$$\therefore \quad \frac{V_A}{V_B}\leqq\sin\alpha<\frac{kV_A}{V_B} \quad \cdots(答)$$

(2) 板Aの中では縦波，板Bの中では横波の伝搬を考慮して

$$\frac{t}{2}=\frac{OY}{V_A}+\frac{YX}{\dfrac{V_B}{k}}=\frac{\dfrac{h_A}{\cos\alpha}}{V_A}+\frac{\dfrac{h}{\cos\phi'}}{\dfrac{V_B}{k}}=\frac{h_A}{V_A\cos\alpha}+\frac{kh}{V_B\cos\phi'}$$

$$\therefore \quad t=2\left(\frac{h_A}{V_A\cos\alpha}+\frac{kh}{V_B\cos\phi'}\right) \quad \cdots(答)$$

解 説

▶Ⅰ．両面が自由端の設定で，定常波が生じる条件を表せばよいが，振動数f_0は基本振動数であることに気づく必要がある。

Ⅱ．▶(1) 同じ媒質中を進む入射波と反射波の速さは等しいから，入射波がQからSまで進む間に，Pで反射した素元波は，Pを中心として，半径がQS$=V_AT$に等しい円周上まで進んでいる。各素元波に共通に接する面が次の瞬間の波面であるから，RSが反射波の波面となる。波の進む方向を示す射線は波面と直交するから，PRは反射波の射線であることがわかる。

▶(2) 波の種類と媒質の種類の関係は右のようになり，固体中は縦波も横波も伝わることができる。

		縦波	横波
媒質	固体	伝わる	伝わる
	液体，気体	伝わる	伝わらない

▶(3) 横波，縦波のそれぞれについて，屈折の法則を用いる。

Ⅲ．▶(1) 波の伝わる速さが小さい媒質から大きい媒質に入射するとき，境界面で全反射が起こることがある。「屈折波が横波だけとなる」ことは全反射に関係していることに気づく必要がある。

$\sin\phi = 1$ のとき，$\phi = \dfrac{\pi}{2}$ となり（全反射の臨界角），縦波の屈折波は板Aと板Bの<u>境</u><u>界面に沿って進む</u>。「板B<u>中</u>を伝わる屈折波が横波だけ」という条件から，縦波の条件は等号を含めて $\sin\phi \geqq 1$ とした。

▶(2)　Oから出た超音波は，板Aの中では縦波，板Bの中では横波として進み，Xに達する。Xで反射した超音波は，同じ経路を逆行してOに戻る。

テーマ

　建築物や工作物を破壊せずに，その内部の構造を検査するとき，X線のような放射線を用いる方法以外に，本問のような超音波を利用する方法がある。

　超音波が固体中を伝わり，異なる媒質との境界面に斜めに入射するとき，縦波から横波への変換（モード変換）が起こることが知られている。高校物理では学ばない現象であるが，Ⅱ(2)では，これが起こるという前提で，計算を進める必要がある。

45

解 答

I. (1) 問題の**図3**において、与えられた近似式を用いると

$$l_1 = \sqrt{L^2 + \left(X - \frac{a}{2}\right)^2} = L\sqrt{1 + \left(\frac{2X-a}{2L}\right)^2} \doteqdot L\left\{1 + \frac{1}{2}\left(\frac{2X-a}{2L}\right)^2\right\}$$

であり、同様に

$$l_2 = \sqrt{L^2 + \left(X + \frac{a}{2}\right)^2} \doteqdot L\left\{1 + \frac{1}{2}\left(\frac{2X+a}{2L}\right)^2\right\}$$

であるから

$$l_1 - l_2 = L \times \frac{-4Xa}{4L^2} = -\frac{Xa}{L}$$

$$\therefore \quad \Delta l = |l_1 - l_2| = \frac{|X|a}{L} \quad \cdots(答)$$

(2) 点Pに明線があるとき、二つのスリットから達する光が干渉して強め合っているから

$$l_2 - l_1 = m\lambda \quad \cdots①$$

が成り立つ。(1)の式を用いると

$$\frac{Xa}{L} = m\lambda \quad \therefore \quad X = m\frac{L\lambda}{a} \quad \cdots(答)$$

II. (1) 気体定数を R、アボガドロ数を N_A とする。容器内の気体の分子数を ν とすると、その物質量は $\frac{\nu}{N_A}$ であり、体積を V として状態方程式を作ると

$$pV = \frac{\nu}{N_A}RT = \nu kT \quad \left(ボルツマン定数 k = \frac{R}{N_A}\right)$$

となる。したがって、気体の数密度は

$$\rho = \frac{\nu}{V} = \frac{p}{kT} \quad \cdots(答)$$

(2) C_1 の容器内に気体を入れて圧力を上げると、気体の数密度が増加し、題意により屈折率が大きくなるので、光源からスリット S_1 までの光路長が増加する。この光路長の増加量を δ とすると（$\delta > 0$）、①と同様に、明線となる干渉条件は

$$l_2 - (l_1 + \delta) = m\lambda \quad \therefore \quad l_2 - l_1 = m\lambda + \delta$$

であるから

$$\frac{Xa}{L} = m\lambda + \delta \quad \therefore \quad X = m\frac{L\lambda}{a} + \frac{L\delta}{a} \quad \cdots②$$

となり，整数 m に対応する明線は，x 軸の正方向に $\dfrac{L\delta}{a}$ だけ移動する。

　暗線も同様であり，スクリーンB上の干渉縞は全体として，x 軸の**正方向**に移動する。

Ⅲ. (1)　C_1 の容器内の気体の屈折率が n であるとき，Ⅱ(2)で仮定した光路長の増加量は

$$\delta = nd - d = (n-1)d$$

であり，明線の位置が移動する距離は

$$\Delta X = \frac{L\delta}{a} = \frac{(n-1)Ld}{a} \quad \cdots ③$$

となる。これから

$$n = 1 + \frac{a\Delta X}{Ld} \quad \cdots (答)$$

(2)　C_1 の容器内が真空であるとき，原点Oは，Ⅰ(2)の結果で $m=0$ に対応する明線の位置である。題意の条件は，原点Oが，②で $m=-N$ に対応する明線の位置であることを示しているから，③も用いて

$$0 = -N\frac{L\lambda}{a} + \frac{(n-1)Ld}{a}$$

$$\therefore \quad n = 1 + \frac{N\lambda}{d} \quad \cdots (答)$$

(3)　屈折率の測定誤差の最大値を Δn とすると

(1)の方法

$$\Delta n = \frac{a}{Ld} \times 0.1 = \frac{5.0 \times 0.1}{5.0 \times 10^2 \times 2.5 \times 10^2}$$

$$= 4.0 \times 10^{-6}$$

(2)の方法

$$\Delta n = \frac{\lambda}{d} \times 1 = \frac{5.0 \times 10^{-4} \times 1}{2.5 \times 10^2}$$

$$= 2.0 \times 10^{-6}$$

となるから，**(2)の方法の方が精度がよい**。

解 説

Ⅰ. ▶(1)　複スリット（ヤングの実験）の距離の差を求める近似計算は，高校物理の教科書にも記されているが，いくつかの方法がある。回折格子の干渉条件を求める計算でよく用いられるように，三角関数の近似公式を用いて，次のような計算でも求められる。

　次図で

$$\Delta l = a \sin \theta \fallingdotseq a \tan \theta = \frac{|X| a}{L}$$

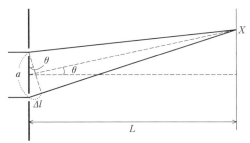

▶(2) 干渉して強め合う条件は

$$l_1 - l_2 = m\lambda \quad \cdots ①'$$

と表してもよい。①のように表せば，$m>0$ は $X>0$ の範囲の明線に対応し，①'のように表せば，$m>0$ は $X<0$ の範囲の明線に対応することになる。なお，もし「0 または正の整数を m とする」なら，干渉して強め合う条件は

$$|l_1 - l_2| = m\lambda \qquad \therefore \quad X = \pm m\frac{L\lambda}{a} \quad (m = 0,\ 1,\ 2,\ \cdots)$$

となる。記述式の答案を書くときは，このような部分で減点とならないよう，注意する必要がある。

Ⅱ. ▶(1) 「数密度」は聞き慣れない語であるが，問題文中に定義が示されているので，それにしたがって計算を進めればよい。なお，通常の「密度」（単位体積あたりの質量）を ρ とすると，状態方程式は

$$p = \frac{\rho RT}{M} \quad (\text{ただし，} M \text{はモル質量})$$

となる。

単原子分子1個の平均運動エネルギーは $\frac{3}{2}kT$ と表され，単原子分子理想気体1モルの内部エネルギーは $\frac{3}{2}RT$ と表される。1モルの気体には N_A 個の分子が含まれることから

$$\frac{3}{2}kT \times N_A = \frac{3}{2}RT \qquad \therefore \quad k = \frac{R}{N_A}$$

となる。

▶(2) C_1 の容器内に気体を入れて圧力を上げると，光源からスリット S_1 までの光路長が増加する。したがって，①と同じ干渉条件を満たすには，$l_2 - l_1$ の値が大きくなる必要があるため，スクリーンB上の干渉縞は x 軸の正方向に移動する。このような定性的な説明でもよいが，Ⅲでは②のような式が必要となる。

Ⅲ. ▶(1)・(2) C_1 の容器内の気体の屈折率が n であるとき，光路長は nd である。

理科年表によると，波長 589.3 nm の光に対して，0℃，1 気圧の空気の屈折率は 1.000292 である。(3)で与えられる数値を用いると，(1)の方法では $\varDelta X = 7.3$ 〔mm〕，(2)の方法では $N = 146$ ということになる。

▶(3) 物理量を測定したとき

(誤差) = (測定値) − (真の値)

であるが，定数を確認するような実験でない限り，「真の値」はわからないのが普通である。しかし，ある物質量を測定して，その値 y が

$$y_0 - \varDelta y < y < y_0 + \varDelta y$$

と表されるなら，測定値を y_0 とすれば，誤差は最大でも $\varDelta y$ ということになる。このとき，$\varDelta y$ を最大誤差（誤差限界）といい，$y = y_0 \pm \varDelta y$ のように表すことが多い。本問では，この最大誤差の大小を考察することになる。

テーマ

真空中の光速 c，波長 λ の光が，屈折率（絶対屈折率）n の媒質中を伝わるとき

$$\text{光速 } v = \frac{c}{n} \qquad \text{波長 } \lambda_n = \frac{\lambda}{n}$$

となる。屈折率 n の媒質中で，光の進行方向に沿った距離 l に対して

$$\text{伝わる時間 } \frac{l}{v} = \frac{nl}{c} \qquad \text{含まれる波の数 } \frac{l}{\lambda_n} = \frac{nl}{\lambda}$$

となるが，これらの関係式は，光速や波長の値が真空中と変化せず，伝わる距離が nl になったとみなすこともできる。このような光路長（光学距離）の考え方を用いて，光の干渉条件を扱うことがある。

本問では，C_1 の容器内に気体を入れると，C_1 内の幾何的な距離は変化しないが，光路長は増加して，干渉条件が変化することになる。

46

解　答

Ⅰ．(1)　点 P での水面が動かないのは，すき
間 A とすき間 B から逆位相の波が到達し，干
渉して打ち消し合うためである。2 つのすき
間から点 P までの経路差は

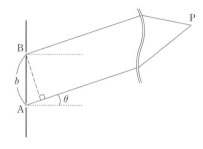

$$\mathrm{AP} - \mathrm{BP} = b\sin\theta \quad \cdots ①$$

であるが（右図），これが半波長に相当する
から

$$b\sin\theta = \frac{\lambda}{2}$$

$$\therefore \quad b = \frac{\lambda}{2\sin\theta} \quad \cdots (答)$$

(2)　すき間 C とすき間 D から到達する波が，すき間 A とすき間 B から到達する波と同
様，逆位相となればよい。すなわち，$\mathrm{CD} = \mathrm{AB} = b$ となるから，すき間 D の x 座標は

$$x = c + \mathrm{CD} = b + c \quad \cdots (答)$$

Ⅱ．(1)　①と同様にして，$x = x_1$ から点 P までの距離と，$x = 0$ から点 P までの距離の
差は

$$x_1\sin\theta \quad \cdots (答)$$

(2)　$x = 0$ から出た円形波の変位が点 P で 0 である瞬間，すき間内の各点から到達す
る円形波のすべての変位が点 P で同符号であるためには，$x = w$ から点 P までの距離
と，$x = 0$ から点 P までの距離の差が，半波長以下であればよい。(1)の結果を用いて

$$w\sin\theta \leqq \frac{\lambda}{2} \qquad \therefore \quad w \leqq \frac{\lambda}{2\sin\theta} \quad \cdots (答)$$

(3)　(2)の条件は $w \leqq b$ であり，以下のように場合分けできる。

- $w = 0$ の場合

　　波がすき間より出ないから，点 P での波の振幅は 0 である。

- $0 < w < b$ の場合

　　すき間内の各点から到達する波が強め合う。w が大きくなるほど，強め合う波
　　の量が増し，点 P での波の振幅は単調に増加する。

- $w = b$ の場合

　　強め合う波の量が最大になり，点 P での波の振幅は最大になる。

- $b < w < 2b$ の場合

逆位相の波が混じるようになり，すき間内の各点から到達する波が一部弱め合う。w が大きくなるほど，弱め合う波の量が増し，点 P での波の振幅は単調に減少する。

• $w = 2b$ の場合

$0 < x < b$ のすき間から到達する波と，$b < x < 2b$ のすき間から到達する波が完全に逆位相となり，打ち消し合う。点 P での波の振幅は 0 である。

III．対称性より，すき間の上半分から到達する波の振幅が最大になる条件を求めればよい。すき間の中央と端を比較すると，点 P までの経路差は

$$\sqrt{L^2 + r^2} - L$$

である。すき間内の各点から点 P に伝わる円形波がすべて強め合い，点 P での振幅が最大になるのは，上の経路差が半波長になるときであるから

$$\sqrt{L^2 + r^2} - L = \frac{\lambda}{2}$$

$$L^2 + r^2 = \left(L + \frac{\lambda}{2}\right)^2 \qquad r^2 = L\lambda + \frac{\lambda^2}{4}$$

$$\therefore \quad r = \sqrt{L\lambda + \frac{\lambda^2}{4}} \quad \cdots (答)$$

解 説

I．▶(1)　波の干渉では位相差を考慮するが，位相差の生じる原因は，波源でのずれ，経路差によるずれ，反射によるずれ，などがある。本問では反射を考慮する必要はなく，壁の左側からくる波は壁に垂直に衝突するから，すき間 A とすき間 B から同位相の波が出る（A と B は同位相の波源となる）。したがって，経路差の影響のみを考慮して，波の干渉を扱えばよい。

すき間 A とすき間 B から点 P に逆位相の波が到達する条件は

$$AP - BP = \left(m - \frac{1}{2}\right)\lambda \qquad (m \text{ は正の整数})$$

であるが，経路差をほぼ 0 から増加させて「初めて動かなくなった」ということから，$m = 1$ である。

▶(2)　すき間 A とすき間 B から到達する波，すき間 C とすき間 D から到達する波が，それぞれ打ち消し合えば，点 P での水面が動かない。

次のような計算により，すき間 D の x 座標を求めてもよい。

$$(x - c)\sin\theta = \frac{\lambda}{2} \qquad \therefore \quad x = \frac{\lambda}{2\sin\theta} + c = b + c$$

II．▶(2)　すき間内の各点から出て，ある瞬間に点 P に到達した円形波の変位は，経路差のために互いに異なるが，連続的に変化している。位相が π ずれると（時間で

は半周期，距離では半波長），変位の正負は逆になるから，$x=0$ から出た円形波の変位が点Pで0である瞬間，$x=0$ との経路差が半波長より小さい範囲の点から出た円形波の変位は，点Pですべて同符号となる。したがって，$x=0$ との経路差が最も大きい $x=w$ において，その経路差が半波長以下であ

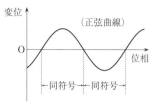

れば，すき間内の各点から点Pに到達する円形波の変位はすべて同符号となる。

▶(3)　すき間内の各点から，連続的に位相のずれた多数の波が到達して干渉するとき，干渉する波の最大の位相差（すき間の両端から到達する波の位相差）が π の場合に合成波の振幅は極大，最大の位相差が 2π の場合に合成波の振幅は極小になる。

　スリット幅 w の単スリットの場合，回折角 θ の方向の干渉条件は次のように表される（なお，$\theta=0$ の方向では強め合う）。

$$\begin{cases} \text{弱め合う条件（振幅が極小）：} w\sin\theta = m\lambda \\ \text{強め合う条件（振幅が極大）：} w\sin\theta = \left(m-\dfrac{1}{2}\right)\lambda \end{cases} \quad (\text{m は正の整数})$$

　本問では，θ を一定として w を変化させる場合の，干渉条件の変化を扱っている。

▶Ⅲ．　Ⅱ(3)と同様の考察になるが，対称性より，すき間の上半分と下半分から到達する波による点Pでの変位は等しい。点Pでの振幅が最大になる条件は，すき間の半分から到達する波について計算することに注意。

テーマ

　スリットを通過した水面波の干渉を考察する問題である。Ⅰは複スリットの場合で，(1)はヤングの実験と同様に扱えばよい。Ⅱでは単スリットの幅を考慮して，各点から円形波（ホイヘンスの原理の素元波）が出ると考える。すき間のどこから波が出るかによって，位相差が生じることになる。単スリットによる干渉の考え方を理解しておこう。

47

解 答

I. (1) 水面波の波長は $\lambda = \dfrac{c}{f}$ である。y 軸上の $0 \leqq y \leqq h$ の部分では，波源 S から負の向きに進む直接波と，水槽の縁で反射して正の向きに進む反射波が干渉して，定常波が生じる。$y=0$ が腹であり，隣り合う腹と節の間隔は $\dfrac{\lambda}{4}$ であるから

$$d = \frac{\lambda}{4} = \frac{c}{4f} \quad \cdots(答)$$

(2) 直接波の経路の長さ l は

$$l = \mathrm{SP} = \sqrt{x^2 + (y-h)^2} \quad \cdots(答)$$

である。水槽の縁に関して波源 S と線対称な位置に，仮想的な波源 S′ を考えると（右図），反射波の経路の長さ l' は

$$l' = \mathrm{SA} + \mathrm{AP} = \mathrm{S'A} + \mathrm{AP} = \mathrm{S'P}$$
$$= \sqrt{x^2 + (y+h)^2} \quad \cdots(答)$$

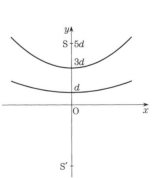

(3) 反射波は，仮想的な波源 S′ から出ると考える。原点 O は腹であり，水槽の縁での反射で水面波の位相は変化しないことがわかるから，S と S′ は同位相で波を出すとして扱う。観測点 P で弱め合って節になる条件は

$$l' - l = \left(m + \frac{1}{2}\right)\lambda = \left(m + \frac{1}{2}\right) \times 4d = 2(2m+1)d$$

$$\therefore \quad \sqrt{x^2 + (y+h)^2} - \sqrt{x^2 + (y-h)^2} = 2(2m+1)d \quad (m = 0, 1, 2, \cdots) \quad \cdots(答)$$

(4) 上記の理由により，仮想的な波源 S′ の位置座標は

$$(0, -h) \quad \cdots(答)$$

(5) y 軸上に生じる定常波で，隣り合う節と節の間隔は $\dfrac{\lambda}{2}$ であるから，$h = 5d$ の場合，OS 間の 2 つの節の y 座標は

$$y = d$$
$$y = d + \frac{\lambda}{2} = d + 2d = 3d$$

である。節線はこれらの点を通り，S と S′ を焦点

とする双曲線であるから，概形は前図のようになる。

Ⅱ．(1) 波源 S を出て原点 O に至る波は右図のように伝わる
から，水面波の速さ c' は

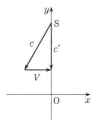

$$c' = \sqrt{c^2 - V^2} \quad \cdots (答)$$

となる。波源 S は静止しているから，原点 O で観測される波
の振動数は変化せず

$$f \quad \cdots (答)$$

のままである。水面波の波長 λ' は

$$\lambda' = \frac{c'}{f} = \frac{\sqrt{c^2 - V^2}}{f} \quad \cdots (答)$$

(2) Ⅰ(1)と同様に考えて

$$d' = \frac{\lambda'}{4} = \frac{\sqrt{c^2 - V^2}}{4f} \quad \cdots (答)$$

解 説

Ⅰ． ▶(1)　y 軸上の $0 \leq y \leq h$ の部分では，波長の等しい 2 つの波が互いに逆向きに進
みながら干渉するから，定常波が生じる。y 軸上には腹と節が交互に並ぶが，これら
の間隔は次のようになることは知っておくべきである。

隣り合う腹と腹，隣り合う節と節の間隔：$\dfrac{\lambda}{2}$

隣り合う腹と節の間隔：$\dfrac{\lambda}{4}$

▶(2)　2 点間の距離を，幾何的に求めればよい。

▶(3)・(4)　原点 O は腹であるから，2 つの波源 S と S′ から達する波は同位相である。
原点 O は S と S′ から等距離にあるから，経路差で位相がずれることはなく，S と S′
は同位相で波を出すとして扱えばよいことがわかる。なお，観測点 P で強め合う条件
は次のようになる。

$$l' - l = m\lambda = m \times 4d = 4md$$
$$\therefore \quad \sqrt{x^2 + (y+h)^2} - \sqrt{x^2 + (y-h)^2} = 4md \quad (ただし，m = 0, 1, 2, \cdots)$$

仮に原点 O が節になっている場合，仮想的な波源 S′ の位置は同じであるが，S と
S′ は逆位相で波を出すとして扱う。

▶(5)　節を結ぶ節線や，強め合うところを結ぶ曲線は，2 つの波源 S と S′ からの距
離の差が一定の点の集まりであるから，S と S′ を焦点とする双曲線になる。また，
この双曲線は，必ず SS′ 間（本問では SO 間）を通ることから，概形を描くことがで
きる。なお，$y \geq h$ の y 軸上は，S と S′ から常に逆位相の波が来るから，直線状の節
線になる。

▶Ⅱ. 波の媒質が動いても，波源と観測者の間に相対運動がなければ，観測される振動数は変化しない（波長は，媒質が静止している場合と動いている場合で変化する）。空気中の音波でも，風が吹くだけでは，波長は変化しても，振動数は変化しない。

48

解 答

I. 問題の図 3 − 1 で

$$\overline{S_1P}^2 = R^2 + \left(x - \frac{d}{2}\right)^2, \qquad \overline{S_2P}^2 = R^2 + \left(x + \frac{d}{2}\right)^2$$

であるから

$$\overline{S_1P}^2 - \overline{S_2P}^2 = -2dx$$

となり，スリット S_1，S_2 からスクリーン上の点 P までの行路差 Δ は

$$\Delta = \overline{S_1P} - \overline{S_2P} = \frac{\overline{S_1P}^2 - \overline{S_2P}^2}{\overline{S_1P} + \overline{S_2P}} \fallingdotseq -\frac{2dx}{2R} = -\frac{dx}{R}$$

と表される。スリット S_0 が S_1S_2 の垂直 2 等分線上の M の位置にある場合，S_1，S_2 を出る光波の位相はそろうから，干渉縞の明線となる位置では $\Delta = -m\lambda$ として

$$-\frac{dx}{R} = -m\lambda$$

$$\therefore \quad x = m\frac{R\lambda}{d} \quad (m：整数) \quad \cdots(答)$$

が得られる。また，暗線となる位置では $\Delta = -\left(m + \frac{1}{2}\right)\lambda$ として

$$-\frac{dx}{R} = -\left(m + \frac{1}{2}\right)\lambda$$

$$\therefore \quad x = \left(m + \frac{1}{2}\right)\frac{R\lambda}{d} \quad (m：整数) \quad \cdots(答)$$

II. スクリーン A を取り除くと，スクリーン B 上のスリット S_1，S_2 にはさまざまな位相の光が同時に達して，回折していくことになるので，スクリーン C 上で干渉性のある光とはならないため。

III. スリット S_0 を M から下側方向に h だけずらすと，S_0 からスリット S_1，S_2 に達するまでに行路差が生じるが，I と同様の計算により，その行路差は

$$\Delta' = \overline{S_0S_1} - \overline{S_0S_2} = \frac{dh}{L}$$

となる。したがって，スクリーン C 上で干渉縞の明線が現れる位置では，$\Delta + \Delta' = -m\lambda$ が成立することになり

$$-\frac{dx}{R} + \frac{dh}{L} = -m\lambda$$

$$\therefore \quad x = m\frac{R\lambda}{d} + \frac{Rh}{L} \quad (m：整数) \quad \cdots（答）$$

Ⅳ．Ⅲの結果より，$m=0$ の明線の位置 $x=\dfrac{Rh}{L}$ は，波長によらないことがわかる。

したがって，問題の図3－2で，(a)と(b)の明線が重なるのが $m=0$ の明線の位置であり，波長 λ の光では，$m=-2$ の明線の位置が $x=x_0$ となっていることがわかり

$$-2\frac{R\lambda}{d} + \frac{Rh}{L} = x_0$$

$$\therefore \quad h = \frac{L}{R}\left(x_0 + \frac{2R\lambda}{d}\right) \quad \cdots（答）$$

Ⅴ．スクリーンA上にスリット S_0' を開けると，これから回折する光がスクリーンBに達し，さらに，スリット S_1，S_2 から回折してスクリーンC上で干渉する。Ⅲの結果で $h \rightarrow -h$ として，このときの明線の位置は

$$x = m'\frac{R\lambda}{d} - \frac{Rh}{L} \quad (m'：整数)$$

となる。これとⅢの明線の位置が一致するとき，スクリーンC上の干渉縞の明暗が最も明瞭となると考えられるから

$$m\frac{R\lambda}{d} + \frac{Rh}{L} = m'\frac{R\lambda}{d} - \frac{Rh}{L}$$

$$\therefore \quad h = \frac{(m'-m)L\lambda}{2d} = \frac{nL\lambda}{2d} \quad (n=m'-m：整数) \quad \cdots（答）$$

解　説

▶Ⅰ．ヤングの干渉実験では，行路差の計算を進めるときに，近似計算が必要となる。本問では使用する近似式が与えられているが，一般的な近似式を適用する方法も使えるようにしておくべきである。たとえば

$$(1+x)^n \fallingdotseq 1+nx \quad （|x| が 1 に比べて十分小さいとき）$$

を利用すると

$$\overline{S_1P} = \sqrt{R^2 + \left(x - \frac{d}{2}\right)^2} = R\left\{1 + \left(\frac{x-2d}{2R}\right)^2\right\}^{\frac{1}{2}}$$

$$\fallingdotseq R\left\{1 + \frac{1}{2}\left(\frac{x-2d}{2R}\right)^2\right\}$$

となり，$\overline{S_2P}$ も同様に計算すると，同じ結果が得られる。

▶Ⅱ．光源からは，さまざまな位相の光が出ている。高校の物理の範囲外であるが，このとき，一続きの波が連続的に送り出されるのではなく，ある長さの波の塊（波束）が次々と送り出されている。光の干渉は，同じ波束から分かれた波が重なるときに起こる現象であり，異なる波束間の波では干渉は起こらない（干渉する波を可干渉，

コヒーレントという）。

　スクリーンA上のスリット S_0 は，これを通過した特定の波束を分けて，スクリーンB上のスリット S_1 と S_2 に可干渉な波を回折させるために存在している。なお，レーザー光は波束が長く，これを光源とする場合は，スリット S_0 を設ける必要はない。

▶Ⅲ. 結果の式からわかるように，スリット S_0 の位置をずらすと，スクリーンC上で明線の生じる位置はずれるが，隣り合う明線の間隔は変わらない。なお，$m=0$ の明線の位置を $x=X$ とすると

$$X=\frac{Rh}{L} \qquad \therefore \quad \frac{X}{R}=\frac{h}{L}$$

となる。すなわち，S_1S_2 の中点と S_0 を結ぶ方向に，$m=0$ の明線は生じる。

▶Ⅳ. 赤い光の方が青い光より波長が長く，$\lambda>\lambda'$ である。ⅠやⅢの結果より，隣り合う明線の間隔は波長に比例することがわかるから，問題の**図3－2**では，(a)の赤い光の方が，(b)の緑の光より，隣り合う明線の間隔が大きい。

▶Ⅴ. スリット S_0, S_0' より達する光がスクリーンC上で干渉することはなく，本問では単に，2つの干渉縞の明暗の位置が重なる条件を求めればよい。

　テーマ

　　波の干渉では干渉する波の位相差を考慮するが，位相差の生じる主な原因は，波源での位相差，経路差による位相のずれ，反射による位相のずれである。

　　本問では，Ⅰで経路差による位相のずれ，Ⅲで波源での位相差を考慮する。

第4章　電磁気

1 コンデンサーと電気回路

49

解答

Ⅰ. (1) $C_0 = \dfrac{\varepsilon S}{d}$

(2) 板Aと板Cを導線aで接続すると,板Cと板Bで形成されるコンデンサーとなる。これをC_{CB}として,その電気容量をCとすると

$$C = \frac{\varepsilon S}{d-x}$$

このとき,板Cと板Bの間に電源電圧Vが加わるので,コンデンサーC_{CB}に蓄えられた静電エネルギーUは

$$U = \frac{1}{2}CV^2 = \frac{\varepsilon S V^2}{2(d-x)} \quad \cdots (答)$$

(3) 板Cと板Aの距離が,xから$\dfrac{d}{4}$になるまでの間で,コンデンサーC_{CB}に蓄えられた静電エネルギーの変化$\varDelta U$は,板Cに外力がした仕事Wと電源がした仕事W_0の和である。よって

$$\varDelta U = W + W_0$$

板Cと板Aの距離が$\dfrac{d}{4}$であるときのコンデンサーC_{CB}の電気容量をC'とすると

$$C' = \frac{\varepsilon S}{d - \dfrac{d}{4}} = \frac{4\varepsilon S}{3d}$$

静電エネルギーの変化$\varDelta U$は,$x > \dfrac{d}{4}$すなわち$4x > d$に注意すると

$$\varDelta U = \frac{1}{2}C'V^2 - U = \frac{1}{2} \cdot \frac{4\varepsilon S}{3d}V^2 - \frac{\varepsilon S V^2}{2(d-x)} = -\frac{(4x-d)\varepsilon S V^2}{6d(d-x)}$$

この間,電源が流した電気量を$\varDelta Q$とすると

$$\varDelta Q = C'V - CV$$

電源がした仕事W_0は,この間,直流電圧Vが一定であるから

$$W_0 = \varDelta Q \cdot V = (C' - C)V^2$$

$$= \left(\frac{4\varepsilon S}{3d} - \frac{\varepsilon S}{d-x}\right)V^2 = -\frac{(4x-d)\varepsilon S V^2}{3d(d-x)}$$

よって

$$W = \Delta U - W_0$$

$$= -\frac{(4x-d)\,\varepsilon SV^2}{6d\,(d-x)} - \left\{ -\frac{(4x-d)\,\varepsilon SV^2}{3d\,(d-x)} \right\}$$

$$= \frac{(4x-d)\,\varepsilon SV^2}{6d\,(d-x)} \quad \cdots(答)$$

$$\therefore \quad \frac{W}{W_0} = \frac{\dfrac{(4x-d)\,\varepsilon SV^2}{6d\,(d-x)}}{-\dfrac{(4x-d)\,\varepsilon SV^2}{3d\,(d-x)}} = -\frac{1}{2}\,倍 \quad \cdots(答)$$

Ⅱ.（1）板Aと板Cからなるコンデンサーを C_{AC} としてその電気容量を C_1，板Dと板Bからなるコンデンサーを C_{DB} としてその電気容量を C_2 とすると

$$C_1 = \frac{\varepsilon S}{\dfrac{d}{4}} = 4C_0$$

$$C_2 = \frac{\varepsilon S}{d - \dfrac{d}{4} - \dfrac{d}{4}} = 2C_0$$

導線aを外す直前は，板Aと板Cには電荷はなく，板Dと板Bからなるコンデンサー C_{DB} にのみ電荷が蓄えられる。このとき，板Dと板Bの間に電源電圧 V が加わるので，その電荷の大きさを Q' とすると

$$Q' = C_2 V = 2C_0 V$$

すなわち，板Dには $2C_0 V$，板Bには $-2C_0 V$ の電荷が蓄えられている。

導線aを外した後，板Cと板Dにおける電気量保存則より

$$2C_0 V = -Q_1 + Q_2$$

板Aの板Cに対する電位は $\dfrac{Q_1}{4C_0}$，板Dの板Bに対する電位は $\dfrac{Q_2}{2C_0}$ である。

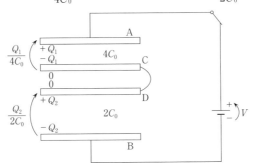

また，板Aと板Bの間に電源電圧 V が加わるので

$$V = \frac{Q_1}{4C_0} + \frac{Q_2}{2C_0}$$

連立して，Q_1，Q_2について解くと

$$Q_1 = 0$$

$$Q_2 = 2C_0V$$

よって　　ア．**0**　イ．**2**　…(答)

(2)　問題文のV_1，V_2を用いると，コンデンサーC_{AC}に蓄えられる電荷は$4C_0V_1$，コンデンサーC_{DB}に蓄えられる電荷は$2C_0V_2$であるから，板Cと板Dにおける電気量保存則より

$$2C_0V = -4C_0V_1 + 2C_0V_2$$

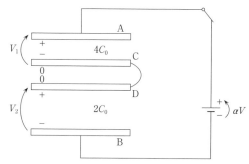

また，板Aと板Bの間に電源電圧αVが加わるので

$$\alpha V = V_1 + V_2$$

連立して，V_1，V_2について解くと

$$V_1 = \frac{\alpha - 1}{3}V \quad V_2 = \frac{2\alpha + 1}{3}V \quad \text{…(答)}$$

Ⅲ．(1)　問題文の式，コイルに流れる電流$I = I_0 \sin\left(\frac{2\pi t}{T}\right)$において，$T$は単振動をする電流の周期である。

2つのコンデンサーC_{AC}，C_{DB}の直列接続の合成容量をC_Sとすると

$$\frac{1}{C_S} = \frac{1}{4C_0} + \frac{1}{2C_0}$$

$$\therefore \quad C_S = \frac{4}{3}C_0$$

電気容量C_Sのコンデンサーと自己インダクタンスLのコイルによる電気振動の周期Tは

$$T = 2\pi\sqrt{LC_S} = 2\pi\sqrt{L \cdot \frac{4}{3}C_0} = 4\pi\sqrt{\frac{LC_0}{3}} \quad \text{…(答)}$$

〔注〕　電荷をもった直列接続された2つのコンデンサーとコイルとの間でおこる電気振動

| に，直列接続の合成容量を用いてもよい理由は，〔解説〕を参照のこと。

(2) コイルの両端にかかる電圧は，常に板Aと板Bの間の電圧に等しい。

スイッチを 1 から 2 につなぎかえた直後の $t=0$ でのコイルの両端にかかる電圧は，その直前の状態である設問Ⅱ(2)での板Aと板Bの間の電圧に等しい。ここでは，直流電源の電圧は $2V$ であるから，求める電圧は

$$2V \quad \cdots(答)$$

I_0 は，問題文の式 $\Delta I = I_0 \Delta t \left(\dfrac{2\pi}{T}\right)\cos\left(\dfrac{2\pi t}{T}\right)$ より

$$\frac{\Delta I}{\Delta t} = I_0 \left(\frac{2\pi}{T}\right)\cos\left(\frac{2\pi t}{T}\right)$$

両辺に L を掛けると

$$L\frac{\Delta I}{\Delta t} = LI_0 \left(\frac{2\pi}{T}\right)\cos\left(\frac{2\pi t}{T}\right)$$

$t=0$ では，板Dの板Bに対する電位は $2V$，コイルに生じる誘導起電力は図 2 − 4 の電流 I の向きを正として $-L\dfrac{\Delta I}{\Delta t}$ である。2つのコンデンサー C_{AC}，C_{DB} とコイルからなる閉回路を時計まわりに回るキルヒホッフの第2法則より

$$-L\frac{\Delta I}{\Delta t} = -2V$$

よって，$t=0$ で

$$2V = LI_0 \left(\frac{2\pi}{T}\right)\cos\left(\frac{2\pi \times 0}{T}\right) = LI_0 \frac{2\pi}{T}$$

$$\therefore \quad I_0 = \frac{VT}{\pi L} \quad \cdots(答)$$

(3) コイルに生じる起電力を V_{L} とすると，図 2 − 4 の電流 I の向きを正として

$$V_{\mathrm{L}} = -L\frac{\Delta I}{\Delta t} = -LI_0 \left(\frac{2\pi}{T}\right)\cos\left(\frac{2\pi t}{T}\right)$$

$t = \dfrac{T}{4}$ のとき

$$V_{\mathrm{L}} = -LI_0 \left(\frac{2\pi}{T}\right)\cos\left(\frac{2\pi \times \dfrac{T}{4}}{T}\right) = 0$$

よって，2つのコンデンサー C_{AC}，C_{DB} とコイルからなる閉回路を時計まわりに回るキルヒホッフの第2法則より

$$0 = -\frac{Q_3}{4C_0} - \frac{Q_4}{2C_0}$$

$$\therefore \quad Q_3 = -2Q_4$$

よって　**ウ．−2** $\cdots(答)$

直流電源の電圧が $2V$ のとき，時刻 $t=0$ のときに板Cと板Dに蓄えられている電荷
の和は $2C_0V$ である。板A，板Bに蓄えられた電荷がそれぞれ Q_3，$-Q_4$ のとき，板
Aの板Cに対する電位，板Dの板Bに対する電位をそれぞれ V_3，V_4 とする。

時刻 t' で $Q_3=0$，$Q_4=2C_0V_4$ であるから，$V_3=0$ である。また，設問II(2)と同様に，
$t=0$ と時刻 t' のときとで，板Cと板Dにおける電気量保存則より

$$2C_0V=0+2C_0V_4$$

$\therefore\quad V_4=V$

このとき，2つのコンデンサー C_{AC}，C_{DB} とコイルからなる閉回路を時計まわりに回
るキルヒホッフの第2法則より

$$V_L=-V+0$$

よって

$$V=LI_0\left(\frac{2\pi}{T}\right)\cos\left(\frac{2\pi t'}{T}\right)$$

設問III(2)より，$I_0=\dfrac{VT}{\pi L}$ であるから

$$V=2V\cos\left(\frac{2\pi t'}{T}\right)$$

$$\cos\left(\frac{2\pi t'}{T}\right)=\frac{1}{2}$$

$t'<T$ であるから

$$t'=\frac{1}{6}T\quad\text{および}\quad\frac{5}{6}T\quad\cdots\text{(答)}$$

(4)　$t=0$ のとき，設問II(2)の結果において $\alpha=2$ とおくと

$$V_1=\frac{2-1}{3}V=\frac{1}{3}V$$

$$V_2=\frac{2\times2+1}{3}V=\frac{5}{3}V$$

よって，コンデンサーに蓄えられる静電エネルギー E_1 は

$$E_1=\frac{1}{2}\cdot4C_0\left(\frac{1}{3}V\right)^2+\frac{1}{2}\cdot2C_0\left(\frac{5}{3}V\right)^2=3C_0V^2\quad\cdots\text{(答)}$$

$t=\dfrac{T}{4}$ のとき，板Cと板Dにおける電気量保存則より

$$2C_0V=-Q_3+Q_4$$

設問III(3)より，$Q_3=-2Q_4$ であるから，代入して解くと

$$Q_3=-\frac{4}{3}C_0V$$

$$Q_4=\frac{2}{3}C_0V$$

よって，コンデンサーに蓄えられる静電エネルギー E_2 は

$$E_2 = \frac{1}{2} \cdot \frac{\left(\frac{4}{3}C_0V\right)^2}{4C_0} + \frac{1}{2} \cdot \frac{\left(\frac{2}{3}C_0V\right)^2}{2C_0} = \frac{1}{3}C_0V^2 \quad \cdots (答)$$

また

$$\Delta E = E_2 - E_1 = \frac{1}{3}C_0V^2 - 3C_0V^2 = -\frac{8}{3}C_0V^2$$

設問Ⅲ(2)より $I_0 = \dfrac{VT}{\pi L}$, (1)より $T = 4\pi\sqrt{\dfrac{LC_0}{3}}$ であるから

$$\Delta E = -\frac{8}{3}C_0\left(\frac{\pi L I_0}{T}\right)^2 = -\frac{8}{3}C_0\left(\frac{\pi L I_0}{4\pi\sqrt{\dfrac{LC_0}{3}}}\right)^2 = -\frac{1}{2}L{I_0}^2 \quad \cdots (答)$$

(5)　導線 a を外す直前に，板 C と板 D に蓄えられる電荷は $2C_0V$ であるから，直流電源の電圧が αV のとき，板 C と板 D における電気量保存則より

$$2C_0V = -4C_0 \cdot \frac{\alpha-1}{3}V + 2C_0 \cdot \frac{2\alpha+1}{3}V$$

ところが，この右辺の値は $2C_0V$ であるから，この式は α によらず成立する。
よって，$t=0$ のとき，設問Ⅲ(4)より

$$Q_3 = 4C_0V_1 = 4C_0 \times \frac{1}{3}V = \frac{4}{3}C_0V$$

$$-Q_4 = -2C_0V_2 = -2C_0 \times \frac{5}{3}V = -\frac{10}{3}C_0V$$

$t = \dfrac{T}{4}$ のとき，設問Ⅲ(4)より

$$Q_3 = -\frac{4}{3}C_0V$$

$$-Q_4 = -\frac{2}{3}C_0V$$

$t' = \dfrac{1}{6}T$　および　$\dfrac{5}{6}T$ のとき，設問Ⅲ(3)より

$$Q_3 = 0$$

電荷量が振動する周期は T であるから，これらの条件を満たす図を選ぶ。
よって　　④　…(答)

別解　Ⅲ. (4) (ΔE の求め方)

コイルに蓄えられるエネルギーを，$t=0$ のとき U_1，$t = \dfrac{T}{4}$ のとき U_2 とすると

$t=0$ のとき，$I=0$ より

$$U_1 = 0$$

$t = \dfrac{T}{4}$ のとき，問題文の式より

$$I = I_0 \sin\left(\frac{2\pi t}{T}\right) = I_0 \sin\left(\frac{2\pi \frac{T}{4}}{T}\right) = I_0$$

よって

$$U_2 = \frac{1}{2} L {I_0}^2$$

2つのコンデンサーとコイルによる電気振動では，$t = 0$ と $t = \dfrac{T}{4}$ のときとで，エネルギーは保存されるから

$$E_1 + 0 = E_2 + \frac{1}{2} L {I_0}^2$$

よって

$$\Delta E = E_2 - E_1 = -\frac{1}{2} L {I_0}^2$$

解　説

Ⅰ．▶(1)　板Aと板Bの間に直流電圧 V を加えて，板A，板Bにそれぞれ電荷 Q，$-Q$ が蓄えられたから，AB間の電場の強さを E とすると

$$E = \frac{V}{d}$$

一方，ガウスの法則より

$$E = \frac{Q}{\varepsilon S}$$

よって

$$\frac{V}{d} = \frac{Q}{\varepsilon S} \qquad \therefore \quad Q = \frac{\varepsilon S}{d} \cdot V$$

与えられた式 $Q = C_0 V$ と比較すると，$C_0 = \dfrac{\varepsilon S}{d}$ となり，これは板Aと板Bで形成されるコンデンサーの電気容量である。

▶(2)　導線 a で接続された板Aと板Cは等電位であるから，この部分に蓄えられた静電エネルギーは0である。本問以降，設問Ⅰ，Ⅱでは，スイッチを1につなぎ，板Aと板Bの間に直流電圧 V を加えたままであることに注意が必要である。

▶(3)　コンデンサーに直流電源が接続された場合の，エネルギーと仕事の関係である。電荷が蓄えられていない電気容量 C のコンデンサーを電圧 V の直流電源で充電する場合，電源がした仕事は CV^2，コンデンサーに蓄えられた静電エネルギーは $\dfrac{1}{2} CV^2$

である。この差は，コンデンサーに電荷が蓄えられるまでに回路を流れた電荷すなわち電流によって失われたジュール熱である。

この場合と同様に，板Cを動かすことによるコンデンサーに蓄えられた電荷の変化は

$$\Delta Q = C'V - CV = \left(\frac{4\varepsilon S}{3d} - \frac{\varepsilon S}{d-x}\right)V = -\frac{(4x-d)\,\varepsilon SV}{3d\,(d-x)}$$

この電荷の移動によってジュール熱が発生するが，板Cを「ゆっくり」動かすとき，電荷の移動の速さは0と考えられるので，発生するジュール熱も0としてよい。

電源がした仕事は，$W_0 = \Delta Q \cdot V = -\dfrac{(4x-d)\,\varepsilon SV^2}{3d\,(d-x)} < 0$ である。W_0 が負であることは，電源の起電力の向きと電荷の移動の向きが逆向きであることを表している。

外力がした仕事は，$W = \dfrac{(4x-d)\,\varepsilon SV^2}{6d\,(d-x)} > 0$ である。W が正であることは，板Cに蓄えられた正電荷と板Bに蓄えられた負電荷が引き合うので，板Cをゆっくり動かすために加える外力は，静電気力と同じ大きさで逆向きであり，外力の向きと動かした向きは同じであることを表している。これとは逆に，極板間隔が狭くなるように動かした場合は，外力の向きと動かした向きが逆であるので，外力がした仕事は負である。

Ⅲ．▶(1)　次図の閉回路を時計まわりに回るキルヒホッフの第2法則よりコイルに生じる誘導起電力は，電流 I の向きを正として $-L\dfrac{dI}{dt}$ であるから

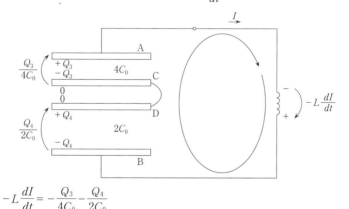

$$-L\frac{dI}{dt} = -\frac{Q_3}{4C_0} - \frac{Q_4}{2C_0}$$

板Cと板Dにおける電気量保存則より

$$2C_0V = -Q_3 + Q_4$$

回路を流れる電流 I と板Aの電荷 Q_3 の関係は，Q_3 が減少するとき I が増加するから

$$I = -\frac{dQ_3}{dt}$$

よって

$$-L\frac{d}{dt}\left(-\frac{dQ_3}{dt}\right) = -\frac{Q_3}{4C_0} - \frac{Q_3 + 2C_0 V}{2C_0}$$

$$\therefore \quad \frac{d^2 Q_3}{dt^2} = -\frac{3}{4LC_0}\left(Q_3 + \frac{4}{3}C_0 V\right)$$

これは，電荷 Q_3 が単振動をし，その角振動数が $\omega = \sqrt{\dfrac{3}{4LC_0}}$，振動中心が

$Q_3 = -\dfrac{4}{3}C_0 V$ …（※）であることを表す。

単振動の周期 T は

$$T = \frac{2\pi}{\omega} = \frac{2\pi}{\sqrt{\dfrac{3}{4LC_0}}} = 4\pi\sqrt{\frac{LC_0}{3}}$$

この ω や T は，2つのコンデンサーの電荷の和が 0 である場合での値と一致する。これは，直列に接続された2つのコンデンサー C_{AC}，C_{DB} が電荷をもった状態から始めて，自己インダクタンス L のコイルとの間で電気振動がおこっても，2つのコンデンサーは直列接続の合成容量 $C_S = \dfrac{4}{3}C_0$ のコンデンサーとして扱ってよいことを示している。

▶(2) 電気振動は，電荷 Q_3 の単振動のかわりに，電流 I の単振動を考えてもよい。
設問Ⅲ(1)と同様にして

$$-L\frac{dI}{dt} = -\frac{Q_3}{4C_0} - \frac{Q_4}{2C_0}, \quad Q_4 = Q_3 + 2C_0 V$$

$$\therefore \quad \frac{dI}{dt} = \frac{3}{4LC_0}\left(Q_3 + \frac{4}{3}C_0 V\right)$$

両辺を t で微分すると

$$\frac{d^2 I}{dt^2} = \frac{3}{4LC_0}\frac{dQ_3}{dt}, \quad I = -\frac{dQ_3}{dt}$$

$$\therefore \quad \frac{d^2 I}{dt^2} = -\frac{3}{4LC_0}I$$

これは，電流 I が単振動をし，その角振動数が $\omega = \sqrt{\dfrac{3}{4LC_0}}$，振動中心が $I = 0$ であることを表す。電流 I の時間変化は，$t = 0$ のとき $I = 0$ で，時間の経過とともに図2－4の正の向きに増加するので，振幅を I_0 とすると，I は $\sin$ 形の時間変化をして，問題文の通り

$$I = I_0 \sin(\omega t) = I_0 \sin\left(\frac{2\pi t}{T}\right)$$

である。

▶(3)～(5) Q_3，Q_4 の時間変化について

$t=0$ で $Q_3 = \dfrac{4}{3} C_0 V$ であり，（※）より，Q_3 の振動中心は $-\dfrac{4}{3} C_0 V$ である。よって，Q_3 の単振動の振幅は $\dfrac{8}{3} C_0 V$ であり，$t=\dfrac{1}{2} T$ で $Q_3 = -4 C_0 V$ である。よって，Q_3 は cos 形の時間変化をして

$$Q_3 = \frac{8}{3} C_0 V \cos(\omega t) - \frac{4}{3} C_0 V$$

ここで，$Q_3 = 0$ となる時刻 t' は，$\omega = \dfrac{2\pi}{T}$ とすると

$$\cos\left(\frac{2\pi}{T} t'\right) = \frac{1}{2}$$

よって，$t' < T$ では

$$t' = \frac{1}{6} T \quad \text{および} \quad \frac{5}{6} T$$

また

$$Q_4 = Q_3 + 2 C_0 V = \frac{8}{3} C_0 V \cos(\omega t) + \frac{2}{3} C_0 V$$

よって，$-Q_4$ は $-\cos$ 形の時間変化をして

$$-Q_4 = -\frac{8}{3} C_0 V \cos(\omega t) - \frac{2}{3} C_0 V$$

これより，Q_3，$-Q_4$ のグラフは，次図のようになり，図 $2-5$ の④である。

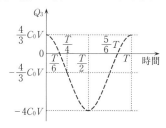
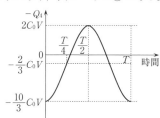

テーマ

◎多重極板コンデンサーの解法

(i) 開閉スイッチのある回路の中のコンデンサーの極板を動かす，極板間に誘電体を挿入する，などしてコンデンサーの電気容量 C が変わるとき，スイッチの開閉状態に注意が必要である。

・スイッチを開いてからの場合　　極板上の電気量 Q＝一定
・スイッチを閉じたままの場合　　両端の極板間の電位差 V＝一定

(ii) コンデンサー回路のエネルギー保存則は，電荷が移動して電流が流れることによって発生する抵抗や導線でのジュール熱を無視する場合，電池がした仕事を ΔW_E，極板や誘電体に加えた外力がした仕事を ΔW_F，コンデンサーの静電エネルギーの増加を ΔU として

$$\Delta W_\mathrm{E} + \Delta W_\mathrm{F} = \Delta U$$

ここで，起電力 V の電池によって電荷 ΔQ が移動した場合　　　$\Delta W_\mathrm{E} = \Delta Q \cdot V$
一定の大きさ F の外力によって極板や誘電体を距離 Δd 動かした場合　　　$\Delta W_\mathrm{F} = F\Delta d$

(iii) 操作の前後で，電気量保存則と回路のキルヒホッフの第2法則の式が使える部分を探して書く。

多重極板コンデンサーは直列接続された複数のコンデンサーとみなすことができる。

◎直列接続された2つのコンデンサーとコイルからなる回路に生じる電気振動

(i) 電荷をもった2つのコンデンサーが直列に接続されている場合，これらの合成容量 C を，直列接続の合成容量の公式 $\dfrac{1}{C} = \dfrac{1}{C_1} + \dfrac{1}{C_2}$ を用いて求めることはできない。この公式は，はじめに電荷が蓄えられていない2つのコンデンサーを直列に接続したときに，それぞれのコンデンサーに蓄えられた電気量が等しい場合の式である。

(ii) 電気振動の場合，コンデンサーがはじめに電荷をもっていることで，電荷の振動中心が0ではなくなるが，振動の周期（角振動数）は直列接続の合成容量を用いたものと同じ値になる。電気量保存則と回路のキルヒホッフの第2法則の式，電流と電荷の移動の式 $I = \dfrac{dQ}{dt}$ を解くことで，電気振動の角振動数や振動中心が求められる。

●出題の意図（東京大学 発表）

　　静電気の基本的な性質の理解と，状況変化に応じた電荷移動やエネルギー収支について全体を俯瞰して把握する応用力を問うています。電気振動については電荷の振動の中心がゼロではないため，特徴的な時刻における電荷分布を注意深く考察する必要があります。

50

解答

I. (1)　金属板間に生じる電場の大きさを E とすると $E = \dfrac{V}{d}$ となる。各金属板に蓄えられる電気量の大きさを Q とすると，ガウスの法則より

$$ES = \frac{Q}{\varepsilon_0} \quad \therefore \quad Q = \varepsilon_0 ES$$

ここで，上の金属板に蓄えられた電荷 Q は，金属板に垂直で外向きに大きさ $\dfrac{E}{2}$ の電場を上下に生じさせていることに注意すると，下の金属板の電荷 $-Q$ にはたらく静電気力は上向きで，その大きさ F は

$$F = Q \cdot \frac{E}{2} = \frac{\varepsilon_0 S E^2}{2} = \frac{\varepsilon_0 S V^2}{2d^2} \quad \cdots (答)$$

(2)　下の金属板間にはたらく静電気力は引力であることに注意し，ばねの自然長からの縮みを x_0 とすると，重力の影響は無視できるから，力のつりあいより

$$kx_0 = \frac{\varepsilon_0 S V^2}{2d^2} \quad \therefore \quad x_0 = \frac{\varepsilon_0 S V^2}{2kd^2}$$

よって，ばねに蓄えられている弾性エネルギーは

$$\frac{1}{2}kx_0{}^2 = \frac{\varepsilon_0{}^2 S^2 V^4}{8kd^4} \quad \cdots (答)$$

(3)　金属板間の距離が $d+x$ となったときの静電気力の大きさを F' とすると，(1)より

$$F' = \frac{\varepsilon_0 S V^2}{2(d+x)^2}$$

下の金属板のつりあいの位置を原点にとり，下向きを正として，加速度を a とすると，運動方程式より

$$
\begin{aligned}
ma &= -k(x - x_0) - \frac{\varepsilon_0 S V^2}{2(d+x)^2} \\
&= -kx + kx_0 - \frac{\varepsilon_0 S V^2}{2d^2}\left(1 + \frac{x}{d}\right)^{-2} \\
&\fallingdotseq -kx + k\frac{\varepsilon_0 S V^2}{2kd^2} - \frac{\varepsilon_0 S V^2}{2d^2}\left(1 - 2\frac{x}{d}\right) \\
&= -\left(k - \frac{\varepsilon_0 S V^2}{d^3}\right)x
\end{aligned}
$$

$$\therefore \quad a = -\left(\frac{kd^3 - \varepsilon_0 SV^2}{md^3}\right)x$$

金属板の単振動の角振動数を ω とすると $a = -\omega^2 x$ の関係があるので

$$\omega = \sqrt{\frac{kd^3 - \varepsilon_0 SV^2}{md^3}}$$

よって，単振動の周期は

$$\frac{2\pi}{\omega} = 2\pi\sqrt{\frac{md^3}{kd^3 - \varepsilon_0 SV^2}} \quad \cdots(\text{答})$$

Ⅱ. (1) Ⅰ(1)より，一般に向かい合う2枚の各
金属板に蓄えられる電気量が異符号で大きさが
Q のとき，金属板にはたらく静電気力の大き
さ F は

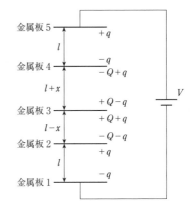

$$F = Q \cdot \frac{E}{2} = Q \cdot \frac{Q}{2\varepsilon_0 S} = \frac{Q^2}{2\varepsilon_0 S}$$

である。

右図のように，金属板2の上面には $-Q-q$,
金属板3の下面には $+Q+q$ の電気量が蓄えら
れる。2枚の金属板の間に生じる電場は，ガウ
スの法則より，下向きに

$$\frac{Q+q}{\varepsilon_0 S}$$

よって，金属板2の上面に蓄えられた電荷 $Q+q$ が金属板3の下面に蓄えられた電荷
に及ぼす静電気力は，下向きに $\dfrac{(Q+q)^2}{2\varepsilon_0 S}$ である。

同様に，金属板3の上面には $+Q-q$, 金属板4の下面には $-Q+q$ の電気量が蓄え
られるので，金属板4の下面に蓄えられた電荷が金属板3の上面に蓄えられた電荷
$Q-q$ に及ぼす静電気力は，上向きに $\dfrac{(Q-q)^2}{2\varepsilon_0 S}$ である。

金属板3の力のつりあいの式より

$$\frac{(Q+q)^2}{2\varepsilon_0 S} = \frac{(Q-q)^2}{2\varepsilon_0 S} + kx$$

$$\therefore \quad x = \frac{2Qq}{\varepsilon_0 kS} \quad \cdots(\text{答})$$

(2) 金属板1の上面には $-q$, 金属板2の下面には $+q$ の電気量が蓄えられる。2枚
の金属板の間に生じる電場は，下向きに

$$\frac{q}{\varepsilon_0 S}$$

よって，金属板2の金属板1に対する電位は

$$\frac{q}{\varepsilon_0 S} \cdot l$$

同様にして，金属板3の金属板2に対する電位，金属板4の金属板3に対する電位，金属板5の金属板4に対する電位は，それぞれ

$$\frac{Q+q}{\varepsilon_0 S} \cdot (l-x), \quad -\frac{Q-q}{\varepsilon_0 S} \cdot (l+x), \quad \frac{q}{\varepsilon_0 S} \cdot l$$

よって

$$V = \frac{q}{\varepsilon_0 S} \cdot l + \frac{Q+q}{\varepsilon_0 S} \cdot (l-x) - \frac{Q-q}{\varepsilon_0 S} \cdot (l+x) + \frac{q}{\varepsilon_0 S} \cdot l$$

$$= \frac{4ql - 2Qx}{\varepsilon_0 S} \quad \cdots (*)$$

II(1)の x を代入すると

$$V = \frac{4ql - 2Q\dfrac{2Qq}{\varepsilon_0 kS}}{\varepsilon_0 S} = \frac{4\varepsilon_0 kSql - 4Q^2 q}{\varepsilon_0{}^2 kS^2}$$

$$\therefore \quad \frac{q}{V} = \frac{\varepsilon_0{}^2 kS^2}{4(\varepsilon_0 kSl - Q^2)} \quad \cdots (答)$$

(3) 求める電荷を q' とすると，(2)の($*$)において，$V=0$ を代入すればよいので

$$\frac{4q'l - 2Qx}{\varepsilon_0 S} = 0$$

$$\therefore \quad q' = \frac{Qx}{2l} \quad \cdots (答)$$

(4) 下向きを正として金属板3の加速度を a' とすると，運動方程式より

$$ma' = -kx + \frac{(Q+q')^2}{2\varepsilon_0 S} - \frac{(Q-q')^2}{2\varepsilon_0 S}$$

$$= -kx + \frac{2Qq'}{\varepsilon_0 S}$$

$$= -kx + \frac{2Q}{\varepsilon_0 S}\frac{Qx}{2l}$$

$$= -\left(k - \frac{Q^2}{\varepsilon_0 Sl}\right)x$$

$$\therefore \quad a' = -\frac{\varepsilon_0 kSl - Q^2}{m\varepsilon_0 Sl}x$$

金属板の単振動の角振動数を ω' とすると $a' = -\omega'^2 x$ の関係があるので

$$\omega' = \sqrt{\frac{\varepsilon_0 kSl - Q^2}{m\varepsilon_0 Sl}}$$

よって，単振動の周期は

$$\frac{2\pi}{\omega'} = 2\pi\sqrt{\frac{m\varepsilon_0 Sl}{\varepsilon_0 kSl - Q^2}} \quad \cdots (答)$$

解　説

Ⅰ．▶(1)　2枚の金属板間に大きさ E の電場が生じているとき，各金属板に蓄えられた正負の電荷は，金属板の上下に，金属板に対して垂直方向に大きさ $\dfrac{E}{2}$ の電場を，正の電荷は金属板から出る向きに，負の電荷は金属板に入る向きに生じさせている。これらの電場が合成されることで，金属板間のみに大きさ E の電場が生じることになる。

▶(2)　ばねの伸びから弾性エネルギーが求まる。

▶(3)　下の金属板を x だけ変位させたときの静電気力は(1)の d を $d+x$ に置き換えることで求められる。ばねの弾性力も変化することに注意して運動方程式を立てれば，単振動の式が導かれる。

Ⅱ．▶(1)　金属板2の上面と金属板3の下面の間にはたらく静電気力と，金属板3の上面と金属板4の下面の間にはたらく静電気力を分けて考える。Ⅰ(1)と同様に，各金属板に蓄えられた電荷が作る電場の大きさは，金属板間に生じる電場の大きさの $\dfrac{1}{2}$ になることに注意する。

▶(2)　4つの金属板間の電位差を，それぞれ求める。

▶(3)　Ⅱ(1)で求めた x は金属板3にはたらく力がつりあうときなので，Ⅱ(2)において x を代入する直前の(＊)に $V=0$ を代入すればよい。

▶(4)　Ⅱ(1)における静電気力を用いて運動方程式を立てれば，単振動の式が導かれる。

テーマ

　ばねでつながれた平行板コンデンサーに関する電磁気と力学の問題である。コンデンサー（極板の面積 S，極板間の距離 d，電気容量 C）の極板に蓄えられた電荷が Q，極板間の電圧が V のとき，極板間の電場の強さ E は，Q または V を用いて

$$E = \frac{Q}{\varepsilon_0 S} \quad \text{または} \quad E = \frac{V}{d}$$

極板間の引力の大きさ F は

$$F = \frac{1}{2}QE = \frac{Q^2}{2\varepsilon_0 S} = \frac{CV^2}{2d} = \frac{\varepsilon_0 SV^2}{2d^2}$$

である。Ⅱでは金属板が2枚から5枚に増えるが，移動できる金属板は1枚だけなので，各金属板の上下の面に蓄えられる電気量と，金属板間ごとの電場や静電気力を求めていくだけである。

51

解 答

Ⅰ.(1) 時刻 $t=0$ から $t=t_1$ まで,式(ⅰ)より,流れる電流は $I=sP_0$ で,$t=t_1$ に $V=V_0$ になったと考えられるから

$$sP_0 \times t_1 = CV_0 \quad \therefore \quad t_1 = \frac{CV_0}{sP_0} \quad \cdots (答)$$

(2) 十分に時間が経過した後,式(ⅱ)で $I=0$ とすると

$$0 = sP_0 - \frac{1}{r}(V - V_0) \quad \therefore \quad V = V_0 + rsP_0$$

となる。コンデンサーに蓄えられた電荷は

$$CV = C(V_0 + \boldsymbol{rsP_0}) \quad \cdots (答)$$

Ⅱ.(1) $R=R_0$ のとき,$I=sP_0$ で,$V=V_0$ と考えられるから,抵抗についてオームの法則を適用すると

$$V_0 = R_0 \times sP_0 \quad \therefore \quad R_0 = \frac{V_0}{sP_0} \quad \cdots (答)$$

(2) 抵抗にかかる電圧を V とすると,オームの法則と式(ⅱ)より

$$V = RI, \quad I = sP_0 - \frac{1}{r}(V - V_0)$$

が成立する。この2式から V を消去すると

$$I = sP_0 - \frac{1}{r}(RI - V_0)$$

$$\therefore \quad I = \frac{V_0 + \boldsymbol{rsP_0}}{R + r} \quad \cdots (答)$$

(3) $R \le R_0$ のとき,$V \le V_0$ となり,抵抗で消費される電力は

$$RI^2 = R(sP_0)^2 \le R_0(sP_0)^2 = \frac{V_0{}^2}{R_0} \quad (R = R_0 \text{ のときに等号成立})$$

である。また,$R > R_0$ のとき,Ⅱ(1)・(2)より

$$I = \frac{R_0 sP_0 + rsP_0}{R + r} = \frac{R_0 sP_0}{R} \times \frac{1 + \dfrac{r}{R_0}}{1 + \dfrac{r}{R}}$$

となるから,r が R_0 に比べて十分小さいとき

$$1 + \frac{r}{R_0} \to 1, \quad 1 + \frac{r}{R} \to 1$$

とすると,抵抗で消費される電力は

$$RI^2 \rightarrow R \times \left(\frac{R_0 s P_0}{R}\right)^2 = \frac{(R_0 s P_0)^2}{R} = \frac{V_0^2}{R}$$

となる。したがって，抵抗で消費される電力が最大となるとき

$$R = R_0 = \frac{V_0}{s P_0} \quad \cdots (\text{答})$$

であり，このときの消費電力は

$$\frac{V_0^2}{R_0} = V_0 s P_0 \quad \cdots (\text{答})$$

Ⅲ. (1)　$I = \frac{1}{2} s P_0$ であるから，$V_1 > V_0$，$V_2 > V_0$ であり，式(ii)は

電池1について　　$\frac{1}{2} s P_0 = s P_0 - \frac{1}{r}(V_1 - V_0)$　　…①

電池2について　　$\frac{1}{2} s P_0 = s \cdot 2 P_0 - \frac{1}{r}(V_2 - V_0)$　　…②

となる。①から

$$\frac{1}{r}(V_1 - V_0) = \frac{1}{2} s P_0$$

$$\therefore \quad V_1 = V_0 + \frac{1}{2} r s P_0 = \frac{3}{2} V_0 \quad \cdots (\text{答})$$

となり，また，②から

$$\frac{1}{r}(V_2 - V_0) = \frac{3}{2} s P_0$$

$$\therefore \quad V_2 = V_0 + \frac{3}{2} r s P_0 = \frac{5}{2} V_0 \quad \cdots (\text{答})$$

(2)　キルヒホッフの法則の関係式 $V_1 + V_2 = RI$ に，Ⅲ(1)の値を代入すると

$$\frac{3}{2} V_0 + \frac{5}{2} V_0 = R \times \frac{1}{2} s P_0 \quad \therefore \quad R = \frac{8 V_0}{s P_0} = 8r$$

となるから

$$\frac{R}{r} = 8 \text{倍} \quad \cdots (\text{答})$$

(3)・(4)　**図2−2**より，強度 P_0 の光を照射した太陽電池1を流れる電流は $s P_0$ より大きくならない。$V_2 \leqq V_0$ の場合，式(i)より，太陽電池2を流れる電流は $I = s \cdot 2 P_0$ $= 2 s P_0$ となるので，選択肢ア・ウは不適である。

$V_1 > V_0$ かつ $V_2 > V_0$ の場合

電池1について　　$I = s P_0 - \frac{1}{r}(V_1 - V_0)$

電池2について　　$I = s \cdot 2 P_0 - \frac{1}{r}(V_2 - V_0)$

キルヒホッフの法則の関係式 $V_1 + V_2 = RI$

を連立させて解くと

$$I = \frac{5V_0}{3r}, \quad V_1 = \frac{V_0}{3}, \quad V_2 = \frac{4V_0}{3}$$

となり，$V_1 > V_0$ に反するので，選択肢エは不適である。

$V_1 \leqq V_0$ かつ $V_2 > V_0$ の場合

電池 1 について $\quad I = sP_0$

電池 2 について $\quad I = s \cdot 2P_0 - \dfrac{1}{r}(V_2 - V_0)$

キルヒホッフの法則の関係式 $\quad V_1 + V_2 = RI$

を連立させて解くと

$$V_1 = -V_0, \quad V_2 = 2V_0$$

となり，これは条件に反しない。したがって

(3)の解：**イ**

$$\left.(4)の解：\boldsymbol{I = sP_0 \left(= \frac{V_0}{r}\right), \quad V_1 = -V_0, \quad V_2 = 2V_0}\right\} \quad \cdots(答)$$

解 説

Ⅰ. ▶(1) 図2−4では，時刻 $t = 0$ から $t = t_1$ まで，流れる電流 I は一定であり，式(i)が適用されると考えられる。電流 I を積算したものが，コンデンサーの蓄える電荷となる。$t = t_1$ 以降に I が減少するのは，コンデンサーに電荷が蓄えられて電位差 V が上昇し，$t = t_1$ に $V = V_0$ になったと考えればよい。

▶(2) 時刻 $t = t_1$ 以降も，電流 I は次第に減少しながら流れ続け，コンデンサーの充電が進む。十分に時間が経過した後，図2−2で $I = 0$ になる電位差 V になっていると考えられる。

Ⅱ. ▶(1)・(2) 抵抗値 R を大きくすると，電位差 V が上昇する。$R \leqq R_0$ のとき，$V \leqq V_0$ で，式(i)が適用されると考えられる。また，$R > R_0$ のとき，$V > V_0$ で，式(ii)が適用されると考えられる。

▶(3) 電位差 V が小さい間は，一定の電流 I が流れ続けるから，抵抗値 R を増加させると，抵抗で消費される電力 $D = VI$ は増加する。しかし，電位差が V_0 を超えると，電流 I は減少する。r が R_0 に比べて十分小さいと，式(ii)より，I は急激に減少するから，消費電力 $D = VI$ は，$V = V_0$ のときより減少する

ことになる（r が大きいと，I の減少は緩やかで，消費電力 $D = VI$ は増加することもある）。したがって，抵抗で消費される電力が最大となるのは

$$V = V_0, \quad R = R_0$$

のときであり，最大出力点という。実用的には，太陽電池を効率よく利用するために，最大出力点の付近で動作するように回路を設計する。

Ⅲ．▶(1)　$V_1 \leqq V_0$ の場合，式(ⅰ)より，あるいは，図2－2の特性曲線を見ると，強度 P_0 の光を照射する太陽電池1を流れる電流は sP_0 であるから，$I = \dfrac{1}{2}sP_0$ になるのは，$V_1 > V_0$ の場合に限られる。太陽電池2についても同様である。

▶(2)　太陽電池を含む回路でも，キルヒホッフの法則の関係式は成り立つ。

▶(3)・(4)　式(ⅰ)・(ⅱ)より，あるいは，図2－2の特性曲線を見ると，強度 P_0 の光を照射する太陽電池1を流れる電流は sP_0 より大きくならない。

　$V_2 \leqq V_0$ の場合，式(ⅰ)より，太陽電池2を流れる電流は $I = s \cdot 2P_0 = 2sP_0$ となるが，直列に接続された2つの電池を流れる電流は共通であるから，これはありえない。

テーマ

　電気回路には，さまざまな部品がある。未知の部品であっても，両端の電圧と流れる電流の関係が式（オームの法則など）やグラフ（特性曲線）で与えられると，キルヒホッフの法則を用いて，各部の電圧や電流を求めることができる。

　太陽電池は光電効果を利用したものであるが，動作原理がわからなくても，式(ⅰ)・(ⅱ)，あるいは，図2－2の特性曲線を用いて扱うことができる。

52

解 答

Ⅰ. (1) スイッチSを $+V_0$ 側に接続した直後，図(a)の回路で，各コンデンサーに電荷は蓄えられていないから

$$V_1 = 0 \quad , \quad V_2 = V_0 \quad \cdots (答)$$

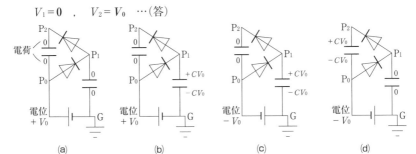

(a)　　　　(b)　　　　(c)　　　　(d)

(2) (1)の後，$P_0 \rightarrow P_1 \rightarrow G \rightarrow P_0$ の回路に電流が流れる。回路中の電荷移動がなくなったとき，図(b)の回路で

$$V_1 = V_0 \quad , \quad V_2 = V_0 \quad \cdots (答)$$

であるから，コンデンサー1に蓄えられている静電エネルギーは

$$U = \frac{1}{2}CV_0^2 \quad \cdots (答)$$

である。この間，電池は一定の電位差 V_0 で，電気量 CV_0 を移動させているから，電池のした仕事は

$$W = CV_0 \times V_0 = CV_0^2 \quad \cdots (答)$$

(3) (2)の後，スイッチSを $-V_0$ 側に接続した直後，図(c)の回路で

$$V_1 = V_0 \quad , \quad V_2 = -V_0 \quad \cdots (答)$$

(4) (3)の後，$P_1 \rightarrow P_2 \rightarrow P_0 \rightarrow G \rightarrow P_1$ の回路に電流が流れる。回路中の電荷移動がなくなったとき，図(d)の回路で $V_1 = V_2$ であるから，2つのコンデンサーの上側の極板の電荷保存則より

$$CV_0 = CV_1 + C\{V_2 - (-V_0)\}$$

$$\therefore \quad V_1 = V_2 = 0 \quad \cdots (答)$$

Ⅱ. スイッチSを切り替えても回路中での電荷移動が起こらなくなった状態で，スイッチSを $+V_0$ 側に接続したときの点 P_k の電位を V_k とすると，点 P_{2n-2} と点 P_{2n-1} の電位は等しい条件から

$$V_{2n-2} = V_{2n-1} \quad (n = 1, 2, \cdots, N)$$

が成り立つ。スイッチSを $-V_0$ 側に接続すると，点P_0の電位が$+V_0$から$-V_0$に変化するため，点P_{2n}の電位は$2V_0$だけ下がるが，その値が点P_{2n-1}の電位に等しい条件から

$$V_{2n} - 2V_0 = V_{2n-1}$$

が成立し，この2式から

$$V_{2n} = V_{2n-2} + 2V_0$$

が得られる。スイッチSを$+V_0$側に接続したときの点P_0の電位はV_0であるから

$$V_{2n} = V_0 + 2nV_0 = (2n+1)V_0$$

$$V_{2n-1} = V_{2n} - 2V_0 = (2n-1)V_0$$

となる。$n = N$とすると

$$V_{2N-1} = (2N-1)V_0, \quad V_{2N} = (2N+1)V_0 \quad \cdots（答）$$

解　説

　本問を解くときは，「電位」と「電位差（電圧）」を意識して，これらを混同しないようにしたい。

I．まず，接地した点Gの電位は常に0であり，点P_0の電位は，スイッチSを$+V_0$側に接続したときは$+V_0$，$-V_0$側に接続したときは$-V_0$になることに注意しておく必要がある。その上で，各点の電位を表し，電流がどのように流れるかを考える。

▶(1)　コンデンサーに電荷が蓄えられていないとき，極板間の電位差は0であり，点P_1の電位は点Gの電位，点P_2の電位は点P_0の電位に等しい。

▶(2)　ダイオードD_1には順方向，ダイオードD_2には逆方向の電圧がかかり，P_0→P_1→G→P_0の回路に電流が流れる。コンデンサー1に電荷が蓄えられると点P_1の電位が上昇し，$V_1 = V_0$になると，D_1に電流が流れなくなる。この状態が図(b)の回路である。D_2に電流が流れることはないから，コンデンサー2に電荷は蓄えられない。

▶(3)　スイッチSを$-V_0$側に接続した直後，コンデンサーの蓄えている電荷は図(b)の回路のままであり，点P_1の電位は(2)と等しい。また，点P_2の電位は点P_0の電位に等しい。

▶(4)　ダイオードD_1には逆方向，ダイオードD_2には順方向の電圧がかかり，P_1→P_2→P_0→G→P_1の回路に電流が流れる。コンデンサー1に蓄えられていた電荷が減少して点P_1の電位が降下し，コンデンサー2に電荷が蓄えられて点P_2の電位が上昇し，$V_1 = V_2$になると，D_2に電流が流れなくなる。この状態が図(d)の回路である。

　なお，(1)〜(4)のスイッチSによる正負の切り替えをもう1回行うと，次図のようになる。切り替えを繰り返すと，最終的に，コンデンサー1の極板間の電位差はV_0，コンデンサー2の極板間の電位差は$2V_0$になる。

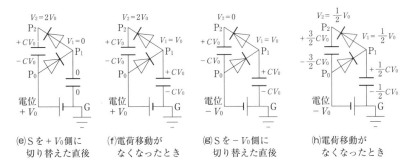

(e)Sを+V_0側に
切り替えた直後

(f)電荷移動が
なくなったとき

(g)Sを−V_0側に
切り替えた直後

(h)電荷移動が
なくなったとき

▶Ⅱ. 最終状態の各点の電位を求める設問で，手が出にくいかもしれないが，題意の条件を素直に表せばよいだけである。一般的な回数で漸化式を作る解法は複雑になり，時間的にも厳しい。

スイッチSを切り替えても回路中での電荷移動が起こらなくなった状態で，各コンデンサーの極板間の電位差は変化しなくなる。点Gの電位は常に0であるため，スイッチSを切り替えても点P_{2n-1}の電位は変化しないが，点P_{2n}の電位はスイッチSを切り替えるだけで変化することに注意。

Ⅰの回路と同様に，最終的には，GとP$_1$の間のコンデンサーの極板間の電位差だけがV_0で，他のコンデンサーの極板間の電位差はすべて$2V_0$になる。

テーマ

ダイオードは本来，特性曲線を用いて扱う必要があるが，本問で扱う範囲では，順方向に電圧をかけたときは通常の抵抗と同様に電流を流し，逆方向に電圧をかけたときは電流を遮断する素子と考えればよい。

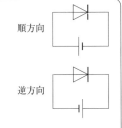

順方向

逆方向

ジョン=コッククロフトはイギリス，アーネスト=ウォルトンはアイルランドに生まれた物理学者である。彼らは1932年，加速した陽子をリチウムに衝突させて，原子核の変換に成功した。人工的に元素を変換させた最初の実験であるが，加速器の高電圧を得るために開発したのがコッククロフト・ウォルトン回路である。彼らはこの功績により，1951年にノーベル物理学賞を受賞している。

53

解 答

I. (1) 題意により, 電源電圧が V_1 になったとき, ネオンランプにかかる電圧は V_{on} である。このとき, ネオンランプに並列なコンデンサー A にかかる電圧は V_{on}, コンデンサー B にかかる電圧は $V_1 - V_{on}$ となるから, コンデンサー A の下側の極板とコンデンサー B の上側の極板をつないだ部分について, 電気量保存則より

$$-C_A V_{on} + C_B (V_1 - V_{on}) = 0$$

$$\therefore \quad V_1 = \frac{(C_A + C_B) V_{on}}{C_B} = \left(1 + \frac{C_A}{C_B}\right) V_{on} \quad \cdots (答)$$

(2) コンデンサー A については

$$W_A = \frac{1}{2} C_A V_{on}{}^2, \qquad W'_A = \frac{1}{2} C_A V_{off}{}^2$$

$$\therefore \quad \Delta W_A = W'_A - W_A = -\frac{1}{2} C_A (V_{on}{}^2 - V_{off}{}^2) \quad \cdots (答)$$

である。また, コンデンサー B については

$$W_B = \frac{1}{2} C_B (V_1 - V_{on})^2, \qquad W'_B = \frac{1}{2} C_B (V_1 - V_{off})^2$$

$$\therefore \quad \Delta W_B = W'_B - W_B$$

$$= \frac{1}{2} C_B \{(V_1 - V_{off})^2 - (V_1 - V_{on})^2\}$$

$$= \frac{1}{2} C_B \{V_{off}{}^2 - V_{on}{}^2 + 2V_1 (V_{on} - V_{off})\}$$

$$= \frac{1}{2} C_B \left\{V_{off}{}^2 - V_{on}{}^2 + 2\left(1 + \frac{C_A}{C_B}\right) V_{on} (V_{on} - V_{off})\right\}$$

$$= \frac{1}{2} C_B (V_{on}{}^2 - 2V_{on} V_{off} + V_{off}{}^2) + C_A V_{on} (V_{on} - V_{off})$$

$$= \frac{1}{2} C_B (V_{on} - V_{off})^2 + C_A V_{on} (V_{on} - V_{off}) \quad \cdots (答)$$

(3) ネオンランプが点灯してから消灯するまでの間, コンデンサー B に新たに蓄えられた電荷の量を ΔQ_B とすると

$$\Delta Q_B = C_B (V_1 - V_{off}) - C_B (V_1 - V_{on})$$

$$= C_B (V_{on} - V_{off})$$

であり, この間に電源が供給したエネルギーは

$$W_E = \Delta Q_B \cdot V_1 = C_B (V_{on} - V_{off}) \times \left(1 + \frac{C_A}{C_B}\right) V_{on}$$

$$= (C_A + C_B)(V_{on} - V_{off})\, V_{on} \quad \cdots (答)$$

(4) エネルギー保存則より，点灯してから消灯するまでの間にネオンランプで失われるエネルギーは

$$W_N = W_E - (\varDelta W_A + \varDelta W_B)$$

$$= (C_A + C_B)(V_{on} - V_{off})\, V_{on} + \frac{1}{2} C_A (V_{on}{}^2 - V_{off}{}^2)$$

$$- \frac{1}{2} C_B (V_{on} - V_{off})^2 - C_A V_{on}(V_{on} - V_{off})$$

$$= \frac{1}{2}(C_A + C_B)(V_{on}{}^2 - V_{off}{}^2) \quad \cdots (答)$$

II. (1) 電源電圧 V が V_1 を超えて V_2 に達するまでの間，図 2 − 3 の等価回路において

$$Q_A = C_A V_A, \qquad Q_B = C_B(V - V_A)$$

であり，題意により

$$Q = Q_B - Q_A = C_B(V - V_A) - C_A V_A = C_B V - (C_A + C_B) V_A$$

$$\therefore \quad V_A = \frac{C_B V - Q}{C_A + C_B} \quad \cdots (答)$$

(2) $V = V_2$ のとき，$V_A = V_{on}$ であるから，(1)より

$$Q = C_B V_2 - (C_A + C_B) V_{on}$$

となる。一方，I において，最初に点灯してから消灯するまでの間，コンデンサー A の蓄える電気量の変化分は $\varDelta Q_A = C_A(V_{off} - V_{on})$ であり

$$Q = -\varDelta Q_A + \varDelta Q_B$$

$$= C_A(V_{on} - V_{off}) + C_B(V_{on} - V_{off})$$

$$= (C_A + C_B)(V_{on} - V_{off})$$

となるから

$$C_B V_2 - (C_A + C_B) V_{on} = (C_A + C_B)(V_{on} - V_{off})$$

$$\therefore \quad V_2 = \frac{(C_A + C_B)(2V_{on} - V_{off})}{C_B} = \left(1 + \frac{C_A}{C_B}\right)(2V_{on} - V_{off}) \quad \cdots (答)$$

解 説

電源電圧 V を 0 から少しずつ上げると，次のような現象が順に起きる。

① 電源電圧 V を 0 から少しずつ上げて，$V = V_1$ に達するまで，ネオンランプに電流は流れない。図 2 − 1 の回路は図 2 − 3 の回路と等価であり，$Q_A = Q_B$ である。

② $V = V_1$ になると，コンデンサー A とネオンランプにかかる電圧が V_{on} になり，ネオンランプに電流が流れ始める。

③ ネオンランプに電流が流れると，その電流の一部がコンデンサー B に流れ込み，

コンデンサーBの蓄える電気量は増加する。電源電圧を V_1 に保つと，コンデンサーBにかかる電圧は増加し，コンデンサーAとネオンランプにかかる電圧は減少する。

④　やがて，コンデンサーAとネオンランプにかかる電圧が V_{off} まで下がると，回路に電流が流れなくなる。

⑤　電源電圧 V を V_1 から少しずつ上げて，$V = V_2$ に達するまで，ネオンランプに電流は流れない。図2−1の回路は図2−3の回路と等価であるが，$Q_\mathrm{A} \neq Q_\mathrm{B}$ である。

⑥　$V = V_2$ になると，コンデンサーAとネオンランプにかかる電圧が再び V_{on} になり，ネオンランプに電流が流れ始める。

⑦　ネオンランプに電流が流れると，その電流の一部がコンデンサーBに流れ込み，コンデンサーBの蓄える電気量は増加する。電源電圧を V_2 に保つと，コンデンサーBにかかる電圧は増加し，コンデンサーAとネオンランプにかかる電圧は減少する。

⑧　やがて，コンデンサーAとネオンランプにかかる電圧が V_{off} まで下がると，回路に電流が流れなくなる。

I.　▶(1)　ネオンランプが点灯して電流が流れるまで，コンデンサーAとBに蓄えられている電気量は等しく，Aの下側の極板とBの上側の極板をつないだ部分に蓄えられている電気量の和は0である。電源電圧が V_1 になったとき，Aにかかる電圧は V_{on}，蓄えられる電気量は $C_\mathrm{A} V_{\mathrm{on}}$ であり，Bに蓄えられる電気量も $C_\mathrm{A} V_{\mathrm{on}}$，かかる電圧は $\dfrac{C_\mathrm{A} V_{\mathrm{on}}}{C_\mathrm{B}}$ であるから

$$V_1 = V_{\mathrm{on}} + \frac{C_\mathrm{A}}{C_\mathrm{B}} V_{\mathrm{on}} = \left(1 + \frac{C_\mathrm{A}}{C_\mathrm{B}}\right) V_{\mathrm{on}}$$

のように計算してよい。

　　あるいは，コンデンサーの直列接続では，各コンデンサーにかかる電圧は電気容量に反比例することを用いて，次のように求めてもよい。電源電圧が V_1 になったとき，コンデンサーAにかかる電圧は $\dfrac{C_\mathrm{B}}{C_\mathrm{A} + C_\mathrm{B}} V_1$ であり，これが V_{on} に等しいから

$$\frac{C_\mathrm{B}}{C_\mathrm{A} + C_\mathrm{B}} V_1 = V_{\mathrm{on}} \qquad \therefore \quad V_1 = \frac{C_\mathrm{A} + C_\mathrm{B}}{C_\mathrm{B}} V_{\mathrm{on}} = \left(1 + \frac{C_\mathrm{A}}{C_\mathrm{B}}\right) V_{\mathrm{on}}$$

▶(2)　消灯直後，コンデンサーBにかかる電圧は $V_1 - V_{\mathrm{off}}$ である。

▶(3)　電源の正極から流れ出る電荷の量と，電源の負極に流れ込む電荷の量は等しい（実際に移動するのは電子であり，電子が負極から流れ出て正極に流れ込む）。電源の正極から流れ出た電荷は，コンデンサーAとネオンランプに分かれるため，その量は簡単に求められないが，電源の負極に流れ込む電荷の量は，コンデンサーBの蓄える電気量の変化から，簡単に求めることができる。すなわち，問題文に示されているように，ネオンランプが点灯してから消灯するまでの間に電源が運んだ電荷の量は，この間にコンデンサーBに新たに蓄えられた電荷の量（コンデンサーBの蓄える電気

量の変化分）と等しい。

電源がする仕事は，電圧 V_1 の 2 点間を，電気量 $\varDelta Q_B$ の電荷を運ぶ仕事 $\varDelta Q_B \cdot V_1$ に等しい。

▶(4) エネルギー保存則より，電源がする仕事の一部が 2 つのコンデンサーに蓄えられ，残りの仕事は光や熱として失われる。

Ⅱ. ▶(1) コンデンサーAの下側の極板とコンデンサーBの上側の極板をつないだ部分について考えると，この部分の全電気量は，ネオンランプを通過した電荷の分だけ変化する。したがって，最初は $V = V_1$ になるまで，この部分の全電気量は 0 である。また，電源電圧 V が V_1 を超えて V_2 に達するまでの間，この部分の全電気量は Q（Ⅰの点灯から消灯までの間にネオンランプを通過した電気量）である。

▶(2) Ⅰにおいて，ネオンランプの点灯と消灯の瞬間，コンデンサーAとBに蓄えられている電気量は下図のようになる。点灯してから消灯するまでの間にネオンランプを通過した電荷の量 Q は，コンデンサーAの下側の極板とコンデンサーBの上側の極板をつないだ部分（太線部）の電気量の変化に等しいことから，次のように計算してもよい。

$$Q = \{ -C_A V_{off} + C_B(V_1 - V_{off}) \} - \{ -C_A V_{on} + C_B(V_1 - V_{on}) \}$$
$$= (-\varDelta Q_A + \varDelta Q_B =) \, C_A(V_{on} - V_{off}) + C_B(V_{on} - V_{off})$$
$$= (C_A + C_B)(V_{on} - V_{off})$$

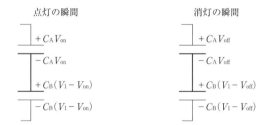

点灯の瞬間 　　　　　　　　　消灯の瞬間

$+C_A V_{on}$ 　　　　　　　　　$+C_A V_{off}$

$-C_A V_{on}$ 　　　　　　　　　$-C_A V_{off}$

$+C_B(V_1 - V_{on})$ 　　　　　$+C_B(V_1 - V_{off})$

$-C_B(V_1 - V_{on})$ 　　　　　$-C_B(V_1 - V_{off})$

テーマ

コンデンサーAとネオンランプは並列に接続されていて，これらにかかる電圧は常に等しい。また，コンデンサーAとBは直列に接続されていて，これらにかかる電圧の和は電源電圧に等しい。

ネオンランプに最初に電流が流れるまで（電源電圧が V_1 に達するまで），コンデンサーAとBに蓄えられている電気量は等しいが，ネオンランプに電流が流れた後，コンデンサーAとBに蓄えられている電気量は異なる。ネオンランプの動作は単純であり，題意が理解できれば難しい問題ではないが，計算が煩雑である。

54

解　答

Ⅰ.(1)　点灯していないネオンランプに，電流は流れていない。また，スイッチを入れた直後，コイルに生じる誘導起電力により，コイルにも電流は流れていない。したがって，ネオンランプにかかる電圧は，電池の起電力に等しい。

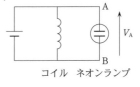

コイル　ネオンランプ

$$V_A = +9.0〔V〕 \quad \cdots(答)$$

(2)　スイッチを入れてしばらくすると，コイルに一定の電流が流れるようになり，このときも，誘導起電力は生じない。コイルを流れる電流を I_0 とすると（右図），コイルの抵抗と電池の内部抵抗を考慮して

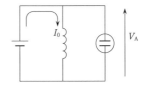

$$9.0 = (35 + 10) \times I_0$$

$$\therefore \quad I_0 = 0.20〔A〕 \quad \cdots(答)$$

となる。ネオンランプにかかる電圧は，コイルの両端の電圧に等しいから

$$V_A = 35 \times I_0 = 35 \times 0.20 = +7.0〔V〕 \quad \cdots(答)$$

Ⅱ.(1)　スイッチを切った直後，誘導起電力により，コイルに流れる電流は I_0 のままである。電流は右図のように流れるから，ネオンランプに流れる電流 I_1 は

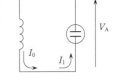

$$I_1 = I_0 = 0.20〔A〕 \quad \cdots(答)$$

(2)　ネオンランプに流れる電流値が 0.20 A のとき，**図2－1**より，ネオンランプにかかる電圧の大きさは 103 V である。電流の向きを考慮すると

$$V_A = -103〔V〕 \quad \cdots(答)$$

(3)　ネオンランプの点灯が始まった直後，ネオンランプにかかる電圧 $V_A = -103$〔V〕と，コイルの抵抗による電圧降下を考慮して，コイルに生じている誘導起電力の大きさは

$$|V_A - 35 \times I_0| = 103 + 7.0 = 110〔V〕 \quad \cdots(答)$$

である。

　ネオンランプの点灯が終わる直前，ネオンランプを流れる電流値が 0 に近づき，$V_A = -80〔V〕$ である。コイルを流れる電流値が 0 に近づき，抵抗による電圧降下はないから，コイルに生じている誘導起電力の大きさは

$$|V_A| = 80〔V〕 \quad \cdots(答)$$

Ⅲ. (1) 題意により

$$V_1 = L\frac{|0 - I_1|}{T} \qquad \therefore \quad T = \frac{LI_1}{V_1} \quad \cdots(答)$$

(2) $L = 1.0$〔H〕, $I_1 = 0.20$〔A〕であり, $V_1 = \dfrac{110 + 80}{2} = 95$〔V〕とすると

$$T = \frac{LI_1}{V_1} = \frac{1.0 \times 0.20}{95} = 2 \times 10^{-3}\text{〔s〕} \quad \cdots(答)$$

解 説

Ⅰ. ▶(1) ネオンランプは点灯していないとき, 電流は流れていないことに注意。

コイルのインダクタンスを考慮すると, 流れる電流の変化は不連続にならない。スイッチを入れるまで, コイルに電流は流れていなかったから, スイッチを入れた直後, 流れる電流を0に保つように, 誘導起電力が生じる。回路に電流は流れていないから, 抵抗による電圧降下を考慮する必要はない。

▶(2) 一定の電流が流れるようになった状態では, コイルに誘導起電力は生じない。コイルは単なる導線とみなせばよいが, 本問では抵抗を考慮して扱うことに注意。

Ⅱ. コイルとネオンランプを流れる電流は等しい。

▶(1) スイッチを切るまで, コイルに流れる電流は $I_0 = 0.20$〔A〕であり, スイッチを切った直後, 流れる電流を I_0 に保つように, 誘導起電力が生じる。

▶(2) ネオンランプに流れる電流の向きに注意して, V_A の正負を決める。

▶(3) ネオンランプにかかる電圧, コイルに生じている誘導起電力, コイルの抵抗による電圧降下を考慮して, キルヒホッフの法則を用いる。

▶Ⅲ. 自己インダクタンスの定義に注意して, 誘導起電力を表す式をつくる。

2 荷電粒子の運動

55

解 答

Ⅰ. (1) 回路を流れる電流 $I = I_0 \sin \omega t$ に対して，交流電源の電圧は

$$V = RI_0 \sin \omega t + \omega L I_0 \sin\left(\omega t + \frac{\pi}{2}\right) + \frac{I_0}{\omega C} \sin\left(\omega t - \frac{\pi}{2}\right)$$

$$= RI_0 \sin \omega t + \left(\omega L - \frac{1}{\omega C}\right) I_0 \cos \omega t$$

$$= I_0 \sqrt{R^2 + \left(\omega L - \frac{1}{\omega C}\right)^2} \sin(\omega t + \delta)$$

となる。$V = V_0 \sin(\omega t + \delta)$ と比較すると

$$I_0 = \frac{V_0}{\sqrt{R^2 + \left(\omega L - \dfrac{1}{\omega C}\right)^2}} \quad \cdots (\text{答})$$

$$\tan \delta = \frac{\omega L - \dfrac{1}{\omega C}}{R} \quad \cdots (\text{答})$$

(2) 交流電源が回路に供給する電力の時間平均 $\overline{P}$ は，抵抗器で消費される電力の時間平均に等しいことを用いると

$$\overline{P} = \frac{1}{2} R I_0{}^2 = \frac{R V_0{}^2}{2\left\{R^2 + \left(\omega L - \dfrac{1}{\omega C}\right)^2\right\}} \quad \cdots (\text{答})$$

(3) (2)の結果の式で，$\overline{P}$ が最大になるのは

$$\omega L - \frac{1}{\omega C} = 0$$

となるときである。このとき

$$\overline{P} = P_0 = \frac{V_0{}^2}{2R} \qquad \therefore \quad R = \frac{V_0{}^2}{2P_0} \quad \cdots (\text{答})$$

(4) (2)と(3)の結果の式を用いると

$$\frac{R V_0{}^2}{2\left\{R^2 + \left(\omega L - \dfrac{1}{\omega C}\right)^2\right\}} = \frac{P_0}{2} = \frac{V_0{}^2}{4R}$$

となる。これを整理すると

$$\left(\omega L - \frac{1}{\omega C}\right)^2 = R^2$$

$$\omega L - \frac{1}{\omega C} = \pm R$$

よって

$$\begin{cases} \omega^2 LC - \omega RC - 1 = 0 & \cdots① \\ \omega^2 LC + \omega RC - 1 = 0 & \cdots② \end{cases}$$

となる。2次方程式の解の公式を用いると

①から　　$\omega = \dfrac{RC \pm \sqrt{(RC)^2 + 4LC}}{2LC}$

となり，$\omega > 0$ であるから

$$\omega = \frac{RC + \sqrt{(RC)^2 + 4LC}}{2LC}$$

②から　　$\omega = \dfrac{-RC \pm \sqrt{(RC)^2 + 4LC}}{2LC}$

となり，$\omega > 0$ であるから

$$\omega = \frac{-RC + \sqrt{(RC)^2 + 4LC}}{2LC}$$

となるが，題意より $\omega_2 > \omega_1$ であるから

$$\omega_1 = \frac{-RC + \sqrt{(RC)^2 + 4LC}}{2LC}, \quad \omega_2 = \frac{RC + \sqrt{(RC)^2 + 4LC}}{2LC}$$

である。よって

$$\Delta\omega = \omega_2 - \omega_1 = \frac{R}{L} \quad \therefore \quad L = \frac{R}{\Delta\omega}$$

となり，(3)の結果を用いると

$$L = \frac{V_0{}^2}{2P_0 \Delta\omega} \quad \cdots (答)$$

Ⅱ. (1)　荷電粒子の等速円運動の半径を r とすると，$v = r\omega$ の関係があるから，粒子に作用する遠心力は

$$mr\omega^2 = mv\omega$$

と表される。粒子に作用する力は右図のようになり，力のつりあいの式は

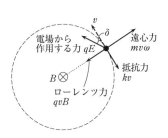

　円運動の速度に平行な方向：

　　$qE\cos\delta - kv = 0 \quad \cdots (答)$

　円運動の速度に垂直な方向：

　　$qE\sin\delta + qvB - mv\omega = 0 \quad \cdots (答)$

(2)　(1)の結果より

$$k^2 v^2 + (m\omega - qB)^2 v^2 = (qE\cos\delta)^2 + (qE\sin\delta)^2 = (qE)^2$$

$$\therefore \quad v^2 = \frac{(qE)^2}{k^2 + (m\omega - qB)^2}$$

となり

$$v = \frac{qE}{\sqrt{k^2 + (m\omega - qB)^2}} \quad \cdots(答)$$

を得る。また

$$\tan\delta = \frac{qE\sin\delta}{qE\cos\delta} = \frac{mv\omega - qvB}{kv} = \frac{m\omega - qB}{k} \quad \cdots(答)$$

(3) 電場から作用する力が荷電粒子に対して行う単位時間当たりの仕事は

$$P = qE\cos\delta \times v = kv^2$$

であり，(2)の結果を用いると

$$P = \frac{k(qE)^2}{k^2 + (m\omega - qB)^2} \quad \cdots(答)$$

(4) (3)の結果の式で，P が最大になるのは

$$m\omega - qB = 0 \quad \therefore \quad \omega = \frac{qB}{m} = \omega_0 \quad \cdots③$$

となるときであり，このとき

$$P = \frac{(qE)^2}{k} = P_0 \quad \cdots④$$

である。

$P = \dfrac{P_0}{2}$ となるとき

$$\frac{P_0}{2} = \frac{(qE)^2}{2k} = \frac{k(qE)^2}{k^2 + (m\omega - qB)^2}$$

であるから，これを整理して

$$(m\omega - qB)^2 = k^2$$

$$m\omega - qB = \pm k$$

$$\therefore \quad \omega = \frac{qB}{m} \pm \frac{k}{m}$$

となる。題意より $\omega_2 > \omega_1$ であるから

$$\omega_1 = \frac{qB}{m} - \frac{k}{m}, \quad \omega_2 = \frac{qB}{m} + \frac{k}{m}$$

$$\therefore \quad \Delta\omega = \omega_2 - \omega_1 = \frac{2k}{m}$$

となる。④より $k = \dfrac{(qE)^2}{P_0}$，③より $q = \dfrac{m\omega_0}{B}$ であるから

$$\Delta\omega = \frac{2}{m} \times \frac{(qE)^2}{P_0} = \frac{2E^2}{mP_0} \times q^2 = \frac{2E^2}{mP_0} \times \left(\frac{m\omega_0}{B}\right)^2$$

$$\therefore \quad m = \frac{P_0}{2}\left(\frac{B}{E\omega_0}\right)^2 \boldsymbol{\Delta\omega} \quad \cdots(\text{答})$$

解　説

I．▶(1)　交流回路であっても，直列に接続された各素子に流れる電流は共通である。回路を流れる電流 $I = I_0 \sin\omega t$ に対して

● 抵抗器 R

抵抗器にかかる電圧 V_R は，電流 I と同位相であり

$$V_R = RI = RI_0\sin\omega t$$

● コイル L

交流回路の抵抗に相当する誘導リアクタンスは ωL である。また，コイルにかかる電圧 V_L の位相は，電流 I より $\dfrac{\pi}{2}$ 進むから

$$V_L = \omega L I_0 \sin\left(\omega t + \frac{\pi}{2}\right) = \omega L I_0 \cos\omega t$$

となる。あるいは

$$V_L = L\frac{dI}{dt} = \omega L I_0 \cos\omega t$$

● コンデンサー C

交流回路の抵抗に相当する容量リアクタンスは $\dfrac{1}{\omega C}$ である。また，コンデンサーにかかる電圧 V_C の位相は，電流 I より $\dfrac{\pi}{2}$ 遅れるから

$$V_C = \frac{I_0}{\omega C}\sin\left(\omega t - \frac{\pi}{2}\right) = -\frac{I_0}{\omega C}\cos\omega t$$

となる。あるいは

$$V_C = \frac{1}{C}\int I dt = -\frac{I_0}{\omega C}\cos\omega t$$

となる。

これらの和が電源の電圧 V に等しいから，$V = V_R + V_L + V_C$ であり，〔解答〕で示した式になる。

あるいは，右図のような位相関係を示すベクトル図から

$$V_0 = \sqrt{V_{R0}{}^2 + (V_{L0} - V_{C0})^2}$$

$$\tan\delta = \frac{V_{L0} - V_{C0}}{V_{R0}}$$

電流と電圧の最大値の関係

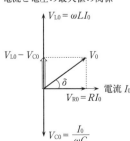

を計算してもよい。

$$Z = \sqrt{R^2 + \left(\omega L - \frac{1}{\omega C}\right)^2}$$

は，回路全体の抵抗に相当するインピーダンスであり，$V_0 = ZI_0$ の関係がある。

▶(2)　交流電源が回路に供給する電力 P は

$$\begin{aligned}
P &= VI \\
&= V_0 \sin(\omega t + \delta) \times I_0 \sin \omega t \\
&= \left\{RI_0 \sin \omega t + \left(\omega L - \frac{1}{\omega C}\right)I_0 \cos \omega t\right\} \times I_0 \sin \omega t \\
&= RI_0{}^2 \sin^2 \omega t + \left(\omega L - \frac{1}{\omega C}\right)I_0{}^2 \sin \omega t \cos \omega t
\end{aligned}$$

である。時間平均をとると

$$\overline{\sin^2 \omega t} = \frac{1}{2}, \quad \overline{\sin \omega t \cos \omega t} = 0$$

であるから

$$\overline{P} = \frac{1}{2}RI_0{}^2$$

となる。したがって，電力を消費するのは抵抗器だけであることがわかるが，抵抗器の消費電力の時間平均が $\frac{1}{2}RI_0{}^2\left(=RI_e{}^2,\ 実効値 I_e = \dfrac{I_0}{\sqrt{2}}\right)$ であることは，記憶しておくべきである。

▶(3)　$\overline{P}$ が最大になるのは

$$\omega L - \frac{1}{\omega C} = 0$$

すなわち，交流回路の合成リアクタンスが 0 になる場合である。このとき，回路は直列共振の状態となっていて，抵抗器にかかる電圧の最大値は V_0 である。

▶(4)　$\Delta \omega = \omega_2 - \omega_1$ は半値幅と呼ばれる量である（高校物理では扱わない）。

Ⅱ．▶(1)　等速円運動は，静止系の立場から運動方程式をつくることもできるが，本問の問題文にしたがうと，荷電粒子とともに回転する立場で遠心力を考慮して，つりあいの式をつくることになる。

▶(2)　v を求めるときに δ を消去するが，$\cos^2 \delta + \sin^2 \delta = 1$ の関係を用いるのは常套手段である。

▶(3)　荷電粒子の速さは一定であるから，電場が荷電粒子に対して行う仕事は熱となって，荷電粒子やガスの温度が上昇することになる。計算結果によると，この仕事は電場の強さ E の 2 乗に比例している。

　磁場から作用するローレンツ力は仕事をしないが，$\omega = \omega_0 = \dfrac{qB}{m}$ のときに，電場が

する仕事は最大になり，一種の共振現象が生じていると考えられる。

テーマ

固有振動する系に外部から周期的な作用を与えるとき，系の固有振動の周期と外部からの作用の周期が近いと，外部からの作用が小さくても，系に大きなエネルギーが与えられる現象を，共振または共鳴という。

56

解答

I．(1) 領域 A_1 内でローレンツ力を受け，粒子 P の運動は等速円運動の一部となる（図1）。
円軌道の半径を r として，運動方程式を作ると

$$m\frac{v^2}{r} = qvB$$

$$\therefore \quad r = \frac{mv}{qB}$$

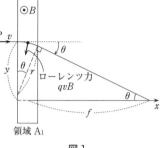

図1

となり

$$\theta \fallingdotseq \sin\theta = \frac{d}{r} = \frac{qBd}{mv} \quad \cdots（答）$$

(2) 図1で

$$\frac{y}{f} = \tan\theta$$

となるが

$$\tan\theta \fallingdotseq \sin\theta = \frac{qBd}{mv} \qquad B = by$$

とすると

$$\frac{y}{f} \fallingdotseq \frac{qd}{mv} \times by \quad \therefore \quad f \fallingdotseq \frac{mv}{qbd} \quad \cdots（答）$$

(3) $z=0$ の平面内の磁場が，$y>0$ のときに z 軸の正の向き，$y<0$ のときに z 軸の負の向きとなればよいから

$$I_1 > 0, \quad I_2 < 0 \quad \cdots（答）$$

II．(1) 粒子 Q の質量を M とすると，I(1)の結果より

粒子 P について　　$\theta_0 \fallingdotseq \dfrac{qd}{mv} \times by_0$

粒子 Q について　　$\dfrac{\theta_0}{2} \fallingdotseq \dfrac{qd}{Mv} \times by_0$

以上より　　$M = 2m \quad \cdots（答）$

(2) 図2より，粒子 P が領域 A_2 に入る際の y 座標を y_P とすると

$$y_P = -\frac{1}{2}y_0$$

よって，y_0 の $-\dfrac{1}{2}$ 倍　　$\cdots（答）$

また，粒子Qが入射時のy座標によらず通過する点を $(x, y) = (f', 0)$ とすると，Ⅰ(2)と同様に

$$f' \fallingdotseq \frac{Mv}{qbd} = \frac{2mv}{qbd} = 2f$$

となるから，図2より，粒子Qが領域 A_2 に入る際のy座標をy_Qとすると

$$y_Q = \frac{1}{4}y_0$$

よって，y_0 の $\dfrac{1}{4}$ 倍　…(答)

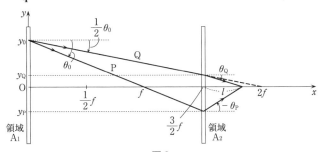

図2

(3)　Ⅰの計算と同様に，粒子Pが領域 A_2 を通過する際に運動方向が変化する角度は

$$\frac{qd}{mv} \times kb \times \left(-\frac{1}{2}y_0\right) = -\frac{k}{2} \times \frac{qdby_0}{mv} = -\frac{k}{2}\theta_0$$

である。領域 A_1 を通過した際の変化とあわせて，粒子Pが領域 A_2 を通過した後の運動方向のx軸からの角度をθ_Pとすると

$$\theta_P = \theta_0 - \frac{k}{2}\theta_0 = \left(1 - \frac{k}{2}\right)\theta_0 \quad \text{…(答)}$$

同様に，粒子Qが領域 A_2 を通過した後の運動方向のx軸からの角度をθ_Qとすると

$$\theta_Q = \frac{\theta_0}{2} + \frac{qd}{2mv} \times kb \times \frac{1}{4}y_0 = \frac{\theta_0}{2} + \frac{k}{8}\theta_0$$

$$= \left(1 + \frac{k}{4}\right)\frac{\theta_0}{2} \quad \text{…(答)}$$

(4)　粒子Pと粒子Qがx軸上の同じ点を通過するとき，図2のような関係となる。領域 A_2 から交点までの距離をlとすると

$$l\tan(-\theta_P) = \frac{1}{2}y_0$$

$$l\tan\theta_Q = \frac{1}{4}y_0$$

が成立するから

$$\frac{y_0}{l} = 2\tan(-\theta_P) = 4\tan\theta_Q \qquad \therefore \quad -\tan\theta_P = 2\tan\theta_Q$$

$\tan\theta_P \fallingdotseq \theta_P$, $\tan\theta_Q \fallingdotseq \theta_Q$ とすると

$$-\left(1-\frac{k}{2}\right)\theta_0 = 2\times\left(1+\frac{k}{4}\right)\frac{\theta_0}{2}$$

よって $k=8$ …(答)

解 説

Ⅰ． ▶(1) 磁場から作用するローレンツ力が向心力となって，粒子Pは領域 A_1 内で等速円運動を行う。運動方向が変化する角度 θ は，軌道の円弧の中心角に等しいことに注意。なお，図の都合で大きく描いているが，図1の θ は微小な角度という設定である。

▶(2) 粒子Pの運動の焦点となる位置を求めるが，幾何的な関係を表し，近似式を利用した計算を行うだけである。

▶(3) 電磁石に電流を流すと，磁束が鉄芯を貫く。このとき，鉄芯のギャップの付近に磁場が生じる。

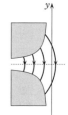

$I_1>0$ のとき，左側の電磁石による磁力線の様子は右図のようになる。右側の電磁石も考慮すると，合成磁場の磁力線の様子は下図のようになる。

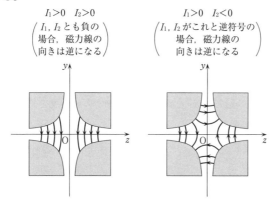

$I_1>0$ $I_2>0$
$\begin{pmatrix} I_1, I_2 \text{とも負の} \\ \text{場合，磁力線の} \\ \text{向きは逆になる} \end{pmatrix}$

$I_1>0$ $I_2<0$
$\begin{pmatrix} I_1, I_2 \text{がこれと逆符号の} \\ \text{場合，磁力線の} \\ \text{向きは逆になる} \end{pmatrix}$

したがって，z 軸方向に磁場が生じて，$y>0$ のときに $B>0$，$y<0$ のときに $B<0$ となるのは，$I_1>0$，$I_2<0$ の場合である。

Ⅱ． ▶(1) 粒子PとQについて，それぞれ，Ⅰ(1)の結果を利用する。

▶(2) 粒子Qについても焦点の位置を求めて，粒子PとQの軌道を図示すれば，わかりやすい。

▶(3) Ⅰと同様に，荷電粒子が領域 A_2 を通過する際に運動方向が変化する角度を求めればよいが，粒子Pが領域 A_2 に入射するときは $y<0$ であるから，y 軸の正の向き

に曲がることに注意。

▶(4) Ⅱ(3)の結果を用いて，幾何的な関係を表し，計算を行えばよい。

テーマ

　連続的な粒子の流れを粒子ビームという。凸レンズによって光線を収束させるように，荷電粒子が電場から受ける静電気力や，磁場から受けるローレンツ力を適当に利用すると，荷電粒子のビームを収束させることができる。

　荷電粒子ビームを収束させるレンズには，電場を用いる静電型と，磁場を用いる電磁型があるが，本問は後者のひとつである「四重極電磁石」を題材としたものであり，実際に加速器で用いられている装置である。

　電磁気分野の内容は簡単であるが，題意に沿って適切な図を描いて，幾何的な関係を正しく表し，近似計算をするのがポイントになる。

57

解 答

Ⅰ. 陽子が電極 a, b 間でされる仕事は qV であるから

$$\frac{1}{2}mv_0{}^2 = qV \quad \cdots① \qquad \therefore \quad v_0 = \sqrt{\frac{2qV}{m}} \quad \cdots(答)$$

Ⅱ. (1) 陽子は偏向部を通り抜けるとき，z 軸の正の向きに，大きさ qE の力を電界から受け，この向きに加速度 $a = \dfrac{qE}{m}$ をもつ（右図）。y 軸方向は速さ v_0 の等速度運動であるから，電極 c, d 間を通過する時間は $t_1 = \dfrac{l}{v_0}$

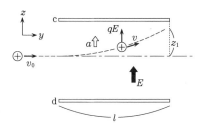

となり，z 軸方向の等加速度直線運動の関係より

$$z_1 = \frac{1}{2}at_1{}^2 = \frac{qE}{2m}\left(\frac{l}{v_0}\right)^2 \quad \cdots(答)$$

(2) 陽子が電極 c に衝突する限界では，$z_1 = h$ となるから，(1)より

$$h = \frac{qE_1}{2m}\left(\frac{l}{v_0}\right)^2 \qquad \therefore \quad E_1 = \frac{2hmv_0{}^2}{ql^2} = \frac{4h}{ql^2} \times \frac{1}{2}mv_0{}^2$$

となる。①を用いると

$$E_1 = \frac{4h}{ql^2} \times qV = \frac{4hV}{l^2} \quad \cdots(答)$$

Ⅲ. Ⅱの式より，$z_1 = \dfrac{El^2}{4V}$ となる。これは電荷 q や質量 m の値に依存していないから，アルファ粒子を用いても，結果は同じになる。すなわち

$$z_2 = z_1 \quad \cdots(答)$$

Ⅳ. (1) 電極 c, d 間に磁界をかけると，陽子はローレンツ力を受ける。陽子が偏向部を直進するのは，電界から作用する力とローレンツ力がつりあうときであるから（右図）

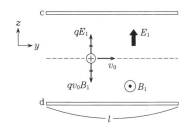

$$qv_0B_1 = qE_1$$

$$\therefore \quad B_1 = \frac{E_1}{v_0} \quad \cdots(答)$$

である。y 軸方向は等速度運動を行うから

$$T_1 = \frac{l}{v_0} \quad \cdots (答)$$

(2)　ローレンツ力は仕事をせず，電界から作用する力による仕事の分，陽子の運動エネルギーが変化するから

$$\frac{1}{2}mv_1{}^2 - \frac{1}{2}mv_0{}^2 = qE_1z_3$$

$$\frac{1}{2}mv_1{}^2 = \frac{1}{2}mv_0{}^2 + qE_1z_3 = qV + qE_1z_3 = q(V + E_1z_3)$$

$$\therefore \quad v_1 = \sqrt{\frac{2q(V + E_1z_3)}{m}} \quad \cdots (答)$$

(3)　IIで求めたように，$B=0$ のときの通過時間 t_1 は T_1 に等しい。$0<B<B_1$ のとき，電界から作用する力の方がローレンツ力より大きいから，陽子は $+z$ 方向に偏向し，ローレンツ力は右図のように作用する。したがって，$+y$ 方向に加速されることになるから，通過時間 T は T_1 より小さくなる。

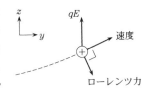

　　よって，これを満たすグラフは　　　(ア)　…(答)

解　説

▶ I．陽子が電極 a，b 間でされた仕事は，陽子の運動エネルギーになる。

▶ II．偏向部に電界だけがある場合，z 軸方向に一定の力を受けるので，重力による放物運動（水平投射）と同様に扱えばよい。

▶ III．同じ計算を繰り返さなくても，IIの結果の式をみれば，アルファ粒子を用いた実験の結果はわかる。

IV．▶(1)　偏向部に電界だけがある場合，陽子はIIのような放物運動を，逆に，偏向部に磁界だけがある場合は，y-z 面内で等速円運動を行う。偏向部に入射するとき，電界から作用する力と磁界から作用するローレンツ力は互いに逆向きであるから，大きさが等しければつりあって，陽子は等速度で直進する。

▶(2)・(3)　$0<B<B_1$ にすると，電界から作用する力の方がローレンツ力より大きい。陽子の運動は単純ではないが，運動の詳細がわからなくても，仕事とエネルギーの関係を適用することはできる。

　(2)では，ローレンツ力は常に陽子の速度と垂直な方向に作用するから，仕事をしないことに注意。ただし，ローレンツ力を y 軸方向と z 軸方向に分解すると，y 軸方向の分力は正の仕事，z 軸方向の分力は負の仕事をしていて，これらの和が0となる。(3)では，これを用いている。

58

解 答

Ⅰ．(1)　陽子が磁界中を動くと，ローレンツ力を受け
る（右図）。その大きさ f は

$$f = evB \quad \cdots (\text{答})$$

(2)　$+x$ 方向（x 軸の正の向き）

(3)　ローレンツ力を向心力として，陽子は等速円運動
を行う。その半径を R とすると

$$m\frac{v^2}{R} = evB \qquad \therefore \quad R = \frac{mv}{eB} \quad \cdots (\text{答})$$

Ⅱ．Ⅰの等速円運動の周期 T は

$$T = \frac{2\pi R}{v} = \frac{2\pi m}{eB}$$

であり，速さ v には無関係である。

　z 軸方向の速度成分 v_z はローレンツ力に無関係であり，Ⅰと同様，陽子は z 軸に垂
直な方向では等速円運動を行い，その周期は T に等しい。z 軸に平行な方向では等
速度運動を行い，全体として，らせん運動になるから，陽子がらせんを1周する間に
z 軸方向に進む距離は

$$v_z T = \frac{2\pi m v_z}{eB} \quad \cdots (\text{答})$$

Ⅲ．$W = \dfrac{1}{2} m v_y{}^2$ であるから

$$v_y = \sqrt{\frac{2W}{m}}$$

となる。Ⅰを参照して，陽子が検出される位置は（図1）

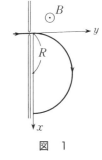

$$x = 2R = \frac{2mv_y}{eB} = \frac{2m}{eB}\sqrt{\frac{2W}{m}}$$

$$= \frac{2}{eB}\sqrt{2mW} \quad \cdots (\text{答})$$

$$z = 0 \quad \cdots (\text{答})$$

図　1

Ⅳ．陽子と重陽子が同じ軌跡を描くとき，Ⅲの結果を用いると

$$\frac{2}{eB}\sqrt{2mW_{\mathrm{p}}} = \frac{2}{eB}\sqrt{2 \cdot 2m \cdot W_{\mathrm{d}}}$$

$$\therefore \quad \frac{W_d}{W_p} = \frac{1}{2}\text{倍} \quad \cdots(\text{答})$$

Ⅴ．$+z$ 方向に一様な電界 E をかけると，陽子 p に対して，$+z$ 方向に大きさ eE の力が作用する（図2）。p は $+z$ 方向に加速され，その加速度は $a_p = \dfrac{eE}{m}$ と表されるが，Ⅱと同様，この運動は z 軸方向に垂直な方向の等速円運動と無関係である。

したがって，Ⅲと同様に，p が検出される位置の x 座標 x_p は

$$x_p = \frac{2}{eB}\sqrt{2mW_p} \quad \cdots(\text{答})$$

である。また，z 軸に垂直な方向で半円を描く時間を t_p とすると，$t_p = \dfrac{T}{2} = \dfrac{\pi m}{eB}$ であるから，等加速度直線運動の公式を用いると，p が検出される位置の z 座標 z_p は

$$z_p = \frac{1}{2}a_p t_p^2 = \frac{eE}{2m}\left(\frac{\pi m}{eB}\right)^2 = \frac{\pi^2 mE}{2eB^2} \quad \cdots(\text{答})$$

Ⅵ．$+z$ 方向に一様な電界 E をかけても，z 軸に垂直な方向の運動は影響を受けないから，d が検出される位置の x 座標 x_d は

$$x_d = x_p = \frac{2}{eB}\sqrt{2mW_p} = \frac{4}{eB}\sqrt{mW_d} \quad \cdots(\text{答})$$

である。また，$+z$ 方向で，電界から作用する力の大きさ eE は等しく，加速度 a_d は $a_d = \dfrac{eE}{2m} = \dfrac{1}{2}a_p$ となり，z 軸に垂直な方向で半円を描く時間を t_d とすると $t_d = \dfrac{\pi \cdot 2m}{eB}$ $= \dfrac{2\pi m}{eB}$ であるから，p が検出される位置の z 座標 z_d は

$$z_d = \frac{1}{2}a_d t_d^2 = \frac{eE}{4m}\left(\frac{2\pi m}{eB}\right)^2 = \frac{\pi^2 mE}{eB^2} \quad \cdots(\text{答})$$

図 2

解 説

磁界中を動く荷電粒子には，粒子の速度，磁界のいずれにも垂直な方向に，ローレンツ力が作用する。荷電粒子の電気量を q，速さを v とし，磁界の磁束密度の大きさを B，粒子の速度と磁界のなす角を θ とすると（右図），ローレンツ力の大きさは

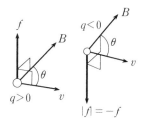

$$f = qvB\sin\theta$$

と表される。

▶Ⅰ．荷電粒子が受けるローレンツ力の向きは，フレミングの左手の法則により，求められる。陽子のような正電荷では，粒子の速度と同じ向きに電流が流れ，電子のよ

うな負電荷では，粒子の速度と逆向きに電流が流れると考えればよい。

▶Ⅱ．等速円運動の半径 R は速さ v に比例するが，周期 T は v には無関係であることに注意。磁界の向きは $+z$ 方向であり，荷電粒子に作用するローレンツ力は，z 軸に垂直な x-y 面で作用する。

▶Ⅲ．Ⅰと同様に扱えばよい。

▶Ⅳ．陽子 proton は，通常の水素の原子核 $^1_1\mathrm{H}^+$ である。原子核に含まれる陽子の数が等しく，中性子の数が異なるものを同位体というが，水素では，重水素，三重水素がある（通常の水素を軽水素ということがある）。重水素の原子核は重陽子 deuteron と呼ばれ，陽子1個，中性子1個からなる。陽子と中性子の質量はほぼ等しいから（陽子の方がわずかに軽い），重陽子の質量は $2m$ となり，$^2_1\mathrm{H}^+$（または，$^2_1\mathrm{D}^+$）と表される。また，三重水素の原子核 triton は，陽子1個，中性子2個からなり，$^3_1\mathrm{H}^+$（または，$^3_1\mathrm{T}^+$）と表される。

▶Ⅴ．陽子 p と重陽子 d は，電気量は等しいから，電界から作用する力の大きさは等しいが，質量が異なるために，加速度は異なる。

▶Ⅵ．電界をかけることにより，陽子 p と重陽子 d を分離することができる。このように，電界や磁界を用いて，原子や分子の質量を測定する装置を，質量分析器という。

3　電流と磁界・電磁誘導

59

2023年度　第2問

解　答

I.　(1)　導線の1周の長さlは，$l = 2\pi r$である。この導線が速さv_0で大きさB_0の永久磁石の磁場を横切るときに生じる誘導起電力の大きさをV_0とすると

$$V_0 = v_0 B_0 l = v_0 B_0 \times 2\pi r$$

誘導起電力の向きは，上から見て時計回りの向きで，J_2が高電位となる向きである。よって，導線はN回巻きであるから，端子J_1を基準とした端子J_2の電位V_1は

$$V_1 = N \cdot V_0 = 2\pi N v_0 B_0 r \quad \cdots (答)$$

(2)　光検出器で検出した光の極大から極小までに着目する。

円盤の位置の変化をΔzとすると，M_1で反射した光とM_2で反射した光の経路差の変化は$2\Delta z$で，これが半波長$\dfrac{\lambda}{2}$であるから

$$2\Delta z = \frac{\lambda}{2}$$

$$\therefore \quad \Delta z = \frac{\lambda}{4} = \frac{c}{4f} \quad (\because \quad c = f\lambda)$$

また，$V(z)$が$\sin(kz)$で周期的な変化をするときの極大から極小までの位相差はπであるから

$$k\Delta z = \pi$$

$$k\frac{c}{4f} = \pi$$

$$\therefore \quad k = \frac{4\pi f}{c} \quad \cdots (答)$$

(3)　可変電源の電圧V_Aは

$$V_A = A\{V(z) - V_L\} = A\{V_L + V_L \sin(kz) - V_L\} = A V_L \sin(kz)$$

物体と円盤が速度vで運動するとき，J_1を基準としたJ_2の電位V_1'は，(1)と同様に

$$V_1' = 2\pi N v B_0 r$$

可変電源と円盤に巻かれた導線，抵抗からなる回路を流れる図2—4中に示された電流をIとすると

$$I = \frac{1}{R}\{2\pi N v B_0 r + A V_L \sin(kz)\}$$

円盤に巻かれた導線が磁場から受ける力の大きさを f とすると

$$f = IB_0 \times 2\pi r \cdot N = \frac{2\pi NB_0 r}{R}\{2\pi Nv B_0 r + AV_\mathrm{L}\sin(kz)\}$$

この力の向きはフレミングの左手の法則より，z 軸の負の向きである。

よって，物体と円盤にはたらく力の合力を F とすると，重力と張力も含めて

$$F = (M+m)\,g - T - \frac{2\pi NB_0 r}{R}\{2\pi Nv B_0 r + AV_\mathrm{L}\sin(kz)\} \quad \cdots(答)$$

(4)　物体と円盤が静止したときは $v=0$ で，円盤に巻かれた導線に生じる誘導起電力が 0 となり，これらにはたらく力の合力は $F=0$ である。

このとき，おもりにはたらく力のつりあいの式より

$$T = Mg$$

つりあいの位置は $z = z_1$ であり，$\sin(kz_1) \fallingdotseq kz_1$ とおくと

$$0 = (M+m)\,g - T - \frac{2\pi NB_0 r}{R} \times AV_\mathrm{L} \cdot kz_1$$

よって

$$z_1 = \frac{mgR}{2\pi NkAB_0 rV_\mathrm{L}} \quad \cdots(答)$$

このときに流れる電流を I_2 とすると

$$I_2 = \frac{1}{R} \cdot AV_\mathrm{L}\sin(kz_1)$$

$$\fallingdotseq \frac{1}{R} \cdot AV_\mathrm{L} \cdot kz_1 = \frac{1}{R} \cdot AV_\mathrm{L} k \cdot \frac{mgR}{2\pi NkAB_0 rV_\mathrm{L}} = \frac{1}{R} \cdot \frac{mgR}{2\pi NB_0 r}$$

よって，電圧計の測定値の絶対値 V_2 は

$$V_2 = RI_2 = \frac{mgR}{2\pi NB_0 r} \quad \cdots(答)$$

(5)　(1)，(4)より，V_1 と V_2 の積を求めると

$$V_1 \times V_2 = 2\pi Nv_0 B_0 r \times \frac{mgR}{2\pi NB_0 r} = v_0 \times mgR$$

$$\therefore \quad m = \frac{V_1 V_2}{gRv_0} \quad \cdots(答)$$

Ⅱ．(1)　P_5 を基準とした P_4 の電位 V は，ホール素子と抵抗での電位差より

$$V = R_\mathrm{H} I_1 - RI_2 \quad \cdots(答)$$

ソレノイド内部の磁場 H の大きさは

$$|H| = |n_1 I_1 - n_2 I_2 - n_3 I_3| \quad \cdots(答)$$

(2)　ソレノイド内部の磁場が $H=0$ となるとき

$$n_1 I_1 - n_2 I_2 - n_3 I_3 = 0$$

$$\therefore \quad I_2 = \frac{n_1 I_1 - n_3 I_3}{n_2}$$

可変電源とソレノイド3を回る閉回路において，キルヒホッフの第2法則より

$$V_A' = R' I_3$$

ここで，可変電源が出力する電圧は

$$V_A' = A V = A (R_H I_1 - R I_2)$$

よって

$$R' I_3 = A (R_H I_1 - R I_2)$$

$$\therefore \frac{R_H}{R} = \frac{I_2}{I_1} + \frac{1}{A} \times \frac{R' I_3}{R I_1} = \frac{n_1 I_1 - n_3 I_3}{n_2 I_1} + \frac{1}{A} \times \frac{R' I_3}{R I_1}$$

$$= \frac{n_1}{n_2}\left(1 - \frac{n_3}{n_1} \cdot \frac{I_3}{I_1}\right) + \frac{1}{A} \times \frac{R' I_3}{R I_1} \quad \cdots ①$$

（答）　ア．$\dfrac{n_1}{n_2}\left(1 - \dfrac{n_3}{n_1} \cdot \dfrac{I_3}{I_1}\right)$ $\left(または \dfrac{n_1 I_1 - n_3 I_3}{n_2 I_1}\right)$

　　　　イ．$\dfrac{R' I_3}{R I_1}$

(3)　与えられた値を代入すると

$$R \fallingdotseq R_H \times \frac{1}{\dfrac{n_1}{n_2}\left(1 - \dfrac{n_3}{n_1} \cdot \dfrac{I_3}{I_1}\right)}$$

$$= 12.9 \times 10^3 \times \frac{1}{\dfrac{1290}{10} \times \left(1 - \dfrac{129}{1290} \times \dfrac{400 \times 10^{-6}}{540 \times 10^{-6}}\right)}$$

$$= \frac{12.9 \times 10^3}{129} \times \frac{1}{1 - \dfrac{4}{54}}$$

$$= \mathbf{108}〔\mathbf{\Omega}〕 \quad \cdots（答）$$

真の値は106Ωであるから，相対誤差をΔ〔％〕とすると

$$\Delta = \frac{108 - 106}{106} \times 100 = 1.88 \fallingdotseq \mathbf{2}〔％〕 \quad \cdots（答）$$

解　説

Ⅰ．▶(1)　速さ v_0 で運動する導線中の電気量 $-e$ $(e > 0)$ の自由電子が，大きさ B_0 の永久磁石の磁場から受けるローレンツ力の大きさ f_L は

$$f_L = e v_0 B_0$$

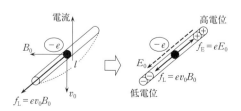

力の向きは，フレミングの左手の法則より，上から見て反時計回りの向きで，J_2 から J_1 へ向かう向きである。この力は，自由電子が導線中に時計回りの向きに生じた強さ E_0 の電場から受ける大きさ f_E の力とつりあうので，$f_E = eE_0$ より

$$eE_0 = ev_0B_0$$
$$\therefore \quad E_0 = v_0B_0$$

導線の1周の長さ $2\pi r$ に生じる電位差 V_0 は

$$V_0 = v_0B_0 \times 2\pi r$$

この電場の向きは上から見て時計回りで，J_1 から J_2 に向かう向きであり，J_1 に対して J_2 が高電位である。よって，N 回巻きの導線の端子 J_1 を基準とした端子 J_2 の電位 V_1 は，符号も含めて

$$V_1 = v_0B_0 \times 2\pi r \cdot N = 2\pi N v_0 B_0 r$$

▶(2)　光源から出た光のうち，ハーフミラーと鏡 M_1 で反射して光検出器に入る光と，鏡 M_2 とハーフミラーで反射して光検出器に入る光とでは，反射の回数が等しいから，反射による位相の変化の差は0である。

光検出器から検出した光の強さに比例した電圧 $V(z)$ は

$$V(z) = V_L + V_L \sin(kz)$$

$V(z)$ が極大となるのは，M_1 で反射した光と M_2 で反射した光が光検出器に届いたときに同位相で強め合った結果である。逆に，$V(z)$ が極小となるのは，これらの光が逆位相で弱め合った結果である。

▶(4)　「A が十分大きい値であったため，物体と円盤は一体のまま非常に小さな振幅で上下に運動し，時間とともにその振幅は減衰した。時間が経過してほぼ静止したと見なせる」とある。これは，次のような減衰振動である。

物体と円盤の加速度を a_z とすると，$\sin(kz) \fallingdotseq kz$ として，運動方程式より

$$(M+m)a_z = (M+m)g - T - \frac{2\pi NB_0r}{R}(2\pi Nv B_0 r + AV_L kz)$$

おもりについても

$$Ma_z = T - Mg$$

よって

$$(2M+m)a_z = mg - \frac{2\pi NB_0r}{R}(2\pi Nv B_0 r + AV_L kz)$$

$$= mg - \frac{(2\pi NB_0r)^2}{R}v - \frac{2\pi NB_0 r A V_L k}{R}z \quad \cdots ②$$

一般に，運動方程式が

(i) $ma_z = -kz$　（k は定数）

$$\left(\text{微分形で } m\frac{d^2z}{dt^2} = -kz, \text{ または } \frac{d^2z}{dt^2} = -\omega^2 z \quad \text{ただし，} \omega = \sqrt{\frac{k}{m}}\right)$$

と書かれた場合，これは復元力 kz による原点を振動中心とする単振動である。

(ii) $ma_z = -cv - kz$ （c は定数）

$$\left(微分形で \ m\frac{d^2z}{dt^2} = -c\frac{dz}{dt} - kz, \ または \ \frac{d^2z}{dt^2} = -2\gamma\frac{dz}{dt} - \omega^2 z\right)$$

と書かれた場合，これは復元力 kz と，速度 v に比例する抵抗力 cv が存在するもので，減衰振動である。

c が大きい（$\gamma > \omega$）とき，下図(a)のような減衰振動をし，過減衰という。

c が小さい（$\gamma < \omega$）とき，下図(b)のような減衰振動をする。

本問では A が十分大きい値であるから，k が十分大きく，c が十分小さいので，上下に振動して振幅が減衰し，時間が経過して静止する。

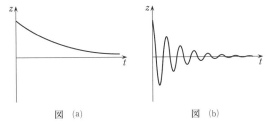

図 (a)　　　　　　図 (b)

時間が経過して，物体と円盤が静止したとき，②で $a_z = 0$，$v = 0$，$z = z_1$ とおくと

$$0 = mg - \frac{2\pi NB_0 rAV_Lk}{R}z_1 \qquad \therefore \quad z_1 = \frac{mgR}{2\pi NB_0 rAV_Lk}$$

となり，(4)の答えに一致する。

II. ▶(1) P_3 を基準とした P_4 の電位は $R_H I_1$，抵抗値 R での電圧降下は RI_2 である。

これは右図の閉回路を P_5 から反時計回りに 1 周するキルヒホッフの第 2 法則の式より

$$V - R_H I_1 + RI_2 = 0$$

と考えることもできる。

ソレノイド内部の磁場の向きと大きさは，ソレノイド1では右向きに大きさが $n_1 I_1$，ソレノイド 2，3 ではともに左向きに大きさがそれぞれ $n_2 I_2$，$n_3 I_3$ である。

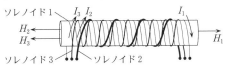

▶(2) 可変電源とソレノイド 3 を回る閉回路は，次図の通りである。

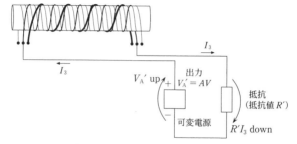

①より，A が大きいとき，$\dfrac{1}{A} \fallingdotseq 0$ とおくと

$$\frac{R_H}{R} \fallingdotseq \frac{n_1}{n_2}\left(1 - \frac{n_3}{n_1}\cdot\frac{I_3}{I_1}\right)$$

$$\therefore \quad R \fallingdotseq R_H \times \left\{\frac{n_1}{n_2}\left(1 - \frac{n_3}{n_1}\cdot\frac{I_3}{I_1}\right)\right\}^{-1}$$

が得られる。

このとき，題意のように $\dfrac{n_3}{n_1}$ を小さくすると，$\dfrac{n_2}{n_1}$ が $\dfrac{R}{R_H}$ に近い値となる。

テーマ

　質量を精密に測定する装置（ワット天秤）についての問題である。

　ワット天秤（またはキッブル天秤）は，試料の重さを電流および電圧を用いて測定する装置である。電流および電圧の単位は，光速や電気素量，プランク定数などの定数を用いて定義できるので，質量もこれらの定数を用いて定義できることになる。このような定義は，劣化したり破損したりする可能性のある国際キログラム原器による定義よりも優れていると考えられ，国際キログラム原器による定義は 2019 年に廃止された。ワット天秤の名称は，試料の質量が電流と電圧の積，すなわちワット単位で測定できる量に比例することに由来し，キッブル天秤の名称は，この天秤の発案者のブライアン=キッブルに由来する。

　見慣れない装置の問題であるが，ひとつひとつの設問は比較的易しめの設定になっているので，装置や回路の複雑さに惑わされず，問題の誘導に従って説明を丁寧に読んでいくことが必要である。

Ⅰ．(2)のマイケルソン干渉計は他の問題設定には関わらず，光波の干渉条件だけの問題，(3)・(4)は円盤にはたらく合力と運動方程式の問題である。

Ⅱ．ここでのホール素子はホール効果の知識を必要とせず，端子間の電圧だけが問題となっている。(2)は，3つのソレノイドを流れる電流を含む閉回路を見極めて，キルヒホッフの第2法則の式をつくるだけでよい。

●出題の意図（東京大学　発表）

　　キログラムの定義に用いられるワット天秤（キッブル天秤）は，誘導起電力，ローレンツ力，電気回路の組み合わせによって理解することができます。これを題材として，電気と磁気の現象を基礎に立ち返って把握・分析する力を問うています。

60

解答

I．(1) ア．台車の中心が $Q_1 Q_2$ 間を移動するとき，図2－1のコイルを貫く磁場の面積の変化を ΔS とすると

$$\Delta S = Ld$$

よって

$$\Delta \Phi = B\Delta S = BLd \qquad \text{(答)} \quad \text{ア．} \boldsymbol{BLd}$$

イ．この間の誘導起電力の平均値 $\overline{E}$ は

$$\overline{E} = -\frac{\Delta \Phi}{\Delta t} = -\frac{BLd}{\dfrac{d}{v_a}} = -v_a BL$$

この間に抵抗で発生するジュール熱の総和を Q とすると

$$Q = \frac{|\overline{E}|^2}{R} \Delta t = \frac{|-v_a BL|^2}{R}\frac{d}{v_a} = \frac{v_a B^2 L^2 d}{R} \qquad \text{(答)} \quad \text{イ．} \frac{\boldsymbol{v_a B^2 L^2 d}}{\boldsymbol{R}}$$

(2) 運動エネルギーの変化と仕事の関係より，台車の運動エネルギーの変化は，抵抗を流れる電流がした仕事，すなわち抵抗で消費されたジュール熱の総和に等しい。

$$\frac{1}{2}mv_1{}^2 - \frac{1}{2}mv_0{}^2 = -\frac{v_a B^2 L^2 d}{R}$$

$$\frac{1}{2}m(v_1 - v_0)(v_1 + v_0) = -\frac{v_0 + v_1}{2}\frac{B^2 L^2 d}{R}$$

$$\therefore \quad v_1 = v_0 - \frac{\boldsymbol{B^2 L^2 d}}{\boldsymbol{mR}} \quad \cdots \text{(答)}$$

II．(1) 台車の中心が Q_1 から Q_2 へ移動する間，設問 I と同様の近似で，コイルは速さ v_a で等速直線運動をしているとする。このとき，磁場を横切るコイルの右辺に生じる誘導起電力の大きさは $v_a BL$ で，この向きはダイオードの順方向となる。コイルに流れる電流の大きさを I とすると，キルヒホッフの第2法則より

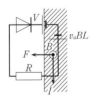

$$v_a BL - V = RI$$

$$\therefore \quad I = \frac{\boldsymbol{v_a BL - V}}{\boldsymbol{R}} \quad \cdots \text{(答)}$$

(2) コイルの右辺だけが磁場からローレンツ力 F を受け，その向きは，フレミングの左手の法則より，x 軸負の向きであるから

$$F = -IBL = -\frac{(v_a BL - V)\,BL}{R} \quad \cdots (答)$$

(3)　コイルの左辺に生じる誘導起電力の向きは，電池の起電力 V の向きと同じ向きでダイオードの逆方向であるので，コイルに電流は流れない。

よって，ローレンツ力は　　**0**　…(答)

(4)　台車が磁場を1回通過するとき，$Q_1 Q_2$ 間ではコイルに電流が流れ，

$$|F|\cdot d = \frac{(v_a BL - V)\,BLd}{R}$$ だけ台車の運動エネ

ルギーが減少するが，$Q_3 Q_4$ 間ではコイルに電流が流れないのでローレンツ力は生じず台車の運動エネルギーは変化しない。

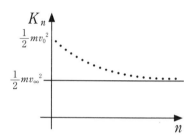

すなわち，台車が P_2 を1回通り抜けるごとに運動エネルギーが減少し，それによって v_a も減少するので，運動エネルギーの減少分も1回ごとに小さくなり，最後は一定の運動エネルギー $\frac{1}{2}mv_\infty{}^2$ に漸近する。

よって，最も適切なグラフは　　**③**　…(答)

(5)　速さが v_∞ で一定になったときは，台車の加速度が0であるから，コイルに働くローレンツ力は0である。設問Ⅱ(2)より

$$F = -IBL = -\frac{(v_\infty BL - V)\,BL}{R} = 0$$

$$\therefore \quad v_\infty = \frac{V}{BL} \quad \cdots (答)$$

Ⅲ.　(1)　台車の中心が $Q_1 Q_2$ 間を移動するときは，下図のような等価回路となり，2つのコイルの右辺に生じる誘導起電力の向きはダイオードの順方向の電圧となる。

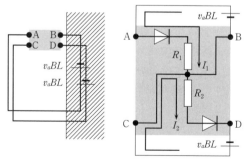

このとき，端子Dから左回りに端子Cを通って端子Bまでは，起電力 $v_a BL$ によって電位が上がる。さらに端子Bから端子Aまでは，起電力 $v_a BL$ によって電位が上がる。よって

端子Aの電位：$2v_aBL$
端子Bの電位：v_aBL } …(答)

(2) 抵抗 R_1, R_2 を流れる電流をそれぞれ I_1, I_2 とすると，上図の閉回路において，キルヒホッフの第2法則より

$$v_aBL = R_1 I_1 \quad \therefore \quad I_1 = \frac{v_aBL}{R_1}$$

$$v_aBL = R_2 I_2 \quad \therefore \quad I_2 = \frac{v_aBL}{R_2}$$

このとき，台車の移動時間は $\Delta t = \dfrac{d}{v_a}$ であり，この間に2つの抵抗で発生したジュール熱の総和を W とすると

$$W = R_1 I_1{}^2 \Delta t + R_2 I_2{}^2 \Delta t$$

$$= R_1 \left(\frac{v_aBL}{R_1}\right)^2 \frac{d}{v_a} + R_2 \left(\frac{v_aBL}{R_2}\right)^2 \frac{d}{v_a}$$

$$= v_a B^2 L^2 d \left(\frac{1}{R_1} + \frac{1}{R_2}\right)$$

台車の中心が Q_3Q_4 間を移動するときは，次図のような等価回路となり，2つのコイルの左辺に生じる誘導起電力の向きはダイオードの逆方向の電圧となる。

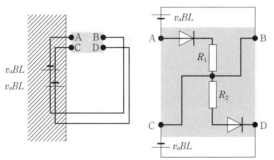

このとき，回路に電流は流れないので，2つの抵抗で発生したジュール熱の総和は0である。

よって，区間 P_0P_2 を通り過ぎた後の台車の運動エネルギーの変化は，区間 P_0P_1 間で発生したジュール熱の総和に等しく，運動エネルギーの変化と仕事の関係より

$$\frac{1}{2} mv_2{}^2 - \frac{1}{2} mv_0{}^2 = -W$$

$$= -v_a B^2 L^2 d \left(\frac{1}{R_1} + \frac{1}{R_2}\right)$$

ここで，Q_3Q_4 間を移動するときの速さの変化はないので，$v_2 = v_1$ となり

$$v_a = \frac{v_0 + v_1}{2} = \frac{v_0 + v_2}{2}$$

を用いると

$$\frac{1}{2}m(v_2 - v_0)(v_2 + v_0) = -\frac{v_0 + v_2}{2}B^2L^2d\left(\frac{1}{R_1} + \frac{1}{R_2}\right)$$

$$v_2 - v_0 = -\frac{B^2L^2d}{m}\left(\frac{1}{R_1} + \frac{1}{R_2}\right)$$

$$\therefore \quad |v_2 - v_0| = \frac{B^2L^2d}{m}\left(\frac{1}{R_1} + \frac{1}{R_2}\right) \quad \cdots (答)$$

$R_1 + R_2 = 6R$ より，R_2 を消去して

$$|v_2 - v_0| = \frac{B^2L^2d}{m}\left(\frac{1}{R_1} + \frac{1}{6R - R_1}\right)$$

$$= \frac{B^2L^2d}{m} \cdot \frac{6R}{R_1(6R - R_1)}$$

$$= \frac{B^2L^2d}{m} \cdot \frac{6R}{-(R_1 - 3R)^2 + 9R^2}$$

よって，$|v_2 - v_0|$ が最小となるためには

$$R_1 = 3R \quad \cdots (答)$$

別解1 I. (2) 台車の中心が Q_1Q_2 間を移動するとき，台車の加速度を a，コイルを流れる電流を i とすると，コイルを流れる電流が磁場から受ける力（ローレンツ力）は運動方向と逆向きに iBL であるから，台車の運動方程式より

$$ma = -iBL$$

$$a = -\frac{iBL}{m} = -\frac{\frac{|\overline{E}|}{R}BL}{m} = -\frac{v_aB^2L^2}{mR}$$

等加速度直線運動の式より

$$v_1 = v_0 + a\Delta t = v_0 - \frac{v_aB^2L^2}{mR}\frac{d}{v_a} = v_0 - \frac{B^2L^2d}{mR}$$

別解2 I. (2) 運動量の変化と力積の関係より

$$mv_1 - mv_0 = -iBL \cdot \Delta t$$

$$= -\frac{v_aB^2L^2}{R} \cdot \frac{d}{v_a}$$

$$\therefore \quad v_1 = v_0 - \frac{B^2L^2d}{mR}$$

解　説

I. ▶(1) 台車の中心が Q_1 から Q_2 へ移動する間は，コイルの右辺だけが磁場を横切るので，この部分に生じる誘導起電力の大きさは

$$|\overline{E}| = v_aBL$$

である。

▶(2)　台車の運動エネルギーの変化は，コイルを流れる電流が磁場から受ける力（ローレンツ力）がした仕事に等しいと考えると

$$\frac{1}{2}mv_1{}^2 - \frac{1}{2}mv_0{}^2 = -iBL \cdot d$$

$$= -\frac{v_a B^2 L^2 d}{R}$$

である。

Ⅱ．▶(1)　リード文の「台車は磁場を通過することにより減速した」から，コイルが磁場から受けるローレンツ力の向きが，運動の向きと逆向きであることがわかる。そのためには，フレミングの左手の法則より，回路を流れる電流は右回り（時計回り）でなければならず，磁場を横切るコイルの右辺では〔解答〕の図の下向きの電流となり，コイルに生じる誘導起電力 $v_a BL$ が電池の起電力 V より大きくなければならない。

電池の起電力 V がコイルに生じる誘導起電力 $v_a BL$ よりも大きいとすると，台車の中心が Q_1 から Q_2 へ移動する間は，起電力の和は〔解答〕の図の回路に左回り（反時計回り）の向きとなるので，ダイオードの逆方向の電圧となり，回路に電流は流れない。また，台車の中心が Q_3 から Q_4 へ移動する間も，電池の起電力とコイルに生じる誘導起電力は，ダイオードの逆方向の電圧となり，回路に電流は流れない。

回路に電流が流れないと，ローレンツ力は生じないので，速さは減少せず，$v_0 = v_1 = v_2$ となり，題意に反する。

よって，コイルに生じる誘導起電力 $v_a BL$ は電池の起電力 V より大きくなければならない。

▶(2)

> **参考**　本問では，流れる電流によりコイルが磁場から受ける力をローレンツ力と呼んでいるが，本来は，荷電粒子が磁場から受ける力をローレンツ力といい，コイルの導線中を移動する自由電子の電気量の大きさを e とすると，ローレンツ力の大きさは $ev_a B$ である。この移動している自由電子が磁場から受けるローレンツ力の総和が，電流によりコイルが磁場から受ける力である。

▶(3)　コイルの左辺が磁場に進入する瞬間の速さは v_1，磁場から出る瞬間の速さは v_2 である。設問Ⅰと同様の近似で，$|v_2 - v_1|$ は十分小さいので，$v_b = \dfrac{v_1 + v_2}{2}$ とする。

台車の中心が Q_3 から Q_4 へ移動する間，コイルは速さ v_b で等速直線運動をしているとする。このとき，磁場を横切るコイルの左辺に生じる誘導起電力の大きさは $v_b BL$ で，この向きはダイオードの逆方向となり，電池の起電力の向きも合わせて，回路に電流は流れない。よって，コイルが磁場から受けるローレンツ力は 0 である。

▶(5)　$F = -IBL = -\dfrac{(v_\infty BL - V)BL}{R} = 0$ は，コイルに生じる誘導起電力の大きさ

$v_\infty BL$ と電池の起電力の大きさ V が等しく，逆向きで，コイルを流れる電流 I が 0 で
あることを表している。

III.　台車の中心が Q_1Q_2 間を移動するとき，図2−5のA，Bを端子とするコイルと，
C，Dを端子とするコイルでは，ともに磁場を横切るコイルの右辺に下向きに大きさ
v_aBL の誘導起電力が生じるので，図2−6から，(1)の〔解答〕の図のような等価回
路を考える。

台車の中心が Q_3Q_4 間を移動するとき，図2−5のA，Bを端子とするコイルと，C，
Dを端子とするコイルでは，ともに磁場を横切るコイルの左辺に下向きに大きさ
v_bBL の誘導起電力が生じるので，図2−6から，(2)の〔解答〕の図のような等価回
路を考える。

▶(2)　〔解答〕では，設問 I(2)の〔解答〕と同様に，台車の運動エネルギーの変化を，
抵抗で発生したジュール熱の総和に等しいとしたが，設問 I(2)の〔解答〕のように，
台車の運動エネルギーの変化は，コイルを流れる電流が磁場から受ける力（ローレン
ツ力）がした仕事に等しいと考えて

$$\frac{1}{2}mv_2{}^2 - \frac{1}{2}mv_0{}^2 = -I_1BL \cdot d - I_2BL \cdot d$$

$$= -\left(\frac{1}{R_1} + \frac{1}{R_2}\right)v_aB^2L^2d$$

のように求めることもできる。

または，設問 I(2)の〔別解〕と同様に，運動方程式と等加速度直線運動の式，運動量
の変化と力積の関係の式を用いて解答することもできる。

$R_1 = 3R$ のとき

$$|v_2 - v_0| = \frac{2B^2L^2d}{3mR}$$

$$\therefore\quad v_2 = v_0 - \frac{2B^2L^2d}{3mR}$$

これは，ダイオードの入っていない設問 I(2)の v_1 と比較することができる。

　参考　$|v_2 - v_0|$ が最小となるような R_1 を求めるために微分を用いることもできる。
　$|v_2 - v_0|$ の式で

$$f(R_1) = \frac{1}{R_1} + \frac{1}{6R - R_1} = \frac{6R}{-R_1{}^2 + 6RR_1}$$

　とすると，分母のグラフは上に凸であるから，$f(R_1)$ は最小値をもつ。

$$\frac{df(R_1)}{dR_1} = -\frac{6R \cdot (-2R_1 + 6R)}{(-R_1{}^2 + 6RR_1)^2} = 0$$

　よって，$f(R_1)$ は，$R_1 = 3R$ で最小値をとるから，このとき $|v_2 - v_0|$ は最小となる。

　Ⅱ，Ⅲのダイオードは理想的である。すなわち，ダイオードに順方向の電圧がかかるときには電流が流れ，回路はローレンツ力を受けて台車は減速し，ダイオードに逆方向の電圧がかかるときには電流が流れず，回路はローレンツ力を受けないので台車は等速度運動をする。

　電磁誘導の問題では，次の2点に着目する必要がある。

◎力学的な運動方程式と電気回路の方程式（キルヒホッフの第2法則の式）の相互関係

（Type 1）回路に電流 I が流れると，電流が磁場から受ける力 $F=IBl$ が生じる。この力によって回路は運動方程式 $ma=F$ に従う加速度 a をもつ。

（Type 2）回路が速度 v で運動すると，誘導起電力 $V=vBl$ が生じる。この起電力によって回路にはキルヒホッフの第2法則の式 $V=RI$ に従う電流 I が流れる。

◎エネルギー収支

・「回路に供給された仕事またはエネルギー」

　　　　　　＝「回路の運動エネルギーの増加」＋「回路で消費されたエネルギー」

　　Ⅰ(2)では，回路に供給された仕事がないので，「回路の運動エネルギーの減少」＝「回路で消費されたエネルギー（抵抗で発生したジュール熱）」となる。

・回路が速度 v で運動すると，誘導起電力 vBl が発生し，電流 I が流れることによって，単位時間あたり $vBl\cdot I$ の仕事が供給される。同時に，電流 I によって磁場からの力 $-IBl$（速度 v と逆向きの力で仕事は負）が発生し，単位時間あたり $-IBl\cdot v$ の仕事が供給される。このとき，これらの仕事の和は 0 であり，このことはこれらの仕事が相殺されることを表している。すなわち，<u>電磁誘導は，回路内部で力学的な仕事と電磁気学的な仕事の変換をするものであって</u>，誘導起電力がした仕事やローレンツ力がした仕事を，回路の外部から供給された仕事とする必要はなく，また，これらの仕事の一方だけを回路に供給された仕事としてはならないのである。

●出題の意図（東京大学 発表）

　　磁場中を運動する回路を考えることで，誘導起電力とローレンツ力，そしてジュール熱と運動エネルギーのエネルギー収支を問うています。ダイオードや電池などを含む電気回路と力学的な運動を組み合わせた系全体を，統合的に理解できる思考力を求めています。

61

解　答

（注）　レールおよび導体棒の電気抵抗は無視できるものとして解答した。

I．(1)　ア．IBd　イ．下　ウ．X　エ．$V_0 = V$　オ．$\dfrac{V_0}{Bd}$

(2)　微小時間 Δt の間の導体棒の速さの変化量が Δs のとき導体棒の加速度は $\dfrac{\Delta s}{\Delta t}$ であるから，運動方程式より

$$m\frac{\Delta s}{\Delta t} = IBd \quad \therefore \quad \Delta s = \frac{IBd}{m}\Delta t \quad \cdots（答）\quad \cdots①$$

ある時刻における導体棒の速さを s とすると，誘導起電力 V は

$$V = sBd$$

微小時間 Δt の間の起電力の変化量 ΔV を考えると，B, d は一定値であるから

$$\frac{\Delta V}{\Delta t} = \frac{\Delta s}{\Delta t}Bd = \frac{IBd}{m}Bd \quad \therefore \quad \Delta V = \frac{IB^2d^2}{m}\Delta t \quad \cdots（答）\quad \cdots②$$

(3)　導体棒に電流 I が流れているとき，微小時間 Δt の間の電気量の変化量を Δq とすると

$$I = \frac{\Delta q}{\Delta t} \quad \therefore \quad \Delta q = I\Delta t$$

①より

$$\Delta q = \frac{m}{Bd}\Delta s$$

よって，静止していた導体棒が到達速さ $s_0 \left(= \dfrac{V_0}{Bd} \quad \cdots③ \langle 設問 I (1) オ \rangle \right)$ になるまでに導体棒を流れる電気量を Q とすると

$$Q - 0 = \frac{m}{Bd}(s_0 - 0)$$

$$\therefore \quad Q = \frac{m}{Bd} \times \frac{V_0}{Bd} = \frac{m}{B^2d^2}V_0 \quad \cdots（答）\quad \cdots④$$

(4)　コンデンサーの電気容量を C とすると，充電する際の電気量と電圧の関係が $Q = CV_0$ であるから，④と比較すると

$$C = \frac{m}{B^2d^2} \quad \cdots⑤$$

導体棒の起電力に逆らって電荷を運ぶ仕事が，コンデンサーを充電するために電荷を

運ぶ仕事に対応するから，この仕事を W とすると，③を用いて

$$W = \frac{1}{2}CV_0^2 = \frac{1}{2}\cdot\frac{m}{B^2d^2}(s_0Bd)^2 = \frac{1}{2}ms_0^2 \quad\cdots(答)\quad\cdots⑥$$

(5)　導体棒の運動エネルギー：$\dfrac{1}{2}QV_0$

　　抵抗で発生したジュール熱：$\dfrac{1}{2}QV_0$

Ⅱ．カ．$\dfrac{1}{2}$　キ．1　ク．1　ケ．2

Ⅲ．⑤より，一定の速さで動いている質量 m，長さ d の導体棒は，電気容量 $C = \dfrac{m}{B^2d^2}$ のコンデンサーとみなすことができ，⑥より，導体棒の運動エネルギー $\dfrac{1}{2}ms_0^2$ は，導体棒をコンデンサーとみなしたときの静電エネルギー $\dfrac{1}{2}CV_0^2$ と考えることができる。

導体棒2をコンデンサーとみなしたときの電気容量を C' とすると，⑤より

$$C' = \frac{m}{B^2(2d)^2} = \frac{C}{4}$$

十分に時間が経ったのち，導体棒1，2がともに右向きに一定の速さで動くとき，回路を流れる電流は0である。このとき，導体棒1，2にかかる電圧は，電気容量 C，$\dfrac{C}{4}$ のコンデンサーにかかる電圧と考えることができ，直列であることからそれぞれ $\dfrac{1}{5}V_0$，$\dfrac{4}{5}V_0$ である。

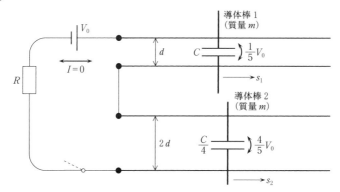

このときの導体棒1，2の速さをそれぞれ s_1，s_2 とすると，⑤，⑥より

$$\frac{1}{2}ms_1^2 = \frac{1}{2}C\left(\frac{1}{5}V_0\right)^2 = \frac{1}{2}\cdot\frac{m}{B^2d^2}\left(\frac{1}{5}V_0\right)^2$$

$$\therefore \quad s_1 = \frac{V_0}{5Bd} \quad \cdots(答)$$

$$\frac{1}{2}ms_2{}^2 = \frac{1}{2} \cdot \frac{C}{4}\left(\frac{4}{5}V_0\right)^2 = \frac{1}{2} \cdot \frac{m}{4B^2d^2}\left(\frac{4}{5}V_0\right)^2$$

$$\therefore \quad s_2 = \frac{2V_0}{5Bd} \quad \cdots(答)$$

別解 Ⅲ. 設問Ⅰ(1), 設問Ⅱと同様に運動方程式とキルヒホッフの第2法則を用いて導体棒の到達速さを求めることもできる。

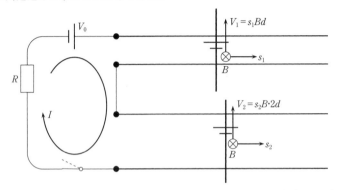

導体棒1, 2を流れる電流の大きさが等しくIで, 1, 2ともに右向きに動いているときの速さをそれぞれs_1, s_2とすると, 運動方程式より

$$導体棒1 : m\frac{\Delta s_1}{\Delta t} = IBd$$

$$導体棒2 : m\frac{\Delta s_2}{\Delta t} = IB \cdot 2d$$

$$\frac{\Delta s_1}{\Delta t} : \frac{\Delta s_2}{\Delta t} = 1 : 2 \quad \therefore \quad s_2 = 2s_1$$

閉回路を時計まわりに回るキルヒホッフの第2法則より

$$V_0 - s_1Bd - s_2B \cdot 2d = RI$$

十分に時間が経って導体棒の速さが一定となるとき, 電流も0であるから, 導体棒の到達速さをそれぞれs_1', s_2'とすると

$$V_0 - s_1'Bd - 2s_1' \cdot B \cdot 2d = 0 \quad \therefore \quad s_1' = \frac{V_0}{5Bd}$$

$$s_2' = 2s_1' = \frac{2V_0}{5Bd}$$

解 説

Ⅰ．▶(1) **ア.** レール間隔 d の導体棒を流れる大きさ I の電流が，磁束密度の大きさ B の磁場から受ける力の大きさは IBd である。

イ. 静止していた導体棒が右向きに動きはじめたので，電流が磁場から受ける力の向きは右向きである。よって，フレミングの左手の法則より，磁場の向きは鉛直下向きである。

ウ. 導体棒が右向きに動くとき，導体棒に生じる誘導起電力の向きは，レンツの法則より X 側が高電位となる向きである。

エ. 電流が流れなくなるとき，抵抗，電池，導体棒を含む閉回路を時計まわりに回るキルヒホッフの第 2 法則より

$$V_0 - V = R \cdot 0 \quad \therefore \quad V_0 = V$$

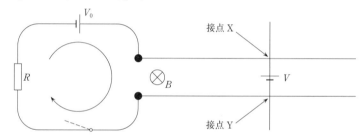

オ. 到達速さを s_0 とすると，誘導起電力の大きさは $V = s_0 Bd$ であるから，$V_0 = V$ より

$$V_0 = s_0 Bd \quad \therefore \quad s_0 = \frac{V_0}{Bd}$$

▶(2) 〔解答〕の運動方程式を

$$m\Delta s = IBd\Delta t$$

と書き換えると，左辺は導体棒の運動量の変化，右辺は導体棒が受けた力積である。

▶(3) ①ではなく②に着目すると，以下のような求め方になる。
②より

$$\Delta q = \frac{m}{B^2 d^2} \Delta V$$

$$Q - 0 = \frac{m}{B^2 d^2}(V_0 - 0) \quad \therefore \quad Q = \frac{m}{B^2 d^2} V_0$$

また，$\Delta q = \dfrac{m}{Bd}\Delta s$ を積分して Q を求めると

$$Q = \int_0^{s_0} \frac{m}{Bd} ds = \frac{m}{Bd}\Big[s\Big]_0^{s_0} = \frac{m}{Bd} s_0 = \frac{m}{B^2 d^2} V_0$$

となる。

▶(4)　静止していた導体棒に電流が流れはじめ，電気量 Q が流れて電流が0となって一定の速さで運動するようになることは，コンデンサーに電気量 Q が運ばれて充電されるのと同じ意味をもつ。このとき導体棒のX，Y間の起電力と，コンデンサーの電圧が等しい。コンデンサーの電位差（起電力）に逆らって電荷を運ぶのに要する仕事 W は静電エネルギーとしてコンデンサーに蓄えられる。

コンデンサーに蓄えられる静電エネルギーを U とすると

$$U = \frac{1}{2}QV_0 = \frac{1}{2}CV_0^2 = \frac{1}{2}\cdot\frac{Q^2}{C}$$

で表され，電気量 Q と電圧 V_0 から求めると以下のようになる。

スイッチを閉じてから導体棒が到達速さ s_0 に達するまでに運ばれた電気量 Q は，③，④より

$$Q = \frac{m}{Bd}s_0$$

コンデンサーを充電する仕事を W とすると

$$W = \frac{1}{2}QV_0 = \frac{1}{2}\cdot\frac{m}{Bd}s_0 \times s_0 Bd = \frac{1}{2}ms_0^2$$

▶(5)　(4)より，導体棒の運動エネルギーの増加を ΔK とすると，これはコンデンサーを充電する仕事に対応し，$\Delta K = \frac{1}{2}ms_0^2 = W = \frac{1}{2}QV_0$ である。

電池がした仕事は，導体棒の運動エネルギーの増加と抵抗で発生したジュール熱となる。抵抗で発生したジュール熱を H とすると

$$QV_0 = \Delta K + H$$

$$\therefore \quad H = QV_0 - \Delta K = QV_0 - \frac{1}{2}QV_0 = \frac{1}{2}QV_0$$

Ⅱ．力．　間隔 $2d$ のレール上でも，導体棒が到達速さになったとき，導体棒を流れる電流は0である。

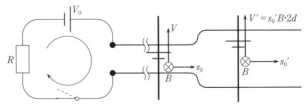

到達速さを s_0' とすると，閉回路を時計まわりに回るキルヒホッフの第2法則より

$$V_0 - s_0'B\cdot 2d = R\cdot 0$$

$$\therefore \quad s_0' = \frac{V_0}{2Bd} = \frac{1}{2}s_0 \quad \left(\text{すなわち，}\frac{1}{2}\text{倍}\right)$$

キ. 誘導起電力の大きさを V' とすると

$$V_0 - V' = R \cdot 0$$

∴ $V' = V_0 = V$ （すなわち，1倍）

ク. 導体棒が到達速さ s_0 で移動しているときにスイッチを切ると，導体棒を流れる電流は0となり，導体棒は磁場から力を受けないので，導体棒は速さ s_0 の等速度運動をする。この導体棒が，間隔 d のレール上から間隔 $2d$ のレール上に移動しても，その速さは変わらない。すなわち，1倍。

ケ. 間隔 $2d$ のレール上で導体棒に生じる起電力は $s_0 B \cdot 2d$ となる。よって，間隔 d のレール上での起電力の2倍である。

Ⅲ. 設問Ⅰ，Ⅱでの考察をもとに，導体棒2本をコンデンサー2個の直列接続に置き換えて計算を進めればよい。もちろん，〔**別解**〕に示した方法も考えられるが，設問Ⅰ(4)の，導体棒とコンデンサーの対応関係を利用するのがコツである。

テーマ

　水平に置かれた平行なレールを動く導体棒に生じる誘導起電力の典型問題である。導体棒の運動方程式や回路のキルヒホッフの第2法則の式を用いる中で，微小時間 Δt の間の速さの変化量 Δs，誘導起電力の変化量 ΔV，運ばれた電気量の変化量 Δq の関係が必要となる。

• コンデンサーを充電するときの仕事とエネルギーの関係は

（電池が電荷を運ぶ仕事）

＝（コンデンサーに蓄えられた電荷による静電エネルギー）

＋（抵抗に電荷が流れることによって発生したジュール熱）

• 設問Ⅰ(4)，Ⅲでは，導体棒が一定の速さで動いているとき，導体棒を流れる電流は0であり，導体棒に生じる起電力は電池の起電力に等しい。静止していた導体棒が一定の速さで動くようになるまでの間に流れた電気量と導体棒の電圧が，充電が完了したコンデンサーに蓄えられた電気量とコンデンサーの電圧に対応していることを見抜き，異なる回路に適用することができたかどうかがポイントである。

●出題の意図（東京大学 発表）

　受験生にとっては馴染みのある「磁場中でのレールを跨ぐ導体棒の運動」を題材として，電磁気学における基本法則を種々の状況に合わせて柔軟に適用する力を問うています。電磁気学の基本事項を正しく理解し，それを基にして論理的に思考する力を評価することをねらいとしています。

62

解　答

I．(1)　ブランコが $\theta=0$ の位置を速さ v で通過するとき，導体棒の両端に生じている誘導起電力の大きさは vBL である。

このとき，導体棒に流れている電流の大きさは

$$I_1=\frac{vBL}{R} \quad \cdots(答)$$

(2)　最終的にブランコが静止するまでの間に，抵抗で発生したジュール熱の合計値 Q は，エネルギー保存則から，$\theta=\alpha$ の位置で動き出した導体棒が失う力学的エネルギー（力学的エネルギーの減少量）に等しい。

したがって

$$Q=Mgl\,(1-\cos\alpha) \quad \cdots(答)$$

(3)　抵抗値を $2R$ に変更したとすると，同じ起電力に対して，抵抗の消費電力が小さくなるから，変更前に比べて振動の振幅が半分になるまでにかかる時間は

　ア．長くなる　…(答)

II．(1)　ブランコが静止しているとき，導体棒に作用する力のつりあい（右図）より

$$I_2BL=Mg \quad \therefore \quad I_2=\frac{Mg}{BL} \quad \cdots(答)$$

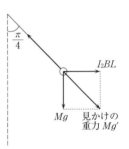

(2)　導体棒が磁場から受ける力を含めて見かけの重力を考えると，$\theta=\dfrac{\pi}{4}$ の方向となり，見かけの重力加速度の大きさを g' とすると

$$g'=\sqrt{2}\,g$$

である。長さ l の導線の単振り子と考えて，周期 P を求めると

$$P=2\pi\sqrt{\frac{l}{g'}}=2\pi\sqrt{\frac{l}{\sqrt{2}\,g}} \quad \cdots(答)$$

(3)　イ　…(答)

III．(1)　導体棒の速度を v とすると

$$v=l\frac{d\theta}{dt}=\frac{2\pi\beta l}{T}\cos\!\left(\frac{2\pi t}{T}\right)$$

であり，速度の向きを水平方向とみなすと，誘導起電力 V は

$$V=vBL=\frac{2\pi\beta BlL}{T}\cos\!\left(\frac{2\pi t}{T}\right) \quad \cdots(答)$$

(2) 題意より，交流電源の電圧と誘導起電力の和を 0 と考えると，振幅 A は

$$A = \frac{2\pi\beta BlL}{T} \quad \cdots (\text{答})$$

(3) (2)で求めたように，A と β の関係は抵抗値に関係しないから

$$\beta' = \beta \quad \cdots (\text{答})$$

解 説

　導体棒が磁場中を動くと，誘導起電力が生じる。

Ⅰ．▶(2)　エネルギーの形態は次のように変化するが，総量は変化しない（エネルギー保存則）。

　　　　導体棒の重力による位置エネルギー → 運動エネルギー

　　　　　　　　　　　　　　　　　　　　　　　→ 抵抗で発生するジュール熱

▶(3)　極端な場合，抵抗が外れていると（抵抗値は無限大），ジュール熱は発生しないため，振動は長く続く。

Ⅱ．▶(1)　電流の流れている導体棒は，磁場から水平方向に電磁力を受ける。

▶(2)　ブランコは，$\theta = \frac{\pi}{4}$ の方向を中心に振動する。

▶(3)　ブランコは最終的に，$\theta = \frac{\pi}{4}$ の方向に静止する。

Ⅲ．▶(1)　導体棒の円運動の半径は l，角速度は $\dfrac{d\theta}{dt}$ であるから，速度 v は

$v = l\dfrac{d\theta}{dt} = \dfrac{2\pi\beta l}{T}\cos\left(\dfrac{2\pi t}{T}\right)$ であり，β が微小値であるから導体棒の速度の向きを水平方向とみなすと，誘導起電力 V は　　　$V = vBL = \dfrac{2\pi\beta BlL}{T}\cos\left(\dfrac{2\pi t}{T}\right)$

▶(2)　電磁誘導の効果をちょうど打ち消すことから，交流電源の電圧 $V_{交}$ は

$$V_{交} = -V = -\frac{2\pi\beta BlL}{T}\cos\left(\frac{2\pi t}{T}\right)$$

と表され，振幅 A は $A = \dfrac{2\pi\beta BlL}{T}$ である。

テーマ

　長さ L の導体棒が磁束密度 B の一様磁場中を速さ v で垂直に横切るとき，導体棒には $V=vBL$ の起電力が生じる。また，導体棒に電流 I が流れるとき，電流が磁場から受ける力 F は $F=IBL$ と表される。

　長さ l の糸で吊るした単振り子では，振動が微小であるとき，円周方向の変位を x とすると，運動方程式より，加速度の接線成分 a_x は $a_x=-\dfrac{g}{l}x$ となる。したがって，この運動は単振動とみなすことができ，角振動数 ω は $\omega=\sqrt{\dfrac{g}{l}}$，周期 T は $T=\dfrac{2\pi}{\omega}=2\pi\sqrt{\dfrac{l}{g}}$ である。

63

解 答

I. (1) 棒 1 がレールに沿って下向きに，速さ u で動いているとき，棒 1 の両端の間に生じる誘導起電力の大きさは $uBL\cos\theta$ である。棒 1 を流れる電流を I とすると，棒 2，3，…，N に流れる電流はそれぞれ，Q から P に向かって，$\dfrac{I}{N-1}$ となる。キルヒホッフの第 2 法則の式をつくると

$$uBL\cos\theta = IR + \frac{I}{N-1}R$$

$$\therefore \quad I = \frac{(N-1)\,uBL\cos\theta}{NR} \quad \cdots(答)$$

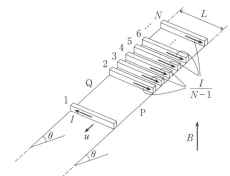

(2) 磁場から棒 1 に作用する力の大きさは $f = IBL$ であり，棒 1 に作用する力のつりあいより（右図）

$$IBL\cos\theta - mg\sin\theta = 0$$

$$\therefore \quad I = \frac{mg\sin\theta}{BL\cos\theta} \quad \cdots①$$

となる。(1)の結果とあわせて

$$\frac{(N-1)\,uBL\cos\theta}{NR} = \frac{mg\sin\theta}{BL\cos\theta}$$

$$\therefore \quad u = \frac{NmgR\sin\theta}{(N-1)\,(BL\cos\theta)^2} \quad \cdots(答)$$

真横から見た図

II. 棒 1 が速さ w で動いているとき，I(1)と同様に考えると，Q から P に向かって棒 1 を流れる電流 J は

$$J = \frac{(N-1)\,wBL\cos\theta}{NR}$$

である。棒 2，3，…，N に流れる電流 i はそれぞれ，P から Q に向かって

$$i = \frac{J}{N-1} = \frac{wBL\cos\theta}{NR}$$

となり，各棒に作用する力のつりあいより，①と同様に

$$i = \frac{mg\sin\theta}{BL\cos\theta}$$

となるから

$$\frac{wBL\cos\theta}{NR} = \frac{mg\sin\theta}{BL\cos\theta}$$

$$\therefore \quad w = \frac{NmgR\sin\theta}{(BL\cos\theta)^2} \quad \cdots(\text{答})$$

Ⅲ．棒 N 以外の速さがすべて u' となったとき，棒 N 以外に生じる誘導起電力の大きさはすべて $u'BL\cos\theta$ である。また，棒 N 以外を P から Q に向かって流れる電流はすべて等しく，これを I' とすると，キルヒホッフの第1法則より，棒 N を Q から P に向かって流れる電流は $(N-1)I'$ であり，キルヒホッフの第2法則の式をつくると

$$u'BL\cos\theta = I'R + (N-1)I'R$$

$$\therefore \quad I' = \frac{u'BL\cos\theta}{NR}$$

となる。

棒 N 以外の各棒に作用する力のつりあいより，①と同様に

$$I' = \frac{mg\sin\theta}{BL\cos\theta}$$

となるから

$$\frac{u'BL\cos\theta}{NR} = \frac{mg\sin\theta}{BL\cos\theta}$$

$$\therefore \quad u' = \frac{NmgR\sin\theta}{(BL\cos\theta)^2} \quad \cdots(\text{答})$$

Ⅳ．(1)　レール P から Q に向かって，棒 n を流れる電流を I_n とする（$n=1$，2，3，…，N）。棒 n の運動方程式をつくると

$$ma_n = mg\sin\theta - I_n BL\cos\theta$$

$$\therefore \quad a_n = g\sin\theta - \frac{BL\cos\theta}{m}I_n \quad \cdots②$$

となるから

$$a_1 + a_2 + a_3 + \cdots + a_N = Ng\sin\theta - \frac{BL\cos\theta}{m}(I_1 + I_2 + I_3 + \cdots + I_N)$$

である。キルヒホッフの第1法則より

$$I_1 + I_2 + I_3 + \cdots + I_N = 0$$

となるから

$$a_1 + a_2 + a_3 + \cdots + a_N = Ng\sin\theta \quad \cdots (答)$$

(2) ②式より

$$a_{n+1} - a_n = -\frac{BL\cos\theta}{m}(I_{n+1} - I_n)$$

である。棒 n と棒 $n+1$ とからなる閉回路に，キルヒホッフの第2法則を適用すると

$$v_{n+1}BL\cos\theta - v_nBL\cos\theta = I_{n+1}R - I_nR$$

$$\therefore \quad I_{n+1} - I_n = \frac{BL\cos\theta}{R}(v_{n+1} - v_n)$$

となるから

$$a_{n+1} - a_n = -\frac{BL\cos\theta}{m} \times \frac{BL\cos\theta}{R}(v_{n+1} - v_n)$$

$$= -\frac{(BL\cos\theta)^2}{mR}(v_{n+1} - v_n)$$

が得られる。与えられた式と比較すると

$$k = \frac{(BL\cos\theta)^2}{mR} \quad \cdots (答)$$

(3) Ⅳ(2)より

$$a_N - a_1 = -\frac{(BL\cos\theta)^2}{mR}(v_N - v_1)$$

となるから，題意より，$v_N - v_1$ は時間の経過とともに0に近づく，すなわち，v_N は v_1 に近づく。また，$v_N - v_1$ が0に近づくとき，$a_N \to a_1$ となるから，Ⅳ(1)の結果を考慮して

$$a_1 = a_2 = a_3 = \cdots = a_N = g\sin\theta$$

となる。よって，求めるグラフは，**ア** $\cdots (答)$

(4) Ⅳ(3)の2つの v-t グラフで囲まれる面積は，棒1と棒 N の間の距離の変化を表すから，**イ. 一定値に近づく** $\cdots (答)$

解 説

Ⅰ．▶(1) 棒1に流れる誘導電流の向きは，レンツの法則により求められる。棒2，3，$\cdots$，N は同じ条件で並列接続されているから，対称性により，それぞれを流れる電流は，QからPに向かって，$\dfrac{I}{N-1}$ となる。

▶(2) 磁場から棒1に作用する力は，水平方向になる。①式は，Ⅱ・Ⅲでも用いることになる。

▶Ⅱ．棒1は斜面に沿って上向きに動くから，Ⅰと逆向きの起電力が生じ，誘導電流の流れる向きも逆になる。

▶Ⅲ．Ⅱでは，1本の棒1が上向きに動き，$(N-1)$本の棒2，3，…，Nは静止している。これは，棒1とともに動く観測者から見ると，1本の棒が静止し，$(N-1)$本の棒が下向きに動いていることになるから，Ⅲと同じ状況になる。このように考えると，$u' = w$となるのは，当然の結果である。

Ⅳ．▶(1)　まず，各棒を流れる電流を同じ向きに仮定して，運動方程式をつくってみる。個々の電流の値はわからなくても，問題の条件にしたがって，$a_1 + a_2 + a_3 + \cdots + a_N$を計算すると，キルヒホッフの第1法則より，電流の代数和は0になる。

▶(2)　(1)と同様，解法の方針がわかりにくいかもしれない。

　問題文中にv_{n+1}，v_nがあるから，棒nと棒$n+1$を含む閉回路を想定して，誘導起電力を表し，キルヒホッフの第2法則を適用する。

▶(3)　計算の結果，すべての導体棒の加速度が$g\sin\theta$となることがわかり，N本の棒の重心は加速度$g\sin\theta$で動き，それぞれの棒の間の相対速度が0になる。したがって，Ⅳ(4)で考察するように，棒1と棒Nの間の距離は一定値に近づく。

▶(4)　v_1-t，v_N-tの各グラフとt軸で囲まれる面積は，棒1，棒Nが動いた距離を表す。Ⅳ(3)のアのグラフを見ると，最初は$v_1 > v_N$であり，棒1と棒Nの間隔が広がる。しかし，v_1とv_Nの差は次第に小さくなり，最終的には，棒1と棒Nの間隔は一定値に近づく。2つの棒の速度は近づくが，距離が近づくのではないことに注意。

テーマ

　導体棒が磁場中で運動すると，誘導起電力が生じ，誘導電流が流れる。
　本問では回路の対称性に注意して，どの導体棒に誘導起電力が生じて，どのように誘導電流が流れるかを考察し，キルヒホッフの法則を活用する。
　Ⅰ・Ⅱは，棒1以外の各棒を流れる電流が等しいことに気付く必要がある。Ⅲも同様であるが，Ⅱとの関連に気付くだろうか。

64

解答

Ⅰ. (1) 図(a)のように，点 P′，Q′ を定める。
$0<X<2a$ のとき，磁場中を速さ v で動く辺 QQ′ に
生じる誘導起電力の大きさは vBX であり，回路を
Q→P の向きに流れる電流の大きさは

$$I = \frac{vBX}{R} \quad \cdots(答)$$

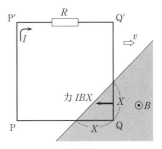

図(a)

(2) 磁場から x 軸方向に力を受ける辺は QQ′ であ
る。x 軸の負の向きに力を受けるから，磁場から受
ける力の x 成分は

$$-IBX = -\frac{vB^2X^2}{R} \quad \cdots(答)$$

(3) $2a<X<4a$ のとき，辺 QQ′ と PP′ には逆向き
の誘導起電力が生じ，図(b)の回路と等価になる。起
電力の和は

$$vB \cdot 2a - vB(X-2a) = vB(4a-X)$$

であり，回路を流れる電流の大きさは

$I = \dfrac{vB(4a-X)}{R}$ である。回路が磁場から受ける力

の x 成分は

$$-IB \cdot 2a + IB(X-2a)$$
$$= IB(X-4a) = -\frac{vB^2(4a-X)^2}{R} \quad \cdots(答)$$

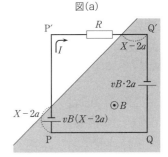

図(b)

Ⅱ. (1) $a<X<2a$ のとき，図(c)の回路と等価であ
り，流れる電流を図のように仮定して，キルヒホッ
フの第2法則の式を作ると

$$\begin{cases} R(I-i) = vBa + vB(X-a) \\ Ri = vBa \end{cases}$$

となる。これを解いて

$$I = \frac{vB(X+a)}{R} \quad \cdots(答)$$

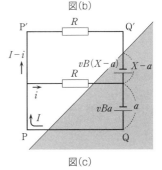

図(c)

(2) $a < X < 2a$ のとき，図(d)の回路と等価であり，流れる電流を図のように仮定して，キルヒホッフの第2法則の式を作ると

$$\begin{cases} R(I-i)+RI = vBa + vB(X-a) \\ Ri + RI = vBa \end{cases}$$

となる。これを解いて

$$I = \frac{vB(X+a)}{3R} \quad \cdots (答)$$

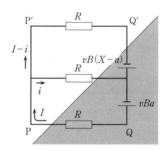

図(d)

Ⅲ. (1) $0 < X < 2a$ のとき，図(e)の回路と等価であり，コンデンサーに蓄えられる電気量を Q とすると

$$Q = C \times vBX = CvBX$$

となる。導線を流れる電流の大きさは

$$I = \frac{\Delta Q}{\Delta t} = CvB \times \frac{\Delta X}{\Delta t} = Cv^2B \quad \cdots (答)$$

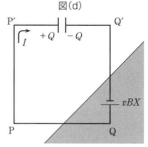

図(e)

(2) $2a < X < 4a$ のとき，図(f)の回路と等価であり，起電力の和はⅠ(3)と同じ式になる。コンデンサーに蓄えられる電気量を Q とすると

$$Q = CvB(4a-X)$$

となり，導線を流れる電流は

$$I = \frac{\Delta Q}{\Delta t} = -CvB \times \frac{\Delta X}{\Delta t} = -Cv^2B$$

である。Ⅰ(3)と同様にして，回路が磁場から受ける力の x 成分は

$$IB(X-4a) = Cv^2B^2(4a-X) \quad \cdots (答)$$

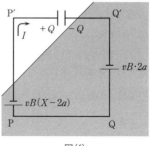

図(f)

別解 Ⅰ. (2) 回路を一定の速さ v で動かすには，磁場から受ける力に対抗して，x 軸の正の向きに外力を加える必要がある。この外力の大きさを F とすると，この力の仕事率 Fv が，回路の抵抗で発生するジュール熱に等しいから

$$Fv = RI^2 = \frac{(vBX)^2}{R} \quad \therefore \quad F = \frac{vB^2X^2}{R}$$

となる。回路が磁場から受ける力の x 成分は $-F = -\dfrac{vB^2X^2}{R}$ である（Ⅰ(3)も同様）。

Ⅲ. (2) 外力による仕事率 Fv が，コンデンサーに蓄えられる静電エネルギー $\dfrac{1}{2}C\{vB(4a-X)\}^2$ の変化率に等しいから

$$Fv = \frac{\Delta}{\Delta t}\left[\frac{1}{2}C\{vB(4a-X)\}^2\right]$$

$$= -Cv^2B^2(4a-X)\frac{\Delta X}{\Delta t}$$

$$= -Cv^3B^2(4a-X)$$

$$\therefore \quad F = -Cv^2B^2(4a-X)$$

となり，回路が磁場から受ける力の x 成分は $-F = Cv^2B^2(4a-X)$ である。

解 説

〔注〕 前問で求めた電流の値を用いて計算する設問は I(2)だけなので，各問の電流値は異なるが，電流を表す共通の文字として I を用いている。

I．▶(1) $0<X<2a$ のとき，誘導起電力が生じる辺は QQ′ だけであるが，磁場中に含まれる長さは X であることに注意。なお，誘導起電力の大きさは，次のように求めることもできる。

$0<X<2a$ のとき，回路を貫く磁束は，紙面の裏から表に向かって

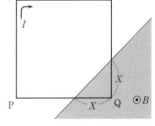

$$\Phi = B\times\frac{1}{2}X^2 = \frac{1}{2}BX^2$$

と表される。回路に生じる誘導起電力の大きさは

$$\frac{\Delta\Phi}{\Delta t} = BX\times\frac{\Delta X}{\Delta t} = vBX$$

であり，レンツの法則により，誘導電流 I は時計回りの Q→P の向きに流れる。

▶(2) 電流が磁場内で受ける力は，辺 QQ′ の磁場内の部分は x 軸の負の向き，辺 PQ の磁場内の部分は y 軸の正の向きである。

▶(3) $2a<X<4a$ のとき，磁場内にある長さは，辺 QQ′ は $2a$，辺 PP′ は $X-2a$ であることに注意。磁場から x 軸方向に力を受ける辺は QQ′ と PP′ であり，QQ′ は x 軸の負の向き，PP′ は x 軸の正の向きに力を受ける。

▶II．$a<X<2a$ のとき，磁場内にある長さは，辺 QQ′ の下半分（Qに近い側）は a，上半分（Qから遠い側）は $X-a$ であり，等価な電池を2つ考えればよい。直流回路網の問題となる。

▶III．コンデンサーに蓄えられる電気量 Q を表すと，I が正のとき Q は増加する（充電）から，単位時間あたりの電気量の変化として，電流 $I = \dfrac{\Delta Q}{\Delta t}$ が求められる。

テーマ

　長さ l の導体棒が磁束密度 B の磁場中にあるとき，この
導体棒を棒と磁場のいずれにも垂直な方向に速さ v で動か
すと，導体棒の両端には大きさ vBl の誘導起電力が生じる。
これは，導体棒中の自由電子が受けるローレンツ力により説
明することもできるし，〔**解説**〕に示すように，回路を貫く
磁束の変化から説明することもできる。

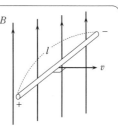

　本問のように，一部の領域に磁場がある場合，磁場中を動
く部分に誘導起電力が生じ，誘導電流が磁場から力を受ける
ことに注意。誘導起電力が生じている辺の部分に，同じ働きをする電池を置いて考える
と，キルヒホッフの法則を用いる電気回路の問題となる。

65

解 答

I. (1) 最初，スイッチが開いているとき，図(a)のような回路となっている。棒に流れる電流の大きさは

$$I_1 = \frac{V}{R+R} = \frac{V}{2R} \quad \cdots (答)$$

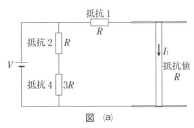

図 (a)

(2) スイッチを閉じると，図(b)のような回路となる。図中の矢印の向きに抵抗 1，2 を流れる電流を i_1, i_2 とすると，キルヒホッフの第 1 法則より

　抵抗 3 を流れる電流　右向きに　$I_2 - i_1$

　抵抗 4 を流れる電流　下向きに　$i_2 - (I_2 - i_1) = i_1 + i_2 - I_2$

となる。また，キルヒホッフの第 2 法則より

$$V = Ri_1 + RI_2 \qquad (電池，抵抗 1，棒，電池を回る閉回路)$$

$$V = Ri_2 + 3R(i_1 + i_2 - I_2)$$
$$\qquad (電池，抵抗 2，抵抗 4，電池を回る閉回路)$$

$$0 = Ri_1 - R(I_2 - i_1) - Ri_2$$
$$\qquad (抵抗 1，抵抗 3，抵抗 2，抵抗 1 を回る閉回路)$$

が成立し，これを解くと

$$I_2 = \frac{5V}{9R} \quad \cdots (答)$$

$$i_1 = \frac{4V}{9R} \quad , \quad i_2 = \frac{V}{3R}$$

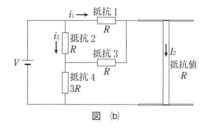

図　(b)

(3)　棒に流れる電流が磁場から受ける力の大きさは

$$I_2Bl = \frac{5VBl}{9R} \quad \cdots(答)$$

である。また，フレミングの左手の法則より，この力の向きは

□ …(答)

Ⅱ.(1)　速さが v_1 になったとき，棒には大きさ v_1Bl の誘導起電力が生じている。図(b)と同じ記号 i_1, i_2 を用いると，抵抗3に流れる電流が0であるから

棒を流れる電流　下向きに　i_1

抵抗4を流れる電流　下向きに　i_2

となる。Ⅰ(2)と同じ閉回路で，キルヒホッフの第2法則より

$$V - v_1Bl = Ri_1 + Ri_1$$

$$V = Ri_2 + 3Ri_2$$

$$0 = Ri_1 - Ri_2$$

が成立し，これを解くと

$$i_1 = i_2 = \frac{V}{4R}$$

$$v_1Bl = V - 2Ri_1 = V - \frac{1}{2}V = \frac{1}{2}V$$

$$\therefore \quad v_1 = \frac{V}{2Bl} \quad \cdots(答)$$

(2)　棒が等速運動をしているとき，棒に電流は流れていない。図(b)と同じ記号 i_1, i_2 を用いると

抵抗3を流れる電流　左向きに　i_1

抵抗4を流れる電流　下向きに　$i_1 + i_2$

となる。Ⅰ(2)と同じ閉回路で，キルヒホッフの第2法則より

$$V - v_2Bl = Ri_1$$

$$V = Ri_2 + 3R(i_1 + i_2)$$

$$0 = Ri_1 + Ri_1 - Ri_2$$

が成立し，これを解くと

$$i_1 = \frac{V}{11R} \quad, \quad i_2 = 2i_1 = \frac{2V}{11R}$$

$$v_2Bl = V - Ri_1 = V - \frac{1}{11}V = \frac{10}{11}V$$

$$\therefore \quad v_2 = \frac{10V}{11Bl} \quad \cdots (答)$$

解 説

Ⅰ. ▶(1) 回路を図(a)のように描き直すと,抵抗1と棒が直列で,電池に接続されていると考えればよいことがわかりやすい。なお,ここでは,抵抗2と抵抗4の存在を考慮する必要はない。

▶(2) 電流については,抵抗3や抵抗4を流れる電流を仮定してもよいが,いずれにせよ,3カ所の値を仮定する必要がある。また,これより多く仮定しても,キルヒホッフの第1法則により,消去することになる。

キルヒホッフの第2法則は,〔解答〕で示した以外の閉回路で作ってもよいが,独立な関係式は3つしか作れない。この計算を整理して書いておけば,誘導起電力を含めて同種の計算をするⅡが扱いやすくなる。

▶(3) 棒を固定していないと,(ロ)の向きに動きだし,棒には誘導起電力が生じる。

▶Ⅱ. 棒に生じる誘導起電力を考慮する以外は,Ⅰ(2)と同じ回路である。

棒の速さがvになったとき,大きさvBlの誘導起電力が生じているから,棒に流れる電流の大きさをIとすると,Ⅰ(2)と同様にして

$$V - vBl = Ri_1 + RI$$
$$V = Ri_2 + 3R(i_1 + i_2 - I)$$
$$0 = Ri_1 - R(I - i_1) - Ri_2$$

が成立する(棒に生じる誘導起電力は,電池,抵抗1,棒,電池を回る閉回路については,電池の起電力と逆向きに生じていることに注意)。これを解くと

$$i_1 = \frac{8V - 7vBl}{18R} \quad, \quad i_2 = \frac{2V - vBl}{6R} \quad, \quad I = \frac{10V - 11vBl}{18R}$$

が得られる。

この結果を用いると,(1)では,抵抗3に流れる電流を$I - i_1 = 0$として

$$\frac{10V - 11v_1Bl}{18R} - \frac{8V - 7v_1Bl}{18R} = 0 \qquad \therefore \quad v_1 = \frac{V}{2Bl}$$

となる。また,(2)では,棒に流れる電流を$I = 0$として

$$\frac{10V - 11v_2Bl}{18R} = 0 \qquad \therefore \quad v_2 = \frac{10V}{11Bl}$$

となる。このように,一般的な形で解いてから,(1)・(2)の題意の条件を適用してもよいが,計算が少し煩雑になる。〔解答〕の計算は二度手間のように見えるが,それぞ

れの計算は簡単であり，大学入試の試験場の解法としては適切な解法と言える。

〔解答〕の(2)では，棒に電流が流れると，磁場から力を受けて棒の速度が変化するから，棒が等速運動をしているとき，棒に電流は流れていないことに気付く必要がある。

なお，本問の主題からは離れるが，棒の速さ v の時間変化を考えてみよう。棒の質量を m として，運動方程式を作ると

$$m\frac{dv}{dt} = IBl = \frac{10V - 11vBl}{18R} \cdot Bl$$

$$\therefore \quad \frac{dv}{dt} = -\frac{11(Bl)^2}{18mR}\left(v - \frac{10V}{11Bl}\right)$$

となる。棒が動き始めた時刻を $t=0$ とすると，この微分方程式の解は

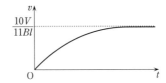

$$v = \frac{10V}{11Bl}(1 - e^{-\lambda t})$$

$$\left(ただし，\ \lambda = \frac{11(Bl)^2}{18mR}\right)$$

であり，グラフは右図のようになる。十分に時間が経過した後の速度は確かに，上で求めた v_2 に等しい。

テーマ

　回路の問題は，回路をうまく描き直すと，考えやすくなることがある。Ⅰ(2)は単純な直列，並列ではない抵抗網の回路であり，キルヒホッフの法則を用いて扱う必要がある。

66

解 答

Ⅰ. (1) コイルの自由落下の関係を用いると

$$h = \frac{1}{2} g t_1^2 \qquad \therefore \quad t_1 = \sqrt{\frac{2h}{g}} \quad \cdots (答)$$

$$v_1 = g t_1 = \sqrt{2gh} \quad \cdots (答)$$

(2) $t_1 < t < t_2$ の時刻 t において，コイルの辺 AB は磁場内で磁場に垂直に動き，誘導起電力が生じている。その大きさは vBb であり，コイルに流れる電流は B→A→ D→C の向きに，大きさは $i = \dfrac{vBb}{R}$ である。AB には磁場から上向きに力が作用し，その大きさは

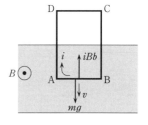

$$iBb = \frac{v(Bb)^2}{R}$$

である（右図）。x 軸の正の向きを正として，コイルにはたらく合力を f とすると

$$f = mg - \frac{v(Bb)^2}{R} \quad \cdots (答)$$

(3) (2)の結果で $f = 0$ とすると

$$mg - \frac{v(Bb)^2}{R} = 0 \qquad \therefore \quad v = \frac{mgR}{(Bb)^2}$$

となる。$v_1 < \dfrac{mgR}{(Bb)^2}$ であれば，時刻 t_1 から t_2 の間に $f > 0$ でコイルが**加速**し，

$v_1 > \dfrac{mgR}{(Bb)^2}$ であれば，時刻 t_1 から t_2 の間に $f < 0$ でコイルが**減速**する。 $\cdots (答)$

Ⅱ. (1) 時刻 t_1 から t_2 の間，コイルが等速度で落下するのは，Ⅰ(3)より

$$v_1 = \frac{mgR}{(Bb)^2}$$

のときである。この場合，Ⅰ(1)の式を用いると，AB と EF の距離は

$$h = \frac{v_1^2}{2g} = \frac{g(mR)^2}{2(Bb)^4} \quad \cdots (答)$$

である。また

$$t_2 - t_1 = \frac{a}{v_1} = \frac{a(Bb)^2}{mgR} \quad \cdots (答)$$

(2) 時刻 t_1 から t_2 の間，コイルを流れる電流の大きさは

$$i_1 = \frac{v_1 Bb}{R} = \frac{mgR}{(Bb)^2} \times \frac{Bb}{R} = \frac{mg}{Bb}$$

である。コイルで消費される電力 P と熱として発生するエネルギー W は

$$P = R i_1{}^2 = R \left(\frac{mg}{Bb}\right)^2 \quad \cdots(答)$$

$$W = P(t_2 - t_1) = R \left(\frac{mg}{Bb}\right)^2 \times \frac{a(Bb)^2}{mgR} = mga \quad \cdots(答)$$

(3) 時刻 t_2 以降，DC に誘導起電力が生じて，コイルに流れる電流は時刻 t_1 から t_2 の間と逆向きになるが，DC が磁場から受ける力は時刻 t_1 から t_2 の間に AB が受けていた力と等しい。したがって，時刻 t_2 から t_3 の間も，速さ v_1 の等速度運動をすることになり

$$t_3 - t_2 = t_2 - t_1 = \frac{a(Bb)^2}{mgR} \quad \cdots(答)$$

である。コイルの速さの時間変化を表すグラフは右図のようになる。

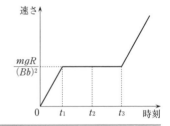

解　説

Ⅰ．▶(1)　AB が EF に到達するとき，コイルの落下距離は h である。

▶(2)　誘導電流が磁場から受ける力は，誘導電流が流れる物体の運動を妨げる向きとなる（電磁制動）。本問ではコイルの落下を妨げるように，磁場から受ける力は鉛直上向きとなる。

▶(3)　$v = \dfrac{mgR}{(Bb)^2}$ は，コイルが磁場中を落下するときの終端速度である。コイルの辺 AB が EF に到達するときの速さ v_1 がこの終端速度に達していなければコイルは加速し，v_1 が既に終端速度を超えていればコイルは減速する。

Ⅱ．▶(1)　時刻 t_1 から t_2 の間，コイルが等速度で落下するのは，v_1 が終端速度と等しい場合である。

▶(2)　時刻 t_1 から t_2 の間，コイルは等速度で動くから，運動エネルギーは一定である。コイルで消費される電力 P は，重力のする仕事の仕事率に等しいから

$$P = mgv_1 = R \left(\frac{mg}{Bb}\right)^2$$

となる。また，熱として発生するエネルギー W は，コイルの失う位置エネルギー mga に等しい。

▶(3)　AB が GH に到達して磁場から出ると，DC が
EF に到達して磁場に入る。コイルに流れる電流 i，DC
が磁場から受ける力は右図のようになる。

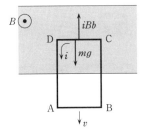

　なお，時刻 t_1 から t_3 の間以外では，〔解答〕のグラフ
の傾きは g に等しい。

67

解　答

Ⅰ.(1)　磁石がリングに近づくと，リングを上向きに通過する磁束が増加するから，レンツの法則により，この変化を妨げて下向きの磁束を発生させるように，誘導電流が流れる（右図）。したがって

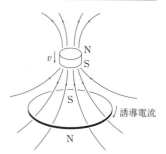

リングに流れる電流の向きは，**負の向き**　…(答)

このとき，リングは上がS極，下がN極の磁石とみなせるから

誘導電流が磁石に及ぼす力の向きは，**z軸の正の向き**　…(答)

磁石が落下してリングから遠ざかると，リングを上向きに通過する磁束が減少する。近づくときと同様に考察すると，上向きの磁束を発生させるように誘導電流が流れるから

リングに流れる電流の向きは，**正の向き**　…(答)

このとき，リングは上がN極，下がS極の磁石とみなせるから

誘導電流が磁石に及ぼす力の向きは，**z軸の正の向き**　…(答)

(2)　リングを上向きに通過する磁束 Φ が増加するとき，誘導電流は負となるから，ファラデーの法則より，誘導起電力は $V = -\dfrac{\Delta \Phi}{\Delta t}$ と表される。したがって，誘導起電力が現れる区間は $-b \leqq z \leqq -a$ と $a \leqq z \leqq b$ だけであり，各区間を通過する時間は $\Delta t = \dfrac{b-a}{v}$，磁束の変化の大きさは $|\Delta \Phi| = \Phi_0$ であるから，誘導起電力の大きさは

$$|V| = \left| \frac{\Delta \Phi}{\Delta t} \right| = \frac{\boldsymbol{\Phi_0 v}}{\boldsymbol{b-a}} \quad \cdots (答)$$

(3)　オームの法則より

$$I = \frac{V}{R} = -\frac{1}{R} \cdot \frac{\Delta \Phi}{\Delta t}$$

となるから，電流 $I = I(t)$ の時間変化は右図のようになる。

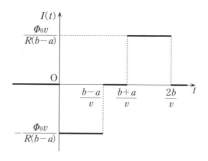

(2)で扱った各区間での電流の大きさは

$$I_0 = \frac{\Phi_0 v}{R(b-a)}$$

である。

Ⅱ. (1) Ⅰ(3)の結果によると，磁石との距離が a から b の範囲にあるリングに，大きさ I_0 の誘導電流が流れる。磁石の上下を合わせて，電流が流れるリングの数は $n \times 2(b-a)$ となるから，単位時間当たりに発生するジュール熱は

$$RI_0{}^2 \times n \times 2(b-a) = \frac{2n\varPhi_0{}^2 v^2}{R(b-a)} \quad \cdots (答)$$

(2) 磁石が一定の速さで落下しているとき，エネルギー保存則より，磁石の失う位置エネルギーと，リングで発生するジュール熱は等しい。単位時間当たりの落下距離は v であるから

$$Mgv = \frac{2n\varPhi_0{}^2 v^2}{R(b-a)} \qquad \therefore \quad v = \frac{MgR(b-a)}{2n\varPhi_0{}^2} \quad \cdots (答)$$

Ⅲ. 磁石のN極とS極を逆にして実験を行うと，**元の実験と同じ運動**を行う。
理由：磁石のN極とS極を逆にすると，磁束の変化や誘導電流の流れる向きは逆になるが，磁石の受ける力の向きは変化しない。

解 説

Ⅰ. ▶(1) 磁石に近いほど磁力線は密であるから，リングを上向きに通過する磁束は，磁石が近づくと増加し，磁石が遠ざかると減少する。よって，磁石が近づく場合と遠ざかる場合で，誘導電流の流れる向きは逆になる。

　リングと磁石の間に働く力は，〔解答〕に示したように，誘導電流の流れるリングを等価な磁石で置き換えるとわかりやすいが（同種の磁極は斥け合い，異種の磁極は引き合う），磁石とリングに出入りする磁力線が斥け合うことから説明することもできる。あるいは，磁石による磁場から誘導電流の流れるリングが受ける力の向きを求め，その反作用として，磁石が受ける力の向きを求めることができる。

　なお，一般に誘導電流による力は，物体間の相対運動を妨げる向きに作用すること（電磁制動）を知っていると，結果は明らかである。

▶(2) ファラデーの法則の負号は機械的につけるのではなく，磁束 $\varPhi$ と誘導起電力 V の向きを考慮する必要がある。

▶(3) リングに誘導電流が流れるのは，リングを通過する磁束 $\varPhi$ が変化するときであるから，電流が流れ始めるのは，磁石が $z=b$ を通過する瞬間であり，このときを $t=0$ としている。ここから $z=a$ に達するまで $\left(距離では b-a, 時間では \dfrac{b-a}{v} の間 \right)$，負の向きに電流が流れる $(I<0)$。

　次に，磁石が $z=a$ から $z=-a$ を通過する間，磁束 $\varPhi$ は変化せず，電流は流れない $(I=0)$。

　さらに，磁石が $z=-a$ から $z=-b$ を通過する間，正の向きに電流が流れる $(I>0)$。これ以降，磁束 $\varPhi$ は変化せず，電流は流れない。

Ⅱ. ▶(1) Ⅰ(3)の結果より，磁石の上下の限られた範囲のリングに，大きさ I_0 の誘導電流が流れることがわかる。電流の流れるリングは次々と変化するが，全体としては，$2n(b-a)$ 個のリングに，電流 I_0 が流れると考えて，発生するジュール熱が求められる。

▶(2) ジュール熱が発生するため，力学的エネルギーは保存されないが，ジュール熱まで含めると，エネルギーは保存されることになる。磁石は一定の速さで落下するから，運動エネルギーは変化せず，結局，磁石の失う位置エネルギーが，リングで発生するジュール熱に等しいことになる。

▶Ⅲ. 磁石のN極・S極の上下によって，磁束の向きや誘導電流の流れる向きは変化するが，磁石が受ける力は変わらない（電磁制動により，磁石は鉛直上向きの力を受ける）。

68

解 答

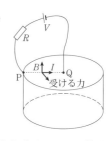

Ⅰ．図 2 − 1 の装置では，アルミニウム円板を P → Q の向きに，電流 I が流れる。ボタン型磁石はアルミニウム円板の位置に上向きの磁界を作り，この磁界から電流 I が受ける力の向きは右図のようになるから，アルミニウム円板とボタン型磁石が回転する方向は，**上から見て反時計回り。**

Ⅱ．図 2 − 2 の装置では，ボタン型磁石はアルミニウム円板の位置に上向きの磁界を作る。円板が回転すると，この磁界を導体が横切ることになり，自由電子が P → Q の向きにローレンツ力を受けて，Q → 検流計 → 抵抗 → P と移動する。

　したがって，検流計に電流が流れる方向は，**Q → P → 抵抗 → 検流計の向き。**

Ⅲ．円板の中心から距離 x の点において，回転の速さは $x\omega$ であるから，この位置の微小な長さ Δx の部分に生じる起電力の大きさは

$$\Delta V = x\omega \times B \times \Delta x = \omega Bx\Delta x$$

であり，これは右下図の細長い短冊の面積に相当する。これを $x=0$ から $x=a$ まで加えた量が，PQ 間で生じている起電力 E になるが，図では△OAB の面積に相当するから

$$E = \frac{1}{2} \times \omega Ba \times a = \frac{1}{2}a^2 \times \omega B$$

となる。すなわち

$$b = \frac{1}{2}a^2 \,[\mathrm{m^2}] \quad \cdots (答)$$

とすると，$E = b\omega B$ と表すことができる。

(証明終)

Ⅳ．図 2 − 1 において，アルミニウム円板とボタン型磁石が，Ⅰで求めたように回転し始めると，Ⅱで求めたように，電池の起電力と逆向きの誘導起電力が生じる。最終的には，電池の起電力と誘導起電力の大きさが等しくなり，電流が流れなくなると，アルミニウム円板とボタン型磁石の角速度は一定になるから

$$E = b\omega_1 B = V \qquad \therefore \quad \omega_1 = \frac{V}{bB} \,[\mathrm{rad/s}] \quad \cdots (答)$$

解　説

▶Ⅰ．問題文にあるように，アルミニウム円板を流れる電流は PQ 間を直線的に流れると考えれば，わかりやすい。実際にはもう少し広い範囲に流れるが，本問程度の定性的な考察では，PQ 間を直線的に流れると考えれば十分である。

▶Ⅱ．誘導起電力を考えればよい。誘導起電力の向きは，Ⅲの〔解説〕で紹介するように求めることもできる。

▶Ⅲ．微小部分に生じている起電力 ΔV がわかれば，次のような積分計算をしてもよい。

$$E = \int_0^a dV = \int_0^a \omega Bx dx = \frac{1}{2}\omega Ba^2$$

　あるいは，ファラデーの電磁誘導の法則を用いて，次のように求めることもできる。

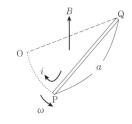

　右図のように，磁束密度の大きさ B の磁界が上向きにある場所で，金属棒 PQ の Q 端を中心に P 端が角速度 ω で回転するものとし，P の回転する円周上に定点 O をとって，閉回路 QOP を考える。P 端が回転すると，この閉回路を上向きに貫く磁束は増えるから，これを妨げるように，Q→P の向きに誘導電流 i を流すような起電力が生じる。動いているのは棒 PQ であるから，この起電力は棒 PQ の両端に生じていると考えられる。時間 Δt の間に，閉回路を貫く磁束の変化は $\Delta\Phi = B \times \frac{1}{2}a^2\omega\Delta t$ であるから，誘導起電力の大きさは

$$E = \frac{\Delta\Phi}{\Delta t} = \frac{1}{2}\omega Ba^2$$

となる。本問のような金属円板では，このような金属棒が無数に並列になっていると考えればよい。

▶Ⅳ．電池の起電力と誘導起電力の大きさが等しくなると，円板に電流が流れなくなり，磁界から力を受けることはなくなる。摩擦が無視できるときは，アルミニウム円板とボタン型磁石は一定の角速度で回転し続けることになる。

69

解 答

I. (1) 棒2を速度 v_0 で動かすとき，棒2の両端には誘導起電力が生じ，Q側を高電位とした電位差は v_0Bl である。誘導電流は右上図のように流れ，回路の抵抗は $2R$ であるから，棒2に流れる電流は

$$I_0 = \frac{v_0 Bl}{2R} \quad \cdots \text{(答)}$$

(2) 2つの棒が同じ向きに動くとき，それぞれの両端に生じる誘導起電力は，互いに逆向きの誘導電流を流す向きとなる。棒1の速度が u，棒2の速度が v であるとき，右下図のように流れる誘導電流は

$$\frac{vBl - uBl}{2R} = \frac{(v-u)\,Bl}{2R}$$

となり，棒1と棒2に働く力はそれぞれ

$$F_1 = \frac{(v-u)\,Bl}{2R} \times Bl = \frac{(v-u)\,B^2l^2}{2R} \quad \cdots \text{(答)}$$

$$F_2 = -\frac{(v-u)\,Bl}{2R} \times Bl = -\frac{(v-u)\,B^2l^2}{2R} \quad \cdots \text{(答)}$$

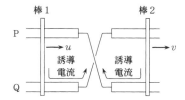

II. (1) 2つの棒が同じ向きに動くとき，それぞれの両端に生じる誘導起電力は，互いに同じ向きの誘導電流を流す向きとなる。棒1の速度が u，棒2の速度が v であるとき（右図），棒2に流れる誘導電流は

$$I = \frac{vBl + uBl}{2R} = \frac{(v+u)\,Bl}{2R} \quad \cdots \text{(答)}$$

(2) (1)の状況で，P′ に対するPの電位差は，P′ に対する Q′ の電位差に等しく

$$vBl - RI = vBl - R \times \frac{(v+u)\,Bl}{2R} = \frac{1}{2}\,(v-u)\,Bl \quad \cdots \text{(答)}$$

III. 状況(a)：棒1の両端に誘導起電力が生じるが，棒2は絶縁体上にあり，電流が流れないため，磁界から力を受けることはなく，棒の速度は変化しない。

状況(b)：II(1)の状況で，$u = v > 0$ の場合であるから，棒1と棒2はいずれも，磁界から左向きに力を受け，減速する。

状況(c)：棒2の両端に誘導起電力が生じるが，棒1は絶縁体上にあるため，状況(a)と

同様、棒の速度は変化しない。

状況(d)：I(2)の状況と同様、各棒の両端に生じる誘導起電力は互いに逆向きの誘導電流を流す向きとなる。$u=v$ の場合、これらの誘導起電力の大きさは等しく、誘導電流は流れないから、磁界から力を受けることはなく、棒の速度は変化しない。

(答) (a)—(ウ) (b)—(イ) (c)—(ウ) (d)—(ウ)

解 説

I. ▶(1) 棒1，棒2と導体P，導体Qで形成される閉回路を考えると、棒2を速度 v_0 で動かすとき、この閉回路を z 軸の正の向きに貫く磁束が増加するから、レンツの法則により、この変化を妨げて z 軸の負の向きに磁界を作るように、誘導電流が流れる（あるいは、棒2に含まれる自由電子のローレンツ力による運動を考えても、この誘導起電力は説明できる）。この閉回路の電気抵抗は $R+R=2R$ であるから、オームの法則により、誘導電流を求めることができる。

▶(2) 棒1，棒2が同じ向きに動くと、それぞれの両端に生じる誘導起電力は、閉回路に互いに逆向きの誘導電流を流す向きとなるから、全体としての起電力は各起電力の差である。

II. ▶(1) PとQ′，P′とQが接続されているから、棒1，棒2が同じ向きに動くと、それぞれの両端に生じる誘導起電力は、閉回路に同じ向きの誘導電流を流す向きとなり、全体としての起電力は各起電力の和である。

▶(2) 棒と絶縁体以外の電気抵抗は無視できるから、PとQ′の電位は等しく、P′に対するPの電位差は、P′に対するQ′の電位差に等しい。棒2に生じる誘導起電力 vBl の分、Q′の電位はP′より高いが、棒2を流れる電流による電位降下 RI の分、Q′の電位はP′より低くなるから、P′に対するQ′の電位差は $vBl-RI$ となる。あるいは、P′とQの電位は等しく、P′に対するPの電位差は、Qに対するPの電位差に等しい。棒1に生じる誘導起電力 uBl の分、Pの電位はQより低いが、棒1を流れる電流による電位降下 RI の分、Pの電位はQより高くなるから、Qに対するPの電位差は

$$RI - uBl = R \times \frac{(v+u)\,Bl}{2R} - uBl = \frac{1}{2}(v-u)\,Bl$$

▶III. 状況(b)のように、誘導電流が流れる物体が磁界から受ける力は一般に、物体の運動を妨げる向きとなる（電磁制動という）。

70

解　答

Ⅰ．(1)—(b)

理由：$\Phi = L^2 Cz$ であるから，正方形導線が落下して z が減少すると，これを上向きに貫く磁束 Φ が減少する。このとき，レンツの法則より，この磁束の変化を妨げて，上向きに磁界を作るように誘導電流が流れるから，導線を流れる誘導電流の向きは，正方形を上から見て反時計まわりになる。

(2)　導線が位置 z にあるとき，ファラデーの電磁誘導の法則より，導線中に生じる誘導起電力の大きさは

$$V = \left| \frac{d\Phi}{dt} \right| = L^2 C \left| \frac{dz}{dt} \right|$$

であり，$v = \left| \dfrac{dz}{dt} \right|$ であるから

$$V = L^2 Cv \quad \cdots (答)$$

が得られ，オームの法則を用いると

$$I = \frac{V}{R} = \frac{L^2 Cv}{R} \quad \cdots (答)$$

Ⅱ．(1)　正方形導線に誘導電流が流れるとき，各辺が磁束密度の x 成分 B_x から受ける力は図 1 の f_1 のようになり，辺 bc，da は力を受けない。したがって，導線全体が受ける力の大きさは

$$|\vec{F}| = 2f_1 = 2I \times \left| B_{x = \frac{L}{2}} \right| \times L$$

$$= 2 \times \frac{L^2 Cv}{R} \times C \cdot \frac{L}{2} \times L$$

$$= \frac{L^4 C^2 v}{R} \quad \cdots (答)$$

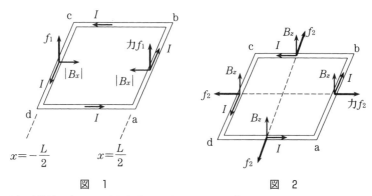

図 1　　　　　　　　　　　図 2

⑵　正方形導線の各辺が磁束密度の z 成分 B_z から受ける力は図2の f_2 のようになり，これらの力の大きさは等しいから，全体としてつりあう。導線全体が受ける力の大きさは

$$|\overrightarrow{G}|=0 \quad \cdots（答）$$

Ⅲ．⑴　導線の落下速度の大きさが v_f に達したとき，導線に作用する力はつりあっているから，Ⅱ⑴の結果を用いて

$$mg-\frac{L^4C^2v_f}{R}=0 \qquad \therefore \quad v_f=\frac{mgR}{L^4C^2} \quad \cdots（答）$$

⑵　導線の失う位置エネルギーは，**導線の抵抗により発生するジュール熱**となる。

解　説

Ⅰ．▶⑴　正方形導線の面は xy 平面に平行であるから，導線を貫く磁束 $\varPhi$ を求めるとき，磁束密度 $\overrightarrow{B}$ の z 成分だけを考慮すればよい。正方形導線の面積は L^2 であるから

$$\varPhi=L^2B_z=L^2Cz$$

となる。この式から，あるいは，問題の図2−1に示された $\overrightarrow{B}$ の概形から，正方形導線が落下して z が減少すると，これを上向きに貫く磁束が減少することがわかる。

▶⑵　誘導電流の向きや大きさは，次のように考えることもできる。

　導線が落下するとき，辺 ab，cd 内の自由電子は，右図の向きにローレンツ力を受けて動く。電流の流れる向きは，電子の運動と逆向きと定義されているから，回路を流れる誘導電流の向きは a→b→c→d となる。

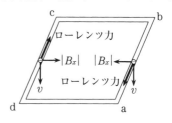

　また，電気素量を e とすると，1個の電子に作用するローレンツ力の大きさは

$$ev\left|B_{x=\frac{L}{2}}\right|=\frac{1}{2}LCev$$

となる。これを eE とおくと，$E=\frac{1}{2}LCv$ となり，辺 ab，cd 内では大きさ E の電場が生じていると考えられるから，正方形導線に生じる誘導起電力の大きさは

$$V=2\times EL=2\times\frac{1}{2}LCv\times L=L^2Cv$$

となる。

▶Ⅱ．電流と磁場の向きが垂直であるとき，強さ I の電流の流れている導体が，磁束密度の大きさ B の磁場から受ける力の大きさは，導体の単位長さ当たり IB である。電流と磁場の向きが垂直でないときは，直交する方向の成分だけを考慮すればよい。

　誘導電流と磁場の向きの関係は各辺で異なるので，各辺が磁場から受ける力を考え，これらを合成して正方形導線全体が受ける力を求める。

Ⅲ．▶(1)　Ⅱの結果から，正方形導線全体が受ける力は落下速度に比例することがわかり，最終的には一定の速さ（終端速度）で落下する。終端速度に達するまでの加速度は，運動方程式から求める必要があるが，終端速度に達した状態では，磁場から受ける力と重力がつりあっている。

▶(2)　エネルギー保存則を考えればよい。なお，導線の落下速度の大きさが v_f に達した状態において，Ⅰ(1)の結果より，導線中に生じている誘導起電力の大きさ V_f は

$$V_f=L^2Cv_f=L^2C\times\frac{mgR}{L^4C^2}=\frac{mgR}{L^2C}$$

である。また，単位時間当たりの落下距離は v_f であるから，(1)の結果を用いると，この間に失われる位置エネルギーは

$$mgv_f=mg\times\frac{mgR}{L^4C^2}=\frac{1}{R}\left(\frac{mgR}{L^2C}\right)^2=\frac{V_f^2}{R}$$

となり，これは確かに，導線の抵抗により単位時間当たりに発生するジュール熱に等しい。

71

解答

I. (1)　2本の平行導線Cに電流Iが流れて
いるとき（右図），右ねじの法則より，導体
棒の位置での磁界は，紙面を表から裏に向か
う。この磁界より，電流の流れる導体棒は，
紙面上向きの力を受けるから

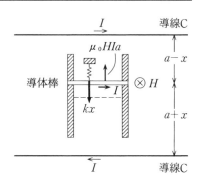

　　ばねは自然長から**縮んでいる。**　…(答)
平行導線Cはaよりも十分長いから，導体棒
の位置での磁界の強さHは

$$H = \frac{I}{2\pi(a-x)} + \frac{I}{2\pi(a+x)}$$

$$= \frac{aI}{\pi(a^2-x^2)} \fallingdotseq \frac{I}{\pi a}$$

となる。導体棒が水平方向に受ける力のつりあいより

$$kx - \mu_0 HIa = 0$$

$$\therefore\quad kx - \frac{\mu_0 I}{\pi a} \cdot Ia = 0 \qquad I = \sqrt{\frac{\pi kx}{\mu_0}} \quad \cdots (答)$$

(2)　平行導線Cの電流を止めると，導体棒が水平方向に受ける力は弾性力だけとなる
から，単振動を行う。その周期Tは

$$T = 2\pi\sqrt{\frac{m}{k}} \quad \cdots (答)$$

II. (1)　コンデンサーの電気容量は，最初は$C = \dfrac{\varepsilon_0 S}{d}$，極板を引き離した後は

$C' = \dfrac{\varepsilon_0 S}{d + \Delta d}$ となる。極板を引き離すために必要な仕事は，コンデンサーの蓄える静

電エネルギーの変化量に等しいから

$$F\Delta d = \frac{Q^2}{2C'} - \frac{Q^2}{2C} = \frac{Q^2}{2\varepsilon_0 S}\{(d+\Delta d) - d\} = \frac{Q^2}{2\varepsilon_0 S}\Delta d$$

$$\therefore\quad Q = \sqrt{2\varepsilon_0 SF} \quad \cdots (答)$$

(2)　微小時間Δtの間に平行導線Cを流れる電流をiとすると，I(1)と同様にして，
導体棒が磁界から水平方向に受ける力は

$$\frac{\mu_0 i}{\pi a} \cdot Ia = \frac{\mu_0 iI}{\pi}$$

と表され，この力による力積は

$$\Delta p = \frac{\mu_0 iI}{\pi} \times \Delta t = \frac{\mu_0 I}{\pi} \times i\Delta t = \frac{\mu_0 IQ}{\pi} \quad \cdots (\text{答})$$

(3)　微小時間 Δt の間に電荷 Q を放電した直後での導体棒の速さを v とすると，運動量と力積の関係より

$$\Delta p = mv \qquad \therefore \quad v = \frac{\Delta p}{m} = \frac{\mu_0 IQ}{\pi m}$$

となる。力学的エネルギー保存則より

$$\frac{1}{2}kA^2 = \frac{1}{2}mv^2 = \frac{(\Delta p)^2}{2m} \qquad \therefore \quad A = \frac{\Delta p}{\sqrt{km}} \quad \cdots (\text{答})$$

Ⅲ．　Ⅱ(1)・(2)・(3)および Ⅰ(1)の結果を用いると

$$A = \frac{\Delta p}{\sqrt{km}} = \frac{1}{\sqrt{km}} \times \frac{\mu_0 IQ}{\pi}$$

$$= \frac{1}{\sqrt{km}} \times \frac{\mu_0}{\pi} \times \sqrt{\frac{\pi kx}{\mu_0}} \times \sqrt{2\varepsilon_0 SF}$$

$$= \sqrt{\frac{2\varepsilon_0 \mu_0 SFx}{\pi m}}$$

$$\therefore \quad c = \frac{1}{\sqrt{\varepsilon_0 \mu_0}} = \frac{1}{A}\sqrt{\frac{2SFx}{\pi m}}$$

が得られる。$c = \dfrac{f}{A}$ と比較すると

$$f = \sqrt{\frac{2SFx}{\pi m}} \quad \cdots (\text{答})$$

解　説

▶Ⅰ．　2本の平行導線Cの上側・下側を流れる電流のいずれも，導体棒の位置には，紙面を表から裏に向かう磁界を形成する。したがって，これらを合成した磁界もこの向きであり，合成磁界の大きさは各磁界の大きさの和に等しい。十分に長い直線電流による磁界の式は記憶している必要があるが，磁界 H と磁束密度 $B = \mu H$（μ は透磁率）を混同しないように注意したい。

Ⅱ．　▶(1)　電池を接続したまま，コンデンサーの極板間隔を変化させると，極板間の電位差 V は一定に保たれるが，蓄える電気量 Q は変化し，電荷を流すために電池が仕事をする。電池を切り離すと，極板間の電位差 V は変化するが，蓄える電気量 Q は変化せず，電池の仕事を考慮する必要もない。コンデンサーの蓄える静電エネルギーは

$$U = \frac{1}{2}QV = \frac{1}{2}CV^2 = \frac{Q^2}{2C} \qquad (Q = CV)$$

のように表されるが，本問では $\dfrac{Q^2}{2C}$ の形で表すと便利である。

▶(2)　単位時間に流れる電気量が電流の大きさであるから

$$i = \frac{Q}{\Delta t} \qquad \therefore \quad Q = i\Delta t$$

となる。なお，時間 Δt の間に流れる電流の大きさ i は一定ではなく，導体棒が水平方向に受ける力の大きさ $\dfrac{\mu_0 iI}{\pi}$ も変化することになるが，時刻 t における電流を $i(t)$ とすると

$$\Delta p = \int_0^{\Delta t} \frac{\mu_0 i(t) I}{\pi} dt = \frac{\mu_0 I}{\pi} \int_0^{\Delta t} i(t)\, dt$$

となり，$Q = \displaystyle\int_0^{\Delta t} i(t)\, dt$ であるから，この力による力積は $\Delta p = \dfrac{\mu_0 IQ}{\pi}$ となる。

▶(3)　導体棒は最初，2本の平行導線Cの真ん中（ばねが自然長となる位置）にある。放電時間 Δt は微小であるから，導体棒は瞬間的に力を受けて，ばねが自然長の位置から，速さ v で動き出すとみなすことができる。以後，Ⅰ(2)と同様に，導体棒は単振動を行うから，力学的エネルギー保存則を用いて，振幅 A を求めることができる。

　あるいは，単振動の角振動数が $\omega = \sqrt{\dfrac{k}{m}}$ となることを用いて

$$A = \frac{v}{\omega} = \frac{\Delta p}{m} \sqrt{\frac{m}{k}} = \frac{\Delta p}{\sqrt{km}}$$

としてもよい。

▶Ⅲ.　誘電率 ε，透磁率 μ の媒質中で，電磁波の伝わる速さは一般に，$\dfrac{1}{\sqrt{\varepsilon\mu}}$ となることが知られている。

4   交流回路

72

解　答

Ⅰ.　$R=\rho\dfrac{d}{S}$,　$C=\varepsilon\dfrac{S}{d}$　…(答)

Ⅱ.⑴　素子 X は，抵抗値 R の抵抗と電気容量 C のコンデンサーそれぞれ N 個を直列にして，合成抵抗値 NR の抵抗と合成容量 $\dfrac{C}{N}$ のコンデンサーを並列にしたものと等価である。

スイッチを端子 T_1 に接続して十分に長い時間が経過すると，コンデンサーは充電され，コンデンサーには電流は流れない。

よって，素子 X に流れる電流の大きさは，抵抗部分に流れる電流の大きさと等しく

$\dfrac{V_0}{NR}$　…(答)

電極 E に蓄積される電気量は　　$\dfrac{CV_0}{N}$　…(答)

⑵　スイッチを T_1 から T_2 に切り替える直前の N 個のコンデンサーに蓄積された静電エネルギーの和 U は

$$U=\frac{1}{2}\frac{C}{N}V_0{}^2$$

このエネルギーがジュール熱となって，並列接続された抵抗値 R_0 の抵抗と抵抗値 NR の抵抗で消費されるとき，ジュール熱は抵抗値に反比例するから，抵抗値 R_0 の抵抗で生じたジュール熱 W_0 は

$$W_0=\frac{1}{2}\frac{C}{N}V_0{}^2\times\frac{NR}{R_0+NR}$$
$$=\frac{RCV_0{}^2}{2(R_0+NR)}\quad\text{…(答)}$$

よって，N の増加に対して W_0 は単調に減少する。　　　　　(答)　②

⑶　並列に接続された合成抵抗値 NR の抵抗と合成容量 $\dfrac{C}{N}$ のコンデンサーに，交流電圧が加わる。素子 X の抵抗部分を流れる電流を i_R とすると，抵抗に流れる電流の位相は電圧の位相に等しいから

$$i_R = \frac{V_1}{NR} \sin \omega t$$

コンデンサー部分を流れる電流を i_C とすると，コンデンサーに流れる電流の位相は電圧の位相より $\frac{\pi}{2}$ 進み，コンデンサーの容量リアクタンスは $\frac{1}{\omega \frac{C}{N}}$ であるから

$$i_C = \frac{V_1}{\frac{1}{\omega \frac{C}{N}}} \sin\left(\omega t + \frac{\pi}{2}\right) = \frac{\omega C V_1}{N} \cos \omega t$$

よって，素子Xへ流れる電流 i は

$$i = i_R + i_C = \frac{V_1}{NR} \sin \omega t + \frac{\omega C V_1}{N} \cos \omega t$$

$$= \frac{V_1}{N}\left(\frac{1}{R} \sin \omega t + \omega C \cos \omega t\right) \quad \cdots(\text{答})$$

Ⅲ．**ア**．交流電流計に電流が流れないとき，J－K間とK－M間の電圧の比は抵抗値の比に等しく1：2である。また，K－M間とL－M間の電圧は等しく，それぞれ V_{KM}，V_{LM} とすると

$$V_{KM} = \frac{2}{3} V_1 \sin \omega t$$

（答）　**ア**．$\frac{2}{3} V_1 \sin \omega t$

イ・ウ．L－M間の電圧が $V_{LM} = \frac{2}{3} V_1 \sin \omega t$ であるとき，抵抗 R_2 とコンデンサー C_0 の直列接続のインピーダンスを Z とし，L－M間を流れる電流 I_{LM} の位相が電圧 V_{LM} の位相から ϕ 進んでいるとすると

$$I_{LM} = \frac{\frac{2}{3} V_1}{Z} \sin(\omega t + \phi)$$

ここで，抵抗 R_2 にかかる電圧 V_{R_2} の位相は電流 I_{LM} の位相と等しく，コンデンサー C_0 にかかる電圧 V_{C_0} の位相は電流 I_{LM} の位相より $\frac{\pi}{2}$ 遅れていて，コンデンサーの容量リアクタンスは $\frac{1}{\omega C_0}$ であり，$C_0 = \frac{1}{\omega R_2}$ を用いると

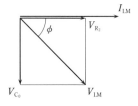

$$Z = \sqrt{R_2{}^2 + \left(\frac{1}{\omega C_0}\right)^2} = \sqrt{R_2{}^2 + R_2{}^2} = \sqrt{2} R_2$$

$$\tan \phi = \frac{\frac{1}{\omega C_0}}{R_2} = \frac{R_2}{R_2} = 1 \qquad \therefore \quad \phi = \frac{\pi}{4}$$

よって

$$I_{\mathrm{LM}} = \frac{\frac{2}{3}V_1}{\sqrt{2}R_2}\sin\left(\omega t + \frac{\pi}{4}\right) = \frac{V_1}{3R_2}\sin\omega t + \frac{V_1}{3R_2}\cos\omega t \qquad (答) \quad \text{イ.} \ \frac{V_1}{3R_2} \quad \text{ウ.} \ \frac{V_1}{3R_2}$$

エ. J－K間とJ－L間の電圧は等しく，それぞれ V_{JK}，V_{JL} とすると

$$V_{\mathrm{JK}} = \frac{1}{3}V_1\sin\omega t \qquad\qquad\qquad (答) \quad \text{エ.} \ \frac{1}{3}V_1\sin\omega t$$

オ・カ. J－L間の素子Xに流れる電流のうち，抵抗部分を流れる電流を I_{R} とすると

$$I_{\mathrm{R}} = \frac{\frac{1}{3}V_1}{NR}\sin\omega t = \frac{V_1}{3NR}\sin\omega t$$

コンデンサー部分を流れる電流を I_{C} とすると

$$I_{\mathrm{C}} = \frac{\frac{1}{3}V_1}{\frac{1}{\omega\frac{C}{N}}}\sin\left(\omega t + \frac{\pi}{2}\right) = \frac{\omega CV_1}{3N}\cos\omega t$$

よって，J－L間を流れる電流 I_{JL} は

$$I_{\mathrm{JL}} = I_{\mathrm{R}} + I_{\mathrm{C}} = \frac{V_1}{3NR}\sin\omega t + \frac{\omega CV_1}{3N}\cos\omega t \qquad (答) \quad \text{オ.} \ \frac{V_1}{3NR} \quad \text{カ.} \ \frac{\omega CV_1}{3N}$$

キ・ク. $I_{\mathrm{JL}} = I_{\mathrm{LM}}$ であるから

$$\frac{V_1}{3NR}\sin\omega t + \frac{\omega CV_1}{3N}\cos\omega t = \frac{V_1}{3R_2}\sin\omega t + \frac{V_1}{3R_2}\cos\omega t$$

$\cos\omega t$，$\sin\omega t$ の係数を比較して

$$\frac{\omega CV_1}{3N} = \frac{V_1}{3R_2} \ \text{より} \qquad C = \frac{N}{\omega R_2}$$

$$C = \varepsilon\frac{S}{d} \ \text{から} \qquad \varepsilon\frac{S}{d} = \frac{N}{\omega R_2} \qquad \therefore \ \varepsilon = \frac{Nd}{\omega SR_2} \qquad\qquad (答) \quad \text{キ.} \ \frac{Nd}{\omega SR_2}$$

$$\frac{V_1}{3NR} = \frac{V_1}{3R_2} \ \text{より} \qquad R = \frac{R_2}{N}$$

$$R = \rho\frac{d}{S} \ \text{から} \qquad \rho\frac{d}{S} = \frac{R_2}{N} \qquad \therefore \ \rho = \frac{SR_2}{Nd} \qquad\qquad (答) \quad \text{ク.} \ \frac{SR_2}{Nd}$$

別解 Ⅲ. **イ・ウ.** 題意より，抵抗 R_2 に流れる電流を I_{LM} として

$$I_{\mathrm{LM}} = I_1\sin\omega t + I_2\cos\omega t$$

とおく。抵抗 R_2 にかかる電圧を V_{R} とすると，抵抗にかかる電圧の位相は電流の位相に等しいから

$$V_{\mathrm{R}} = R_2(I_1\sin\omega t + I_2\cos\omega t)$$

コンデンサー C_0 にかかる電圧を V_C とすると，コンデンサーにかかる電圧の位相は電流の位相より $\dfrac{\pi}{2}$ 遅れているから，$C_0 = \dfrac{1}{\omega R_2}$ を用いると

$$V_C = \frac{1}{\omega C_0}\left\{I_1 \sin\left(\omega t - \frac{\pi}{2}\right) + I_2 \cos\left(\omega t - \frac{\pi}{2}\right)\right\}$$

$$= R_2(-I_1\cos\omega t + I_2\sin\omega t)$$

L－M間の電圧はこれらの和に等しいから

$$V_{LM} = V_{KM} = V_R + V_C$$

$$\frac{2}{3}V_1\sin\omega t = R_2(I_1\sin\omega t + I_2\cos\omega t) + R_2(-I_1\cos\omega t + I_2\sin\omega t)$$

$$= R_2\{(I_1 + I_2)\sin\omega t + (-I_1 + I_2)\cos\omega t\}$$

この恒等式が成り立つためには，$\sin\omega t$，$\cos\omega t$ の係数を比較して

$$\frac{2}{3}V_1 = R_2(I_1 + I_2)$$

$$0 = -I_1 + I_2$$

I_1，I_2 について解くと　　$I_1 = \dfrac{V_1}{3R_2}$，$I_2 = \dfrac{V_1}{3R_2}$

すなわち

$$I_{LM} = \frac{V_1}{3R_2}\sin\omega t + \frac{V_1}{3R_2}\cos\omega t$$

解 説

▶Ⅰ．抵抗の抵抗値 R は物質の抵抗率 ρ，長さ d，断面積 S で決まり，コンデンサーの電気容量 C は物質の誘電率 ε，極板面積 S，極板間距離 d で決まる。

Ⅱ．▶(1)　素子Xは図aの回路で表されるが，点 m，n，$\cdots$，z に電流は流れないから，図bと等価である。

▶(2)　抵抗値 R の抵抗に大きさ I の電流が流れるとき，または大きさ V の電圧が加わるとき，抵抗での消費電力 P は

$$P = RI^2 = \frac{V^2}{R}$$

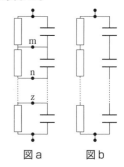

図a　　　図b

2つの抵抗が直列の場合は電流 I が等しいから，P は R に比例し，2つの抵抗が並列の場合は電圧 V が等しいから，P は R に反比例する。

▶(3)　抵抗RとコンデンサーCを並列に接続して交流電圧を加える場合，交流電源とR，Cに加わる電圧の最大値と位相は共通で，Rに流れる電流の位相は電圧の位相と等しく，Cに流れる電流の位相は電圧の位相より $\dfrac{\pi}{2}$ 進んでいる。R，Cそれぞれに

ついて

　　　　(電圧の最大値) = (電流の最大値) × (リアクタンス)

である。

▶Ⅲ. 抵抗RとコンデンサーCを直列に接続して交流電圧を加える場合，交流電源と
R，Cに流れる電流の最大値と位相は共通で，Rに加わる電圧の位相は電流の位相と
等しく，Cに加わる電圧の位相は電流の位相より $\dfrac{\pi}{2}$ 遅れている。

テーマ

　　抵抗とコンデンサーの回路の過渡現象と，交流回路の問題である。

　　コンデンサーとコイルの過渡現象の問題では，スイッチを入れた直後は，コイルには
電流が流れず，コンデンサーはただの導線であり，十分に時間が経過した後は，コンデ
ンサーには電流が流れず，コイルはただの導線である。

　　交流回路では，抵抗，コンデンサー，コイルについて，リアクタンスや位相のずれを
考えて，ベクトルで電流と電圧の変化をとらえるとわかりやすい。

●出題の意図（東京大学 発表）

　　交流回路の実験から物質固有の定数が決定できる例を通じて基本的な物理法則を
柔軟に活用しつつ定量的な考察が行えるかを問う。電気に関する基本事項の理解と
ともに科学的に分析し，論理的に思考する力を評価するのをねらいとした。

73

解 答

Ⅰ. スイッチ S が開いている状態では，常に $I_2 = 0$ であり

$$\frac{\Delta I_2}{\Delta t} = 0$$

が成り立つ。また，題意と式(ア)により，$t = 0$ では

$$I_1 = 0 \qquad \Phi = 0$$

(1) 式(ア)と式(イ)より

$$V_1 = n_1 \frac{\Delta \Phi}{\Delta t} = k n_1{}^2 \frac{\Delta I_1}{\Delta t} \quad \cdots ①$$

となる。$0 < t < T$ のときは $V_1 = V_0$：一定 として

$$V_0 = k n_1{}^2 \frac{\Delta I_1}{\Delta t} \qquad \therefore \quad \frac{\Delta I_1}{\Delta t} = \frac{V_0}{k n_1{}^2} > 0$$

となる。最初は $I_1 = 0$ であったから，コイル 1 の電流 I_1 は**正の向きに増加**する。

(2) $0 < t < T$ の間，式(イ)より

$$V_1 = n_1 \frac{\Delta \Phi}{\Delta t} = V_0 : 一定 \qquad \therefore \quad \frac{\Delta \Phi}{\Delta t} = \frac{V_0}{n_1} : 一定$$

となり，$t = 0$ の瞬間は $\Phi = 0$ であるから

$$\Phi = \frac{V_0}{n_1} t$$

となる。したがって，$t = T$ における鉄心内の磁束は

$$\Phi = \frac{V_0}{n_1} T \quad \cdots (答)$$

(3) 式(ア)で，(2)の結果を用いると

$$\frac{V_0}{n_1} T = k n_1 I_1$$

$$\therefore \quad I_1 = \frac{V_0}{k n_1{}^2} T \quad \cdots (答)$$

(4) キルヒホッフの法則を用いると，次の式が成立する。

$$E = R_1 I_1 + V_1$$

(a) $0 < t < T$ の場合

(3)の結果と同様に，時刻 t におけるコイル 1 の電流は

$$I_1 = \frac{V_0}{k n_1{}^2} t$$

となる。これを用い，また，$V_1 = V_0$ とすると

$$E = \frac{R_1 V_0}{k n_1{}^2} t + V_0 \quad \cdots (\text{答})$$

(b) $T < t$ の場合

$V_1 = 0$ であり，①より

$$0 = k n_1{}^2 \frac{\Delta I_1}{\Delta t} \qquad \therefore \quad \frac{\Delta I_1}{\Delta t} = 0$$

となる。したがって，$T < t$ では I_1：一定 となり，この一定値は(3)の結果に等しいから

$$E = \frac{R_1 V_0}{k n_1{}^2} T \quad \cdots (\text{答})$$

II. (1) I (2)と同様にして，$t = T$ における鉄心内の磁束は

$$\Phi = \frac{V_0}{n_1} T \quad \cdots (\text{答})$$

(2) 磁束は鉄心内にのみ発生し，鉄心外への洩れは無視できるものとすると，コイル1とコイル2を通過する磁束 Φ は等しい。図2-1の向きの磁束 Φ が増加するとき，レンツの法則より，この変化を妨げて逆向きの磁束を生じるように

コイル2に生じる起電力は c' 点の方が高くなる。 …(答)

したがって

$$V_1 = n_1 \frac{\Delta \Phi}{\Delta t} \quad , \quad V_2 = n_2 \frac{\Delta \Phi}{\Delta t}$$

が成立し

$$\frac{|V_1|}{|V_2|} = \frac{n_1}{n_2} \quad \cdots (\text{答})$$

(3) コイル2の側でキルヒホッフの法則を用いると，次の式が成立する。

$$0 = R_2 I_2 + V_2$$

したがって，$0 < t < T$ のとき

$$I_2 = -\frac{V_2}{R_2} = -\frac{n_2 V_1}{n_1 R_2} = -\frac{n_2 V_0}{n_1 R_2}$$

となり，式(ア)より

$$I_1 = \frac{1}{n_1}\left(\frac{\Phi}{k} - n_2 I_2\right) = \frac{1}{n_1}\left(\frac{V_0}{k n_1} t + \frac{n_2{}^2 V_0}{n_1 R_2}\right)$$

$$\therefore \quad I_1 = \frac{V_0}{k n_1{}^2} t + \frac{n_2{}^2 V_0}{n_1{}^2 R_2} \quad \cdots (\text{答})$$

解 説

Ⅰ. コイル2の存在を考慮する必要はなく，コイル1の自己誘導の現象を考えればよい。n 回巻きのコイルを通過する磁束 $\varPhi$ が変化するときの誘導起電力は $V = -n\dfrac{\varDelta\varPhi}{\varDelta t}$，また，自己インダクタンス L のコイルを流れる電流 I が変化するときの誘導起電力は $V = -L\dfrac{\varDelta I}{\varDelta t}$ のように表されるが，これらの式の負号はレンツの法則を表すものであり，機械的につけるのは誤りである（各量の正負の向きの定義により，負号がつかないときもある）。

▶(1) $\dfrac{\varDelta I_1}{\varDelta t} > 0$ であれば I_1 は増加（正の向きに増加，または，負の向きに大きさは減少），逆に，$\dfrac{\varDelta I_1}{\varDelta t} < 0$ であれば I_1 は減少（正の向きに減少，または，負の向きに大きさは増加）することになる。初期条件は $I_1 = 0$ であるから，コイル1の電流 I_1 は正の向きに増加する。

▶(2) $\dfrac{\varDelta\varPhi}{\varDelta t}$：一定 となるから，$\varDelta\varPhi$ は $\varDelta t$ に比例する。初期条件は $\varPhi = 0$ であるから，磁束 $\varPhi$ は時刻 t に比例することになる。

▶(3) $I_2 = 0$ であるから，式(ア)より，コイル1の電流 I_1 は磁束 $\varPhi$ に比例し，さらに(2)の結果を用いると，I_1 は時刻 t に比例することがわかる。

▶(4) $t = T$ の瞬間，コイル1の電圧 V_1 は不連続に変化し，電源の電圧 E も不連続に変化する。

Ⅱ. コイル1とコイル2を通過する磁束は等しいことを用いて，相互誘導の現象を考えればよい。

▶(1) 電圧 V_1 の時間変化はⅠと同じであるから，Ⅰ(2)と同じ関係式が成り立つ。同じ計算を繰り返す必要はない。

▶(2) 得られた結果 $\dfrac{|V_1|}{|V_2|} = \dfrac{n_1}{n_2}$ は，変圧器（トランス）に関する周知の式である。

▶(3) 得られた結果の第1項は，Ⅰ(3)の値に一致している。

第5章 原 子

1　原　子

74

解　答

Ⅰ.(1)　光が真空中から微粒子中に入射するときの屈折の法則より

$$n = \frac{\sin\theta}{\sin\phi}$$

∴　$\sin\theta = n \cdot \sin\phi$　…(答)　…①

(2)　光子の集まりがもつエネルギーの総量は，$E = Q \cdot \Delta t$ であるから，問題文のエネルギー E と運動量 p の関係式より

$$p = \frac{E}{c} = \frac{Q\Delta t}{c}\ \ \cdots(答)$$

(3)　下図のように，入射する光の運動量ベクトル $\vec{p}$ と射出する光の運動量ベクトル $\vec{p'}$ があり，その変化 $\vec{\Delta p}$ をこれらのベクトルの作用線の交点Cで考えると

$$\vec{\Delta p} = \vec{p'} - \vec{p}$$

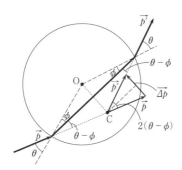

$\vec{p}$ と $\vec{p'}$ のなす角は $2(\theta - \phi)$ であり，$\vec{p}$ と $\vec{p'}$ の大きさは変わらない（$|\vec{p}| = |\vec{p'}|$）ので

$$\Delta p = |\vec{\Delta p}| = 2p\sin(\theta - \phi)\ \ \cdots(答)$$

向きは　　C→Oの向き　…(答)

(4)　光が微粒子から受ける力を $\vec{F}$ とするとき，時間 Δt の間に光が受ける力積 $\vec{F}\Delta t$ は，光の運動量変化 $\vec{\Delta p}$ に等しい。作用反作用の法則より，微粒子が光から受ける力積 $\vec{f}\Delta t$ は，光が微粒子から受ける力積 $\vec{F}\Delta t$ と，大きさが等しく向きが逆である。よって

$$|\vec{f}\varDelta t|=|\vec{F}\varDelta t|=|\overrightarrow{\varDelta p}|$$

$$\therefore \quad f=\frac{\varDelta p}{\varDelta t}=\frac{2p\sin(\theta-\phi)}{\varDelta t}=\frac{2\dfrac{Q\varDelta t}{c}\sin(\theta-\phi)}{\varDelta t}$$

$$=\frac{2Q}{c}\sin(\theta-\phi) \quad \cdots(答) \quad \cdots②$$

光の運動量変化の向きは(3)の C→O の向きであるから，微粒子が光から受ける力の向きは

$$O→C の向き \quad \cdots(答)$$

(5) 問題文の小さな角度に対して成り立つ近似式を用いて，$\sin\theta\fallingdotseq\theta$，$\sin\phi\fallingdotseq\phi$，$\sin(\theta-\phi)\fallingdotseq\theta-\phi$ とすると，①より

$$\theta\fallingdotseq n\phi$$

図 3 − 2 より

$$\sin\phi=\frac{d}{r} \qquad \therefore \quad \phi\fallingdotseq\frac{d}{r}$$

②より

$$f\fallingdotseq\frac{2Q}{c}(\theta-\phi)\fallingdotseq\frac{2Q}{c}(n\phi-\phi)=\frac{2Q}{c}(n-1)\frac{d}{r}$$

$$=\frac{2(n-1)Qd}{cr} \quad \cdots(答) \quad \cdots③$$

Ⅱ．(1) 図 3 − 3 のように，光は屈折しないので「力は働かない」。

(2) 設問Ⅰ(4)と同様に，微粒子が光から受ける合力の向きは O→F の向きで「上」。

(3) 図 3 − 4 の OF 間の距離 $\varDelta y$ は，O からこの光に下ろした垂線の長さ，すなわち設問Ⅰ(5)での OD 間の距離 d に比例する。微粒子が 1 本の光から受ける力の大きさ f は d に比例し，2 本の光から受ける合力の大きさ f' は f に比例するので，f' は $\varDelta y$ に比例する。

よって **イ** $\cdots(答)$

Ⅲ．(1) 図 3 − 6 において，O から直線 AF に下ろした垂線と直線 AF との交点を J とすると，$\angle JOF=\alpha$ より

$$h=\varDelta x\cos\alpha \quad \cdots(答)$$

図 3 − 5，図 3 − 6 より

$$r=\frac{d}{\sin\phi}, \quad r=\frac{h}{\sin\theta}$$

$$d=\frac{\sin\phi}{\sin\theta}h=\frac{h}{n}=\frac{\varDelta x}{n}\cos\alpha \quad \cdots(答)$$

(2) 問題文の近似式 $\alpha\pm(\theta-\phi)\fallingdotseq\alpha$ は，光が屈折せずに直進することを表している。

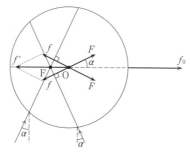

1本の光線が微粒子に及ぼす力の大きさfは，③より

$$f = \frac{2(n-1)Qd}{cr}$$

その合力の大きさf'は，設問II(3)と同様に

$$f' = 2 \times f\cos\alpha$$

$$= 2 \times \frac{2(n-1)Qd}{cr} \cdot \cos\alpha$$

$$= \frac{4(n-1)Q\Delta x}{ncr}\cos^2\alpha \quad \cdots(答)$$

(3) 2本の光線は微粒子から$F \to O$の向きに力を受け，その反作用として，微粒子は2本の光線から$O \to F$の向きに力f'を受ける。よって，力のつりあいより，外部から微粒子に加えている力は$F \to O$の向きであり，その大きさf_0は

$$f_0 = f' = \frac{4(n-1)Q\Delta x}{ncr}\cos^2\alpha$$

$$= \frac{4(1.5-1)\times 5\times 10^{-3}\times 1\times 10^{-6}}{1.5\times 3\times 10^8\times 1\times 10^{-5}}\times(\cos 45°)^2$$

$$= 1.1\times 10^{-12}$$

$$\fallingdotseq 1\times 10^{-12}\,[N] \quad \cdots(答)$$

解 説

II．▶(1) 中心Oが点Fと一致しているとき，入射する前の光子と，射出した後の光子は，運動量の大きさも向きも変わらない。よって，設問I(3)より，光子の集まりが微粒子を通過することにより受ける運動量の変化が0であるから，光子が微粒子に及ぼす力積も0であり，微粒子が2本の光から受ける合力は0である。

▶(2) 問題文より，光子の運動量の変化の大きさは，その光子が微粒子に及ぼす力積の大きさに等しいとするから，作用反作用の法則より，光子の運動量の変化の向きと，微粒子が光子から受ける力積の向きは逆である。

設問I(3)と同様に，図3−4の2本の光が微粒子を通過することにより受ける合力の向きはF→Oの向きで「下」であるから，微粒子が2本の光から受ける合力の向き

は O→F の向きで「上」である。

▶(3) 図3−4の左下から入射し，右上に射出する1本の光の経路について，下図のように点 I，D，H をとり，図3−2と同様に OD 間の距離を d，図3−6に対応させて OH 間の距離を h，OF 間の距離を Δy，∠OFI$=\beta$ とし，設問 I (5)の近似を用いると

△IOD について

$$d = r\sin\phi \qquad \therefore \quad d \fallingdotseq r\phi$$

△IOH について

$$h = r\sin\theta \qquad \therefore \quad h \fallingdotseq r\theta \fallingdotseq r\cdot n\phi$$

△FOH について

$$h = \Delta y\sin\beta$$

よって

$$\frac{d}{h} = \frac{r\phi}{r\cdot n\phi} = \frac{1}{n}$$

$$\therefore \quad d = \frac{h}{n} = \frac{\sin\beta}{n}\Delta y$$

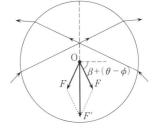

1本の光が微粒子から受ける力の大きさを F（上図で考えた1本の光が微粒子から受ける力の向きは，D→O の向きである），2本の光が微粒子から受ける合力の大きさを F' とする。θ と ϕ は十分小さいため無視することができるので，③で $f=F$ として

$$F' = 2\times F\sin\{\beta + (\theta - \phi)\}$$

$$\fallingdotseq 2\times F\sin\beta$$

$$= 2\times \frac{2(n-1)Qd}{cr}\sin\beta$$

$$= 2\times \frac{2(n-1)Q}{cr}\cdot\frac{\sin\beta}{n}\Delta y\times\sin\beta$$

$$= \frac{4(n-1)Q\sin^2\beta}{ncr}\cdot\Delta y$$

微粒子が2本の光から受ける合力の大きさ f' は，作用反作用の法則より

$$f' = F' = \frac{4(n-1)Q\sin^2\beta}{ncr}\cdot\Delta y$$

よって，f' は Δy に比例する。

テーマ

　2018年のノーベル物理学賞は「レーザー物理学分野における画期的な発明」という功績で，アーサー＝アシュキン氏，ジェラール＝ムール氏，ドナ＝ストリックランド氏が共同受賞した。光ピンセットは，アシュキン氏が1970～80年代に発明した。

　レーザー光が物体に当たる際に生じる力（光は質量をもたないが運動量をもつので，微粒子によって光が屈折した場合に光の運動量が変化し，微粒子に反作用として力積がはたらく）を利用して，微粒子や細胞などを捉えて動かすことができる技術を，光ピンセットという。光でできたピンセットという意味から命名された。

　非接触で，数ナノメートルから数マイクロメートル程度の粒子を捉え，生きたままの細胞を傷つけずに観察することができるので，タンパク質・酵素・ウイルスなどの生物学・医学の研究分野に応用されている。光ピンセットの実験で，タンパク質の一種である「キネシン」は，7ピコニュートン程度の力を発生させることがわかっている。また，心臓病である心筋症には「ミオシン」が大きくかかわっていることが知られ，心筋症の原因を分子レベルで捉える実験が行われている。

　光ピンセットの問題は，多くの受験生が初見だと思うが，問題文に，光線が球形の微粒子を通過するときに，「光の屈折に伴い光子の運動量が変化して，それが微粒子に力を及ぼす」「光子の運動量の変化の大きさは，その光子が微粒子に及ぼす力積の大きさに等しいとする」との説明がある。問題文の指示に従って，屈折の法則，入射角や屈折角，光の方向と微粒子の中心とのずれの角や微粒子の半径などの幾何光学の問題を順序よく処理していけばよい。

Ⅰ．運動量と力積の関係より，光子の運動量の変化は，光子が微粒子から受けた力積に等しい。また，作用反作用の法則より，微粒子が光子から受けた力積は，光子が微粒子から受けた力積と大きさが等しく向きが反対である。

Ⅱ．微粒子が2本の光線から受けた力は，それぞれの光線から受けた力のベクトル和である。

Ⅲ．幾何光学と近似式の使い方が問われている。

●出題の意図（東京大学　発表）

　　光による微粒子の捕捉という一見非自明な物理現象に対しても，その全体像を把握し，光の屈折，光子のエネルギーと運動量，運動量変化と力積の関係など，さまざまな法則を適切に組み合わせることで，現象を正確に理解する能力を問うています。本問を通して，こうした現象が実在すること，科学技術の基盤に物理学の基本原理があることを実感してもらうことで，基礎物理学と科学技術の両面に関心を深めてもらうことも願っています。

　　なお，設問Ⅱ(3)については，正確な導出には設問Ⅲと類似の計算が必要ですが，点Oと点Fの上下の関係に応じてf'がどう変わるべきかを考察すれば正答でき，数式と現象を結び付けて考える力を試しています。

75

解 答

Ⅰ. (1) 力学的エネルギー保存則より

$$\frac{1}{2}mv^2 = mgL \qquad \therefore \quad v = \sqrt{2gL} \quad \cdots(答)$$

であり，ド・ブロイ波長は

$$\lambda = \frac{h}{mv} = \frac{h}{m\sqrt{2gL}} \quad \cdots(答)$$

(2) 右図のように角 θ を定めると，x 軸上の点では，2 つのスリットからの行路差 Δ は

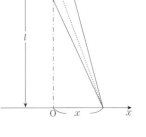
二重スリット

$$\Delta = d\sin\theta \fallingdotseq d\tan\theta = d \times \frac{x}{l}$$

となる。干渉によって強め合う方向では

$$\Delta = n\lambda \qquad (n：整数)$$

を満たすから，強め合う位置を $x = x_n$ とすると

$$\frac{d}{l}x_n = n\lambda \qquad \therefore \quad x_n = n\frac{l\lambda}{d}$$

$$(n = 0, \pm 1, \pm 2, \cdots)$$

となる。隣り合う干渉縞の間隔は

$$\Delta x_0 = x_{n+1} - x_n = \frac{l\lambda}{d} = \frac{hl}{md\sqrt{2gL}} \quad \cdots(答)$$

(3) (1)の v の値に対して，等加速度直線運動の関係より

$$v = gt_0 \qquad \therefore \quad t_0 = \frac{v}{g} = \sqrt{\frac{2L}{g}}$$

である。z 軸の負の向きの初速度 v_0 の原子がスクリーンに達する時刻を t，そのときの速さを v とすると，等加速度直線運動の関係として

$$v = v_0 + gt \quad \cdots① \qquad L = v_0 t + \frac{1}{2}gt^2 \quad \cdots②$$

が成り立つ。①より $v_0 = v - gt$ となり，これを②に代入して

$$L = (v - gt)t + \frac{1}{2}gt^2 = vt - \frac{1}{2}gt^2 \qquad \therefore \quad v = \frac{L}{t} + \frac{1}{2}gt \quad \cdots③$$

を得る。(1)・(2)と同様にして

$$\Delta x = \frac{l\lambda}{d} = \frac{l}{d} \times \frac{h}{mv} = \frac{hl}{mdv}$$

であり，③を代入すると

$$\Delta x = \frac{hl}{md\left(\dfrac{L}{t} + \dfrac{1}{2}gt\right)}$$

となり，Δx と t の関係を表すグラフの概形は右図のようになる。

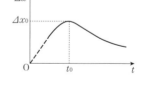

　相加平均と相乗平均の関係を考えると，Δx が最大になるとき

$$\frac{L}{t} = \frac{1}{2}gt \qquad \therefore \quad t = \sqrt{\frac{2L}{g}} = t_0$$

Ⅱ．グラフ：(ウ)

理由：Ⅰ(3)より，$\Delta x \propto \dfrac{l}{v}$ であり，Δx は l に比例している。しかし，l があまり小さくない場合，l が大きくなると，v は大きくなる。したがって，Δx_1 と l の関係を表すグラフは，単純な比例関係に比べて，傾きの次第にゆるやかになる曲線となる。

解　説

Ⅰ．▶(1)　自由落下（等加速度直線運動）の関係を用いて

$$v^2 = 2gL \qquad \therefore \quad v = \sqrt{2gL}$$

としてもよい。あるいは，解答で用いる文字の指定はないので

$$v = gt_0, \quad \lambda = \frac{h}{mv} = \frac{h}{mgt_0}$$

と表すこともできる。

▶(2)　行路差 Δ を求める計算はヤングの実験と同様であり，いくつかの方法がある。

▶(3)　$t = t_0$ より前に撮影された画像は，$t = 0$ に z 軸の負の向きの初速度を持っていた原子，$t = t_0$ より後に撮影された画像は，$t = 0$ に z 軸の正の向きの初速度を持っていた原子によるものと考えられる。

　まず初速度 v_0 を仮定して関係式を作り，速さ v を問題で与えられている L や t で表すように変形すればよい。②の代わりに $v^2 - v_0^2 = 2gL$ を用いて，次のように計算してもよい。

$$2gL = v^2 - v_0^2 = v^2 - (v - gt)^2 = 2vgt - g^2t^2 \qquad \therefore \quad v = \frac{L}{t} + \frac{1}{2}gt$$

　$t = t_0$ にスクリーンに到着した原子は初速度が 0 であったから，これ以外の時刻に到着した原子と比べて，スクリーンに到着したときの速さ v が小さい。したがって，$\Delta x = \dfrac{hl}{mdv}$ は $t = t_0$ で最大になると考えてもよい。

▶Ⅱ. $\Delta x \propto \dfrac{l}{v}$ であり，v が一定なら，Δx–l 図は(ア)のように，原点 O を通る右上がりの直線である。これに対し，l の増加とともに v は大きくなるから，傾きは次第にゆるやかになり，直線のグラフから下方にずれていく曲線となる。

難関校過去問シリーズ

東大の物理
25ヵ年［第9版］

別冊　問題編

教学社

東大の物理25ヵ年 [第9版]　別冊 問題編

第1章 力 学

節	番号	内　　　　容	年　　度
運動方程式・力のつりあい	1	単振動の性質，静止摩擦力と積木のつりあい	2017 年度〔1〕
	2	斜面を滑り降りる台上の物体	2004 年度〔1〕
	3	小球が埋め込まれたパイプ	2002 年度〔1〕
運動量保存・衝突	4	分裂した原子核の電磁場中での運動	2023 年度〔1〕
	5	糸・ゴムでつながれて落下する2球の衝突	2016 年度〔1〕
	6	段差のある水平面上を運動する2物体の衝突	2012 年度〔1〕
	7	棒によってつながれた2物体の運動	2011 年度〔1〕
	8	振り子と壁の斜めの衝突	2001 年度〔1〕
円運動・万有引力	9	万有引力と回転による潮汐運動のモデル	2022 年度〔1〕
	10	ブランコの運動	2021 年度〔1〕
	11	中心力を受けた小球の運動，量子条件	2020 年度〔1〕
	12	ひもでつながれた2球の運動	2015 年度〔1〕
	13	宙返りするジェットコースター	2010 年度〔1〕
	14	恒星の周囲を公転する惑星	2006 年度〔1〕
	15	回転する円筒内の荷電粒子の運動	2000 年度〔1〕
単振動	16	動く台車上の物体の運動，倒立振子	2019 年度〔1〕
	17	振り子が取り付けられた台の運動	2018 年度〔1〕
	18	斜面台からのばねによる発射	2014 年度〔1〕
	19	2つのばね振り子の衝突	2013 年度〔1〕
	20	単振動する物体からの打ち上げと繰り返し衝突	2009 年度〔1〕
	21	一定の時間に一定の距離を動かす仕事の比較	2008 年度〔1〕
	22	バイオリンの弦の振動のモデル	2007 年度〔1〕
	23	地球を貫通するトンネル内の単振動	2005 年度〔1〕
	24	ばねで連結された2物体の運動	2003 年度〔1〕
	25	半円形のレール上の単振動	1999 年度〔1〕

1　運動方程式・力のつりあい

1　単振動の性質，静止摩擦力と積木のつりあい
（2017 年度　第1問）

　図1−1のような，3辺の長さが L，L，$3L$ で質量が M の直方体の積木を考える。積木の密度は一様であるとし，重力加速度の大きさを g で表す。以下の設問に答えよ。

I　図1−2のように，ばね定数 k のばねの上端を天井に固定し，下端に積木をつなげた。ばねが自然長にある状態から積木を静かに放したところ，積木は鉛直方向に単振動を開始した。

（1）　ばねの自然長からの最大の伸びを求めよ。

（2）　鉛直下向きに x 軸をとる。ばねが自然長にある状態での積木の上端の位置を原点とし，そこからの変位を x とすると，積木の加速度 a は $a=$ 　ア　 $(x-$ 　イ　 $)$ と表される。 　ア　，　イ　 に入る式を求めよ。ただし加速度は x 軸の正の向きを正とする。

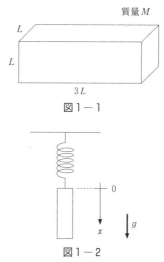

質量 M

図1−1

図1−2

II　図1−3のように，2個の積木（積木1，積木2）がそれぞれ水平な台と斜面に置かれており，滑車を通してひもでつながれている。斜面の傾き角を θ とする。積木1の長辺と平行に x 軸をとる。最初，積木1の右端の位置が $x=0$ であった。

$x<0$ では床面はなめらかで摩擦はないが，$x≧0$ では床面と積木1との間に摩擦があり，その動摩擦係数は一様で μ' である。斜面や滑車はなめらかで摩擦は無視できる。ひもがたるんでいない状態から積木1を静かに放したところ，積木1は初速度0で動き始め，右端が x_0（$x_0≦3L$）のところまで進んで静止した。ただし，図1－4のように，積木1の右端が x だけ動いた状態での動摩擦力の大きさ f は，$f=\dfrac{x}{3L}\mu'Mg$ で与えられるものとする。斜面は紙面に垂直である。また，2つの積木の長辺は紙面と平行であり，ひもは滑車の左右でそれぞれ積木の長辺と平行である。

(1) 積木1が動いているときの加速度を a とすると，a は積木1の右端の位置 x を用いて $a=$ ウ $(x-$ エ $)$ と表される。 ウ ， エ に入る式を求めよ。ただし加速度は x 軸の正の向きを正とする。

(2) 積木が動き始めてから静止するまでの時間を求めよ。

(3) 積木1の右端がちょうど $x_0=3L$ になったときに静止したとする。このとき動摩擦係数 μ' を θ を用いて表せ。

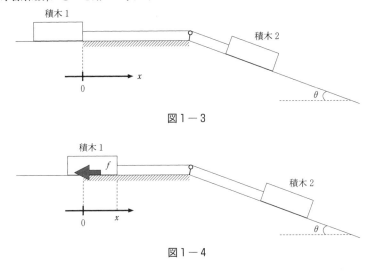

図1－3

図1－4

Ⅲ 積木を9個用意し，床の上に重ねて積むことを考える。積木どうしの静止摩擦係数を μ_1，積木と床との間の静止摩擦係数を μ_2 とする。積木の側面の摩擦は無視できるものとし，積木の面に垂直に加わる力は均一とみなしてよい。また，積木にはたらく偶力によるモーメントは考えなくてよい。

(1) $\mu_2=\mu_1$ とする。図1－5のように積木を3段に互い違いに重ねて積み，下の段の真ん中の積木を長辺と平行な向きに静かに引っ張り，力を少しずつ増やしてい

ったところ，あるときその積木だけが動き始めた。積木が動き始める直前に引っ張っていた力の大きさを求めよ。

(2) $\mu_2 \neq \mu_1$ とする。図1－6のように前問と違う向きに積木を重ねて積み，下の段の真ん中の積木を長辺と平行な向きに静かに引っ張り，力を少しずつ増やしていったところ，下の段の真ん中の積木と2段目の真ん中の積木が同時に動き始めた。このような状況が起こるための μ_2 の範囲は $\mu_2 >$ オ と表される。 オ に入る式を求めよ。

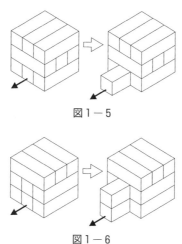

図1－5

図1－6

2　斜面を滑り降りる台上の物体

（2004年度　第1問）

　図1－1のように水平面に対して45°の角度をなす斜面上に質量Mの直角二等辺三角形の物体Aを斜辺の面が斜面と接するように置く。直角二等辺三角形の等しい2辺の長さをdとする。Aの上面に質量mで，大きさの無視できる小さな物体Bを置く。斜面上に原点Oをとり，水平右向きにx軸，鉛直下向きにy軸をとる。はじめ，Aは上面が$y=0$となる位置にあり，BはAの上面の右端，すなわち，$(x, y)$$=(d, 0)$の位置にある。空気の抵抗および斜面とAの間の摩擦は無視できるものとする。重力加速度をgとする。

Ⅰ　AとBの間の摩擦も無視できる場合に以下の問に答えよ。
　(1)　図1－1のようにAの右面に水平左向きに力Fを加えたところ，2つの物体は最初の位置に静止したままであった。Fの大きさを求めよ。
　(2)　力Fを取り除いたところ，AとBは運動を開始した。その後，BはA上面の左端に達した。この瞬間のBのy座標を求めよ。
　(3)　BがA上面の左端に達する直前のBの速さvを求めよ。

Ⅱ　図1－2に示すようにA上面の点Pを境にして右側の表面が粗く，この部分でのAとBの間の静止摩擦係数および動摩擦係数はそれぞれμ, μ'（ただし$\mu>\mu'$）である。A上面の点Pより左側は，なめらかなままである。問Ⅰ(1)と同様に，力Fを加えて両物体を静止させた。力Fを取り除いた後の両物体の運動について以下の問に答えよ。
　(1)　μが十分に大きい場合，BはA上面を滑り出さず，両物体は一体となって斜面を滑りおりる。このときの両物体のx方向の加速度a_xとy方向の加速度a_yを求めよ。
　(2)　μがある値μ_0より大きければBはA上面を滑り出さず，小さければ滑り出す。その値μ_0を求めよ。
　(3)　μがμ_0より小さい場合に，Bが最初の位置$(x, y)=(d, 0)$からA上面の左端に達するまでの軌跡として最も適当なものを図1－3の(ア)〜(オ)の中から一つ選べ。ここでQ_1, Q_2, Q_3はそれぞれ，Bの最初の位置，BがA上面の点Pに達した瞬間の位置，BがA上面の左端に達した瞬間の位置を表す。また破線は直線$y=x$を示す。

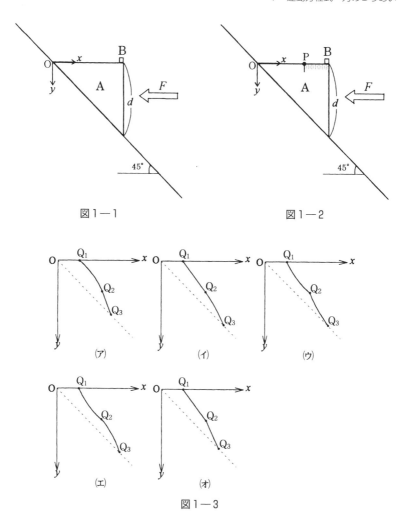

図1−1

図1−2

図1−3

3 小球が埋め込まれたパイプ

(2002 年度 第1問)

長さ L の不透明な細いパイプの中に，質量 m の小球 1 と質量 $2m$ の小球 2 が埋め込まれている。パイプは直線状で曲がらず，その口径，及び小球以外の部分の質量は無視できるほど小さい。また小球は質点と見なしてよいとし，重力加速度を g とする。これらの小球の位置を調べるために次の二つの実験を行った。

Ⅰ まず，図1－1に示したように，パイプの両端 A，B を支点 a，b で水平に支え，両方の支点を近づけるような力をゆっくりとかけていったところ，まず b が C の位置まで滑って止まり，その直後に今度は a が滑り出して D の位置で止まった。パイプと支点の間の静止摩擦係数，及び動摩擦係数をそれぞれ μ, μ'（ただし $\mu > \mu'$）と記すことにして，以下の問に答えよ。

(1) b が C で止まる直前に支点 a，b にかかっているパイプに垂直な方向の力をそれぞれ N_a, N_b とする。このときのパイプに沿った方向の力のつり合いを表す式を書け。

(2) AC の長さを測定したところ d_1 であった。パイプの重心が左端 A から測って l の位置にあるとするとき，重心の周りの力のモーメントのつり合いを考えることにより，d_1 を l, μ, μ' を用いて表せ。

(3) CD の長さを測定したところ d_2 であった。摩擦係数の比 μ'/μ を d_1, d_2 で表せ。

(4) 上記の測定から重心の位置 l を求めることができる。l を d_1, d_2 で表せ。

(5) さらに両方の支点を近づけるプロセスを続けると，どのような現象が起こり，最終的にどのような状態に行き着くか。理由も含めて簡潔に述べよ。

Ⅱ 次に，パイプの端 A に小さな穴を開け，図1－2のようにそこを支点として鉛直に立てた状態から静かにはなし，パイプを回転させた。パイプが 180° 回転したときの端 B の速度の大きさを測ったところ，v であった。端 A から測った小球 1，2 の位置をそれぞれ l_1, l_2 として以下の問に答えよ。（支点での摩擦および空気抵抗は無視できるものとする。）

(1) v を l_1, l_2, g, L を用いて表せ。

(2) v を実験 Ⅰ で得られた重心の位置 l の値を用いて表したところ，

$$v = L\sqrt{\frac{8g}{3l}}$$

であった。小球の位置 l_1, l_2 を l で表せ。ただし $l_1 \neq 0$, $l_2 \neq 0$ とする。

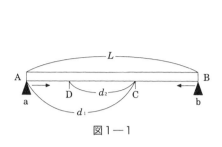

図1－1

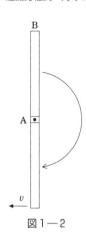

図1－2

2　運動量保存・衝突

4　分裂した原子核の電磁場中での運動

（2023 年度　第 1 問）

　　以下のような仮想的な不安定原子核 X を考える。X の質量は $4m$，電気量は正の値 $2q$ である。X の半減期は T で，図 1－1 に示すように自発的に二つの原子核 A と B に分裂する。A の質量は m，B の質量は $3m$ である。分裂の際の質量欠損は Δm であるが，これは m と比べて十分小さいので，X の質量は A と B の質量の和で近似されている。分裂後の電気量は A も B も共に q である。これらの原子核の運動について考えよう。

　　ただし，原子核は真空中を運動しており，重力は無視できる。原子核の速さは真空中の光速 c に比べて十分遅い。原子核は質点として扱い，量子的な波動性は無視できる。個々の原子核は以下の問題文で与えられる電場や磁場による力だけを受け，他の原子核が作る電場や電流に伴う力は無視できる。加速度運動に伴う電磁波放射も無視できる。

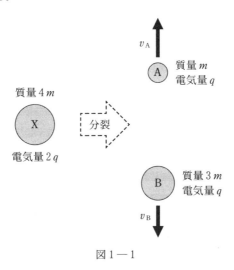

図 1－1

I 多数の原子核 X を作り，それらが分裂する前に，特定の運動エネルギーをもつものだけを集めることを考える。図 1 — 2 のように，座標原点にある標的素材に中性子線ビームを照射し，核反応を起こすことで，多数の X が作られる。これらの X は $y > 0$ の領域に様々な速さで，様々な方向に飛び出す。$y > 0$ の領域に紙面に垂直に裏から表の向きに磁束密度 B の一様な磁場をかける。x 軸に沿って紙面に垂直な壁を設け，x 軸上に原点から距離 a だけ離れた位置に小窓を開ける。壁に衝突することなく，壁面に垂直に小窓を通過する原子核だけを集める。以下の設問に答えよ。ただし，標的素材や小窓の大きさは長さ a と比べて十分小さい。

(1) 小窓から集められる個々の X の運動エネルギーを m, q, B, a を用いて表せ。

(2) X が分裂する前に，なるべく効率よく X を集めたい。原点で生成され，小窓を通る軌道に入った X のうち，分裂前に小窓を通過する割合が f 以上になるために必要な磁束密度 B の下限値を f, m, q, a, T の中から必要なものを用いて表せ。ここで収集された X は十分多数で，$0 < f < 1$ とする。

(3) 集めた X を電場で減速させ，静止させた。図 1 — 1 のように，この後，X は分裂する。分裂の際に，A と B 以外の粒子や放射線は放出されず，質量欠損に対応するエネルギーが A と B の運動エネルギーとなる。このときの A と B のそれぞれの速さ v_A および v_B を m, Δm, c を用いて表せ。

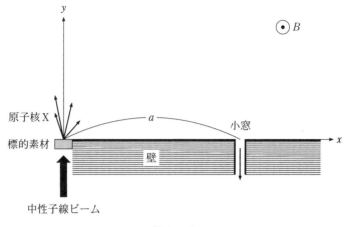

図1―2

Ⅱ 次に, 図1―3に示す実験を考える。原子核Xを座標原点に, 初速0で次々と注入する。ここでは$x \geqq 0$の領域だけに, x軸正の向きの一様な電場Eがかけられており, Xはx軸に沿って加速していく。$x = L$には検出器があり, 原子核の運動エネルギーと電気量, 質量を測ることができる。電場Eは, $E = \dfrac{2\,mv_A^2}{qL}$となるように調整されている。ここで$v_A$は, 設問Ⅰ(3)におけるAの速さ(図1―1参照)であり, 定数である。

Xの一部は検出器に入る前に様々な地点で分裂し, AとBを放つ。原子核の運動する面をxy平面にとり, 以下では紙面垂直方向の速度は0とする。分裂時のXと同じ速さでx軸に沿って運動する観測者の系をX静止系と呼ぶ。X静止系では, 分裂直後にAは速さv_Aで全ての方向に等しい確率で飛び出す。X静止系での分裂直後のAの速度ベクトルが, x軸となす角度をθ_0とする。このとき, 分裂直後のX静止系でのAのx方向の速度は$v_A \cos \theta_0$と表せる。以下の設問に答えよ。

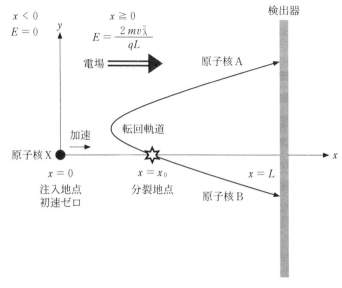

図1−3

(1) 図1−3にあるように，Xの分裂で生じたAの中には，一度検出器から遠ざかる方向に飛んだ後，転回して検出器に入るものがある。このような軌道を転回軌道と呼ぶ。Aが転回軌道をたどった上で，検出器に入射する条件を求めよう。以下の文の ア から カ に入る式を答えよ。以下の文中で指定された文字に加え，L, v_A の中から必要なものを用いよ。

　分裂時のXの検出器に対する速さを αv_A と表すと，分裂地点 x_0 の関数として $\alpha =$ ア と書ける。また，注入されてから x_0 まで移動する時間は，x_0 の代わりに α を用いて， イ と表せる。

　転回軌道に入るためには，Aの初速度の x 成分は負である必要があるので，θ_0 に対して，α で表せる条件，$\cos\theta_0 <$ ウ が得られる。この条件から，そもそも $x_0 >$ エ では転回軌道が実現しないことがわかる。Aが後方に飛んだ場合，$x < 0$ の領域に入ると，検出器に到達することはない。これを避けるための条件は，α を用いて $\cos\theta_0 >$ オ と表せる。$x_0 >$ カ のときには，Aは θ_0 によらず $x < 0$ の領域に入ることはな

い。

(2) 検出器に入ったAのうち、検出器のx軸上の点で検出されたものだけに着目する。測定される運動エネルギーの取りうる範囲をm, v_Aを用いて表せ。

(3) Xの注入を繰り返し、十分多数のAが検出された。検出されたAのうち、運動エネルギーがmv_A^2よりも小さい原子核の数の割合は、Xの半減期Tが$\dfrac{L}{v_A}$と比べてはるかに短い場合と、逆にはるかに長い場合で、どちらが多くなると期待されるか、理由と共に答えよ。

5 糸・ゴムでつながれて落下する2球の衝突

(2016年度　第1問)

　図1−1のように大きさの無視できる小球1，2が床から高さ h の位置に固定されている。二つの小球は鉛直方向に並んでおり，その間隔は十分に小さく無視できるものとする。鉛直上側の小球1の質量を m，下側の小球2の質量を M とする。小球は鉛直方向にのみ運動し，小球1，2の衝突および小球2が床で跳ね返る際の反発係数は1とする。小球1，2の速度は鉛直上向きを正とし，重力加速度の大きさを g で表す。以下の設問に答えよ。

I　小球の固定を静かに外す。小球1，2は同時に落下を始め，小球2が床で跳ね返った直後，小球1と小球2が衝突する。その後，小球1は床から最大の高さ H まで上昇した。

(1)　小球2が床で跳ね返る直前における小球1，2の落下する速さを v とする。小球2が床で跳ね返った直後，速度 $-v$ の小球1と，速度 v の小球2が衝突する。小球1，2の衝突直後における小球1の速度を $v_1{}'$，小球2の速度を $v_2{}'$ とするとき，$v_1{}' - v_2{}'$ を，v を用いて表せ。

(2)　$v_1{}'$ と $v_2{}'$ を，m, M, v を用いて表せ。また，M が m に比べて十分に大きいとき，H は h の何倍か，数値で答えよ。

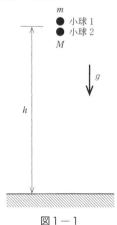

図1−1

Ⅱ 以下では $M=3m$ とする。図1-2のように小球1, 2を質量の無視できる長さ l ($l<h$) の伸びない糸でつなぎ, 設問Ⅰと同様に高さ h から落下させる。糸は, たるんだ状態では小球の運動に影響を与えない。床で跳ね返った小球2は, 小球1と衝突した後, 床に静止した。

(1) 小球1が高さ l に達すると, 糸に張力が生じる。その直前の小球1の速度を v_1, 小球1と小球2の重心の速度を V とする。V を, v_1 を用いて表せ。

(2) 糸に張力が生じると小球2が床から浮き上がり, その直後, 再び糸がたるむ。糸がたるんだ瞬間における小球1の速度 u_1 と小球2の速度 u_2 を, それぞれ v_1 を用いて表せ。ただし, 糸に張力が生じる前後で小球1, 2の力学的エネルギーの和は保存されるものとする。

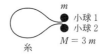

(3) 小球2が床から浮き上がる瞬間の時刻を $t=0$ とする。$|t|$ が十分に小さい範囲で, 小球1と小球2の重心の速度, 小球1の速度及び小球2の速度を t の関数として図示するとき, 最も適切なものを以下のア～オから一つ選べ。ただし, 図中の実線は重心の速度, 点線は小球1の速度, 破線は小球2の速度を表す。

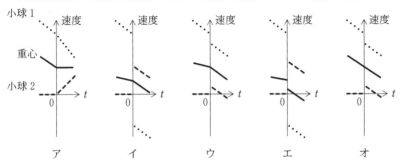

Ⅲ　引き続き $M=3m$ とする。小球 1，2 を，質量の無視できる自然長 l（$l<h$）の
　ゴムでつないで，設問Ⅱと同様に高さ h から落下させる。図 1－3 のように，ゴ
　ムを自然長より x（$x\geqq0$）だけ伸ばすと，大きさ kx の復元力が働くものとし，自
　然長から引き伸ばすために必要な仕事は $\dfrac{1}{2}kx^2$ で与えられる。また，ゴムは，たる
　んだ状態では復元力を及ぼさず，小球の運動に影響を与えない。

(1)　k がある値 k_c より大きければ，小球 1，2 の衝突後に床に静止していた小球
　　2 は，やがてゴムの張力により床から浮き上がる。$k>k_c$ のとき，小球 2 が浮き
　　上がる瞬間におけるゴムの長さを $l+\varDelta l$ とする。$\varDelta l$ を m，g，k を用いて表せ。

(2)　小球 2 が床から浮き上がる瞬間における小球 1 の速度 w を，v_1，m，g，k を
　　用いて表せ。ただし v_1 は設問Ⅱ(1)と同様，ゴムに復元力が生じる直前の小球 1
　　の速度とする。また，この結果より k_c を，v_1，m，g を用いて表せ。

(3)　小球 2 が床から浮き上がってから再びゴムがたるむまでの小球 1，2 の運動は，
　　重心の等加速度運動と，重心のまわりの単振動の合成となる。k が十分に大きけ
　　れば，小球 2 が浮き上がる瞬間におけるゴムの伸び $\varDelta l$ は無視してよい。このと
　　き，小球 2 が床から浮き上がってからゴムがたるむまでの時間 T を，m，k を用
　　いて表せ。ただし，k は十分に大きいため，ゴムがたるむ前に小球 2 が床に接触
　　することはない。

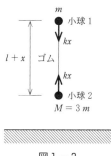

図 1－3

6 段差のある水平面上を運動する2物体の衝突

（2012年度 第1問）

　高低差が h の水平面Hと水平面Lの間になめらかな斜面があり，東西方向の断面は図1－1のようになっている。水平面Lの東端には南北にのびる鉛直な壁がある。ここで小球の衝突実験を行った。すべての小球は面から離れることなく進み，互いに弾性衝突するものとし，小球と壁も弾性衝突するものとする。重力加速度の大きさを g とし，小球の大きさや回転，摩擦や空気抵抗は無視して以下の設問に答えよ。

Ⅰ　図1－1のように，水平面Hで質量 m の小球Aを東向きに速さ v で滑らせ，質量 M の小球Bを西向きに速さ v で滑らせて衝突させたところ，衝突後に小球Aは西向きに進み，小球Bは静止した。

(1)　衝突後の小球Aの速さを求めよ。

(2)　質量の比 $\dfrac{M}{m}$ を求めよ。

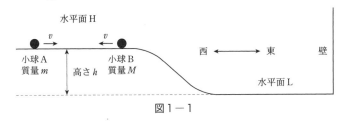

図1－2

Ⅱ　図1－2のように，水平面Hで前問の小球Aと小球Bを東向きに同じ速さ v_0 で滑らせたところ，小球Bは壁で跳ね返り，水平面Lからの高さが x の斜面上の点で小球Aと衝突した。その後，小球Aは斜面を上がって水平面H上の最初の位置を速さ v_f で西向きに通過し，一方，小球Bは壁と斜面の間を往復運動した。

(1)　2つの小球が衝突する直前の小球Aの速さを v_A，小球Bの速さを v_B とする。速さの比 $\dfrac{v_A}{v_B}$ を求めよ。

(2)　x を v_0，v_f，h，g を用いて表せ。

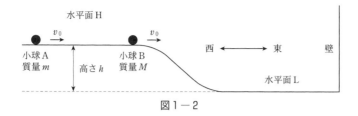

図1－2

Ⅲ　前問の小球Bが，水平面Lから高さ $\dfrac{h}{10}$ の地点と壁との間を東西方向に往復運動

している とき，図1－3のように小球Bをねらって質量 $\dfrac{M}{2}$ の小球Cを水平面H上

の点から発射した。水平面L上で小球Cはうまく小球Bに命中し，その後小球Bが

壁で跳ね返ってから，小球Cと小球Bが両方とも水平面Hまで上ってきた。2つの

小球は同じ速さ $\sqrt{\dfrac{19gh}{5}}$ で距離を ℓ に保ったまま水平面H上を同じ向きに進んだ。

その方向は西から北に向けての角度を α とすると $\sin\alpha = \dfrac{2}{\sqrt{19}}$ であった。

⑴　壁で跳ね返ったあとの小球Bの水平面Lでの運動の向きは，西から北に向けて
　　角度 β であった。$\tan\beta$ を求めよ。

⑵　小球Bと小球Cが衝突した地点の壁からの距離 d を求めよ。

⑶　水平面H上で発射したときの小球Cの速さ V を求めよ。

⑷　小球Cを発射した方向を東から北に向けて角度 θ とする。$\sin\theta$ を求めよ。

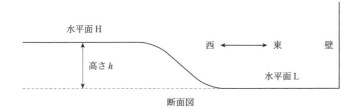

水平面 H

西 ←→ 東　　壁

高さ h

水平面 L

断面図

ℓ

小球 C　　小球 B

角度 α

北

西　東

南

角度 β

小球 B

d

水平面 H　　斜面　　水平面 L　　壁

発射

小球 C

質量 $\dfrac{M}{2}$　　上から見た図

図1−3

7 棒によってつながれた2物体の運動

(2011年度 第1問)

　図1のように，長さlで質量の無視できる棒によってつながれた，質量Mの物体Aと質量mの物体Bの運動を考える。ただし$M>m$とする。棒は物体Aおよび物体Bに対してなめらかに回転でき，棒が鉛直方向となす角をθとする。はじめ，物体Aは水平な床の上で鉛直な壁に接していた。一方，物体Bは物体Aの真上（$\theta=0°$）から初速度0で右側へ動き始めた。その後の運動について以下の設問に答えよ。なお，重力加速度の大きさをgとして，物体Aと物体Bの大きさは考えなくてよい。また，棒と物体Aおよび物体Bとの間にはたらく力は棒に平行である。

Ⅰ　まず，物体Aと床との間に摩擦がない場合について考える。
　(1)　物体Bが動き出してからしばらくの間は，物体Aは壁に接したままであった。この間の物体Bの速さvを，θを含んだ式で表せ。
　(2)　(1)のとき，棒から物体Bにはたらく力Fを，θを含んだ式で表せ。棒が物体Bを押す向きを正とする。
　(3)　$\theta=\alpha$において，物体Aが壁から離れて床の上をすべり始めた。$\cos\alpha$を求めよ。
　(4)　$\theta=\alpha$における物体Bの運動量の水平成分Pを求めよ。
　(5)　物体Bが物体Aの真横（$\theta=90°$）にきたときの，物体Aの速さVを求めよ。Pを含んだ式で表してもよい。
　(6)　$\theta=90°$に達した直後に，物体Bが床と完全弾性衝突した。その後，物体Bが一番高く上がったとき$\theta=\beta$であった。$\cos\beta$を求めよ。Pを含んだ式で表してもよい。

Ⅱ　次に，物体Aと床との間に摩擦がある場合について考える。今度は，$\theta=60°$において，物体Aが壁から離れた。これより，物体Aと床との間の静止摩擦係数μを求めよ。

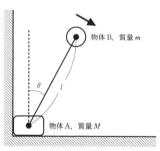

物体B，質量m

θ

l

物体A，質量M

図　1

8 振り子と壁の斜めの衝突

(2001年度 第1問)

　図1のように，鉛直方向に立っているなめらかな壁から距離 L の支点Oに，長さ $2L$ の糸を結びつけ，その先に質量 m の小球をつけておく。糸の質量や小球の大きさは無視でき，空気抵抗や支点での摩擦はないものとする。重力加速度を g として以下の設問に答えよ。

I　この小球を，糸をピンと張った状態で水平に近い角度でA点から静かにはなすと，糸がまっすぐに伸びた状態で運動し，小球は壁のB点に速さ v で衝突した。壁ではねかえった小球は，糸がたるんだ状態で放物運動し，もっとも高く上がった地点Cは，支点Oの真下の方向にあった。ただし，壁との衝突は完全弾性衝突とは限らない。

(1)　衝突直後における小球の速度の鉛直方向成分の大きさはどれだけか。

(2)　もっとも高く上がった地点Cと衝突点Bとの高低差はどれだけか。

(3)　衝突直後から再び糸がピンと張る状態になる瞬間までの時間を答えよ。

(4)　衝突直後における小球の速度の水平方向成分の大きさを，g，L，v を用いて表せ。

(5)　はじめに小球をはなした位置Aと衝突点Bとの高低差は h であった。壁のはねかえり係数（反発係数）を，L および h を用いて表せ。

II　前問の糸を，質量の無視できる長さ $2L$ の変形しない棒に取りかえて，B点からの高低差が d の地点から小球を静かにはなすと，小球はB点で壁に衝突した。

(1)　衝突を完全弾性衝突であるとして，衝突の瞬間に小球が受けた力積の大きさを求めよ。

(2)　前問の力積のうち，壁から受けた分の大きさはどれだけか。

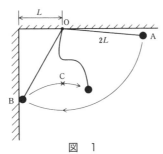

図　1

3 円運動・万有引力

9 万有引力と回転による潮汐運動のモデル
(2022年度 第1問)

　地球表面上の海水は，地球からの万有引力の他に，月や太陽からの引力，さらに地球や月の運動によって引き起こされる様々な力を受ける。これらの力の一部が時間とともに変化することで，潮の満ち干が起こる(潮汐運動)。ここでは，地球の表面に置かれた物体に働く力について，単純化したモデルで考察しよう。なお，万有引力定数を G とし，地球は質量 M_1 で密度が一様な半径 R の球体とみなせるとする。以下の設問Ⅰ，Ⅱ，Ⅲに答えよ。

Ⅰ　地球の表面に置かれた物体は地球の自転による遠心力を受ける。地球の自転周期を T_1 とするとき，以下の設問に答えよ。

⑴　質量 m の質点が赤道上のある地点 E に置かれたときに働く遠心力の大きさ f_0，および北緯 $45°$ のある地点 F に置かれたときに働く遠心力の大きさ f_1 を求め，それぞれ m，R，T_1 を用いて表せ。

⑵　設問Ⅰ⑴の地点 E における，地球の自転による遠心力の効果を含めた重力加速度 g_0 を求め，G，M_1，R，T_1 を用いて表せ。

Ⅱ　次に，月からの引力と，月が地球の周りを公転運動することによって発生する力を考える。ここではこれらの力についてのみ考えるため，地球が自転しないという仮想的な場合について考察する。

　月が地球の周りを公転するとき，地球と月は，地球と月の重心である点 O を中心に同一周期で円運動をすると仮定する(図1—1)。なお，図1—1において，この円運動の回転軸は紙面に垂直である。月は質量 M_2 の質点とし，地球の中心と月との距離を a とする。また，地球の中心および月から点 O までの距離をそれぞれ a_1，a_2 とする。以下の設問に答えよ。

(1) 点 O から見た地球の中心および月の速さをそれぞれ v_1, v_2 とする。v_1 および v_2 を a, G, M_1, M_2 を用いて表せ。

(2) 点 O を原点として固定した xy 座標系を，図1−2(a)のように紙面と同一平面にとる。時刻 $t = 0$ において，座標が $(-a_1 - R, 0)$ である地球表面上の点を点 X とする。月の公転周期を T_2 とするとき，時刻 t における点 X の座標を，a_1, R, T_2, t を用いて表せ。ただし，地球の自転を無視しているため，時刻 $t = 0$ 以降で図1−2(b)，(c)のように位置関係が変化することに注意せよ。

(3) 設問II(2)の点 X に，M_1 および M_2 に比して十分に小さい質量 m の質点が置かれているときを考える。この質点について，地球が点 O を中心とした円運動をすることで生じる遠心力の大きさ f_c を求め，G, m, M_2, a を用いて表せ。

(4) ある時刻において，地球表面上で月から最も遠い点を P，月に最も近い点を Q とする。質量 m の質点を点 P および点 Q に置いた場合に，質点に働く遠心力と月からの万有引力の合力の大きさをそれぞれ f_P, f_Q とする。f_P, f_Q を G, m, M_2, a, R を用いて表せ。また，点 P および点 Q における合力の向きは月から遠ざかる方向か，近づく方向かをそれぞれ答えよ。

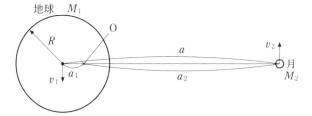

図 1 — 1

(a) $t = 0$

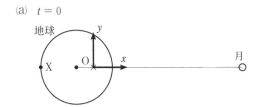

(b)

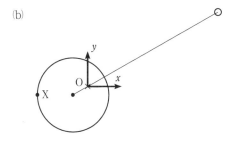

(c)

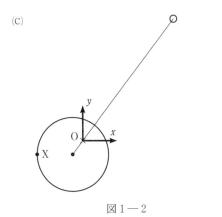

図 1 — 2

Ⅲ　さらに，太陽からの引力と，地球の公転運動によって発生する力について考える。これらの力についても設問Ⅱと同様に考えられるものとする。なお，地球と太陽の重心を点 O′ とする。太陽は質量 M_3 の質点とし，地球の中心と太陽の距離を b とする。

　図1―3のように，ある時刻において地球表面上で太陽から最も遠い点を S とする。質量 m の質点が点 S に置かれたとき，地球が点 O′ を中心とした円運動をすることで生じる遠心力と太陽からの万有引力の合力の大きさを f_S とする。設問Ⅱ(4)で求めた f_P に対する f_S の比は以下のように見積もることができる。

$$0.\boxed{ア} < \frac{f_S}{f_P} < 0.\boxed{イ}$$

　$\boxed{ア}$ と $\boxed{イ}$ には連続する1桁の数字が入る。表1―1の中から必要な数値を用いて計算し，$\boxed{ア}$ に入る数字を答えよ。

表1―1

地球の質量	M_1	6.0×10^{24} kg
月の質量	M_2	7.3×10^{22} kg
太陽の質量	M_3	2.0×10^{30} kg
地球の中心と月との距離	a	3.8×10^{8} m
地球の中心と太陽との距離	b	1.5×10^{11} m
地球の半径	R	6.4×10^{6} m
万有引力定数	G	6.7×10^{-11} m^3 / (kg·s^2)

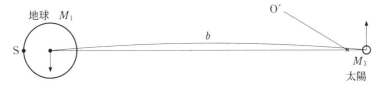

図1―3

10 ブランコの運動

(2021 年度 第1問)

　図1—1に示すようなブランコの運動について考えてみよう。ブランコの支点をOとする。ブランコに乗っている人を質量 m の質点とみなし，質点Pと呼ぶことにする。支点Oから水平な地面におろした垂線の足をGとする。ブランコの長さOPを ℓ，支点Oの高さOGを $\ell + h$ とする。ブランコの振れ角 ∠GOP を θ とし，θ はOGを基準に反時計回りを正にとる。重力加速度の大きさを g とする。また，ブランコは紙面内のみでたわむことなく運動するものとし，ブランコの質量や摩擦，空気抵抗は無視する。

Ⅰ　以下の文章の ┃ ア ┃ ～ ┃ ウ ┃ にあてはまる式を，それぞれ直後の括弧内の文字を用いて表せ。

　質点Pが $\theta = \theta_0$ から静かに運動を開始したとする。支点Oにおける位置エネルギーを0とすると，運動を開始した時点における質点Pの力学的エネルギーは ┃ ア ┃ $(\ell,\ \theta_0,\ m,\ g)$ で与えられる。角度 θ における力学的エネルギーは，そのときの質点Pの速さを u として ┃ イ ┃ $(u,\ \ell,\ \theta,\ m,\ g)$ で与えられる。力学的エネルギー保存則から，$u = $ ┃ ウ ┃ $(\ell,\ \theta_0,\ \theta,\ g)$ となる。

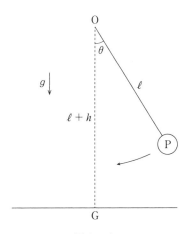

図1—1

Ⅱ ブランコに二人が乗った場合を考えよう。質量 m_A の質点 A と，質量 m_B の質点 B を考える。図 1 ― 2 に示すように，初期状態では A と B が合わさって質点 P をなしているとし，質点 P が $\theta = \theta_0$ から静かに運動を始めたとする。$\theta = 0$ において A はブランコを飛び降り，速さ v_A で水平に運動を始めた。一方，A が飛び降りたことにより，B を乗せたブランコは $\theta = 0$ でそのまま静止した。その後 A は G′ に着地した。

(1) A が飛び降りる直前の質点 P の速さを v_0 として，v_A を v_0，m_A，m_B を用いて表せ。

(2) 距離 GG′ を ℓ，h，θ_0，m_A，m_B を用いて表せ。また，$\ell = 2.0\,\mathrm{m}$，$h = 0.30\,\mathrm{m}$，$\cos\theta_0 = 0.85$，$m_A = m_B$ のとき，距離 GG′ を有効数字 2 桁で求めよ。

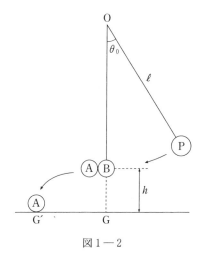

図 1 ― 2

Ⅲ　ブランコをこぐことを考えよう。ブランコに乗った人が運動の途中で立ち上がったりしゃがみこんだりすることで，ブランコの振れ幅が変化していく。

　まず図1―3に示すように，人がブランコで一度だけ立ち上がることを以下のように考える。質量 m の質点 P が $\theta = \theta_0\,(\theta_0 > 0)$ から静かに運動を始めた。次に角度 $\theta = \theta'$ において人が立ち上がったことにより，OP の長さが ℓ から $\ell - \Delta\ell$ へと瞬時に変化したとする（$\Delta\ell > 0$）。OP の長さが変化する直前の P の速さを v とし，直後の速さを v' とする。その後，OP の長さが $\ell - \Delta\ell$ のまま P は運動を続け，角度 $\theta = -\theta''\,(\theta'' > 0)$ で静止した。ただし以下では，ブランコの振れ角 θ は常に十分小さいとして，$\cos\theta \fallingdotseq 1 - \dfrac{\theta^2}{2}$ と近似できることを用いよ。

⑴　$(\theta'')^2$ を v', ℓ, $\Delta\ell$, θ', g を用いて表せ。

　OP の長さが変化する前後に関して以下のように考えることができる。長さ OP の変化が十分速ければ，瞬間的に OP 方向の強い力が働いたと考えられる。O を中心とした座標系で考えると，この力は中心力なので，面積速度が長さ OP の変化の前後で一定であるとしてよい。つまり，$\dfrac{1}{2}(\ell - \Delta\ell)v' = \dfrac{1}{2}\ell v$ が成り立つ。

⑵　$(\theta'')^2$ を ℓ, $\Delta\ell$, θ_0, θ' を用いて表せ。

⑶　θ'' を最大にする θ' と，その時の θ'' を ℓ, $\Delta\ell$, θ_0 を用いて表せ。

　次に，人が何度も立ち上がったりしゃがみこんだりしてブランコをこぐことを，以下のようなサイクルとして考えてみよう。n 回目のサイクル $C_n(n \geqq 1)$ を次のように定義する。

　「$\theta = \theta_{n-1}$ で静止した質点 P が OP の長さ ℓ で静かに運動を開始する。$\theta = 0$ において立ち上がり OP の長さが ℓ から $\ell - \Delta\ell$ へと瞬時に変化する。質点 P は OP の長さ $\ell - \Delta\ell$ のまま角度 $\theta = -\theta_n$ で静止した後，逆向きに運動を始め，角度 $\theta = \theta_n$ で再び静止する。このとき，$\theta = \theta_n$ でしゃがみこみ，OP の長さは $\ell - \Delta\ell$ から再び ℓ へと瞬時に変化する。」

　1回目のサイクルを始める前，質点 P は $\theta = \theta_0(\theta_0 > 0)$ にあり，OP の長さは ℓ だった。その後，サイクル C_1 を開始し，以下順次 C_2，C_3，…と運動を続けていくものとする。

(4)　n 回目のサイクルの後のブランコの角度 θ_n を，ℓ，$\Delta\ell$，θ_0，n を用いて表せ。

(5)　$\dfrac{\Delta\ell}{\ell} = 0.1$ のとき，N 回目のサイクルの後に，初めて $\theta_N \geqq 2\theta_0$ となった。N を求めよ。ただし $\log_{10} 0.9 \fallingdotseq -0.046$，および $\log_{10} 2 \fallingdotseq 0.30$ であることを用いてもよい。

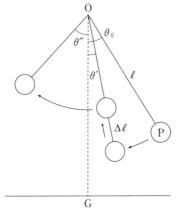

図 1 ― 3

11 中心力を受けた小球の運動，量子条件

(2020年度 第1問)

xy 平面内で運動する質量 m の小球を考える。小球の各時刻における位置，速度，加速度，および小球にはたらく力のベクトルをそれぞれ

$$\vec{r} = (x,\ y),\ \vec{v} = (v_x,\ v_y),\ \vec{a} = (a_x,\ a_y),\ \vec{F} = (F_x,\ F_y)$$

とする。また小球の各時刻における原点Oからの距離を $r = \sqrt{x^2 + y^2}$，速度の大きさを $v = \sqrt{v_x{}^2 + v_y{}^2}$ とする。以下の設問に答えよ。なお小球の大きさは無視できるものとする。

I (1) 以下の文中の ア から カ に当てはまるものを v_x, v_y, a_x, a_y から選べ。

各時刻において原点Oと小球を結ぶ線分が描く面積速度は

$$A_v = \frac{1}{2}(xv_y - yv_x)$$

で与えられる。ある時刻における位置および速度ベクトルが

$$\vec{r} = (x,\ y),\ \vec{v} = (v_x,\ v_y)$$

であったとき，それらは微小時間 Δt たった後にそれぞれ

$$\vec{r'} = (x + \boxed{\text{ア}}\ \Delta t,\ y + \boxed{\text{イ}}\ \Delta t),$$
$$\vec{v'} = (v_x + \boxed{\text{ウ}}\ \Delta t,\ v_y + \boxed{\text{エ}}\ \Delta t)$$

に変化する。このことを用いると，微小時間 Δt における面積速度の変化分は

$$\Delta A_v = \frac{1}{2}(x\boxed{\text{オ}} - y\boxed{\text{カ}})\ \Delta t$$

で与えられる。なお $(\Delta t)^2$ に比例した面積速度の変化分は無視する。

(2) 設問 I (1)の結果を用いて，面積速度が時間変化しないためには力 $\vec{F}$ の成分 F_x, F_y がどのような条件を満たせばよいか答えよ。ただし小球は原点Oから離れた点にあり，力は零ベクトルではないとする。

(3) 設問 I (2)の力 $\vec{F}$ を受けながら，小球が図1－1の半径 r_0 の円周上を点Aから点Bを通って点Cまで運動したとする。このとき，力 $\vec{F}$ が点Aから点Bまでに小球に行う仕事と点Aから点Cまでに小球に行う仕事の大小関係を，理由を含めて答えよ。

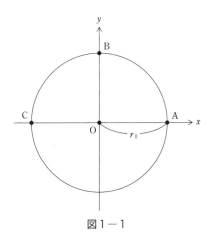

図1－1

Ⅱ　(1)　小球の原点Oからの距離 r の時間変化率は

$$v_r = \frac{xv_x + yv_y}{r}$$

で与えられる。これを動径方向速度とよぶ。このとき，小球の運動エネルギーと

$$K_r = \frac{1}{2}mv_r{}^2$$

との差を m，r および面積速度 A_v を用いた式で表せ。

(2)　面積速度が一定になる力 $\vec{F}$ の例として万有引力を考える。原点Oに質量 M の物体があるとする。このとき万有引力による小球の位置エネルギーは

$$U = -G\frac{mM}{r} \qquad (式1)$$

で与えられる（G は万有引力定数）。ただし物体の質量 M は小球の質量 m と比べてはるかに大きいため，物体は原点Oに静止していると考えてよい。小球の面積速度 A_v が0でないある定数値 A_0 をとるとき，力学的エネルギーが最小となる運動はどのような運動になるか答えよ。また，そのときの力学的エネルギーの値を m，M，A_0，G を用いて表せ。

Ⅲ　ボーアの原子模型では電子の円軌道の円周 $2\pi r$ とド・ブロイ波長 λ の間に量子条件

$$2\pi r = n\lambda \quad (n = 1, 2, 3, \cdots)$$

が成り立つ。以下で考える小球の円運動に対しても同じ量子条件が成り立つと仮定する。

⑴ 設問Ⅱ⑵の（式1）に対応する万有引力がはたらく小球の円運動を考える。各 n について，量子条件を満たす円軌道の半径 r_n を n，h，m，M，G を用いた式で表せ。ただし小球のド・ブロイ波長 λ は，小球の速度の大きさ v を用いて $\lambda = \dfrac{h}{mv}$ で与えられる（h はプランク定数）。

⑵ 宇宙には暗黒物質という物質が存在し，銀河の暗黒物質は銀河中心からおよそ $R = 10^{22}\,\mathrm{m}$ の半径内に集まっていると考えられている。暗黒物質が未知の粒子によって構成されていると仮定し，設問Ⅲ⑴の結果を用いてその粒子の質量に下限を与えてみよう。暗黒物質の構成粒子を，（式1）に対応する万有引力を受けながら円運動する小球として近似する。設問Ⅲ⑴で考えたボーアの量子条件を満たす小球の軌道半径のうち $n = 1$ としたものが $R = 10^{22}\,\mathrm{m}$ と等しいとしたときの小球の質量を求めよ。

なお銀河の全質量は銀河中心に集まっていて動かないと近似し，その値を $M = 10^{42}\,\mathrm{kg}$ とする。また，$G = 10^{-10}\,\mathrm{m^3/(kg \cdot s^2)}$，$\dfrac{h}{2\pi} = 10^{-34}\,\mathrm{m^2 \cdot kg/s}$ と近似してよい。この設問で求めた質量が暗黒物質を構成する1粒子の質量のおおまかな下限となる。

12 ひもでつながれた2球の運動

(2015年度 第1問)

　質量 m の小球A，Bが長さ l のひもの両端につながれている。図1のように水平な天井に小球A，Bを l だけ離して固定した。小球Bを固定した点をOとし，重力加速度の大きさを g とする。小球A，Bの大きさ，ひもの質量，および空気抵抗は無視できるものとする。以下の設問に答えよ。

Ⅰ　小球Bを固定したまま小球Aを静かに放した。
(1)　ひもと天井がなす角度を θ とする。小球Aの速さを θ を用いて表せ。ただし，$0 \leqq \theta \leqq \dfrac{\pi}{2}$ とする。

(2)　小球Aが最下点 $\left(\theta = \dfrac{\pi}{2}\right)$ に達したときのひもの張力の大きさを求めよ。

(3)　小球Aが最下点 $\left(\theta = \dfrac{\pi}{2}\right)$ に達したときの小球Aの加速度の大きさと向きを求めよ。

Ⅱ　小球Aがはじめて最下点 $\left(\theta = \dfrac{\pi}{2}\right)$ に達したときに小球Bを静かに放した。この時刻を $t = 0$ とする。
(1)　2個の小球の重心をGとする。小球Bを放したあとの重心Gの加速度の大きさと向きを求めよ。

(2)　時刻 $t = 0$ における，重心Gに対する小球A，Bの相対速度の大きさと向きをそれぞれ求めよ。

(3)　時刻 $t = 0$ における，ひもの張力の大きさを求めよ。

(4)　時刻 $t = 0$ における，小球A，Bの加速度の大きさと向きをそれぞれ求めよ。

(5)　小球Bを放してから，はじめて小球Aと小球Bの高さが等しくなる時刻を求めよ。

(6)　小球Bを放したあとの時刻 t における小球Aの水平位置を求めよ。ただし，点Oを原点とし，右向きを正とする。

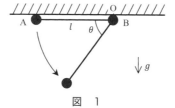

図 1

13 宙返りするジェットコースター

(2010年度 第1問)

　途中で宙返りするジェットコースターの模型を作り，車両の運動を調べることにした。線路は水平な台の上に図1に示すように作った。車両はレールに乗っているだけであり，線路からぶら下がることはできない。車両の出発点である左側は斜めに十分高いところまで線路がのびている。中央の宙返り部分は半径 R の円軌道であり，左右の線路となめらかにつながっている。円軌道の最下部は台の上面に接しており，以後高さは台の上面から測る。車両の行き先である右側の線路も十分に長く作られているが，高さ R 以上の部分は傾斜角 θ の直線であり，この部分では車両と線路の間に摩擦が働くようにした。すなわち，ここでは2本のレールのあいだを高くしてあり，そこに車両の底面が乗り上げて滑る。傾斜角 θ は，この区間での動摩擦係数 μ を用いて，$\tan\theta = \mu$ となるように設定されている。線路のそれ以外の場所ではレール上を車輪がころがるので，摩擦は無視することができる。重力加速度の大きさを g とし，車両の大きさと空気抵抗は無視して，以下の問いに答えよ。

Ⅰ　質量 m_1 の車両Aが左側の線路上，高さ h_1 の地点から初速度0で動き始める。車両Aが途中でレールから離れずに，宙返りをして右側の線路に入るために h_1 が満たすべき条件を求めよ。

　次に，左側の線路につながる円軌道部分の最下点に質量 m_2 の車両Bを置いた。車両Aは円軌道に入る所で車両Bと衝突する。

Ⅱ　衝突後2つの車両が一体となって動く場合を考える。車両Aは左側の線路の高さ h_2 の地点から初速度0で動き始める。一体となった車両がレールから離れずに宙返りするために，h_2 が満たすべき条件を求めよ。

Ⅲ　2つの車両が弾性衝突をする場合を考える。車両Aは左側の線路の高さ h_3 の地点から初速度0で動き始める。車両Aは衝突後，直ちに取り除く。
  (1) 衝突後に車両Bがレールから離れずに宙返りするために，h_3 が満たすべき条件を求めよ。
  (2) h_3 が(1)で求めた条件を満たす場合，車両Bは宙返り後，右側の線路を進む。右側の線路での最高到達点の高さ h_4 を求め，最高点到達後の車両のふるまいを述べよ。

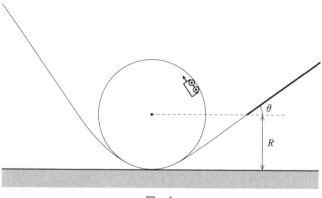

図　1

14 恒星の周囲を公転する惑星

（2006年度　第1問）

　太陽系以外で，恒星の周りを公転する惑星が初めて発見されたのは1995年である。以来，すでに150個以上の太陽系外惑星が発見されている。この太陽系外惑星の検出原理は，質量 M の恒星と質量 m の惑星（$M>m$）が，互いの万有引力だけによってそれぞれ運動している場合を考えれば理解できる。この場合，惑星は一般には楕円軌道上を運動することが知られている。しかしここでは図1に示すように，惑星がある定点Cを中心とした半径 a の円周上を等速円運動しているとする（ただし，図1には恒星を図示していないことに注意）。万有引力定数を G とし，恒星および惑星の大きさは無視する。

I　図1のように，惑星が反時計回りに公転しているものとする。惑星に働く向心力は恒星による万有引力であることを考えて，以下の問に答えよ。

(1)　恒星，惑星，点Cの互いの位置関係を，理由とともに述べよ。

(2)　恒星と点Cとの距離，惑星の速さ v，恒星の速さ V を求めよ。

(3)　惑星の公転軌道面上において，a に比べて十分遠方にあり，点Cに対して静止している観測者を考える。図1のように惑星が角度 θ〔rad〕の位置にあるとき，惑星の速度の視線方向成分 v_r を，v と θ を用いて表せ。ただし，観測者に対して遠ざかる向きを v_r の正の向きに選ぶものとする。

(4)　時刻 $t=0$ において，惑星が $\theta=0$ の位置にあったとする。また，惑星の公転周期を T，恒星の速度の視線方向成分を V_r とする。v_r と V_r を t の関数として，その概形を $-T/2 \leqq t \leqq T/2$ の範囲でグラフに描け。ただし，観測者に対して遠ざかる向きを v_r と V_r の正の向きに選ぶものとする。

II　惑星からの光は弱すぎて観測することは困難である。しかし，恒星からの光を観測することによって，惑星の存在を知ることができる。この間接的な惑星検出方法では，運動する恒星が発する光の波長は，音源が動いた場合の音の波長と同様に，ドップラー効果によって変化することを利用する。ここでは，恒星が静止している場合には波長 λ_0 の光を発するものとして，以下の問に答えよ。

(1)　惑星が角度 θ の位置にあるときに恒星が発する光を観測者が測定したところ，波長は λ であった。光速度を c として，波長の変化量 $\Delta\lambda = \lambda - \lambda_0$ を θ の関数として求めよ。

(2)　II(1)で求めた $\Delta\lambda$ は時間変動する。$0 \leqq \theta < 2\pi$ の範囲で $|\Delta\lambda/\lambda_0|$ の最大値が 10^{-7}

以上であれば，現在の観測技術で $\Delta\lambda$ の時間変動を検出することができる。このことから，惑星の存在を知ることが可能であるために a が満たすべき条件式を求めよ。

(3) II (2)において，恒星が太陽質量 $M_s = 2 \times 10^{30}\,\mathrm{kg}$，惑星が木星程度の質量 $10^{-3}M_s$ をもつものとする。この惑星が検出可能であるために公転周期 T が満たすべき条件を，有効数字 1 桁で表せ。ただし，$G = 7 \times 10^{-11}\,\mathrm{N \cdot m^2/kg^2}$，$c = 3 \times 10^8\,\mathrm{m/s}$ とする。

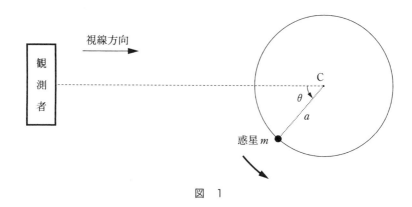

図 1

15 回転する円筒内の荷電粒子の運動

(2000 年度　第1問)

Ⅰ　図1-1のように，一様な磁束密度 B が鉛直方向（紙面上向き）に加えられ，B と垂直に長さ $2L$ の細長い中空の円筒が置かれている。円筒は，中点 C のまわりに水平面内（紙面内）で自由に回転できるようになっており，その中に質量 m，正電荷 q を持つ粒子が入っている。最初，円筒は静止しており，粒子は円筒の中点 C からある距離のところに静止しているとする。重力，粒子と円筒の摩擦，円筒の質量を無視するとして，次の問いに答えよ。

(1)　この円筒を水平面内で中点 C の回りに等角速度 ω で回転させた。このとき，粒子を円筒から逃がさないための回転方向と角速度 ω に対する条件を求めよ。

(2)　(1)の条件のもとでは，粒子は円筒に沿って単振動するか静止する。単振動するとき，その周期 T を求めよ。

(3)　上と同じ方向の等角速度回転運動によって，粒子を円筒から逃がしたい。最初の静止状態から粒子を逃がすまでに円筒の回転に要する仕事は，最低限ある値 W より大きくなければならない。この仕事の大きさ W を求めよ。

Ⅱ　Ⅰと同様な円筒と磁場の配置で，静止した円筒に同じ粒子（質量 m，正電荷 q）を2個入れ，両端にフタをする。2つの粒子は静電気力で反発し両端に達した（図1-2参照）。この円筒を，中点 C の回りに前問と同じ方向に回転させ，角速度をゼロから十分にゆっくりと上げていく。2つの粒子相互の間には静電気力しか働かないとし，次の問いに答えよ。ただし，静電気力に関するクーロンの法則の比例定数を k とせよ。

(1)　はじめのうち，粒子はフタから離れなかった。角速度を ω として，この時フタが粒子に及ぼす円筒の軸方向の抗力 N を求めよ。

(2)　ある角速度 ω_1 に達したとき，粒子がフタから離れ中心に向かって動き始めた。このような ω_1 が存在するためには，どのような条件が満たされている必要があるか。

(3)　(2)の条件のもとで，さらに，ゆっくりと角速度を上げていくと，粒子の位置が徐々に変化していった。その様子を記述しているものとして最も適当なものを以下から選べ。

(a)　中点 C に限りなく近づいていく。

(b)　中点 C とフタの間のある点に限りなく近づいていく。

(c)　中点 C より手前のある点に達した後，フタに向かって戻り，フタに達した

後は中心に向かうことはない。

(d) 中点Cより手前のある点に達した後、フタに向かって戻り、フタに達した後再び中心に向かう。この運動を繰り返す。

(e) 中点Cとフタの間にある決まった2点の間を往復運動する。

(f) 中点Cとフタの間にある2点の間を往復運動するが、その2点が限りなく近づいていく。

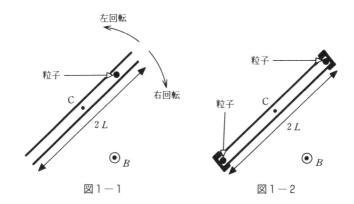

図1−1   図1−2

4　単振動

16 動く台車上の物体の運動，倒立振子
(2019 年度　第 1 問)

水平な床面上にとった x 軸に沿って動く台車の上の物体の運動について以下の設問 I，Ⅱに答えよ。

I　図1－1に示すように，台車の上にばね定数 k を持ち質量の無視できるばねを介して質量 m の物体が取り付けられており，物体は台車上を滑らかに動く。台車に固定された座標軸 y を，ばねの自然長の位置を原点として，x 軸と同じ向きにとる。ばねは y 軸方向にのみ伸び縮みし，ばねと台車は十分長い。台車は x 軸方向に任意の加速度 a で強制的に運動させることができる。$T = 2\pi\sqrt{\dfrac{m}{k}}$ として以下の設問に答えよ。

(1)　台車が $x=0$，物体が $y=0$ で静止している状態から，台車を表1－1に示す加速度で強制的に運動させる。加速度の大きさ a_1 は定数である。時刻 $t=t_1$ における台車の速度，および時刻 $t=0$ から $t=t_1+t_2$ までの間に台車が移動する距離を求めよ。

表1－1

	時刻 t	台車の加速度 a
加速区間	$0 \sim t_1$	a_1
等速区間	$t_1 \sim t_2$	0
減速区間	$t_2 \sim (t_1+t_2)$	$-a_1$

(2)　物体が $y=0$ で静止している状態から，表1－1で $t_1 = \dfrac{T}{2}$，$t_2 = nT$（n は自然数）として台車を動かす。時刻 $t=t_1+t_2$ における物体の y 座標および台車に対する相対速度を求めよ。

(3)　次に台車をとめた状態で物体を $y=y_0$（<0）にいったん固定したのち，$t=0$ で物体を静かに放し，表1－2に示す加速度で台車を強制的に運動させる。

表1－2

	時刻 t	台車の加速度 a
加速区間	$0 \sim \dfrac{T}{2}$	a_2
減速区間	$\dfrac{T}{2} \sim T$	$-a_2$

　加速度の大きさ a_2 がある定数のとき，時刻 $t=T$ において物体の y 座標は $y=0$ となり，台車に対する物体の相対速度も 0 となる。a_2 の値および $t=\dfrac{T}{2}$ における物体の y 座標を求めよ。

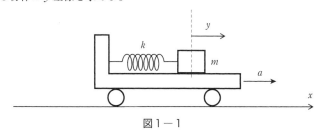

図1－1

Ⅱ　手のひらの上に棒を立て，棒が倒れないように手を動かす遊びがある。このしくみを図1－2に示す倒立振子で考える。倒立振子は質量の無視できる変形しない長さ l の細い棒の先端に質量 m の質点を取り付けたものとし，台車上の点Oを支点として x 軸を含む鉛直平面内で滑らかに動くことができる。倒立振子の傾きは鉛直上向きから図1－2の時計回りの角度 θ（ラジアン）で表す。θ の大きさは十分に小さく，$\sin\theta \fallingdotseq \theta$，$\cos\theta \fallingdotseq 1$ の近似が成り立つ。台車は倒立振子の運動の影響を受けることなく任意の加速度 a で強制的に動かせるものとする。重力加速度の大きさを g，$T=2\pi\sqrt{\dfrac{l}{g}}$ として以下の設問に答えよ。

(1)　台車が加速度 a で加速しているとき，台車上で見ると，θ だけ傾いた倒立振子の先端の質点には，図1－2に示すように重力 mg と慣性力（$-ma$）が作用している。質点に働く力の棒に垂直な成分 f を θ，a，m，g を用いて表せ。ただし f の正の向きは θ が増える向きと同じとする。

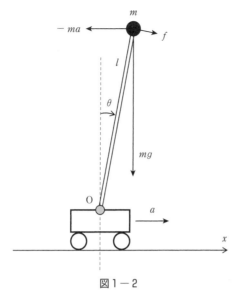

図1−2

(2) 時刻 $t=0$ で台車は静止しており，倒立振子を θ_0 傾けて静止させた状態から始まる運動を考える。時刻 $t=T$ で台車が静止し，かつ倒立振子が $\theta=0$ で静止するようにしたい。そのために倒立振子を図1−3に示すように運動させる。すなわち単振動の半周期分の運動で θ_0 から 0 を通過して $t=\dfrac{T}{2}$ で θ_1 に至り，続いて θ_1 から振幅の異なる単振動の半周期分の運動ののち，$t=T$ において $\theta=0$ に戻り静止する。このような運動となるように加速度 a を変化させる。

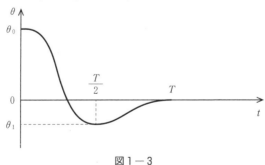

図1−3

以下の式中の空欄 ア から オ に当てはまる式を選択肢①から⑰の中から選べ。選択肢は繰り返し使って良い。また空欄 i から iii に当てはまる数式を書け。

時刻 $t=0$ から $t=\dfrac{T}{2}$ の間の θ は

$$\theta = \boxed{\ ア\ } \cos \sqrt{\frac{g}{l}}\, t + \boxed{\ イ\ }$$

と表される。このように単振動する質点に働く復元力 F は

$$F = \boxed{\ ウ\ } (\theta - \boxed{\ イ\ })$$

である。この運動を実現するためには設問 II (1)で求めた f が F と等しければよいので加速度 a は次の式となる。

$$a = \left(\boxed{\ エ\ } \cos \sqrt{\frac{g}{l}}\, t + \boxed{\ オ\ } \right) g$$

　この式の第 1 項が単振動の加速度と同じ形であることを考慮すると，時刻 $t=0$ から $t=\dfrac{T}{2}$ の台車の速度の変化 v_1 は θ_0，θ_1，g，l を用いて

$$v_1 = \boxed{\ i\ }$$

となる。

　時刻 $t=\dfrac{T}{2}$ から $t=T$ の運動についても単振動の半周期分であるので同様に考えれば，この区間の台車の速度の変化 v_2 は θ_1，g，l を用いて

$$v_2 = \boxed{\ ii\ }$$

となる。よって

$$\theta_1 = \boxed{\ iii\ } \theta_0$$

を得る。

① $\dfrac{\theta_0 + \theta_1}{2}$　　② $\dfrac{\theta_0 - \theta_1}{2}$　　③ $(\theta_0 + \theta_1)$

④ $(\theta_0 - \theta_1)$　　⑤ θ_0　　⑥ θ_1

⑦ 0　　⑧ π　　⑨ $-ma$

⑩ $-mg$　　⑪ $-m(g+a)$　　⑫ $-\dfrac{ma}{l}$

⑬ $-\dfrac{mg}{l}$　　⑭ $-\dfrac{m(g+a)}{l}$　　⑮ $-al$

⑯ $-gl$　　⑰ $-(g+a)l$

17 振り子が取り付けられた台の運動

（2018 年度　第1問）

　図1－1のように水平な床の上に質量 M の台がある。台の中央には柱があり，柱上部の点Pに質量 m の小球を長さ L の伸び縮みしない糸でつるした振り子が取り付けられている。床に固定された x 軸をとり，点Oを原点，水平方向右向きを正の向きとする。小球と糸は，柱や床に接触することなく x 軸を含む鉛直面内を運動するものとする。また，床と台の間に摩擦はなく，台は傾くことなく x 軸方向に運動するものとする。以下の設問に答えよ。ただし，重力加速度の大きさを g とし，小球の大きさ，糸の質量，および空気抵抗は無視できるとする。

Ⅰ　図1－1のように，振り子の糸がたるまないように小球を鉛直方向から角度 θ_0 $\left(0<\theta_0<\dfrac{\pi}{2}\right)$ の位置まで持ち上げ，台と小球が静止した状態から静かに手をはなしたところ，台と小球は振動しながら運動した。

(1)　小球が最初に最下点を通過するときの，小球の速度の x 成分を求めよ。

(2)　ある時刻における台の速度の x 成分を V，小球の速度の x 成分を v とする。このとき，点Pから距離 l だけ離れた糸上の点の速度の x 成分を，V，v，l，L を用いて表せ。

(3)　点Pからの距離が $l=l_0$ の糸上の点Qは，x 軸方向には運動しない。l_0 を，M，m，L を用いて表せ。

(4)　角度 θ_0 が十分小さい場合の台と小球の運動を考える。この運動の周期 T_1 は，点Qから見た小球の運動を考察することで求めることができる。周期 T_1 を，M，m，g，L を用いて表せ。ただし，θ_0 が十分小さいため，点Qの鉛直方向の運動は無視できるとする。また，$|\theta|$ が十分小さいときに成り立つ近似式，$\sin\theta \fallingdotseq \theta$ を用いてよい。

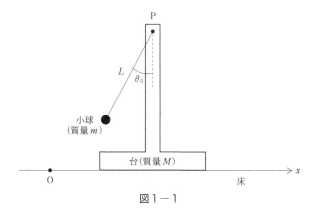

図1−1

II 時刻 $t=0$ で台と小球が静止し，振り子が鉛直下向きを向いている。このとき，小球は床から高さ h の位置にある。この状態から図1−2のように，時刻 $t \geqq 0$ で台が加速度 a $(0<a<g)$ で x 軸の正の向きに等加速度運動するように，台に力 $F(t)$ を加え続けた。その結果，時刻 $t=t_0$ で，小球の高さがはじめて最大となった。

(1) 時刻 $t=t_0$ での小球の高さを，L，h，g，a を用いて表せ。

(2) 時刻 $t=0$ から t_0 までの間に，力 $F(t)$ がした仕事を，M，m，g，a，t_0，L を用いて表せ。

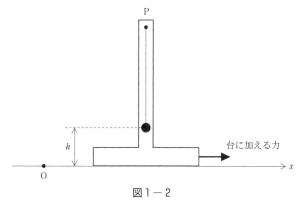

図1−2

(3) 台に加えた力 $F(t)$ のグラフとして最も適切なものを，以下の**ア〜カ**から一つ選んで答えよ。

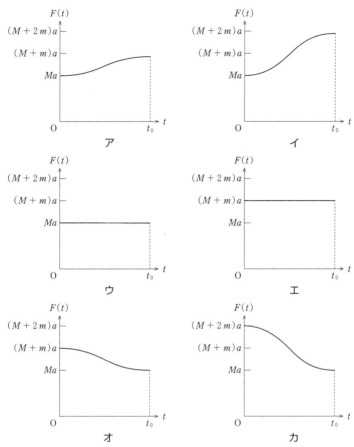

(4) 時刻 $t = t_0$ で，台に力を加えるのを止めたところ，台と小球はその後も運動を続けた。時刻 $t \geqq t_0$ における糸上の点 Q の速度の x 成分を求めよ。また，a が g に比べて十分小さいとき，時刻 $t \geqq t_0$ における点 Q から見た小球の振動の周期 T_2 を，M，m，g，L を用いて表せ。ただし，$|\theta|$ が十分小さいときに成り立つ近似式，$\sin\theta \fallingdotseq \theta$ を用いてよい。

18 斜面台からのばねによる発射

(2014 年度 第1問)

図1−1に示すように，水平から角度 θ をなすなめらかな斜面の下端に，ばね定数 k のばねの一端が固定されている。斜面は点Aで水平面と交わっており，ばねの他端は自然長のとき点Aの位置にあるものとする。図1−2に示すように，質量 m の小球をばねに押し付け，斜面に沿って距離 x だけばねを縮めてから静かに手を離す。その後の小球の運動について，以下の設問に答えよ。ただし，重力加速度の大きさを g とする。また，小球の大きさとばねの質量は無視してよい。

(1) $x=x_0$ のとき，手を離しても小球は静止したままであった。このときの x_0 を求めよ。

(2) 手を離したのち，小球が斜面から飛び出し水平面に投げ出されるための x の条件を，k, m, g, θ を用いて表せ。

(3) $x=3x_0$ のとき，小球が動き出してから点Aに達するまでの時間を求めよ。

次に，(2)の条件が成立し小球が投げ出されたあとの運動を考える。小球は点Aから速さ v で投げ出されたのち，水平距離 s だけ離れたところに落下する。点Aでの速さが一定の場合は，$\theta=45°$ のとき落下までの水平距離が最大になることが知られているが，今回の場合は，θ によって v が変わるため，s が最大となる条件は異なる可能性がある。以下の設問に答えよ。なお，必要であれば，表1−1の三角関数表を計算に利用してよい。

(4) v を x, k, m, g, θ を用いて表し，x が一定のとき，s が最大となる θ は 45° より大きいか小さいか答えよ。

(5) s を x, k, m, g, θ を用いて表せ。

(6) $x=\dfrac{2mg}{k}$ のとき，表1−1に示した角度の中から，s が最も大きくなる θ を選んで答えよ。

(7) x を大きくしていくと，s が最大となる θ は何度に近づくか。表1−1に示した角度の中から選んで答えよ。

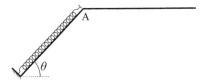

図1－1

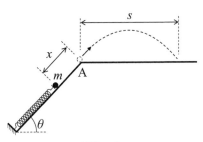

図1－2

表1－1

θ	10°	15°	20°	25°	30°	35°	40°	45°
$\sin\theta$	0.17	0.26	0.34	0.42	0.50	0.57	0.64	0.71
$\cos\theta$	0.98	0.97	0.94	0.91	0.87	0.82	0.77	0.71

θ	50°	55°	60°	65°	70°	75°	80°
$\sin\theta$	0.77	0.82	0.87	0.91	0.94	0.97	0.98
$\cos\theta$	0.64	0.57	0.50	0.42	0.34	0.26	0.17

19 2つのばね振り子の衝突

（2013年度　第1問）

次のⅠ，Ⅱの各問に答えよ。

Ⅰ　図1－1のように，なめらかな水平面上で，ばね定数が k のばね2本を向かい合わせに，それぞれ左側および右側の壁に一端を固定し，他方の端に同じ質量 m の小球1および2をそれぞれ取りつけた。ばねが自然長のとき，小球間の距離は d であった。ただし，小球の大きさとばねの質量は無視してよい。

　　今，図1－2のように，小球1を，ばねが自然長になる位置から，ばねが縮む方向に距離 s だけ動かし（$s>d$），そこで静かに放した。以下の設問に答えよ。

(1)　小球1は動き始め小球2に衝突した。衝突直前の小球1の速さを求めよ。

(2)　小球どうしの衝突は弾性衝突であるとして，この衝突直後の小球1と小球2の速さをそれぞれ求めよ。

(3)　この衝突後，再び衝突するまでに，小球1側のばねおよび小球2側のばねは，それぞれ自然長から最大どれだけ縮むか答えよ。

(4)　$s=\sqrt{2}d$ の場合に，最初の衝突から再衝突までの時間を求めよ。

Ⅱ　次に，あらい水平面上に，Ⅰと同じばねと小球を用意した場合を考える。どちらの小球も水平面との間の静止摩擦係数は μ，動摩擦係数は μ' である。重力加速度の大きさを g として以下の設問に答えよ。

(1)　Ⅰと同じように（図1－2），小球1を，ばねが自然長になる位置から，ばねが縮む方向に距離 s だけ動かし，そこで静かに放した。小球1が動き始めるために，s がみたすべき条件を求めよ。

(2)　小球1が動き始めた後，小球2に衝突するために s がとるべき最小値を求めよ。

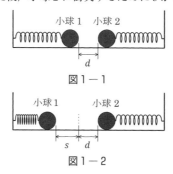

図1－1

図1－2

20 単振動する物体からの打ち上げと繰り返し衝突

(2009 年度 第1問)

図1－1のように，鉛直に固定した透明な管がある。ばね定数 k のばねの下端を管の底面に固定し，上端を質量 m の物体1に接続する。質量が同じく m の物体2を，物体1の上に固定せずにのせる。地面上の一点Oを原点として鉛直上向きに x 軸をとる。ばねが自然長になっている時の物体1の x 座標は h であり，重力加速度の大きさは g である。

なお，物体の大きさは小さく，管との摩擦や空気抵抗は無視でき，x 方向以外の運動は考えない。ばねの質量は無視できる。また，管は十分長く，実験中に物体が飛び出すことはないものとする。

I 物体1と物体2を，互いに接した状態で，物体1の x 座標が x_A となる位置まで押し下げ，時刻 $t=0$ に初速度0で放したところ，物体1と物体2は互いに接した状態で単振動を開始した。

(1) この時の，物体1の単振動の中心の x 座標を答えよ。

(2) 物体1と物体2の x 方向の運動方程式をそれぞれ書け。各物体の加速度を a_1，a_2，物体1の位置を x，互いに及ぼす抗力の大きさを N ($N \geqq 0$) とせよ。

(3) x_A の値によっては，運動中に物体1と物体2が分離することがある。図1－2はこのような場合の物体の位置の時間変化を示す。運動方程式を使って，分離の瞬間の物体1の x 座標を求めよ。なお，図1－2では物体の大きさは無視されており，接している間の物体1と物体2の位置を1本の実線で表している。

(4) 分離の瞬間の物体1の速度を答えよ。また，分離が起きるのは，時刻 $t=0$ における物体1の位置 x_A がどのような条件を満たす場合か答えよ。

II 物体1と物体2が分離した後の運動について考える。分離後，物体1は単独で単振動する。物体2は重力のために，分離後ある時間が経過した後に必ず物体1に衝突する。分離から衝突までの時間は時刻 $t=0$ における物体1の位置 x_A に依存する。ここで，分離から衝突までの時間が，物体1が単独で単振動する際の周期 T に等しくなるように，x_A の値を設定した。衝突の時刻を T_1 とする。

(1) 物体1が単独で単振動する際の周期 T を答えよ。また，物体1と物体2が衝突する瞬間（時刻 T_1）の物体1の x 座標を答えよ。

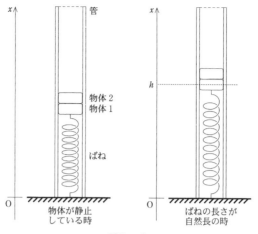

図1－1

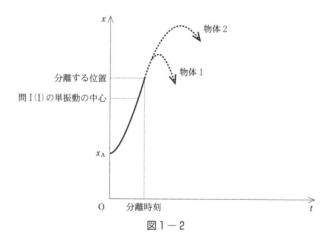

図1－2

(2) 分離の瞬間の物体2の速度を V とする。分離から衝突までの時間が T となるための V の満たす式を書け。

(3) 物体1と物体2の間のはねかえり係数は1であるとし、時刻 T_1 における衝突以降の運動を考える。物体1と物体2が、T_1 以降に再び接触する時刻 T_2 と、その時の物体1の x 座標を答えよ。また、時刻 $t=0$ から $2T_1$ までの間で、横軸を時刻、縦軸を物体の位置とするグラフの概形を描け。物体の大きさは無視し、物体1と物体2が接した状態で運動している部分は実線、分離している部分は点線を用いよ。なお、横軸、縦軸共に、値や式を記入する必要はない。

(4) この場合の x_A を h, m, k, g を用いて表せ。

21 一定の時間に一定の距離を動かす仕事の比較
(2008 年度　第1問)

　質量 m の箱が摩擦のない滑らかな水平面上に静止していたとする。この箱を，時刻 0 から移動させ始めてちょうど時刻 T に距離 L だけ離れた地点を通過させることを考えよう。A，B，C の 3 人がそれぞれ別々の力の加え方をして箱を移動させた。

A の箱は最初から最後まで一定の加速度で運動した。B の箱は距離 $\dfrac{L}{2}$ の中間地点まで一定の加速度で加速し，中間地点以降はその時の速度で等速度運動をした。C はばねを用いて移動させた。図 1 のように，ばねが自然長の状態で箱がゴール地点にあるようにセットし，そこからばねを長さ L だけ縮めて初速 0 で離した。A，B，C 全ての場合において，箱は時刻 0 で静止した状態から動き始め，一直線上を同じ向きに進み，時刻 T にスタート地点から同じ距離 L だけ離れた地点を通過した。

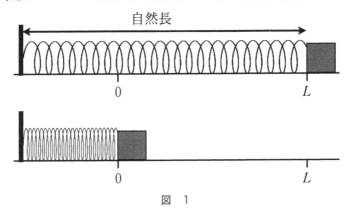

図　1

Ⅰ　C が用いたばねのばね定数 k を m，T を用いて表せ。

Ⅱ　A，B，C それぞれの場合について，箱の速さ $v(t)$ を時刻 t（$0 \leq t \leq T$）の関数としてグラフにし，各々の場合の時刻 T における速さ $v(T)$ を T，L を用いて表せ。

Ⅲ　A，B，C それぞれの場合について，時刻 T までに箱にした仕事を m，T，L を用いて表し，どの場合が最も仕事が少なかったか答えよ。またそれぞれの場合について，箱にした仕事とⅡで求めた速さ $v(T)$ との関係を求めよ。

Ⅳ　箱を静止した状態から動かし始め，最小の仕事でちょうど時刻 T に距離 L だけ離れた所を通過させるための力の加え方を求めたい。ただし，箱に加えることのできる最大の力を F_0 とし，F_0 は A，B，C の加えたどの力よりも大きいとする。また運動の向きと逆向きの力を加えることはないとする。箱にする仕事が最小の場合について，箱に加えた力 $F(t)$ の時間変化をグラフにし，時刻 T までに箱にした仕事を答えよ。

22 バイオリンの弦の振動のモデル

（2007年度　第1問）

　バイオリンの弦は弓でこすることにより振動する。弓を当てる力や動かす速さの影響を，図1－1に示すモデルで考えてみよう。長さ L の軽い糸を張力 F で水平に張り，糸の中央に質量 m の箱を取り付ける。箱は，糸が水平の状態で水平面と接しており，糸の両端を結ぶ線分の垂直二等分線上をなめらかに動くことができる。図1－1(b)のように，糸の両端を結ぶ線分の中点（太矢印の始点）を箱の変位 x の原点とし，太矢印の向きを変位および力の正の向きとする。箱の変位は糸の長さに比べて十分小さく，糸の張力は一定と見なすことができる。図1－1(c)のように，箱の上には正の向きに一定の速さ V で動いているベルトがあり，箱に接触させることができるようになっている。ベルトから見た箱の速度をベルトと箱の相対速度と定義する。ベルトと箱が接触している状態で相対速度が0のとき，ベルトから箱に静止摩擦力が働く。静止摩擦係数を μ とする。ベルトから箱に働く動摩擦力および糸と箱に働く空気抵抗を無視する。

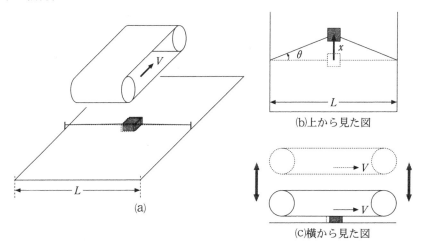

(b)上から見た図

(a)

(c)横から見た図

図1－1

I ベルトと箱が接触していないときの箱の運動を考える。図1−1(b)のように，糸の両端を結ぶ線分と糸がなす角を θ[rad] とする。必要があれば，$|\theta|$ が1に比べて十分小さいときに成り立つ近似式 $\sin\theta \fallingdotseq \tan\theta \fallingdotseq \theta$ を用いてよい。

(1) 糸から箱に働く復元力の大きさを F, θ を用いて表せ。また，この復元力の大きさを L, F, x を用いて表せ。

(2) 箱に初期変位か初期速度を与えると，箱は単振動をする。単振動の周期 T を L, F, m を用いて表せ。

II 箱が単振動をしているとき，ベルトを一定の垂直抗力 N で箱に接触させたところ，ベルトと箱がくっついている状態と滑っている状態が交互に現れた。箱の変位 x が0，箱の速度が V（すなわち，ベルトと箱の相対速度が0）となる瞬間があり，この瞬間を時間の原点 $t=0$ とする。$t>0$ で，箱の変位 x は図1−2のOPQRP′Q′R′ に示すように周期的に変化する（2周期分を示している）。OP は直線，PQ は正弦曲線の一部，QR は直線，RP′Q′R′ は OPQR の繰り返しである。また，直線 OP は点 P で正弦曲線 O′PQ と接している。点 O から点 R まで箱の1周期の運動に要する時間を T' とする。

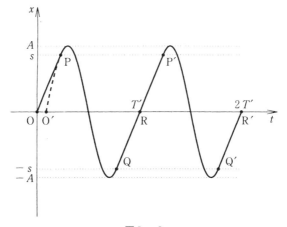

図1−2

(1) $0 \leqq t \leqq 2T'$ の範囲で，(a)箱の速度，(b)ベルトと箱の相対速度，(c)糸から箱に働く復元力，(d)ベルトから箱に働く静止摩擦力，を表す図を，図1−3の(ア)〜(オ)からそれぞれ選べ。

(2) 箱がベルトに対して滑り始める点 P での箱の変位 s を L, F, μ, N を用いて表せ。

(3) PQ 間では，箱は問 I (2)で考えた単振動と同じ運動をする。箱の最大変位 A を L, F, m, V, μ, N を用いて表せ。

(4) ベルトから箱に働く垂直抗力 N を大きくすると、箱の最大変位 A と箱の1周期の運動に要する時間 T' は、それぞれ、大きくなるか、小さくなるか、変わらないか、を理由とともに答えよ。理由の説明に図を用いてよい。

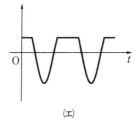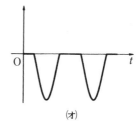

図1－3

23 地球を貫通するトンネル内の単振動

(2005 年度　第 1 問)

　図 1 のように，地球の中心 O を通り，地表のある地点 A と地点 B とを結ぶ細長いトンネル内における小球の直線運動を考える。地球を半径 R，一様な密度 ρ の球とみなし，万有引力定数を G として以下の各問に答えよ。なお，地球の中心 O から距離 r の位置において小球が地球から受ける力は，中心 O から距離 r 以内にある地球の部分の質量が中心 O に集まったと仮定した場合に，小球が受ける万有引力に等しい。ただし，地球の自転と公転の影響，トンネルと小球の間の摩擦および空気抵抗は無視するものとし，地球の質量は小球の質量に比べ十分大きいものとする。

Ⅰ　質量 m の小球を地点 A から静かにはなしたときの運動を考える。
　(1)　小球が地球の中心 O から距離 r $(r < R)$ の位置にある時，小球に働く力の大きさを求めよ。
　(2)　小球が運動開始後，はじめて地点 A に戻ってくるまでの時間 T を求めよ。

Ⅱ　同じ質量 m を持つ二つの小球 P，Q の運動を考える。時刻 0 に小球 P を，時刻 t_1 に小球 Q を同一の地点 A で静かにはなしたところ，二つの小球は OB の中点 C で衝突した。ここで二つの小球間のはねかえり係数を 0 とし，衝突後二つの小球は一体となって運動するものとする。ただし，t_1 は問 Ⅰ(2)で求めた時間 T より小さいものとする。
　(1)　t_1 を T を用いて表せ。
　(2)　二つの小球 P，Q が衝突してからはじめて中心 O を通過するまでの時間を T を用いて表せ。

Ⅲ　問 Ⅱ と同様に，時刻 0 に小球 P を，時刻 t_1 に小球 Q を同一の地点 A で静かにはなした。ただし，二つの小球間のはねかえり係数は e $(0 < e < 1)$ とする。
　(1)　二つの小球が最初に衝突した後，小球 P は地点 B に向かって運動し，地球の中心 O から距離 d の点 D において中心 O に向かって折り返した。このときの d の値をはねかえり係数 e および地球の半径 R を用いて表せ。
　(2)　小球 P と小球 Q が二回目に衝突する位置を求めよ。
　(3)　その後二つの小球は衝突を繰り返した。十分時間が経過した後，どのような運動になるか答えよ。

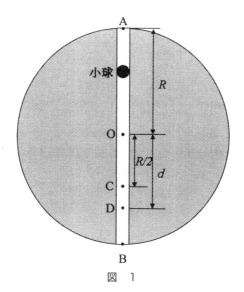

図　1

24 ばねで連結された2物体の運動

(2003年度 第1問)

　図1のように，質量 $2M$ の物体Aと質量 M の物体Bが，ばね定数 k の質量の無視できるばねによってつながれて，なめらかで水平な床の上に静止していた。また，物体Aはかたい壁に接していた。床の上を左向きに進んできた物体Cが，物体Bに完全弾性衝突して，跳ね返された。右向きを正の向きと定めると，衝突直後の物体Cの速度は $+u_1$ $(u_1 > 0)$，物体Bの速度は $-v_1$ $(v_1 > 0)$ であった。その後，物体Bと物体Cが再び衝突することはなかった。

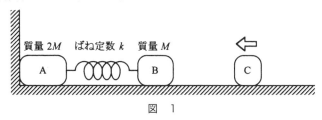

図　1

Ⅰ　まず，衝突前から物体Aが壁から離れるまでの運動を考える。
　⑴　衝突前の物体Cの速度 u_0 $(u_0 < 0)$ を u_1 と v_1 を用いて表せ。
　⑵　ばねが最も縮んだときの自然長からの縮み x $(x > 0)$ を求めよ。
　⑶　衝突してからばねの長さが自然長に戻るまでの時間 T を求めよ。

Ⅱ　ばねの長さが自然長に戻ると，その直後に物体Aが壁から離れた。
　⑴　やがて，ばねの長さは最大値に達し，そのとき物体Aと物体Bの速度は等しくなった。その速度 v_2 を求めよ。
　⑵　ばねの長さが最大値に達したときの自然長からの伸び y $(y > 0)$ を求めよ。
　⑶　その後ばねが縮んで，長さが再び自然長に戻ったとき，物体Aの速度は最大値 V に達した。V を求めよ。

Ⅲ　物体Aが壁から離れた後，物体Bと物体Cの間隔は，ばねが伸び縮みを繰り返すたびに広がっていった。このことからわかる u_1 と v_1 の関係を，不等式で表せ。

25 半円形のレール上の単振動

(1999年度 第1問)

　水平な机の上に置かれた台の内側に，半径 R の半円形のレールがとりつけられている（図1−1）。机上の一点Oを原点として水平に x 軸をとり，レールの中心Cの x 座標が原点に一致するように台を置いた。まず，台を机に固定したまま，図1−1のように小球をレールの最下点Pから $+x$ 方向に L だけ離れたレール上の点Qに一旦静止させる。その後小球はレール上を摩擦を受けることなく運動するものとして，以下の設問に答えよ。ただし，小球の質量を m_1，レールを含んだ台の質量を m_2，重力加速度の大きさを g とする。また，L は R に比べて十分小さいものとする。必要であれば，θ〔rad〕が十分小さいときの近似公式，$\cos\theta \fallingdotseq 1$，$\sin\theta \fallingdotseq \theta$，を用いても良い。

I　台を机に固定したままで，小球を静かに放したところ単振動を始めた。小球の x 座標を x_1，x 軸方向の加速度を a_1 とする。

(1)　小球の x 軸方向の運動方程式を求めよ。

(2)　この単振動の周期を求めよ。

II　図1−1の状態に戻し，今度は，台が机に対して摩擦を受けることなく動けるようにした。その上で小球を点Qから静かに放したところ，小球はやはり単振動を始めた。図1−2のように小球と点Pの x 座標をそれぞれ x_1，x_2，小球と台の x 軸方向の加速度をそれぞれ a_1，a_2 とする。

(1)　小球と台に働く力の関係から，a_1 と a_2 の間に成り立つ関係式を求めよ。

(2)　小球と台を合わせた系に対しては x 軸方向には外からの力は働かないので，系の重心の x 座標は変化しない。このことから，x_1 と x_2 の間に成り立つ関係式を求めよ。

(3)　小球の単振動の中心位置の x 座標を求めよ。

(4)　小球の単振動の振幅を求めよ。

(5)　小球の単振動の周期を求めよ。

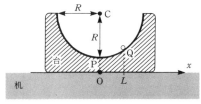

図1−1

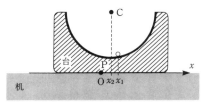

図1−2

第2章　熱力学

節	番号	内　　　容	年　　度
熱力学	26	二つの風船の実験	2023 年度〔3〕
	27	半透膜を通した混合気体の状態変化	2022 年度〔3〕
	28	気体の断熱変化と定圧変化による熱の移動	2020 年度〔3〕
	29	管でつながれた複数の液柱	2018 年度〔3〕
	30	気体の状態変化	2017 年度〔3〕
	31	水に浮かぶ容器内の気体の状態変化	2015 年度〔3〕
	32	断面積が途中で変わる容器内の気体の状態変化	2011 年度〔3〕
	33	水と水蒸気の状態変化	2009 年度〔3〕
	34	気体の密度の高度分布	2008 年度〔3〕
	35	電子線の照射	2006 年度〔3〕
	36	ピストンで連結された2容器内の気体の状態変化	2004 年度〔3〕
	37	細管で結ばれた2室内の気体の状態変化	2002 年度〔3〕
	38	気体の状態変化	2000 年度〔3〕

1　熱力学

26　二つの風船の実験

(2023年度　第3問)

　　ゴムひもを伸ばすと，元の長さに戻ろうとする復元力がはたらく。一方でゴム膜を伸ばして広げると，その面積を小さくしようとする力がはたらく。この力を膜張力と呼ぶ。十分小さい面積 ΔS だけゴム膜を広げるのに必要な仕事 ΔW は

$$\Delta W = \sigma \Delta S$$

で与えられる。ここで σ は[力/長さ]の次元を持ち，膜張力の大きさを特徴づける正の係数である。ゴム膜でできた風船を膨らませると，膜張力により風船の内圧は外気圧よりも高くなる。外気圧は p_0 で常に一定とする。重力を無視し，風船は常に球形を保ち破裂しないものとして，以下の設問に答えよ。

I　図3−1のように半径 r の風船とシリンダーが接続されている。シリンダーには滑らかに動くピストンがついており，はじめピストンはストッパーの位置で静止している。風船とシリンダー内は液体で満たされており，液体の圧力 p は一様で，液体の体積は一定とする。ゴム膜の厚みを無視し，係数 σ は一定とする。

(1)　ピストンをゆっくりと動かし風船を膨らませたところ，図3−1のように半径が長さ Δr だけ大きくなった。ピストンを動かすのに要した仕事を p_0, p, r, Δr を用いて表せ。ただし，Δr は十分小さく，Δr の二次以上の項は無視してよい。

(2)　設問 I (1)で風船を膨らませたときに，風船の表面積を大きくするのに要した仕事を r, Δr, σ を用いて表せ。ただし，Δr は十分小さく，Δr の二次以上の項は無視してよい。

(3)　p を p_0, r, σ を用いて表せ。ただし，ピストンを介してなされる仕事は，全て風船の表面積を大きくするのに要する仕事に変換されるものとする。

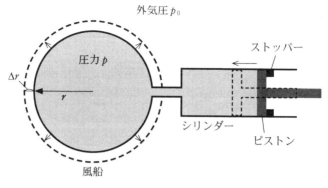

図 3 — 1

II　図 3 — 2 のように，小さな弁がついた細い管の両端に係数 σ の風船がついており，中には同じ温度の理想気体が封入され，気体の温度は常に一定に保たれている。最初，弁は閉じており，風船の半径はそれぞれ r_A，r_B である。管内と弁の体積，ゴム膜の厚みを無視し，係数 σ は一定とする。また，風船がしぼみきった場合，風船の半径は無視できるほど小さくなるものとする。

(1)　$r_A < r_B$ の場合に弁を開いて起こる変化について，空欄　ア　と　イ　に入る最も適切な語句を選択肢①〜④から選べ。また，下線部についての理由を簡潔に答えよ。

　　　弁を開くと気体は管を通り，半径の　ア　風船からもう一方の風船に移る。十分時間が経った後の風船は，片方が半径 r_C で，　イ　。

　①　大きい　　　　　　　　　　②　小さい
　③　他方も半径 r_C になる　　　④　他方はしぼみきっている

(2)　σ を p_0，r_A，r_B および，設問 II(1) で与えられた r_C を用いて表せ。

外気圧 p_0

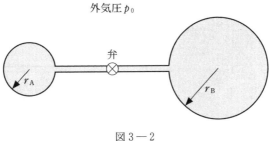

図 3 — 2

Ⅲ　実際の風船では，膜張力の大きさを特徴づける係数 σ は一定ではなく，半径 r の関数として変化する。以下の設問では，風船の係数 σ は関係式

$$\sigma(r) = a\frac{r - r_0}{r^2} \qquad (r \geqq r_0 > 0)$$

に従うと仮定する。ここで a と r_0 は正の定数であり，温度によって変化しないものとする。風船の半径は常に r_0 より大きいものとする。

(1)　図 3 — 3 のように，理想気体が封入され，風船の半径がどちらも r_D の場合を考える。弁を開いて片方の風船を手でわずかにしぼませた後，手を放したところ，風船の大きさは変化し，半径が異なる二つの風船となった。r_D が満たすべき条件を答えよ。ただし，気体の温度は一定に保たれているとする。

(2)　設問Ⅲ(1)で十分時間が経った後，弁を開いたまま，二つの風船内の気体の温度をゆっくりとわずかに上げた。風船の内圧は高くなったか，低くなったか，理由と共に答えよ。必要ならば，図を用いてよい。

外気圧 p_0

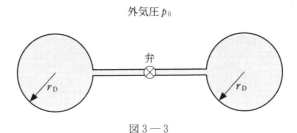

図 3 — 3

(3) 設問Ⅲ(2)で十分時間が経った後，今度は風船内の気体の温度をゆっくりと下げた。二つの風船の半径を温度の関数として図示するとき，最も適切なものを図3－4の①～⑥から一つ選べ。

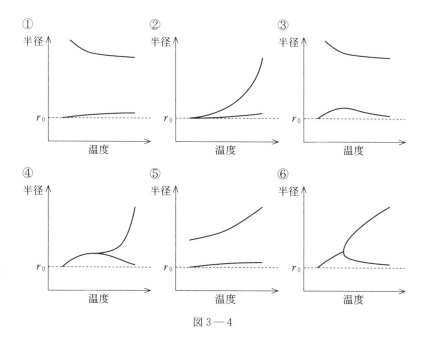

図3－4

27 半透膜を通した混合気体の状態変化

(2022 年度　第 3 問)

　　図 3 ― 1 のようにピストンのついた断面積一定のシリンダーがある。ピストンには棒がついており，気密を保ちながら鉛直方向に滑らかに動かすことができる。シリンダーとピストンで囲まれた空間は，シリンダー内のある位置に水平に固定された特殊な膜によって領域 1 と領域 2 に仕切られている。領域 1 と領域 2 には合計 1 モルの単原子分子理想気体 X が，領域 2 には気体 X のほかに 1 モルの単原子分子理想気体 Y が入っている。図 3 ― 2 のように気体 X の分子は膜を衝突せず通過できるのに対し，気体 Y の分子は膜を通過できない。シリンダーとピストンで囲まれた空間の外は真空であり，膜の厚さや，膜，シリンダー，ピストンの熱容量，気体分子に対する重力の影響は無視できる。ピストンは断熱材でできている。気体 X の分子 1 個の質量を m_X，気体 Y の分子 1 個の質量を m_Y，シリンダーの内側の断面積を S，アボガドロ定数を N_A，気体定数を R とする。鉛直上向きに z 軸をとる。以下の各過程では気体の状態は十分ゆっくり変化するため，領域 1 の圧力と領域 2 の圧力はそれぞれ常に均一であり，気体 X と Y が熱のやりとりをすることでシリンダー内の温度は常に均一であるとみなせる。

　　以下の設問に答えよ。

Ⅰ　はじめにピストンは固定されており，領域 1 の体積は V_1，圧力は p_1，領域 2 の体積は V_2，圧力は p_2，シリンダー内の温度は T であった。気体分子の z 方向の運動に注目し，気体 X と Y の分子の速度の z 成分の 2 乗の平均をそれぞれ $\overline{v_z^2}$，$\overline{w_z^2}$ とする。気体 Y の分子は，膜に当たると膜に平行な速度成分は一定のまま弾性衝突してはね返されるとする。同様に，気体 X と Y の分子はピストンおよびシリンダーの面に当たると面に平行な速度成分は一定のまま弾性衝突してはね返されるとする。分子間の衝突は考慮しなくてよいほど気体は希薄である。

⑴　ピストンが気体 X から受ける力の大きさの平均を F_1 とする。F_1 を，m_X，$\overline{v_z^2}$，N_A，S，V_1，V_2 のうち必要なものを用いて表せ。

(2) シリンダーの底面が気体 X と Y から受ける合計の力の大きさの平均を F_2 とする。F_2 を，m_X，m_Y，$\overline{v_z{}^2}$，$\overline{w_z{}^2}$，N_A，S，V_1，V_2 のうち必要なものを用いて表せ。

(3) ボルツマン定数を k として，各分子は一方向あたり平均して $\dfrac{1}{2}kT$ の運動エネルギーを持つ。p_1 と p_2 を，R，T，V_1，V_2 のうち必要なものを用いて表せ。

(4) 気体 X と Y の内部エネルギーの合計を，R，T を用いて表せ。

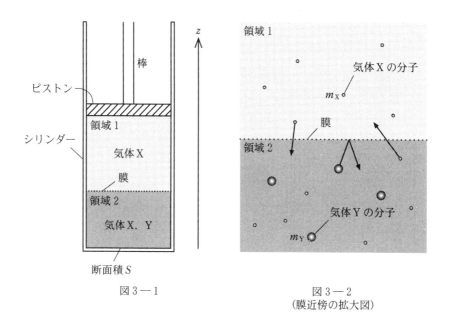

図 3 ― 1

図 3 ― 2
(膜近傍の拡大図)

II 次にピストンを設問 I の状態からゆっくりわずかに押し下げたところ，領域 1 の体積が V_1 から $V_1 - \Delta V_1$ に，領域 1 の圧力が p_1 から $p_1 + \Delta p_1$ に，領域 2 の圧力が p_2 から $p_2 + \Delta p_2$ に，シリンダー内の温度が T から $T + \Delta T$ に変化した。この過程で気体と外部の間で熱のやりとりはなかった。以下の設問では，Δp_1，Δp_2，ΔT，ΔV_1 はそれぞれ p_1，p_2，T，$V_1 + V_2$ より十分小さな正の微小量とし，微小量どうしの積は無視できるとする。

(1) 温度変化 ΔT を，p_1，R，ΔV_1 を用いて表せ。

(2) $\dfrac{\Delta p_1}{p_1} = \boxed{\text{ア}} \dfrac{\Delta V_1}{V_1 + V_2}$ が成り立つ。$\boxed{\text{ア}}$ に入る数を求めよ。

Ⅲ　設問Ⅰの状態からピストンについている棒を取り外し，おもりをシリンダーに接しないようにピストンの上に静かに乗せたところ，領域1と領域2の体積，圧力，温度に変化はなかった。さらに図3−3のようにヒーターをシリンダーに接触させ気体を温めたところ，ピストンがゆっくり押し上がった。領域1の体積が $2V_1$ になったところでヒーターをシリンダーから離した。

(1) このときのシリンダー内の温度を，T，V_1，V_2 を用いて表せ。

(2) 気体 X と Y が吸収した熱量の合計を，R，T，V_1，V_2 を用いて表せ。

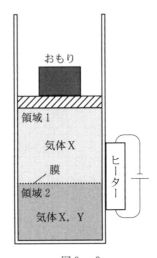

図3−3

28 気体の断熱変化と定圧変化による熱の移動

（2020 年度　第 3 問）

　図 3 － 1 に示すように，容器X，Yにそれぞれ 1 モルの単原子分子理想気体が入っている。容器Xの上部は滑らかに動くピストンで閉じられており，ピストンの上にはおもりが載せられている。ピストンの質量は無視できる。容器Yの体積は一定である。容器の外は真空であり，容器Xと，容器Yまたは物体Zが接触した場合にのみ熱のやりとりが行われ，外部の真空や床などとの熱のやりとりは常に無視できるものとする。容器の熱容量は無視できる。また，物体Zの温度は常に $\frac{4}{5} T_\mathrm{A}$ に保たれているものとする。

　はじめ，容器Xは容器Yと接触しており，ピストンの上には質量 $a^5 m$ $(a>1)$ のおもりが載せられている。容器X内の気体の圧力は p_A である。容器X，Y内の気体の温度はともに T_A である。このときの容器X内の気体の状態を状態Aと呼ぶことにする。続いて，図 3 － 1 に示すように，以下の操作①～④を順番に行い，容器X内の気体の状態を，A→B→C→D→Eと変化させた。これらの操作において，気体の状態変化はゆっくりと起こるものとする。気体定数を R とすると，状態A～Dにおける容器X内の気体の圧力，温度，体積，内部エネルギーは表 3 － 1 のように与えられる。

操作①（A→B）　容器Xを，容器Y，物体Zのいずれとも接触しない位置に移動させた。次に，ピストン上のおもりを質量が m になるまで徐々に減らした。

操作②（B→C）　容器Xを物体Zに接触させ，容器X内の気体の温度が $\frac{4}{5} T_\mathrm{A}$ になるまで放置した。

操作③（C→D）　容器Xを，容器Y，物体Zのいずれとも接触しない位置に移動させた。次に，ピストン上のおもりを質量が $a^5 m$ になるまで徐々に増やした。この操作後の容器X内の気体の温度を T_D とする。

操作④（D→E）　容器Xを容器Yと接触させ，容器X，Y内の気体の温度が等しくなるまで放置した。このときの温度を T_E とする。

　以下の設問に答えよ。

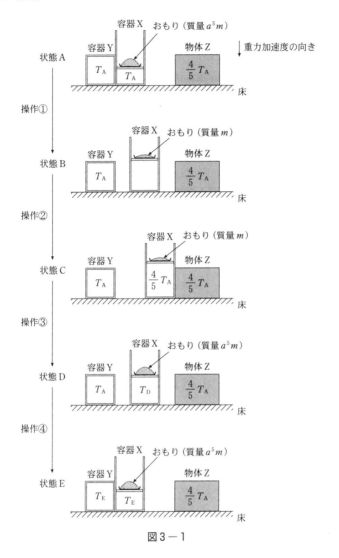

図3－1

I 　操作①～③において，容器X内の気体がされた仕事をそれぞれ W_1, W_2, W_3 とする。W_1, W_2, W_3 を，R, T_A, a を用いて表せ。

II 　操作④による容器X内の気体の状態変化（D→E）について，以下の設問に答えよ。

(1) 操作④による容器X内の気体の内部エネルギーの変化 ΔU_4 を，R, T_D, T_E を用いて表せ。

(2) 操作④において，容器X内の気体がされた仕事 W_4 を，R, T_D, T_E を用いて表せ。

(3) 状態Eにおける容器X内の気体の温度 T_E を，T_A, T_D を用いて表せ。

表3－1

	圧力	温　度	体　積	内部エネルギー
状態A	p_A	T_A	$\dfrac{RT_A}{p_A}$	$\dfrac{3}{2}RT_A$
状態B	$\dfrac{p_A}{a^5}$	$\dfrac{T_A}{a^2}$	$a^3\dfrac{RT_A}{p_A}$	$\dfrac{3}{2a^2}RT_A$
状態C	$\dfrac{p_A}{a^5}$	$\dfrac{4}{5}T_A$	$\dfrac{4}{5}a^5\dfrac{RT_A}{p_A}$	$\dfrac{6}{5}RT_A$
状態D	p_A	$\dfrac{4}{5}a^2T_A\ (=T_D)$	$\dfrac{4}{5}a^2\dfrac{RT_A}{p_A}$	$\dfrac{6}{5}a^2RT_A$

Ⅲ　a の値がある条件を満たすとき，操作①～④は，容器X内の気体に対して仕事を行うことで，低温の物体Zから容器Y内の高温の気体に熱を運ぶ操作になっている。操作④による容器Y内の気体の内部エネルギーの変化を ΔU_Y として，以下の設問に答えよ。

(1) 操作④によって容器Y内の気体の内部エネルギーが増加する（$\Delta U_Y>0$）とき，操作①～④における容器X内の気体の圧力 p と体積 V の関係を表す図として最も適切なものを，図3－2のア～カの中から一つ選んで答えよ。

(2) $\Delta U_Y>0$ となるための a に関する条件を答えよ。

(3) 操作①～④の間に容器X内の気体がされた仕事の総和を W，操作②において容器X内の気体が物体Zから受け取る熱量を Q_2 とする。ΔU_Y を，W と Q_2 を用いて表せ。

(4) 状態Eからさらに引き続き，操作①～④を何度も繰り返すと，容器Y内の気体の温度は，ある温度 T_F に漸近する。T_F を，T_A と a を用いて表せ。

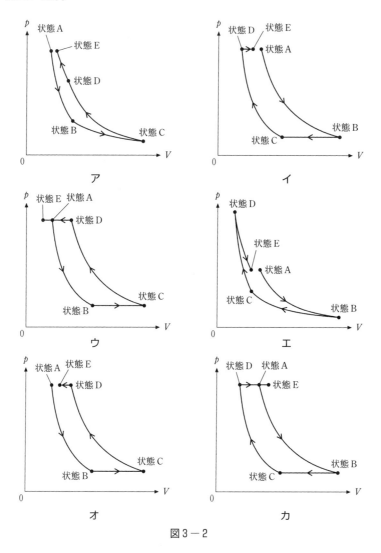

図3－2

29 管でつながれた複数の液柱

(2018 年度　第 3 問)

　図 3 のように，鉛直方向に立てられた 3 つの円柱状の容器 A，容器 B，容器 C が管でつながれている。3 つの円柱の断面積は等しく，全て S である。容器内には密度が一様な液体が入っており，液体は管を通して 3 つの容器の間を自由に移動できる。容器 A と容器 B の上端は閉じられ，容器 C の上端は開いている。容器 A の液面より上は何もない空間（真空）であり，容器 B の液面より上には単原子分子の理想気体が入っている。以下の設問に答えよ。ただし，気体と液体および気体と容器の間の熱の移動はないものとする。また，各容器の液面は水平かつ常に管より上にあり，液体の蒸発や体積の変化は無視できるものとし，容器 B の気体のモル数は常に一定であるとする。

Ⅰ　最初，図 3 のように容器 A，容器 B の液面が容器 C の液面に比べてそれぞれ $5h$，$2h$ だけ高く，また容器 A の真空部分の長さが h，容器 B の気体部分の長さが $4h$ であった。このとき容器 B の気体の圧力 p_1 を，外気圧 p_0 を用いて表せ。

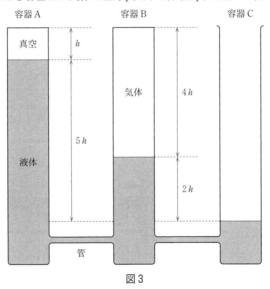

図 3

Ⅱ　図 3 の状態から，外気圧を p_0 に保ったまま，容器 B の気体にわずかな熱量をゆっくりと与えたところ，容器 B の液面が x だけわずかに下がった。

(1) 容器A，容器Cの液面はそれぞれどちら向きにどれだけ移動するかを答えよ。

(2) 容器Bの気体の体積，圧力，温度が (V_1, p_1, T_1) から $(V_1+\Delta V, p_1+\Delta p, T_1+\Delta T)$ に変化したとする。体積と圧力の変化率 $\dfrac{\Delta V}{V_1}$, $\dfrac{\Delta p}{p_1}$ を，x と h を用いて表せ。

(3) 容器Bの気体がした仕事 W を求めよ。ただし，x は h に比べて十分小さく，容器Bの気体の圧力は p_1 で一定であるとして，x^2 に比例する項は無視してよい。

(4) 液体の位置エネルギーの変化を ΔE とする。ΔE は，容器Bの液面付近にある厚さ x，断面積 S の液体が，容器A，容器Cの液面付近に移動したと考えることによって求められる。ΔE を p_0, p_1, x, h, S のうち必要なものを用いて表せ。ただし，設問II(3)と同様に，x^2 に比例する項は無視してよい。

(5) W と ΔE が等しいか等しくないかを答え，等しくない場合はその原因を簡潔に述べよ。

III　図3の状態から，外気圧を p_0 に保ったまま容器Bの気体に熱量をゆっくり与えていったところ，ある時点で容器Aの液面がちょうど上端に達し，真空部分がなくなった。

(1) この時点での容器Bの気体の体積，圧力，温度 (V_2, p_2, T_2) は，熱量を与える前の値 (V_1, p_1, T_1) のそれぞれ何倍になっているかを答えよ。

(2) この時点までに容器Bの気体に与えられた熱量 Q と温度変化 T_2-T_1 の比 $C=\dfrac{Q}{T_2-T_1}$ を，容器Bの気体のモル数 n と気体定数 R を用いて表せ。

30　気体の状態変化

（2017 年度　第 3 問）

　図 3 － 1 のように，断面積 S のシリンダーが水平な床に固定されている。シリンダー内にはなめらかに動くピストンが 2 つあり，それらは必要に応じてストッパーで止めることができる。左側のピストン 1 には，ばね定数 k のばねがつけられ，ばねの他端は壁に固定されている。また，小さな弁のついた右側のピストン 2 により，シリンダー内は領域 A，B に仕切られている。A，B 内には，それぞれヒーター 1，2 が封入されている。最初，ばねは自然の長さにあり，ピストン 1 は静止していた。領域 A の長さは L で，温度 T_0 の単原子分子理想気体が封入されている。一方，長さ L の領域 B 内は真空であり，ピストン 2 はストッパーにより固定され，弁は閉じられている。シリンダーの外側の気体の圧力は，P_0 で一定に保たれている。シリンダー，ピストン，弁はすべて断熱材で作られ，また，ヒーターとストッパー，弁の部分の体積は無視できるものとする。以下の設問に答えよ。

　　　　　　　　　　（注）　最初，ヒーター 1，2 は作動していない。

I　図 3 － 1 の状態から，ヒーター 1 により A 内の気体をゆっくりと加熱すると，図
　3 － 2 のようにピストン 1 は $\dfrac{L}{2}$ だけ左側に移動してちょうどその位置で止まった。
　このときの A 内の気体の圧力は P_1，温度は T_1 であった。
⑴　P_1，T_1 を，P_0，S，k，L，T_0 のうち必要なものを用いて表せ。
⑵　この過程における A 内の気体の内部エネルギーの変化を，P_0，S，k，L を用いて表せ。
⑶　この過程でヒーター 1 が気体に与えた熱量 Q_0 を，P_0，S，k，L を用いて表せ。

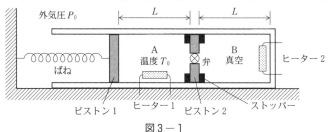

図 3 － 1

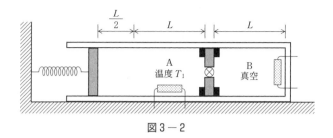

図3－2

Ⅱ　図3－2の状態から，A内のヒーター1を取りはずし，ストッパーでピストン1が右側に動かないようにした。その後，ピストン2の弁を開いたところ，十分に時間が経過した後のA，B内の気体の温度と圧力は等しくなった（図3－3）。この状態をXとする。Xにおける気体の温度 T_2 を，T_1 を用いて表せ。また，Xにおける気体の圧力 P_2 を，P_1 を用いて表せ。

Ⅲ　状態Xから，A，B内の気体をヒーター2でゆっくりと加熱したところ，ピストン1がストッパーから離れて左側に動き始めた。状態Xからピストン1が動き始めるまでに，ヒーター2が気体に与えた熱量 Q_1 を，P_1, S, L を用いて表せ。

Ⅳ　状態Xから，ピストン2のストッパーによる固定をはずし，弁を閉めた。その後，B内の気体をヒーター2でゆっくりと加熱したところピストン2は左側に移動し，図3－4のように領域Aの長さが L_A となったところでピストン1がストッパーから離れて左側に動き始めた。

(1)　状態Xからピストン1が動き始めるまでの過程におけるA，B内の気体の内部エネルギーの変化を，それぞれ ΔU_A, ΔU_B とする。$\Delta U_A + \Delta U_B$ を，P_1, S, L, L_A のうち必要なものを用いて表せ。

(2)　この過程で，ヒーター2がB内の気体に与えた熱量を Q_2 とする。このとき，Q_2 と設問Ⅲの Q_1 との関係を記せ。

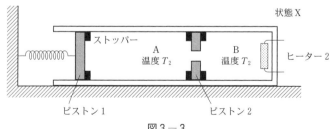

図3－3

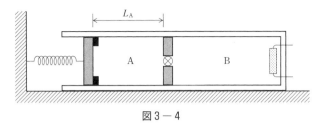

図 3 − 4

31 水に浮かぶ容器内の気体の状態変化

(2015年度　第3問)

　図3－1のように下端の開口部から水が自由に出入りできる筒状容器の上部に質量の無視できる単原子分子の理想気体1モル，下部には水が満たされている。容器の質量は m，底面積は S であり，その厚さは無視できる。容器は傾かずに鉛直方向にのみ変位する。容器外の水面における気圧を P とする。水の密度 ρ は一様であるとし，気体定数を R，重力加速度の大きさを g とする。以下の設問に答えよ。ただし，物体の受ける浮力の大きさは，排除した水の体積 V を用いて ρVg と表され，深さ h での水圧は $P+\rho gh$ で与えられる。

Ⅰ　図3－1のように容器の上部が水面から浮き出ている場合を考える。

(1)　容器が静止しているとき，容器内の水位と外部の水位の差 d（図3－1）を求めよ。

(2)　設問Ⅰ(1)の状態から容器をひき上げて水位が容器の内と外で同じになるようにした。このとき気体の体積はもとの体積の r 倍であった。r を ρ, d, g, P を用いて表せ。ただし，気体の温度変化はないものとする。

Ⅱ　図3－1の状態において気体の温度は T であった。これを加熱したところ，容器は水面に浮いたままゆっくりと上昇し，気体の体積は $\dfrac{6}{5}$ 倍になった。

(1)　この過程において気体がした仕事 W を R, T を用いて表せ。

(2)　この過程において気体が吸収した熱量 Q を R, T を用いて表せ。

Ⅲ　図3－2のように容器全体が水中にある場合を考える。

(1)　容器に働く合力が0となるつり合いの位置の深さ h（図3－2）を求めよ。

　　ただし，気体の温度を T とし，$\dfrac{\rho RT}{mP}$ は1より大きいとする。

(2)　設問Ⅲ(1)のつり合いの位置に容器を固定したまま水面を加圧して P の値を大きくし，その後容器の固定をはずした。加圧前と比べてつり合いの位置はどうなるか。また固定をはずしたあとの容器の動きはどうなるか。以下から最も適当なものを選べ。

　　ア．つり合いの位置は深くなる。容器は上昇する。

　　イ．つり合いの位置は深くなる。容器は下降する。

　　ウ．つり合いの位置は浅くなる。容器は上昇する。

　エ．つり合いの位置は浅くなる。容器は下降する。

　オ．つり合いの位置は変わらない。容器は動かない。

Ⅳ　図3−3のように筒状容器全体が水中にあり，容器内の気体と水が水平な仕切り
　で隔てられている場合を考える。気体に熱の出入りはない。仕切りは上下に滑らか
　に動くことができ，その体積と質量は無視できる。以下の過程では気体の圧力と体
　積は「(圧力)×(体積)$^{\frac{5}{3}}$＝一定」という関係式を満たす。

　⑴　はじめに，気体の体積は V_1，温度は T_1 であった。容器に外力を加えてゆっ
　　くりと沈め，気体の体積を V_2 にした。この過程における気体の内部エネルギー
　　の変化 ΔU を R，T_1，V_1，V_2 を用いて表せ。

　⑵　設問Ⅳ⑴の過程において容器に加えた外力のする仕事を W' とすると，一般に
　　W' と ΔU は一致しない。差 $W'-\Delta U$ に含まれる仕事やエネルギーとしてはどの
　　ようなものがあるか挙げよ。(60字以内)

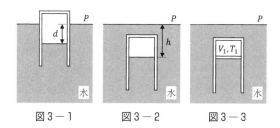

図3−1　　　図3−2　　　図3−3

32 断面積が途中で変わる容器内の気体の状態変化

(2011年度 第3問)

図3-1のように，摩擦なしに動くピストンを備えた容器が鉛直に立っており，その中に単原子分子の理想気体が閉じ込められている。容器は断面積 S の部分と断面積 $2S$ の部分からなっている。ピストンの質量は無視できるが，その上に一様な密度の液体がたまっており，つりあいが保たれている。気体はヒーターを用いて加熱することができ，気体と容器壁およびピストンとの間の熱の移動は無視できる。また，気体の重さ，ヒーターの体積，液体と容器壁との摩擦や液体の蒸発は無視でき，液体より上の部分は圧力0の真空とする。重力加速度の大きさを g とする。以下の設問に答えよ。

I まず，気体，液体ともに断面積 S の部分にあるときを考える。このときの液体部分の高さは $\dfrac{h}{2}$ である。

(1) はじめ，気体部分の高さは $\dfrac{h}{2}$，圧力は P_0 であった。液体の密度を求めよ。

(2) 気体を加熱して，気体部分の高さを $\dfrac{h}{2}$ から h までゆっくりと増加させた（図3-2）。この間に気体がした仕事を求めよ。

(3) この間に気体が吸収した熱量を求めよ。

II 気体部分の高さが h のとき，液体の表面は断面積 $2S$ の部分との境界にあった（図3-2）。このときの気体の温度は T_1 であった。さらに，ゆっくりと気体を加熱して，気体部分の高さが $h+x$ となった場合について考える（図3-3）。

(1) $x>0$ では，液体部分の高さが小さくなることにより，気体の圧力が減少した。気体の圧力 P を，x を含んだ式で表せ。

(2) $x>0$ では，加熱しているにもかかわらず，気体の温度は T_1 より下がった。気体の温度 T を，x を含んだ式で表せ。

(3) 気体部分の高さが h から $h+x$ に変化する間に，気体がした仕事 W を求めよ。

(4) 気体部分の高さがある高さ $h+X$ に達すると，ピストンをさらに上昇させるために必要な熱量が0になり，x が X を超えるとピストンは一気に浮上してしまった。X を求めよ。

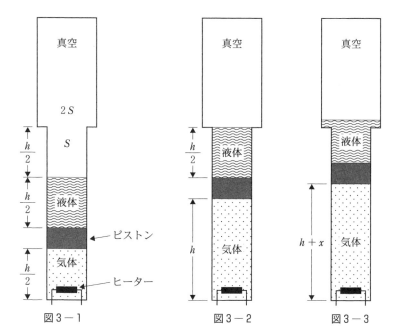

図 3 ー 1　　　　　図 3 ー 2　　　　　図 3 ー 3

33 水と水蒸気の状態変化

(2009年度 第3問)

　常温の水は液体（以後単に水という）と気体（水蒸気）の2つの状態をとることができる。どちらの状態をとるかは温度と圧力により，図3－1に示すように定まる。たとえば，水をシリンダーに密封して温度を30℃，圧力を7000Paにしたときは水であり，熱を与えて，温度や圧力を多少変えても全部が水のままである。一方，同じ30℃で，圧力を1000Paにしたときはすべて水蒸気である。ただし，図3－1のB点，C点のような境界線上の温度と圧力のときは水と水蒸気が共存できる。逆に，水と水蒸気が共存しているときの温度と圧力はこの境界線（共存線）上の値をもつ。温度を与えたときに定まる共存時の圧力を，その温度での蒸気圧という。一定の圧力で共存している水と水蒸気に熱を与えると，温度は変わらずに，熱に比例する量の水が水蒸気に変わり，全体の体積は膨張する。単位物質量の水を水蒸気に変化させるために必要なエネルギーを蒸発熱と呼ぶ。

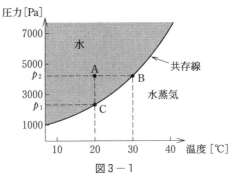

図3－1

　このことを参考にして，図3－2に示す装置のはたらきを調べよう。断面積A〔m²〕で下端を閉じたシリンダーを鉛直に立てて，物質量n〔mol〕の水を入れ，質量m_1〔kg〕のピストンで密閉し，その上に質量m_2〔kg〕のおもりをのせる。シリンダーの上端を閉じてピストンの上側を真空にする。ピストンはシリンダーと密着してなめらかに動くことができるが，シリンダーの上方にはストッパーが付いていて，ピストンの下面の高さがL〔m〕になるところまでしか上昇しないようになっている。シリンダーの底にはヒーターが置かれていて，外部からの電流でジュール熱を発生できるようになっている。以下の過程を通じて，各瞬間の水と水蒸気の温度はシリンダー内の位置によらず等しいものとする。また，圧力の位置による違いは無視する。

Ⅰ　20℃での蒸気圧をp_1〔Pa〕，30℃での蒸気圧をp_2〔Pa〕と記す。ピストンのみで

おもりをのせないときに内部の圧力が p_1 で, ピストンにおもりをのせたときに p_2 になるようにしたい。m_1 と m_2 を求めよ。重力加速度の大きさを g〔m/s^2〕とする。

Ⅱ 圧力 p_2 での 20℃の水のモル体積（1 mol 当たりの体積）を v_1〔m^3/mol〕とする。この温度でおもりをのせた状態でのシリンダー内の水の深さ d〔m〕を求めよ。なお, ヒーターの体積は無視できる。

Ⅲ 装置全体を断熱材で覆い, ピストンにおもりをのせたまま, はじめ 20℃であった水をヒーターでゆっくりと 30℃になるまで加熱する。このとき, 水の状態は図 3－1 の A 点から B 点に移る。20℃から 30℃までの水の定圧モル比熱は温度によらず, c〔J/(mol・K)〕であるとする。水を 30℃にするためにヒーターで発生させるジュール熱 Q_1〔J〕を求めよ。なお, シリンダー, ピストン, おもり, 断熱材など, 水以外の物体の熱容量は無視できるものとする。

Ⅳ 30℃の水をさらにヒーターでゆっくりと加熱する。このときの温度と圧力は B 点に留まり, 水は少しずつ水蒸気に変化していく。図 3－3 のようにピストンがストッパーに達したときにも水が残っていた。B 点での水のモル体積 v_2〔m^3/mol〕と B 点での水蒸気のモル体積 v_3〔m^3/mol〕を用いて, このときの水蒸気の物質量 x〔mol〕を求めよ。

Ⅴ 30℃の水を, その温度での蒸気圧の下で, 水蒸気にするために必要となる蒸発熱を q〔J/mol〕とする。問Ⅳの過程で, ピストンがストッパーに達するまでに, ヒーターで発生させるジュール熱 Q_2〔J〕を求めよ。

Ⅵ ピストンがストッパーに達したときにヒーターを切り, おもりを横にずらして, ストッパーにのせる。つぎにまわりの断熱材を取り除き, 18℃の室内で装置全体がゆっくりと冷えるのを待つ。
 (1) 時間の経過（温度の低下）とともに, 圧力がどのように変化するか述べよ。
 (2) 時間の経過（温度の低下）とともに, ピストンはストッパーに接した位置と水面に接した位置の間でどのように動くか, 動く場合にはその速さ（瞬間的か, ゆっくりか）を含めて述べよ。

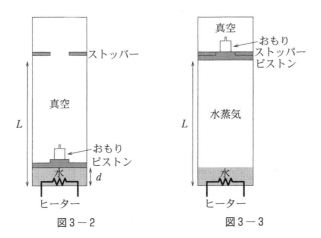

図3－2　　　　　　　図3－3

34 気体の密度の高度分布

図 3 － 1 のように，十分な高さ L をもった，断面積 S の円筒容器に n モルの気体を入れて密閉し，気体の絶対温度を一定の値 T に保つ。このとき，一様な重力の作用下では，気体の密度は容器の底に近いほど大きく，密度に勾配のある状態になる。容器の底から測った高さを z，単位体積あたりの気体のモル数を c とすれば，c は z の関数とみなすことができ，関係式

$$c(z+\Delta z) - c(z) = -\alpha \Delta z c(z) \qquad (*)$$

がよい近似でなりたつ。ここで，Δz は高さの差であり，α は高さ z によらない比例係数である。$\alpha \Delta z$ は十分小さいものとする。また，気体 1 モルあたりの質量を m，気体定数を R，重力加速度の大きさを g とする。

Ⅰ 容器内の気体を理想気体とみなして，以下の問に答えよ。

(1) 高さ z における気体の圧力を $p(z)$ とする。$p(z)$ を $c(z)$，T および R を用いて表せ。

(2) 図 3 － 2 のように，高さ z の位置にある，厚さ Δz，断面積 S の気柱に注目する。ここで，高さ z，$z+\Delta z$ における気体の圧力はそれぞれ $p(z)$，$p(z+\Delta z)$ である。また，気柱内の $c(z)$ の変化は十分小さく，気柱内の気体のモル数は $c(z)S\Delta z$ で与えられるものとする。この気柱にはたらく鉛直方向の力のつり合いを表す式を与えよ。

(3) 上の(1)，(2)の結果から，関係式 $(*)$ の係数 α を m，g，T および R を用いて表せ。

(4) 気体の温度が一様に 13℃ の場合に，単位体積あたりの気体のモル数 c が 0.10 ％減少するような高さの差 Δz を求めよ。ただし，気体 1 モルあたりの質量は $m=1.3\times 10^{-1}$ kg/mol，気体定数は $R=8.3$ J/mol·K，重力加速度の大きさは $g=9.8$ m/s^2 とする。

(5) 容器の底と上端での単位体積あたりの気体のモル数の差 $c(0) - c(L)$ を m，g，T，R，n および S を用いて表せ。

Ⅱ 図 3 － 3 のように，軽くて変形しない小さな物体を容器内の気体の中に入れておいたところ，やがて高さ z_0 の位置で静止した。物体の体積を v，質量を M として，以下の問に答えよ。

(1) 高さ z_0 における単位体積あたりの気体のモル数 $c(z_0)$ を M，v および m を用い

いて表せ。

(2) 物体が高さ $z = z_0 + \Delta z$ $(\Delta z > 0)$ にあるとき，物体にはたらく力 F の大きさを M，g，α および Δz を使って表し，また，その向きを答えよ。ただし，Δz は十分小さく，関係式 (*) がなりたつものとしてよい。

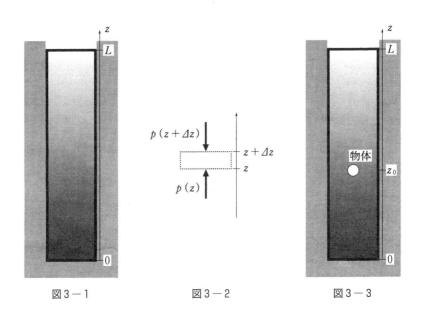

図3－1　　　　　　図3－2　　　　　　図3－3

35 電子線の照射

(2006年度 第3問)

　図3のように，密閉されたガラス容器（容積 V）のなかに，導電性のワイヤで吊り下げた金属の板（面積 S）と電子銃が取り付けられている。電子銃からは電子が初速度0で出る。その電子は電圧 ϕ で加速されて板に垂直に衝突する。この容器には，気体分子同士の衝突を考えなくてよいほど希薄な気体（n モル）が存在している。電子銃から出た電子は，直接板に力を与える以外に，気体分子を介して間接的に別の力を板に及ぼす。それぞれの力を求めるため，気体は理想気体の状態方程式に従うものとして，以下の問に答えよ。電子の電荷と質量をそれぞれ $-e$（$e>0$），m，気体分子の質量を M，アボガドロ数を N_A，気体定数を R とする。また，図3のように，電子銃から板に垂直に向かう方向を x 軸，それと直交する2方向を y 軸，z 軸とする。ただし，電子銃，板，ワイヤの体積は無視してよいものとする。

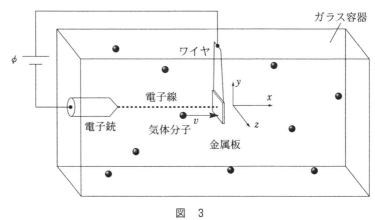

図　3

I　まず，電子銃から出た電子が板に直接与える力を求めよう。ただし，すべての電子は板に垂直に衝突し，板で反射されることなく吸収されるものとする。

(1)　電子銃から出て加速された1個の電子が，板に衝突する際に板に与える力積を，ϕ，e，m を用いて表せ。

(2)　電子の流れ（電子線）によって生じる電流が I であるとき，板の表面に垂直に加わる平均の力 F を，I，ϕ，e，m を用いて表せ。

II　次に，電子線を照射していない状態で，気体分子が板に及ぼす力を考えよう。状況を簡単化して，気体分子の1/3は x 軸方向に，1/3は y 軸方向に，残る1/3は z

軸方向に，それぞれ同じ速さ v で運動しているものとする。また，それぞれの軸方向に運動する分子の半数ずつは互いに反対向きに運動しているものとする。

(1) 単位時間に板の片側に入射する気体分子の数を，n, v, S, V, N_A を用いて表せ。

(2) 気体分子と板の衝突が弾性衝突のとき，気体が板に及ぼす圧力 P を，n, v, M, V, N_A を用いて表せ。ただし，板は十分重くて動かないものとする。

(3) 理想気体の状態方程式を利用して，v を M, N_A, R および気体の絶対温度 T を用いて表せ。

(4) 実際には，気体分子と板の衝突は弾性衝突ではなく，むしろ完全非弾性衝突となることが多い。そのような気体分子は，板に衝突して板の表面に一旦吸着される。しかし，吸着された分子は再び表面から放出され，単位時間に板に入射し吸着される分子数と板から放出される分子数がつりあった状態になる。板の表面の温度が T' であるとき，吸着された分子はⅡ(3)の T を T' に置き換えた速さで板の表面から垂直に放出されるものとする。ここでは $T' = T$ とし，入射するすべての分子が板とこのように完全非弾性衝突するとして，気体分子が吸着・放出によって板に及ぼす圧力を，n, v, M, V, N_A を用いて表せ。ただし，吸着による気体中の分子数の減少は無視できるものとする。また，板は動かないものとする。

Ⅲ 電子線照射によって板に間接的に加わる別の力を考えよう。

(1) 電子線を照射していると，入射電子の運動エネルギーによって照射面の温度 T_1 は反対側の面の温度 T_2 より，ΔT だけ上昇する。この場合，単位時間に板に入射し吸着される分子数と板から放出される分子数がつりあった状態でも，両面に気体分子が及ぼす圧力に差が生じ，板には力 f が加わる。その理由と力 f の向きを答えよ。ただし，板に入射する気体分子の温度 T と，電子照射面の反対側の面の温度 T_2 は等しく，電子線照射前と変わらないものとする。

(2) Ⅲ(1)の力 f を，T, ΔT, S および電子線照射前の圧力 P を用いて表せ。ただし，温度上昇 ΔT は十分小さく，電子照射面では一様とする。また，$|x|$ が 1 より十分小さいときに成り立つ近似式 $\sqrt{1+x} \fallingdotseq 1+x/2$ を用いてよい。

36 ピストンで連結された2容器内の気体の状態変化

(2004年度 第3問)

図3のように，二つの容器1，2のそれぞれに1モルの気体1，2を入れ，水平な床に固定する。これらの気体はともに理想気体とする。二つの容器は摩擦なしに水平に動くことのできるピストンAでつながれている。ピストンAの容器1内の底面積はS_0であり，容器2内の底面積は$2S_0$である。容器2にはさらに，上下に動くことのできるピストンBがついており，その上に質量mのおもりがのせてある。ピストンBの底面積はSであり，その質量は無視できる。容器1には体積の無視できるヒーターが取り付けられている。ピストンA，Bと容器は熱を通さない。気体は容器の外にもれず，容器の外は真空である。気体定数をR，重力加速度をgとする。

Ⅰ ピストンBが動かないように固定されている場合を考える。
 (1) ピストンAが静止している状態において，気体1の圧力P_1と気体2の圧力P_2の間に成り立つ関係式を書け。
 (2) はじめ気体1の方が気体2より温度が低く，気体1の体積がV_1，気体2の体積がV_2であった。ヒーターで気体1を加熱して気体1，2を等しい温度にした。このときの気体2の体積V_2'を，V_1，V_2を用いて表せ。

Ⅱ ピストンBが摩擦なく動くことができる場合を考える。ピストンA，Bが静止している状態において，気体1の温度がTであるとき，気体1の体積V_1'を，S，T，R，m，gを用いて表せ。

Ⅲ 問Ⅱの状態から気体1をヒーターで加熱したところ，気体1の温度はT'になり，気体2の温度は変わらなかった。また，ピストンAは右に距離xだけゆっくりと移動し，ピストンBはhだけ上昇した。
 (1) 移動距離xを，S_0，S，hを用いて表せ。
 (2) 温度T'を，T，R，m，g，hを用いて表せ。
 (3) 気体1は単原子理想気体として，ヒーターから加えられた熱量Qを，m，g，hを用いて表せ。

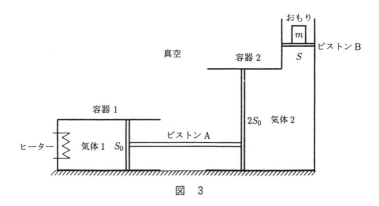

図　3

37 細管で結ばれた2室内の気体の状態変化

(2002 年度　第 3 問)

　図 3 － 1 に示すような円筒形の容器が断熱材におおわれ鉛直に置かれている。容器は厚さ L の断熱材が詰め込まれた壁で A 室，B 室二つの部屋に仕切られている。円筒内部の断面積を S，A 室の高さを L，B 室の高さを $2L$ とする。また，容器の上面には大きさの無視できるコックがつけられており，A 室と B 室の間は容積の無視できる細管でつながれている。また，B 室の上方の空間にはヒーターが取り付けられている。最初，図 3 － 1 では，コックは開いており，B 室に密度 ρ の液体が，底面から高さ L のところまで満たされている。A 室と B 室それぞれの空間には，大気圧 P_0 と室温 T_0 に等しい圧力と温度の単原子分子理想気体が満たされている。液体の蒸発，及び気体と液体の間での熱の出入りは無視できるものとする。重力加速度を g として以下の問に答えよ。

Ⅰ　コックは開いたまま，ヒーターのスイッチを入れると，B 室内の気体は加熱されて圧力が上がり，液体が細管を伝わって A 室に向かい移動をはじめた。A 室の底に液面が達した時の状態を図 3 － 2 に示す。この間の B 室内気体の状態変化は，定積変化として近似できるものとする。

　(1)　B 室の液面の高さでの液体に働く力のつり合いを考えることにより，図 3 － 2 の状態での B 室内気体の圧力 P_2 を，ρ, g, L, P_0 を用いて表せ。

　(2)　図 3 － 2 の状態にいたるまでにヒーターから B 室内の気体に加えられた熱量 Q を，ρ, g, L, S を用いて表せ。

Ⅱ　加熱を続けると，液体はさらに移動し，ヒーターのスイッチを切った後，A 室内の液面の高さを測定したところ，αL であった。この状態を図 3 － 3 に示す。

　(1)　図 3 － 3 の状態での B 室内の圧力を P_3 とする。この時の B 室内の気体の温度 T_3 を，P_3, P_0, T_0, α を用いて表せ。

　(2)　図 3 － 1 から図 3 － 3 の過程における，B 室内の気体の状態の変化を，縦軸を圧力，横軸を体積とするグラフで示せ。

　(3)　B 室内の気体がした仕事 W を，P_3, P_2, S, L, α を用いて表せ。

Ⅲ　図 3 － 3 の状態でコックを閉じ，容器をおおっていた断熱材を取り除いた。十分時間が経って，中の気体の温度が室温と同じになったとき，A 室内の液面の高さを測定したところ，図 3 － 4 のように βL であった。

(1) 図3-4の状態で，A室，B室それぞれにおける気体の圧力 P_A，P_B を，α，β，P_0 を用いて表せ。

(2) α を，β，ρ，g，L，P_0 を用いて表せ。

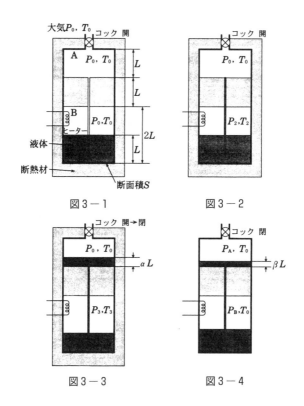

図3-1   図3-2

図3-3   図3-4

38 気体の状態変化

(2000 年度 第3問)

　図3のように，断熱壁で囲まれた同一形状のシリンダー A，B が，コック C のついた体積の無視できる細い管でつながれている。最初，コック C は閉じていて，シリンダー A には，圧力 P_0，体積 V_0，物質量（モル数）n の単原子分子の理想気体が質量 m の断熱板で閉じ込められている。断熱板は滑りおちないように，下からストッパーで支えられており，天井から質量の無視できるばね定数 k のばねが取り付けられている。ばねの長さは自然長に等しい。また，シリンダー A 内には，ヒーターがあり，スイッチをいれると，気体を加熱することができる。シリンダー B は真空になっていて，内部の容積が V_0 になるような高さに断熱板があり，留め具により固定されている。断熱板の断面積を S，重力加速度を g，気体定数を R として，以下の設問に答えよ。ただし，断熱板はシリンダー内を滑らかに動くものとする。シリンダー外部の圧力による影響は無視してよい。

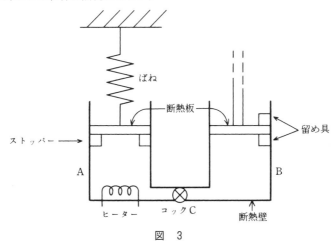

図 3

Ⅰ　コック C をゆっくり開く。十分に時間が経過して，気体がシリンダー A，B の内部に一様に充満した時の気体の状態を Z_1 とし，その時の温度 T_1 と圧力 P_1 を求めよ。ただし，シリンダー A 内の断熱板はストッパーから離れないものとする。

Ⅱ　状態 Z_1 において，ヒーターのスイッチを入れて気体をゆっくり加熱すると，しばらくして，シリンダー A の断熱板が動き始めた。その瞬間に，ヒーターのスイッチを切った。スイッチを切った後の気体の状態を Z_2 とし，その時の気体の圧力

P_2 と温度 T_2 を求めよ。

III　状態 Z_2 において，ヒーターのスイッチを入れて気体を徐々に加熱すると，シリンダー A の断熱板がゆっくりと上方に動いた。気体の体積が ΔV だけ増えた時，ヒーターのスイッチを切った。スイッチを切った後の気体の状態を Z_3 とし，状態 Z_2 から状態 Z_3 への変化に関して，以下の設問に答えよ。

(1)　気体の圧力増加 ΔP を ΔV によって表せ。

(2)　気体がした仕事 W_g を P_2, ΔP, ΔV によって表せ。

(3)　ヒーターが気体に与えた熱 Q_h を P_2, V_0, ΔV, ΔP によって表せ。

IV　状態 Z_2 において，コック C を閉め，シリンダー B の断熱板の留め具をはずし，その断熱板を機械的に速く上下振動させた後に，元の位置に戻し，再び，留め具で固定した。この間に，気体がなされた仕事を W_m（>0）とする。その後，十分に時間が経過した時の状態を Z_4 とする。状態 Z_4 の温度 T_4 を T_2, W_m によって表せ。

V　状態 Z_4 において，コック C をゆっくりと開くと，シリンダー A の断熱板がゆっくりと上方に動き，状態 Z_3 と同じ状態になった。この時，W_m と Q_h の関係を記せ。また，その関係が成り立つ理由を簡潔に述べよ。

第3章　波　動

節	番号	内　　　容	年　　度
共鳴・ ドップラー効果	39	クントの実験，ドップラー効果とうなり	2010 年度〔3〕
	40	ドップラー効果	1999 年度〔3〕
光波・ 波の干渉	41	球面での光の屈折，見かけ上の光源までの距離	2019 年度〔3〕
	42	円形波の反射・干渉・透過，ドップラー効果	2016 年度〔3〕
	43	回折レンズ	2014 年度〔3〕
	44	超音波発振器による材料内部の異物の検査	2013 年度〔3〕
	45	複スリットによる光の干渉と光路長	2012 年度〔3〕
	46	スリットを通過した波の干渉	2007 年度〔3〕
	47	円形波の反射波との干渉	2003 年度〔3〕
	48	ヤングの干渉実験	2001 年度〔3〕

1 共鳴・ドップラー効果

39 クントの実験，ドップラー効果とうなり
(2010年度 第3問)

　管の中では気柱の共鳴という現象が起こるが，そのときの振動数を固有振動数と呼ぶ。なお，以下で用いる管は細いので，開口端補正は無視する。

Ⅰ　管の長さを L，空気中の音速を V として以下の問いに答えよ。
　(1)　管の両端が開いているときの固有振動数のうち，小さいほうから3番目までの振動数を求めよ。
　(2)　管の一端が開いていて，他端が閉じられているときの固有振動数のうち，小さいほうから3番目までの振動数を求めよ。

Ⅱ　長さ1mの透明で細長い管の左端に膜をはり，この膜を外部からの電流によって微小に振動させ，管の中に任意の振動数の音波を発生できるようにした。管は水平に置かれ，内部には細かなコルクの粉が少量まかれていて，空気の振動の様子が見えるようになっている。管の右端をふたで閉じて，音波の振動数をゆっくり変化させた。振動数を400Hzから700Hzまで変化させたとき，519Hzと692Hzで共鳴が起こり，空気の振動の腹と節がコルクの粉の分布ではっきりと見えた。なお，他の振動数では共鳴は起こっていない。
　(1)　692Hzでの共鳴のときの空気の振動の節の位置を管の右端からの距離で答えよ。
　(2)　この条件を用いて，音速 V を求めよ。

Ⅲ　次に，Ⅱで行った実験では閉じられていた右端を開いて，振動数を400Hzから700Hzまで変化させた。今度は振動数が f_1 と f_2 で共鳴が起こり，管は大きな音で鳴った。ここで，$f_1 < f_2$ である。f_1 と f_2 を求めよ。

Ⅳ　この装置を自転車に載せてサッカー場に行った。固有振動数 f_1 の音を出しながら，図3に示すように，サイドライン上をA点からC点に向かって一定の速さ v で走る。C点にはマイクロフォンと増幅器とスピーカーがあり，マイクロフォンでとらえた音を増幅してスピーカーで鳴らす。三角形 BCD が正三角形になるように，

サイドライン上にＢ点とＤ点を設定する。Ｄ点で装置からの音とスピーカーからの音を聞く。風の影響は無視して以下の問いに答えよ。

(1)　2つの音源からの音は，干渉によりうなりを生じる。Ｂ点からの音とスピーカーからの音が干渉して生じるうなりの振動数を，音速 V，自転車の速さ v，振動数 f_1 を用いて表せ。

(2)　自転車がＢ点を通過するときのうなりの振動数は 2 Hz であった。この値を用いて自転車の速さを有効数字1桁で求めよ。なお，音速の値はⅡで求めたものを用いよ。

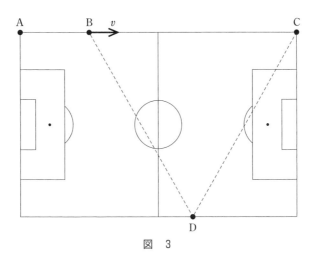

図　3

40 ドップラー効果

(1999年度 第3問)

　図3−1のように，音波をよく反射する高さ H の鉛直断崖の下部にトンネルがある。トンネルの手前，入口からの距離が X の地点をPとする。一定の速さ u でトンネルに近づいてきた列車の先頭が，時刻 $t=0$ に地点Pを通過した。その瞬間に列車の先頭にある振動数 f_0 の警笛が鳴り始め，列車の先頭がトンネルに進入した瞬間に警笛は鳴り終えた。

　列車の先頭から距離 L だけ離れた客車中にはA君が，また断崖上の縁にはB君がいる。A君には振動数が f_1 と f_2（$f_1 < f_2$）の2つの異なる高さの警笛音が届いた。一方，B君には振動数 f_B の警笛音が届いた。以下の問いに答えよ。ただし，音速は V である。また，列車の高さ，トンネルの大きさ，A君およびB君の背の高さは無視してよい。

Ⅰ　A君には警笛音がどのように聞こえたか。次の(ア)〜(エ)の中から正しいものをひとつ選べ。

　(ア)　まず低い方の振動数 f_1 の警笛音が聞こえ，少しして振動数 f_2 の警笛音が混じりうなりが聞こえた。その後，うなりが消えると同時に何も聞こえなくなった。

　(イ)　まず低い方の振動数 f_1 の警笛音が聞こえ，少しして振動数 f_2 の警笛音が混じりうなりが聞こえた。その後，まずうなりが消え，振動数 f_2 の警笛音が少しの間残ったのちに何も聞こえなくなった。

　(ウ)　まず高い方の振動数 f_2 の警笛音が聞こえ，少しして振動数 f_1 の警笛音が混じりうなりが聞こえた。その後，うなりが消えると同時に何も聞こえなくなった。

　(エ)　まず高い方の振動数 f_2 の警笛音が聞こえ，少しして振動数 f_1 の警笛音が混じりうなりが聞こえた。その後，まずうなりが消え，振動数 f_1 の警笛音が少しの間残ったのちに何も聞こえなくなった。

Ⅱ　f_1 と f_2 を f_0，u，V を用いて表せ。

Ⅲ　振動数 f_1 と f_2 の警笛音がA君に届いた時刻 t_{A1} と t_{A2} を求めよ。

Ⅳ　B君に聞こえた警笛音の振動数 f_B は時間とともにどのように変化したか。図3−2のア〜カの中から正しいものをひとつ選べ。

Ⅴ B君に警笛音が聞こえ始めた時刻 t_B を求めよ。

Ⅵ B君に警笛音が聞こえた時間間隔は警笛が鳴っていた時間間隔よりどれだけ短いか，あるいは長いかを答えよ。

Ⅶ 断崖の高さ H が距離 X に等しく，列車の速さ u が $V/10$ のとき，B君にはA君の何倍の時間だけ警笛音が聞こえるか。

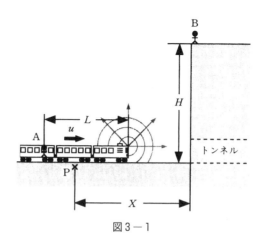

図 3 － 1

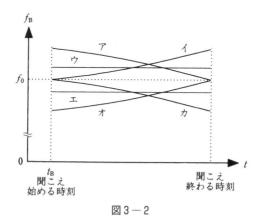

図 3 － 2

2 光波・波の干渉

41 球面での光の屈折，見かけ上の光源までの距離
(2019年度 第3問)

光の屈折に関する以下の設問Ⅰ，Ⅱに答えよ。問題文中の屈折率は真空に対する屈折率（絶対屈折率）とする。また，角度は全てラジアンで表す。光源からは全方位に光が放射されているものとする。光の反射は無視してよい。

Ⅰ 図3−1に示すように，媒質1（屈折率 n_1）と媒質2（屈折率 n_2）の境界での光の屈折を考える。境界は点Oを中心とする半径 r の球面の一部であり，左に凸とする。点Oと光源（点C）を通る直線を x 軸とし，球面が x 軸と交わる点をBとする。光源は点Bから左に x_1 だけ離れており，そこから発した図中の太矢印方向の光線は，x 軸から高さ h の球面上の点Pで屈折する。このときの入射角を θ_1，屈折角を θ_2 とする。

境界の右側から光源を見ると，あたかも光源が点A（点Bから左に x_2 離れた位置）にあるように見える。本設問Ⅰおよび次の設問Ⅱでは，これを「見かけ上の光源」と呼ぶことにする。以下，入射角が微小となる光線を考える。すなわち，図中の角度 θ_1, θ_2, α_1, α_2, ϕ について微小角度 β に対する近似式 $\sin\beta \fallingdotseq \beta$ が成り立ち，$CP \fallingdotseq x_1$，$AP \fallingdotseq x_2$ と近似できる場合を考える。以下の問に答えよ。

(1) $\dfrac{\theta_1}{\theta_2}$ を n_1, n_2 を用いて表せ。

(2) θ_1, θ_2 をそれぞれ α_1, α_2, ϕ の中から必要なものを用いて表せ。

(3) α_1, α_2, ϕ をそれぞれ x_1, x_2, r, h の中から必要なものを用いて表せ。

(4) 問(1)—(3)で得た関係式を組み合わせることで（式1）が導かれる。x_1, x_2 を用いて空欄 ア ， イ を埋め，この式を完成させよ。

$$n_1\left(\frac{1}{r} + \boxed{\ \ ア\ \ }\right) = n_2\left(\frac{1}{r} + \boxed{\ \ イ\ \ }\right) \qquad （式1）$$

(5) 媒質1と媒質2の境界が右に凸の球面の場合を問(1)—(4)と同様に考える。このとき，光源が点Oより左側にある場合［図3−2(A)］と，右側にある場合［図3−2(B)］が考えられる。それぞれの場合に対し，n_1, n_2, r, x_1, x_2 の間に成り立つ関係式を（式1）と同様の形で表せ。

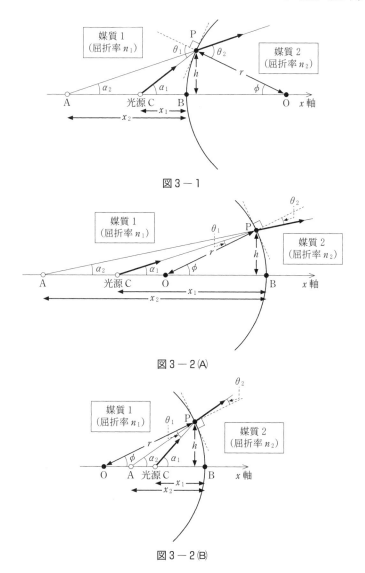

図3－1

図3－2(A)

図3－2(B)

II (1) **図3－3**に示すように，屈折率 n_1 の媒質1に光源があり，屈折率 n_2 の媒質2に観察者がいる。媒質1と媒質2の境界は平面であり，(式1)において r が非常に大きい場合 $\left(\dfrac{1}{r} \fallingdotseq 0\right)$ とみなすことができる。境界から光源までの距離を L_1，境界から観察者までの距離を L_2，光源から観察者までの距離を $L_1 + L_2$ とするとき，観察者から設問Ⅰで述べた「見かけ上の光源」までの距離を n_1，n_2，L_1，

L_2 を用いて表せ。

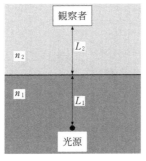

図3－3

(2) 設問Ⅱ(1)の状況で，屈折率 n_f の透明な板を図3－4に示すように境界の上に置くことで，観察者から「見かけ上の光源」までの距離を $L_1 + L_2$ にすることができた。このとき，板の厚さ d を求めよ。また，n_f と n_1，n_2 の大小関係を示せ。ただし，n_1，n_2，n_f はすべて異なる値とする。

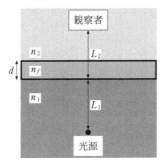

図3－4

(3) 設問Ⅱ(2)で置いた板を取り除いたのち，媒質1と媒質2の境界を図3－5の(A)または(B)のように変形させた。変形した部分は半径 r の球の一部とみなすことができる。ただし，境界面の最大変位 δ は L_1，L_2 に比べて十分小さく無視してよい。いま，$n_1 = 1.5$，$n_2 = 1$，$L_1 = 1\mathrm{m}$，$L_2 = 2\mathrm{m}$ とする。このとき，変形した部分を通して見ると，観察者から4mの位置に「見かけ上の光源」が見えた。この場合の球面は，下に凸［図3－5(A)］，または上に凸［図3－5(B)］のうちのいずれであるか。(A)または(B)の記号で答えよ。さらに，r の値を求めよ。

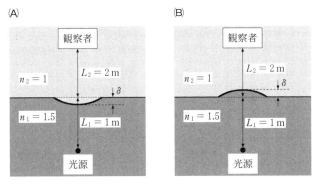

図3－5

(4) 設問Ⅱ(3)の状況で，観察者の位置に厚さの無視できる薄いレンズを一つ置き，その上から見たところ，「見かけ上の光源」が光源と同じ位置（レンズから3mの位置）に見えた。このとき，凸レンズと凹レンズのどちらを用いたか答えよ。また，このレンズの焦点距離を求めよ。

42 円形波の反射・干渉・透過，ドップラー効果

（2016 年度　第 3 問）

　図 3－1 のように xy 平面に広がる水面が，x 軸を境界として水深が異なる 2 つの領域に分かれている。領域 A ($y>0$) における波の速さを V，領域 B ($y<0$) における波の速さを $\dfrac{V}{2}$ とする。簡単のため，波の反射と屈折は境界で起こり，反射する際に波の位相は変化しないと仮定して，以下の設問に答えよ。

Ⅰ　図 3－1 のように，領域 A の座標 $(0, d)$ の点 P に波源を置く。波源は一定の周期で振動し，まわりの水面に同心円状の波を広げる。

(1)　領域 A におけるこの波の波長を $\dfrac{d}{2}$ とする。その波の振動数を，V，d を用いて表せ。また，同じ波源が領域 B にある場合，そこから出る波の波長を求めよ。

(2)　波長に比べて水深が十分に小さい場合，波の速さ v は重力加速度の大きさ g と水深 h を用いて $v=g^a h^b$ と表される。ここで a，b は定数である。両辺の単位を比較することにより a，b を求めよ。これを用いて領域 A の水深は領域 B の水深の何倍か求めよ。

(3)　図 3－2 のように，波源 P から出た波が境界上の点 Q で反射した後，座標 (x, y) の点 R に伝わる場合を考える。点 Q の位置は反射の法則により定まる。このとき，距離 $\overline{PQ}+\overline{QR}$ を，x，y，d を用いて表せ。

(4)　直線 $y=d$ 上の座標 (x, d) の点で，波源から直接伝わる波と境界からの反射波が弱め合う条件を，x，d と整数 n を用いて表せ。また，そのような点は直線 $y=d$ 上に何個あるか。

(5)　領域 B において波源と同じ位相を持つ波面のうち，原点 O から見て最も内側のものを考える。図 3－3 のように，その波面と x 軸 ($x>0$) との交点を T，y 軸との交点を S とし，点 T における屈折角を θ とする。点 S，T の座標と $\sin\theta$ を求めよ。

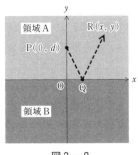

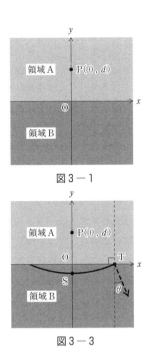

図3－1　　　　　　　　　図3－2

図3－3

Ⅱ　設問Ⅰと同じ振動数の波源が一定の速さで動いている場合について，以下の設問に答えよ。

(1)　波源が領域Aのy軸上を正の向きに速さu $\left(u<\dfrac{V}{2}\right)$ で動いている場合を考える。波源の位置で観測される反射波の振動数を，V，u，d を用いて表せ。また，領域Bのy軸上を負の向きに一定の速さw $\left(w<\dfrac{V}{2}\right)$ で動く点で観測される波の振動数を，V，u，w，d を用いて表せ。

(2)　次に，波源が領域Aの直線$y=d$上を右向きに速さu $\left(u<\dfrac{V}{2}\right)$ で動いている場合を考える。波源から出た波が境界で反射して波源に戻るまでの時間を，V，u，d を用いて表せ。

(3)　設問Ⅱ(2)の設定で，波源における波と境界で反射して波源に戻った波が逆位相になる条件を，u，Vと整数mを用いて表せ。さらに，この条件を満たすuをすべて求めよ。

43 回折レンズ

(2014年度 第3問)

図3−1(a)のようにyz平面上に設置した等間隔ではない多数の同心円状の細いスリットを用いると，x軸に平行に入射した光の回折光を図3−1(b)のように集めて収束させることができる。以下では問題を簡単にするため，同心円状のスリットを図3−1(c)に示すような直線状の細い平行なスリットで置き換えて，その原理を考えよう。以下の設問に答えよ。

図3−2に示すように，x軸上の原点Oを通りx軸に垂直な面Aと，面Aから距離dだけ離れたスクリーンBを考える。y方向（紙面に垂直）に伸びた細いスリットS_0，S_1，S_2，…を面A上の$z = z_0$，z_1，z_2，…（$0 < z_0 < z_1 < z_2 \cdots$）の位置に配置する。波長$\lambda$の光が，面Aの左側から$x$軸に平行に入射し，スリットを通過してスクリーンBに到達する。まず，スリットS_0，S_1のみを残し，他のスリットを全てふさいだところ，スクリーンB上に干渉縞が生じた。

(1) スクリーンB上で$z = \dfrac{z_0 + z_1}{2}$の位置Tにできるのは明線であるか暗線であるか。また，その理由を簡潔に述べよ。

(2) スクリーンB上で，この位置Tより下方（zのより小さい方）に最初に現れる明線を，スリットS_0，S_1に対する1次の回折光と呼ぶ。1次の回折光が，$z = 0$の位置Rにあった。z_0，z_1はdより十分に小さいものとして，dをλ，z_0，z_1を用いて表せ。必要ならば，近似式$\sqrt{1+\delta} \fallingdotseq 1 + \dfrac{1}{2}\delta$，（$|\delta|$は1より十分に小さいものとする）を用いてよい。

(a)

(b)

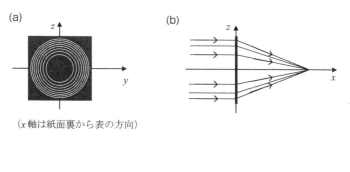

（x軸は紙面裏から表の方向）

(c)

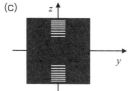

図3−1

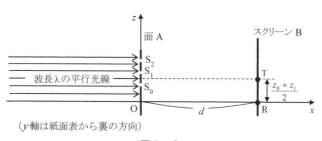

（y軸は紙面表から裏の方向）

図3−2

　次に，$z > 0$ の領域にある合計 N 本の多数のスリットすべてを用いる場合を考える。すべての隣りあうスリットの組 S_n と S_{n+1}（$n = 0, 1, 2, \cdots$）について，それらの1次の回折光がRに現れるためには，その方向が n とともに少しずつ変わるようにスリットを配置する必要がある。このように面Aに N 本のスリットを設置したところ，Rに鮮明な明線が現れた。

(3)　このとき n 番目のスリットの位置 z_n は n のどのような関数になっているか。z_n を z_0, n, d, λ を用いて表せ。

(4)　スクリーンBを x 軸に沿って左右に動かすと，他にも $z = 0$ に明線が現れる位置があった。それらの x 座標をRに近い順に2つ答えよ。

(5)　左側から平行光線を入射する代わりに，図3−3に示すように x 軸上の原点Oから距離 a の点Pに波長λの点光源を置き，スクリーンBを x 軸に沿って左右に動か

すと，$z=0$ に明線が現れる位置 R′ があった。その x 座標 b を，λ を含まない式で表せ。ただし，$z=z_0,\ z_1,\ z_2,\ \cdots$ は a，b より十分に小さく，$a>d$ かつ $b>d$ であるとする。

(6) **図3－4**は，設問(5)の状況において，R′ 近傍に現れる明線の光の強度分布を z の関数として示したものである。ただし，光の強度とは単位時間あたりに単位面積に到達する光のエネルギーである。**図3－1**(c)のように，$z<0$ の領域にも $z>0$ の領域と対称にスリットを配置して，スリットの総数を2倍にした。このとき，明線の強度や幅が変化した。以下の文中の \boxed{} 内に入るべき適当な整数もしくは分数を答えよ。

　スリットの総数が2倍になったので，点 R′ における光の波（電磁波）の振幅は \boxed{\ ア\ } 倍になる。光の強度は光の波の振幅の2乗に比例することが知られているので，点 R′ での光の強度は \boxed{\ ア\ } の2乗倍になる。一方，明線内に単位時間に到達する光のエネルギーは \boxed{\ イ\ } 倍になるはずである。このことから，スリット数を2倍に増やすと明線の z 方向の幅は，約 \boxed{\ ウ\ } 倍となると考えられる。

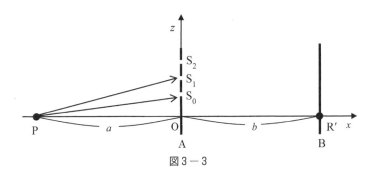

図3－3

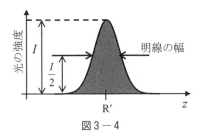

図3－4

44 超音波発振器による材料内部の異物の検査

(2013年度 第3問)

次のⅠ，Ⅱ，Ⅲの各問に答えよ。なお，角度の単位はラジアンとする。

Ⅰ 図3−1のように，超音波発振器を用いて平面波に近い超音波を板Aに入射する（板中の直線は波面を表す）。振動数を変化させながら縦波の超音波を板面に垂直に入射したところ，振動数が f_0 の整数倍になるごとに板が共振した。板Aの厚さを h_A，板A内を伝わる縦波の超音波の速さを V_A とする。また，板の両面は自由端とする。

(1) f_0 を h_A，V_A を用いて表せ。

(2) $V_A = 5.0 \times 10^3 \text{m/s}$ のとき，振動数 $2.0 \times 10^6 \text{Hz}$ と $3.0 \times 10^6 \text{Hz}$ の両方で共振が起こった。h_A の最小値を求めよ。

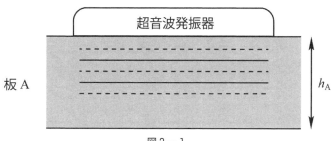

図3−1

Ⅱ 固体中では縦波と横波の両方が存在する。縦波と横波は速さが異なり，縦波のほうが k 倍（$k > 1$）速い。図3−2のように板Aと，それとは材質の異なる板Bを貼り合わせ，2層構造を持つ板を作製した。板B内を伝わる縦波の速さを V_B とし，$\dfrac{V_B}{k} > V_A$ とする。また，k の値は物質の種類によらないとする。

　板Aの表面上の点Oから，図3−2のように板A内を角度 α $\left(0 < \alpha < \dfrac{\pi}{2}\right)$ で伝わる縦波を入射した。すると，境界面で縦波の反射波，屈折波のみならず，横波の反射波と屈折波も発生した。反射角は，縦波と横波についてそれぞれ θ と θ' であった。屈折角は，縦波と横波についてそれぞれ ϕ と ϕ' であった。

(1) 縦波の反射角 θ が入射角 α と等しくなることをホイヘンスの原理に基づいて考える。図3−3中の記号P，Q，R，Sを用いて，〔　　〕を埋めよ。

図3－3において，PQ に平行な波面を持つ入射波が速さ V_A で進んでいる。波面上の2点がそれぞれP，Qを通過してから時間 T 後，Qを通過した側が境界上の点Sに達したとする。このとき，Pから発せられた素元波が時間 T 後になす半円に対してSから引いた接線 RS が反射波の波面となる。△PQS と △SRP において，∠PQS＝∠SRP＝$\dfrac{\pi}{2}$，$\boxed{\text{ア}}$＝$\boxed{\text{イ}}$＝$V_A T$，PS＝SP

（共通）であるから△PQS と △SRP は合同である。また，△PQS は∠PQS を直角とする直角三角形であるから，α＝∠$\boxed{\text{ウ}}$。同様に，△SRP は∠SRP を直角とする直角三角形であるから，θ＝∠$\boxed{\text{エ}}$。ゆえに，$\alpha=\theta$ である。

(2)　横波の反射角 θ' について，$\sin\theta'$ を求めよ。

(3)　縦波の屈折角 ϕ，横波の屈折角 ϕ' について，$\sin\phi$ と $\sin\phi'$ を求めよ。

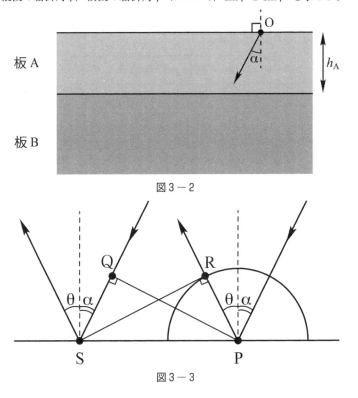

図3－2

図3－3

Ⅲ　Ⅱで作製した2層構造を持つ板の境界面から深さ h の位置に異物Xが存在している。図3－4のように，Oより超音波を入射してから異物表面での反射波がOに戻ってくるまでの時間を t とする。t の測定値から h を求める方法を考えよう。

⑴ まず，入射角 α を調整し，板B中を伝わる屈折波が横波だけとなるようにしたい。$\sin\alpha$ の満たすべき条件を求めよ。

⑵ ⑴の条件を満たすある入射角 α でOから縦波を入射したところ，境界上の点Yで横波が屈折角 ϕ' で板B中に入射しXに到達した。その後，同じ経路をたどって反射波がOに戻ってきた。t を k, h, h_A, V_A, V_B, α, ϕ' を用いて表せ。ただしXの大きさは無視せよ。

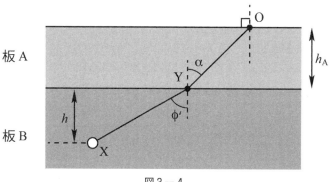

図 3 — 4

45　複スリットによる光の干渉と光路長

(2012 年度　第 3 問)

　複スリットによる光の干渉を利用して気体の屈折率を測定する実験について考えよう。図 3 のように，透明な二つの密閉容器 C_1，C_2（長さ d）を，平面 A 上にある二つのスリット S_1，S_2（スリット間隔 a）の直前に置き，A の後方にはスクリーン B を配置する。A，B は互いに平行であり，その間の距離を L とする。スクリーン B 上の座標軸 x を，O を原点として図 3 のようにとる。原点 O は S_1，S_2 から等距離にある。いま，平面波とみなせる単色光（波長 λ）を，密閉容器を通してスリットに垂直に照射すると，スクリーン B 上には多数の干渉縞が現れる。密閉容器の壁の厚さは無視して，以下の設問に答えよ。

I　密閉容器 C_1，C_2 両方の内部を真空にした場合，光源から二つのスリット S_1，S_2 までの光路長は等しいため，単色光は S_1，S_2 において同位相である。

(1)　スクリーン B 上の点 P の x 座標を X，S_1 と P の距離を ℓ_1，S_2 と P の距離を ℓ_2 としたとき，距離の差 $\Delta\ell = |\ell_1 - \ell_2|$ を，a，L，X を用いて表せ。ただし，L は a や $|X|$ よりも十分に大きいものとする。なお，$|h|$ が 1 よりも十分小さければ，$\sqrt{1+h} \fallingdotseq 1+\dfrac{h}{2}$ と近似できることを利用してよい。

(2)　点 P に明線があるとき，X を a，L，λ，および整数 m を用いて表せ。

II　C_2 の容器内を真空に保ったまま，C_1 の容器内に気体をゆっくりと入れ始めた。一般に，絶対温度 T，圧力 p の気体の屈折率と真空の屈折率との差は，その気体の数密度（単位体積あたりの気体分子の数）ρ に比例する。

(1)　容器内の気体の圧力が p で絶対温度が T のとき，その気体の数密度 ρ を p，T，k（ボルツマン定数）を用いて表せ。ただし，この気体は理想気体とみなしてよい。

(2)　温度を一定に保ったまま C_1 の容器内に気体を入れて圧力を上げると，スクリーン B 上の干渉縞は，x 軸の正方向，負方向のどちらに移動するか。理由を付けて答えよ。

III　C_2 の容器内を真空に保ったまま，C_1 の容器を絶対温度 T，1 気圧（101.3 kPa）の気体で満たした。このときの気体の屈折率を n とする。

(1)　C_1 の容器が真空状態から絶対温度 T，1 気圧の気体で満たされるまでに，それぞれの明線はスクリーン B 上を距離 ΔX だけ移動した。気体の屈折率 n を，

ΔX を用いて表せ。

(2) (1)で，原点Oを N 本の暗線が通過した後，明線が原点Oにきて止まった。気体の屈折率 n を，N を用いて表せ。

(3) 気体の屈折率を精度よく求めるには，測定値の正確さが重要になる。いま，(1)で測定した ΔX は 0.1 mm の正確さで測定でき，(2)で測定した N は 1 本の正確さで数えられるとするとき，気体の屈折率は(1)の方法，(2)の方法のどちらが精度よく求められると考えられるか。理由を付けて答えよ。ただし，$d = 2.5 \times 10^2$ mm，$L = 5.0 \times 10^2$ mm，$a = 5.0$ mm，$\lambda = 5.0 \times 10^{-4}$ mm とすること。

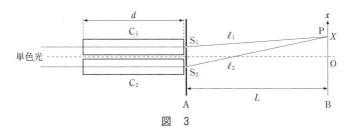

図 3

46 スリットを通過した波の干渉

(2007 年度　第3問)

　図3－1のように，水面上で，波長 λ の波が左から右にまっすぐ進み壁に垂直に衝突している。壁に沿った方向を x 方向とし，壁には自由にすき間を開けることができるようになっているとする。すき間を通った波を壁の右側の点Pで観測する。以下の問に答えよ。

I　点Pは十分遠方にあるとし，図3－1のように $x=0$ から見たP方向の角度を θ とする。問 I (1), (2)で開けるすき間はすべて同じ幅とする。また，そのすき間の幅は波長 λ に比べて小さいので，各すき間からは，そこを中心とする円形波が図の右側に広がっていくと考えてよい。

(1)　壁の $x=0$ の位置にすき間Aを開け，わずかにずれた位置 $x\,(x>0)$ にすき間Bを開ける。すき間Bを開ける位置を少しずつ x の正の方向に動かしていくと，$x=b$ になったとき，それまで振動していた点Pでの水面が初めて動かなくなった。b を λ と θ を用いて表せ。ただし点Pは十分に遠いので，すき間Bから見たP方向の角度も θ としてよい。

(2)　問 I (1)のように $x=0$ と $x=b$ にすき間がある状態で，すき間Cを $x=c$ $(0<c<b)$ に開けると，点Pでの水面は振動を始めた。さらにもう一つ，$x=b$ にできるだけ近い位置にすき間Dを開けることによって，点Pでの水面の振動を止めたい。すき間Dの x 座標を求めよ。

II　次にすき間の幅が広い場合を考えよう。点Pは問 I と同じ位置にあるとする。すき間の一方の端を $x=0$，他方の端を $x=w$ とする（図3－2）。以下の問については，すき間内の各点から円形波（素元波）が右に広がっていき，その重ね合わせが点Pでの水面の振動になると考えよ。

(1)　すき間内のある位置 $x=x_1\,(0<x_1<w)$ から点Pまでの距離と，すき間の端 $x=0$ から点Pまでの距離の差を，x_1 と θ を用いて表せ。

(2)　$x=0$ から出た円形波の変位が点Pでゼロである瞬間に，すき間内の各点 $x=x_1\,(0<x_1<w)$ からくる円形波のすべての変位が点Pで同符号である（強め合う）ためには，すき間の幅 w はどのような条件を満たしていなければならないか。

(3)　すき間の幅を $w=0$ から $w=2b$ まで増やしたとき点Pでの波の振幅はどのように変化するか。理由を付けて答えよ。ただし b は問 I (1)で求めた値である。

Ⅲ　今度は点Pは壁の近くにあるとし，壁との距離を L とする。図3−3のように，点Pの真正面にすき間を開ける。そのすき間の幅をゼロから増やしていくと，幅が $2r$ になったとき点Pでの振幅が最大になった。r を L と λ を用いて表せ。

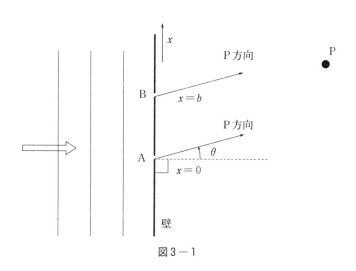

図3−1

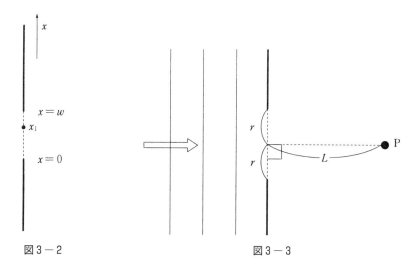

図3−2　　　　　　　　　　図3−3

47　円形波の反射波との干渉

(2003年度　第3問)

　図3－1に示すように，広い水槽に水が張られており，水槽のまっすぐな縁の近く
に振動数 f で振動している波源Sがある。図のように座標をとり，波源Sの位置を
$(0, h)$ とする。ただし，h の値は水面波の波長より大きい。また，水面波の速さを
c とする。

Ⅰ　波源から水面波が同心円状に広がり，水槽の縁で反射する。このとき，直接波と
　反射波が干渉し，強めあうところ（腹）と弱めあうところ（節）ができる。そのと
　きの，節を連ねた曲線（節線）の形状を知りたい。
　⑴　まず原点 O $(0, 0)$ での水面の振動の様子を観測したところ，腹であった。そ
　　こから y 軸に沿って正の方向に観測点を移してゆくと，位置 $(0, d)$ で初めて
　　節が見つかった。d を求めよ。
　⑵　観測点が任意の位置 P(x, y)（ただし $y>0$）にある場合，直接波と反射波が
　　それぞれSからPに至るまでの経路の長さを求めよ。
　⑶　⑵の結果と経路に含まれる波の数を考えて，観測点 P (x, y) が節になる条件
　　式を d を用いて表せ。
　⑷　反射波の波面は，水槽の外の点 S′ に存在する仮想的な波源がつくる直接波の
　　波面と同等であると考えることができる。そのときの S′ の座標を求めよ。
　⑸　$h=5d$ の場合，原点 O と波源 S の間の y 軸上で，2つの節が見つかった。こ
　　の場合の2本の節線の概形を図示せよ。

Ⅱ　次に図3－2に示すように，水が x 軸の正の方向に速さ V で一様に流れている。
　波源Sの位置は変わらない。この場合の，節の位置を探したい。ただし，$V<c$ と
　する。
　⑴　波の速度は，水流がない場合の波の速度（大きさ c）と水流の速度（大きさ
　　V）の合成速度になる。波源Sを出て原点Oに至る波の速さと波長を求めよ。
　　また原点で観測される波の振動数を求めよ。
　⑵　Ⅰ⑴と同様に，原点から出発して観測点を移してゆくと，位置 $(0, d′)$ で初
　　めて節が見つかった。$d′$ を求めよ。

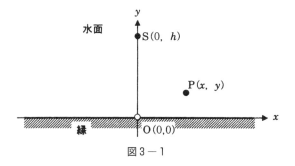

図 3 − 1

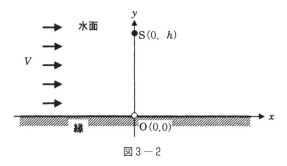

図 3 − 2

48　ヤングの干渉実験

(2001年度　第3問)

　図3－1はヤングの干渉実験を示したものである。電球VはフィルターFで囲まれていて，赤い光（波長λ）だけを透過するようにしてある。電球Vから出た光はスクリーンA上のスリットS_0，およびスクリーンB上の複スリットS_1，S_2を通ってスクリーンC上に干渉縞をつくる。スクリーンA，B，Cは互いに平行で，AB間の距離はL，BC間の距離はRである。S_1とS_2のスリット間距離はdとし，S_1S_2の垂直2等分線がスクリーンAと交わる点をM，スクリーンCと交わる点をOとする。また，スクリーンC上の座標軸xを，Oを原点として図3－1のようにとる。このとき以下の設問に答えよ。必要に応じて，整数を表す記号としてm，nを用いよ。

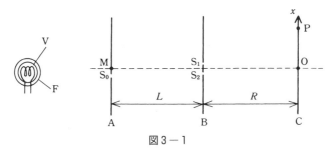

図3－1

Ⅰ　スリットS_0がMの位置にある場合を考える。干渉縞の明線および暗線が現れるx座標の値をそれぞれ示せ。ただし，スクリーン上の点をPとするとき，S_1とPとの距離を$\overline{S_1P}$などと表すと，

$$(\overline{S_1P} - \overline{S_2P})(\overline{S_1P} + \overline{S_2P}) = \overline{S_1P}^2 - \overline{S_2P}^2$$

が成り立つことを利用し，$\overline{OP}$，dがRと比べて十分小さいとして，

$$\overline{S_1P} + \overline{S_2P} \doteqdot 2R$$

としてよい。

Ⅱ　スクリーンAを取り除くと，スクリーンC上の干渉縞は消失した。その理由を簡潔に述べよ。

Ⅲ　スクリーンA上のスリットS_0を，Mから下側方向にhだけわずかにずらした。このとき，スクリーンC上で干渉縞の明線が現れるx座標の値を求めよ。ただし，hはLに比べて十分小さいとする。

Ⅳ　問Ⅲの状態のとき，スクリーンC上に現れる干渉縞の明線の位置は図3－2(a)の
ようであった。この結果からS$_0$の位置 h を測定したい。ところが図3－2(a)だけ
からでは，どの干渉縞の明線がどのような干渉によって生じているかがわからない。
そこで，フィルターFを交換して，緑の光（波長λ'）だけを透過するようにした。
そのとき，スクリーンC上に現れる干渉縞の明線の位置は図3－2(b)のようになっ
た。図3－2(a)で，x 方向で原点にもっとも近い明線の位置を x_0 とするとき，h を
x_0 を用いて表せ。

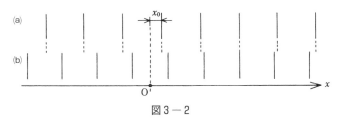

図3－2

Ⅴ　問Ⅲの状態でスクリーンA上にもう一つのスリットS$_0'$ を開ける。S$_0'$ の位置は
S$_1$S$_2$ の垂直二等分線に対してS$_0$ と対称な位置とする。このとき，スクリーンC上
の干渉縞の明暗がもっとも明瞭となるときの h の値を求めよ。

第4章 電磁気

節	番号	内　　　容	年　　度
コンデンサーと電気回路	49	多重極板コンデンサー，電気振動	2021 年度〔2〕
	50	ばねでつながれた平行板コンデンサー	2018 年度〔2〕
	51	太陽電池を含む電気回路	2014 年度〔2〕
	52	コッククロフト・ウォルトン回路	2011 年度〔2〕
	53	コンデンサーの充電とネオンランプ	2008 年度〔2〕
	54	コイルとネオンランプを含む回路	2006 年度〔2〕
荷電粒子の運動	55	交流回路の直列共振，荷電粒子の運動と電磁場の共振	2016 年度〔2〕
	56	四重極電磁石による荷電粒子ビームの制御	2013 年度〔2〕
	57	電磁界中の陽子の運動	2004 年度〔2〕
	58	電磁界中の荷電粒子の運動	1999 年度〔2〕
電流と磁界・電磁誘導	59	ワット天秤	2023 年度〔2〕
	60	磁場中を運動するコイルに生じる誘導起電力	2022 年度〔2〕
	61	平行レール上を運動する導体棒による電磁誘導	2020 年度〔2〕
	62	誘導起電力，電流が磁場から受ける力，単振り子	2017 年度〔2〕
	63	N 本の導体棒が磁場中のレール上を運動する回路	2015 年度〔2〕
	64	磁場中に進入する閉回路に生じる誘導起電力	2012 年度〔2〕
	65	磁場中を運動する導体棒を含む抵抗回路	2010 年度〔2〕
	66	一様な水平磁場を落下するコイル	2009 年度〔2〕
	67	導体の円筒中を落下する磁石の運動	2007 年度〔2〕
	68	単極モーター	2005 年度〔2〕
	69	磁界中を動く2本の導体棒を含む回路	2003 年度〔2〕
	70	一様でない磁界中を落下する導線	2001 年度〔2〕
	71	光速の力学的な測定	2000 年度〔2〕
交流回路	72	抵抗とコンデンサーの回路，交流ブリッジ回路	2019 年度〔2〕
	73	コイルによる誘導現象	2002 年度〔2〕

1　コンデンサーと電気回路

49　多重極板コンデンサー，電気振動
(2021年度　第2問)

　　面積 S の厚みの無視できる金属の板 A と板 B を空気中で距離 d だけ離して平行に配置した。d は十分小さく，板の端の効果は無視する。図2―1のように，板，スイッチ，直流電源，コイルを導線でつないだ。直流電源の内部抵抗や導線の抵抗は無視できるほど小さい。空気の誘電率を ε とする。

I　図2―1のように，スイッチを1につなぎ，板 A と板 B の間に直流電圧 $V(V > 0)$ を加えたところ，板 A，B にそれぞれ電荷 Q，$-Q$ が蓄えられ，$Q = C_0 V$ の関係があることが分かった。

(1)　C_0 を S，d，ε を用いて表せ。

(2)　板 A，B と同じ形状をもつ面積 S の厚みの無視できる金属の板 C を図2―2のように板 A と板 B の間に互いに平行になるように差し入れた。板 A と板 C の距離は $x\left(x > \dfrac{d}{4}\right)$ である。さらに，板 A と板 C を太さの無視できる導線 a で接続し，十分時間が経過したところ，板 A，C，B に蓄えられた電荷はそれぞれ一定となった。板 A，C，B からなるコンデンサーに蓄えられた静電エネルギーを求めよ。

(3)　外力を加え，板 C をゆっくりと板 A に近づけて板 A と板 C の距離を $\dfrac{d}{4}$ にした。導線 a はやわらかく，板 C を動かすための力には影響がないとする。板 C に外力がした仕事 W を求めよ。また，W は電源がした仕事 W_0 の何倍であるか正負の符号も含めて答えよ。

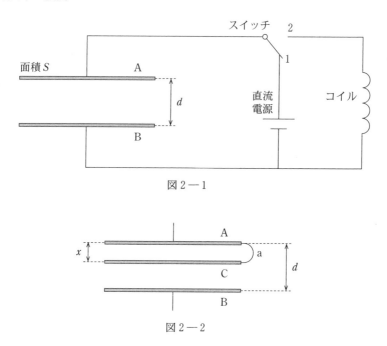

図2-1

図2-2

II 設問 I (3)の状態から，板 A，B，C と同じ形状をもつ面積 S の厚みの無視でき
る金属の板 D を，板 C と板 B の間に互いに平行になるように差し入れた。板 C
と板 D の距離は $\dfrac{d}{4}$ である。さらに，板 C と板 D を太さの無視できる導線 b で
接続した。十分時間が経過して各板に蓄えられた電荷がそれぞれ一定となった後
に，図2-3のように導線 a を外した。

(1) 板 A に蓄えられた電荷は $Q_1 = \boxed{\quad ア \quad} C_0 V$，板 B に蓄えられた電荷は
   $-Q_2 = -\boxed{\quad イ \quad} C_0 V$ と表される。$\boxed{\quad ア \quad}$，$\boxed{\quad イ \quad}$ に入る数を答
   えよ。

(2) その後，直流電源の電圧を a 倍 $(a > 0)$ して aV とし，十分時間が経過した
   ところ，各板に蓄えられた電荷はそれぞれ一定になった。板 A の板 C に対す
   る電位 V_1，板 D の板 B に対する電位 V_2 を求めよ。

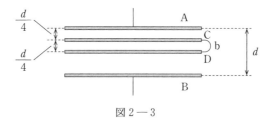

図 2 — 3

Ⅲ 設問Ⅱ(2)の状態から，時刻 $t = 0$ で図 2 — 4 のようにスイッチを 1 から 2 につなぎかえたところ，コイルには $I_0 \sin\left(\dfrac{2\pi t}{T}\right)$ と表される電流 I が流れることが分かった。ただし，図中の矢印の向きを電流の正の向きにとる。コイルの抵抗は無視でき，自己インダクタンスは L である。他に説明がない場合は，直流電源の電圧は $2V$ とする。

(1) T を L と C_0 を用いて表せ。

(2) $t = 0$ でコイルの両端にかかる電圧を答えよ。また，I_0 を T，V，L を用いて表せ。ただし，微小時間 Δt の間の電流変化は $\Delta I = I_0 \Delta t \left(\dfrac{2\pi}{T}\right) \cos\left(\dfrac{2\pi t}{T}\right)$ であることを用いてよい。

(3) 板 A，B の電荷をそれぞれ Q_3，$-Q_4$ とすると，$t = \dfrac{T}{4}$ のとき $Q_3 = \boxed{}\ \ Q_4$ の関係が成り立つ。 $\boxed{}$ に入る数を答えよ。また，$Q_3 = 0$ となる時刻 t' を T を用いて表せ。ただし $t' < T$ とする。

(4) 板 A，C，D，B からなるコンデンサーに蓄えられる静電エネルギーが，$t = 0$ のときに E_1，$t = \dfrac{T}{4}$ のときに E_2 であった。E_1，E_2 をそれぞれ C_0，V を用いて表せ。また，$\Delta E = E_2 - E_1$ として，ΔE を I_0 を含み，V および T を含まない形で表せ。

直流電源の電圧が $aV (a > 0)$ であった場合を考える。

(5) ある a に対して，Q_3 と $-Q_4$ の変化の様子を表す最も適切な図を図 2 — 5 の①〜⑥から選び，番号で答えよ。図中で点線は Q_3 を表し，実線は $-Q_4$ を表す。

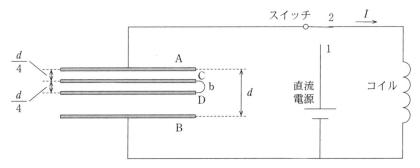

図2—4

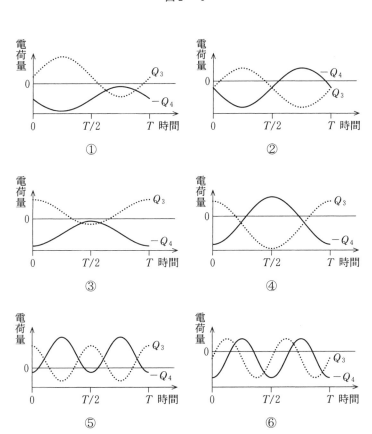

図2—5

50 ばねでつながれた平行板コンデンサー

(2018年度　第2問)

　真空中に置かれた，ばねを組み込んだ平行板コンデンサーに関する以下の設問に答えよ。ただし，真空の誘電率を ε_0 とし，ばね自身の誘電率による電気容量の変化は無視できるとする。また，金属板は十分広く端の効果は無視できるものとし，金属板間の電荷の移動は十分速くその移動にかかる時間も無視できるものとする。さらに，金属板の振動による電磁波の発生，および重力の影響も無視できるとする。

I　図2-1のように，同じ面積 S の2枚の金属板からなる平行板コンデンサーが電源につながれている。2枚の金属板は，ばね定数 k の絶縁体のばねでつながれており，上の金属板はストッパーで固定されている。下の金属板は質量 m をもち，上の金属板と平行のまま上下に移動し，上の金属板との間隔を変化させることができる。

　電源の電圧を V にしたところ，ばねは自然長からわずかに縮み，金属板の間隔が d となる位置で静電気力とばねの弾性力がつりあい，下の金属板は静止した。

(1)　金属板間に働いている静電気力の大きさを求めよ。

(2)　ばねに蓄えられている弾性エネルギーを求めよ。

(3)　この状態から，下の金属板を引っ張り，上の金属板との間隔を d から $d+\varDelta$ までわずかに広げてはなすと，下の金属板はつりあいの位置を中心に単振動した。この単振動の周期を求めよ。ただし，$|\alpha|$ が1より十分小さい実数 α に対して成り立つ近似式，$(1+\alpha)^{-2} \fallingdotseq 1-2\alpha$ を用いてよい。

　補足説明：(3)において，電源の電圧は V で一定に保たれている。

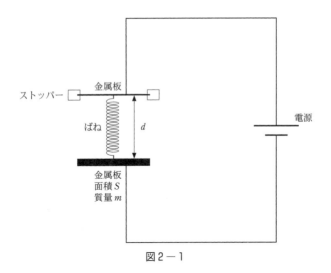

図2-1

Ⅱ 図2-2のような同じ面積 S の5枚の金属板からなる平行板コンデンサーを含む回路を考える。金属板1，2，4，5は固定されている。質量 m をもつ金属板3は，金属板4にばね定数 k の絶縁体のばねでつながれており，ほかの金属板と平行のまま上下に移動することができる。金属板2，3，4には，それぞれ，$-Q$，$+2Q$，$-Q$ の電荷が与えられている。金属板1と5は，図2-2に示すような電源と二つのスイッチを含んだ回路に接続されている。はじめ，スイッチ1は閉じ，スイッチ2は開いており，電源の電圧は0であった。このとき，5枚の金属板は静止しており，隣り合った金属板の間隔はすべて l で，ばねは自然長になっていた。

　まず，電源の電圧を0から小さな値 V $(V>0)$ までゆっくり変化させた。この過程で金属板3は常に力のつりあいを保ちながら移動し，金属板1と金属板5にはそれぞれ $-q$，$+q$ の電荷が蓄えられた。

補足説明：ばね定数 k は十分に大きいものとする。

(1)　このとき，金属板3の元の位置からの変位 x を，ε_0, Q, q, k, S を用いて表せ。ただし，図2-2中の下向きを x の正の向きとする。

(2)　このときの $\dfrac{q}{V}$ を全電気容量とよぶ。$\dfrac{q}{V}$ を，ε_0, Q, k, S, l を用いて表せ。

(3)　次に，スイッチ1を開きスイッチ2を閉じると金属板3は単振動した。この運動において，金属板3の図2-2の位置からの変位が x のときの金属板5の電荷を，Q, x, l を用いて表せ。ただし，図2-2中の下向きを x の正の向きとする。

(4)　設問Ⅱ(3)の単振動の周期を求めよ。

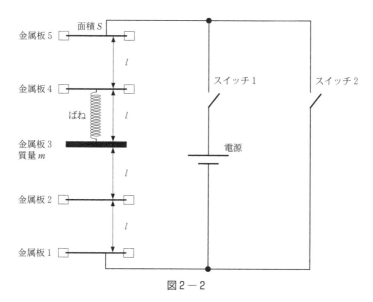

図2－2

51 太陽電池を含む電気回路

（2014年度　第2問）

　太陽電池は，光を電気に変換する素子である。ここでは，太陽電池を図2−1に示す記号を用いて表し，その出力電流 I は図中の矢印の向きを正とする。また，図中の端子 b を基準とした端子 a の電位を出力電圧 V とする。このとき，V と I の関係は，図2−2のようになり，下記の式(i)，(ii)で表されるものとする。

（i）　$V \leqq V_0$ のとき，$I = sP$

（ii）　$V > V_0$ のとき，$I = sP - \dfrac{1}{r}(V - V_0)$

　ここで，P は照射光の強度，r，s，V_0 は全て正の定数である。以下の設問に答えよ。

　ただし，回路の配線に用いる導線の抵抗は無視してよい。

Ⅰ　図2−3のように，太陽電池の端子間に電気容量 C のコンデンサーを接続した。このとき，コンデンサーに電荷は蓄えられていなかった。この状態で，時刻 $t=0$ から一定の強度 P_0 の光を照射したところ，図2−4のように電流 I が変化した。

(1)　図2−4中の時刻 t_1 を求めよ。

(2)　十分に時間が経過した後にコンデンサーに蓄えられた電荷を求めよ。

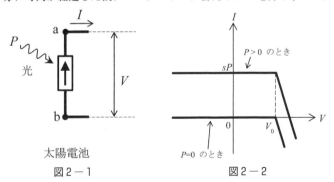

太陽電池
図2−1

図2−2

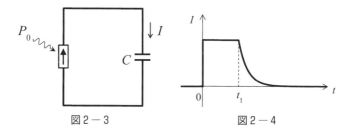

図2－3   図2－4

Ⅱ 図2－5のように，太陽電池の端子間に抵抗値 R の抵抗を接続し，強度 P_0 の光を照射した。R を変化させたとき，ある R_0 を境に，$R \leqq R_0$ の範囲では，抵抗を流れる電流 I が R によらず sP_0 となり，$R > R_0$ の範囲では，R の増加とともに電流 I が減少した。

(1) R_0 を求めよ。

(2) $R > R_0$ のときの電流 I を，P_0，r，s，V_0，R を用いて表せ。

(3) r が R_0 に比べて十分小さいとき，抵抗で消費される電力が最大となる R の値と，そのときの電力を求めよ。

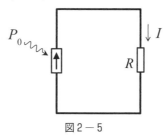

図2－5

Ⅲ 図2－6のように，二つの太陽電池1，2と抵抗値 R の抵抗を直列に接続した。太陽電池1に強度 P_0 の光を，太陽電池2に強度 $2P_0$ の光を同時に照射した。ただし，$P_0 = \dfrac{V_0}{rs}$ とする。太陽電池1，2の出力電圧をそれぞれ V_1，V_2 とし，抵抗を流れる電流を I とする。

(1) R を調整したところ，$I = \dfrac{1}{2}sP_0$ となった。V_1，V_2 を求めよ。

(2) (1)のとき R が r の何倍になるか答えよ。

(3) 次に，$R = r$ とした。V_1，V_2 はどのような範囲にあるか。以下から正しいものを一つ選んで答えよ。

ア．$V_1 \leqq V_0$ かつ $V_2 \leqq V_0$

イ．$V_1 \leqq V_0$ かつ $V_2 > V_0$

ウ. $V_1 > V_0$ かつ $V_2 \leqq V_0$

エ. $V_1 > V_0$ かつ $V_2 > V_0$

(4) (3)の状態において, I, V_1, V_2 を求めよ。

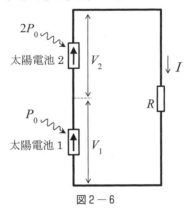

図2－6

52 コッククロフト・ウォルトン回路

（2011年度　第2問）

　電気製品によく使われているダイオードを用いた回路を考えよう。簡単化のため，ダイオードは図2−1のようなスイッチS_Dと抵抗とが直列につながれた回路と等価であると考え，Pの電位がQよりも高いか等しいときにはS_Dが閉じ，低いときにはS_Dが開くものとする。なお以下では，電池の内部抵抗，回路の配線に用いる導線の抵抗，回路の自己インダクタンスは考えなくてよい。

I　図2−2のように，容量Cのコンデンサー2個，ダイオードD_1，D_2，スイッチ
　S，および起電力V_0の電池2個を接続した。最初，スイッチSは$+V_0$側にも
　$-V_0$側にも接続されておらず，コンデンサーには電荷は蓄えられていないものと
　する。点Gを電位の基準点（電位0）としたときの点P_1，P_2それぞれの電位をV_1，
　V_2として，以下の設問に答えよ。

(1)　まず，スイッチSを$+V_0$側に接続した。この直後のV_1，V_2を求めよ。

(2)　(1)の後，回路中の電荷移動がなくなるまで待った。このときのV_1，V_2，およ
　　びコンデンサー1に蓄えられている静電エネルギーUを求めよ。また，電池が
　　した仕事Wを求めよ。

(3)　(2)の後，スイッチSを$-V_0$側に切り替えた。この直後のV_1，V_2を求めよ。

(4)　(3)の後，回路中の電荷移動がなくなったときのV_1，V_2を求めよ。

II　図2−2の回路に多数のコンデンサーとダイオードを付け加えた図2−3の回路
　は，コッククロフト・ウォルトン回路と呼ばれ，高電圧を得る目的で使われる。い
　ま，コンデンサーの容量は全てCとし，最初，スイッチSは$+V_0$側にも$-V_0$側に
　も接続されておらず，コンデンサーには電荷は蓄えられていないとする。

　スイッチSを$+V_0$側，$-V_0$側と何度も繰り返し切り替えた結果，切り替えても
　回路中での電荷移動が起こらなくなった。この状況において，スイッチSを$+V_0$
　側に接続したとき，点P_{2n-2}と点P_{2n-1}の電位は等しくなっていた（$n=1$, 2, …,
　N）。また，スイッチSを$-V_0$側に接続したとき，点P_{2n-1}と点P_{2n}の電位は等し
　くなっていた（$n=1$, 2, …, N）。スイッチSを$+V_0$側に接続したときの点P_{2N-1}，
　P_{2N}の電位V_{2N-1}，V_{2N}をNとV_0で表せ。なお，点Gを電位の基準点（電位0）と
　せよ。

ダイオード　P○—▷|—○Q

等価回路　P○—S_D／—□抵抗□—○Q

図2—1

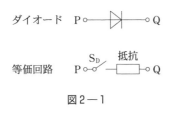

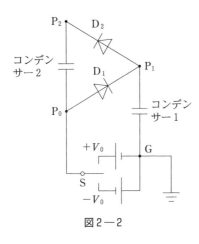

P_2　D_2

コンデンサー2

D_1　P_1

P_0　コンデンサー1

$+V_0$　G

S

$-V_0$

図2—2

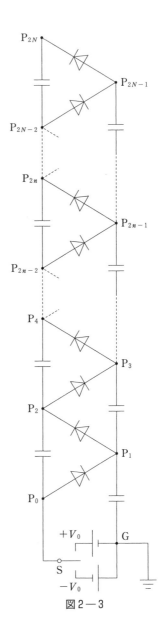

P_{2N}

P_{2N-1}

P_{2N-2}

P_{2n}

P_{2n-1}

P_{2n-2}

P_4

P_3

P_2

P_1

P_0

$+V_0$　G

S

$-V_0$

図2—3

53 コンデンサーの充電とネオンランプ

(2008年度 第2問)

図2-1のように, 電圧を自由に変えられる直流電源とコンデンサーAおよびコンデンサーBを直列につなぎ, コンデンサーAと並列にネオンランプをつなぐ。このネオンランプは図2-2に示す電圧-電流特性を持ち, 端子間にかかる電圧が V_{on} に達すると点灯する。点灯したネオンランプは, 電圧が V_{on} を下回っても発光を続けるが, 電圧が V_{off} まで下がると消灯する。なお, ネオンランプの電気容量は無視できるものとし, コンデンサーA, Bの電気容量をそれぞれ C_A, C_B で表す。

I すべてのコンデンサーを放電させた後, 電源電圧 V を0から少しずつ上げていくと, ある電圧 V_1 でネオンランプが点灯し, その後, 消灯した。以下の問に答えよ。ただし, 答は C_A, C_B, V_{on}, V_{off} を用いて表せ。また, ネオンランプが点灯してから消灯するまでの間, 電源電圧は一定であるものとしてよい。

(1) このときの電源電圧 V_1 を求めよ。

(2) 点灯直前にコンデンサーA, Bに蓄えられていた静電エネルギーをそれぞれ W_A, W_B とおき, 消灯直後にコンデンサーA, Bに蓄えられている静電エネルギーをそれぞれ W'_A, W'_B とおく。この間の静電エネルギーの変化 $\Delta W_A = W'_A - W_A$ および $\Delta W_B = W'_B - W_B$ を求めよ。

(3) 電源は, 電源内で負極から正極へ電荷を運ぶことにより, ネオンランプおよびコンデンサーにエネルギーを供給している。また, ネオンランプが点灯してから消灯するまでの間に電源が運んだ電荷の量は, この間にコンデンサーBに新たに蓄えられた電荷の量と等しい。ネオンランプが点灯してから消灯するまでの間に電源が供給したエネルギー W_E を求めよ。

(4) 点灯してから消灯するまでの間にネオンランプから光や熱として失われたエネルギー W_N を求めよ。

II ネオンランプの消灯後, さらに電源電圧 V を V_1 から少しずつ上げていくと, ある電圧 V_2 でネオンランプが再び点灯し, その後, 消灯した。以下の問に答えよ。

(1) 問Iにおいて, 点灯してから消灯するまでの間にネオンランプを通過した電荷の量を Q とする。電源電圧 V が V_1 を超えて V_2 に達するまでの間, コンデンサーAにかかる電圧 V_A を C_A, C_B, Q, V を用いて表せ。ただし, この間, ネオンランプに電流が流れることはないため, 図2-1の回路は図2-3の回路と等価である。また, 電荷がコンデンサーを通り抜けることはないため, コンデンサ

ーA，Bに蓄えられている電荷をそれぞれ Q_A，Q_B とおけば，コンデンサーA
の下側の極板とコンデンサーBの上側の極板をつないだ部分に蓄えられた正味の
電荷の量 $Q_B - Q_A$ は V によらず一定であり，Q と等しいことを用いてよい。

(2)　点灯時の電源電圧 V_2 を C_A，C_B，V_{on}，V_{off} を用いて表せ。

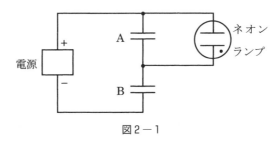

図2−1

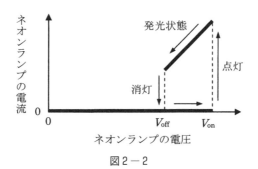

図2−2

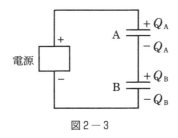

図2−3

54 コイルとネオンランプを含む回路

(2006 年度 第 2 問)

　真空放電による気体の発光を利用するネオンランプは，約 80V 以上の電圧をかけると放電し，電流が流れ点灯する。したがって，起電力が数 V の乾電池のみでネオンランプを点灯させることはできない。しかし，コイルおよびスイッチと組み合わせることにより，短時間ではあるがネオンランプを点灯させることができる。

　ここでは，図 2 － 1 の電圧－電流特性をもつネオンランプを起電力 9.0V の乾電池で点灯させることを考える。図 2 － 2 のように，乾電池，コイル，およびスイッチを直列につなぎ，ネオンランプをコイルと並列につなぐ。コイルの自己インダクタンス L を 1.0H，コイルの抵抗を 35 Ω，乾電池の内部抵抗を 10 Ω，ネオンランプの端子 B を基準とする端子 A の電位を V_A として，以下の問に答えよ。ただし，ネオンランプに流れる電流の大きさは，端子 A，B のどちらが正極であっても図 2 － 1 で与えられるとする。また，ネオンランプの電気容量，コイル以外の回路の自己インダクタンスは無視できるほど小さく，ネオンランプの明るさはネオンランプを流れる電流の大きさに比例するものとする。

Ⅰ　時刻 $t = t_0$ に回路のスイッチを入れたが，ネオンランプは点灯しなかった。
　(1)　スイッチを入れた直後の V_A の大きさと符号を求めよ。
　(2)　スイッチを入れてしばらくすると，回路を流れる電流は一定となった。このときコイルを流れる電流の大きさ，および V_A の大きさと符号を求めよ。

Ⅱ　回路を流れる電流が一定になった後，時刻 $t = t_1$ にスイッチを切った。その後，ネオンランプは図 2 － 3 のように時間 T だけ点灯した。
　(1)　点灯が始まった直後にネオンランプを流れる電流の大きさを求めよ。
　(2)　図 2 － 1 を利用して，ネオンランプの点灯が始まった直後の V_A の大きさと符号を求めよ。
　(3)　ネオンランプの点灯が始まった直後，および点灯が終わる直前にコイルに生じている誘導起電力の大きさを，それぞれ求めよ。

Ⅲ　ネオンランプの点灯時間 T のおおよその値を求めたい。計算を簡単にするため，点灯中にコイルに生じている誘導起電力の大きさは一定値 V_1 であると近似する。
　(1)　点灯が始まった直後にネオンランプを流れる電流の大きさを I_1 とする。点灯時間 T を V_1，I_1，L を用いて表せ。

(2)　Ⅲ(1)の結果に V_1, I_1, L の値を代入し，点灯時間 T を有効数字1桁で求めよ。
ただし，V_1 の値はⅡ(3)の結果を参考にして，適当に定めてよい。

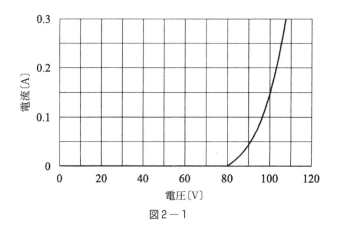

図2－1

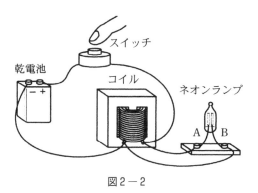

図2－2

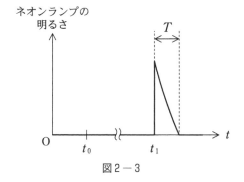

図2－3

2 荷電粒子の運動

55 交流回路の直列共振，荷電粒子の運動と電磁場の共振

（2016 年度 第 2 問）

共振現象に関する以下の設問にそれぞれ答えよ。

I 交流電気回路における共振現象を考える。図 2 − 1 に示すように，抵抗値 R の抵抗器，自己インダクタンス L のコイル，電気容量 C のコンデンサーを角周波数 ω の交流電源に直列に接続した。時刻 t に回路を流れる電流を $I = I_0 \sin \omega t$ とするとき，交流電源の電圧は $V = V_0 \sin (\omega t + \delta)$ と表されるものとする。この回路について，以下の設問に答えよ。必要であれば三角関数の公式

$$a \sin \theta + b \cos \theta = \sqrt{a^2 + b^2} \sin (\theta + \alpha) \qquad \text{ただし，} \tan \alpha = \frac{b}{a}$$

を用いてもよい。また，$\overline{f(t)}$ は関数 $f(t)$ の時間平均を表し，$\overline{\sin \omega t \cos \omega t} = 0$，$\overline{\sin^2 \omega t} = \overline{\cos^2 \omega t} = \frac{1}{2}$ である。

(1) 回路を流れる電流の振幅 I_0 および $\tan \delta$ を，V_0, R, L, C, ω のうち必要なものを用いて表せ。

(2) 交流電源が回路に供給する電力の時間平均 $\overline{P}$ を，V_0, R, L, C, ω を用いて表せ。ただし，$\overline{P}$ は抵抗器で消費される電力の時間平均に等しいことを用いてもよい。

(3) 交流電源が回路に供給する電力の時間平均は，角周波数 ω がある値のときに最大値 P_0 となった。抵抗器の抵抗値 R を，P_0 と V_0 を用いて表せ。

(4) 交流電源の角周波数が ω_1 および ω_2 $(\omega_2 > \omega_1)$ のときに，交流電源が回路に供給する電力の時間平均が設問 I (3)における P_0 の半分の値 $\dfrac{P_0}{2}$ となった。コイルの自己インダクタンス L を，V_0, P_0, $\Delta \omega$ を用いて表せ。ただし，$\Delta \omega = \omega_2 - \omega_1$ とする。

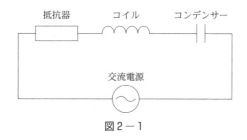

図2－1

Ⅱ 電場・磁場中の荷電粒子が行う二次元運動における共振現象を考える。図2－2 に示すように，紙面に垂直で表から裏に向かう磁場（磁束密度の大きさ B）と，この磁場に直交する電場（大きさ E）が，紙面のいたるところに一様に存在している。B および E は時間変化せず，磁場の向きも時間変化しないが，電場の向きは角周波数 ω で反時計回りに回転している。このような電場・磁場中で，電荷 q （$q>0$），質量 m をもつ荷電粒子の運動を考える。粒子が運動する領域には中性ガスが存在しており，粒子は，中性ガスによる抵抗力と，電場・磁場による力を受けて，角周波数 ω，速さ v で，反時計回りに等速円運動を行っている。なお，中性ガスにより粒子が受ける抵抗力は速度と逆向きで，その大きさは kv である（係数 k は正の定数）。このとき，図2－2 に示すように，荷電粒子の速度と回転する電場との間の角度 δ は時間変化しない。荷電粒子が放射する電磁波は無視できるものとして，以下の設問に答えよ。なお，本設問中で用いられている記号は，設問Ⅰ中で用いられたものとは無関係である。

(1) 荷電粒子の円運動の速度に平行な方向と垂直な方向のそれぞれについて，粒子に働く力の釣り合いの式を書け。

(2) 荷電粒子の等速円運動の速さ v および $\tan\delta$ を，m，q，E，B，k，ω のうち必要なものを用いて表せ。

(3) 電場が荷電粒子に対して行う単位時間あたりの仕事（仕事率）P を，m，q，E，B，k，ω を用いて表せ。

(4) 電場の回転の角周波数が ω_0 のときに，P が最大値 P_0 となった。さらに，電場の回転の角周波数が ω_1 および ω_2 （$\omega_2>\omega_1$）のときには，P が $\dfrac{P_0}{2}$ となった。荷電粒子の質量 m を，ω_0，P_0，E，B，$\Delta\omega$ を用いて表せ。ただし，$\Delta\omega=\omega_2-\omega_1$ とする。

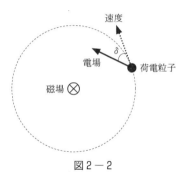

図2－2

56 四重極電磁石による荷電粒子ビームの制御

（2013年度　第2問）

　電荷をもった粒子の運動を磁場により制御することを考える。重力の効果は無視できるものとして，以下の設問に答えよ。ただし，角度の単位はすべてラジアンとする。また，θ を微小な角度とするとき，$\cos\theta \doteq 1$，$\sin\theta \doteq \theta$，$\tan\theta \doteq \theta$ と近似してよい。

Ⅰ　図2－1のように，$|x| \leq \dfrac{d}{2}$ の領域 A_1 にのみ，磁束密度が y 座標にゆるやかに依存する磁場が z 軸方向（紙面に垂直，手前向きを正）にかけられている。質量 m，正の電荷 q をもつ粒子Pを，x 軸正方向に速さ v で領域 A_1 に入射する。

(1)　領域 A_1 を通過した結果，粒子Pの運動方向が微小な角度だけ曲がり，その x 軸からの角度が θ となった。領域 A_1 内を通過する間，粒子の y 座標の変化は小さく，粒子にはたらく磁束密度 B はその間一定としてよいとする。このときの θ を求めよ。以後，角度の向きは図2－1の矢印の向きを正とする。

(2)　領域 A_1 内の磁束密度が y 座標に比例し，正の定数 b を用いて $B = by$ と表されるとき，粒子Pは入射時の y 座標によらず x 軸上の同じ点 $(x, y) = (f, 0)$ を通過する。このとき f を求めよ。ただし，d は f に比べて無視できるほど小さいとする。また，領域 A_1 内を通過する間，粒子の y 座標の変化は小さく，粒子にはたらく磁束密度 B はその間一定としてよいとする。

(3)　図2－2(a)のように配置された電磁石の組の点線で囲まれた範囲（拡大図と座標を図2－2(b)に示す）を考える。鉄芯（しん）を適切な形に製作すると，$z = 0$ の平面内で(2)のような磁場が実現できる。このとき，二つの電磁石に流す電流 I_1，I_2 の向きはどうするべきか。それぞれの符号を答えよ。ただし，図中の矢印の向きを正とする。

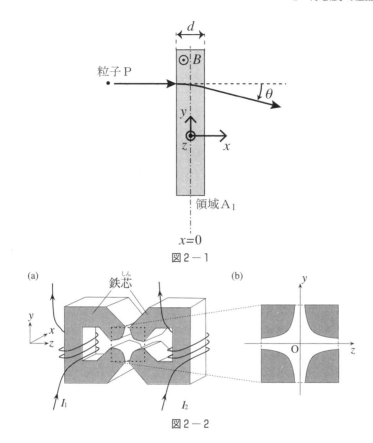

図2−1

図2−2

Ⅱ 次に，Ⅰ(2)の領域 A_1 に加えて，図2−3のように，$x=\dfrac{3}{2}f$ を中心とし幅 d の範囲に，z 軸方向に磁束密度 kby（k は定数）の磁場がかかっている領域 A_2 を考える。ここで，領域 A_1 と A_2 を両方通過した後の粒子の運動方向の変化は，それぞれの領域でⅠ(1)のように求めた曲げ角の和として計算できるものとし，また d は f に比べて無視できるほど小さいとしてよいとする。粒子Pと，同じ電荷 q をもつ別の粒子Qとが，x 軸正方向に速さ v をもって $y=y_0$ で領域 A_1 に別個に入射したところ，粒子Pの運動方向が微小な角度 θ_0，粒子Qの運動方向が角度 $\dfrac{\theta_0}{2}$ だけ曲げられて，それぞれ領域 A_2 に入射した。

(1) 粒子Qの質量を求めよ。

(2) 粒子P，粒子Qが領域 A_2 に入る際の y 座標は，それぞれ y_0 の何倍となるか。

(3) 粒子P，粒子Qが領域 A_2 を通過した後の運動方向の x 軸からの角度を，それ

それ k と θ_0 を用いて表せ。

(4) k の値を調整すると，粒子Pと粒子Qが $x>\dfrac{3}{2}f$ で x 軸上の同じ点を通過するようにできる。このときの k の値を求めよ。

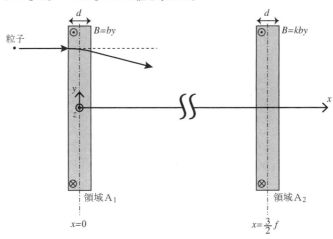

図2−3

57 電磁界中の陽子の運動

（2004年度 第2問）

図2−1に示すように直交座標系を設定する。初速度の無視できる電荷 q （$q>0$），質量 m の陽子が，y 軸上で小さな穴のある電極 a の位置から電極 a，b 間の電圧 V で $+y$ 方向に加速され，z 軸に垂直で y 方向の長さが l の平板電極 c，d （$z=\pm h$）からなる偏向部に入る。c，d 間には $+z$ 方向に強さ E の一様な電界がかけられている。これらの装置は真空中にある。電界は平板電極 c，d にはさまれた領域の外にはもれ出ておらず，ふちの近くでも電極に垂直であるとし，地磁気および重力の影響は無視できるとして，以下の問に答えよ。

Ⅰ 電極 b の穴を通過した瞬間の陽子の速さ v_0 を，V，q，m を用いて表せ。

Ⅱ その後，陽子は直進し，速さ v_0 のままで偏向部に入る。

(1) 陽子が電極 c に衝突することなく偏向部を出る場合，その瞬間の z 座標（変位）z_1 を，v_0，q，m，l，E を用いて表せ。

(2) E がある値 E_1 より大きければ陽子は電極 c に衝突し，小さければ衝突しない。その値 E_1 を，V，l，h を用いて表せ。

Ⅲ 陽子のかわりにアルファ粒子（電荷 $2q$，質量 $4m$）を用いて同じ V，E の値で実験を行ったところ，偏向部を出る瞬間の z 座標（変位）は z_2 であった。z_2 を，z_1 を用いて表せ。

Ⅳ E の値を E_1 に固定し，電極 c，d にはさまれた領域に $+x$ 方向に磁束密度 B （$B>0$）の一様な磁界をかけ，再び陽子を用いて実験した。

(1) B をある値 B_1 にしたところ，陽子は偏向部を直進し，偏向部を通過するのに時間 T_1 を要した。B_1 と T_1 を，v_0，E_1，l を用いてそれぞれ表せ。

(2) B をある値 B_2 （$0<B_2<B_1$）にしたところ，陽子が偏向部を出る直前の z 座標（変位）は z_3 （$z_3>0$）であった。このときの陽子の速さ v_1 を，q，m，V，E_1，z_3 を用いて表せ。

(3) B を $0<B<B_1$ の範囲内で変化させて実験を繰り返し，陽子が偏向部を通過するのに要する時間 T を測定した。このとき，B と T の関係を表すグラフはどのようになるか。図2−2の(ア)〜(オ)の中から最も適当なものを一つ選べ。

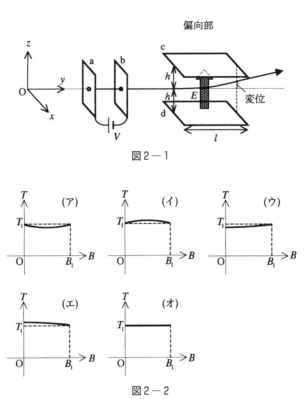

図2−1

図2−2

58 電磁界中の荷電粒子の運動

(1999 年度 第 2 問)

荷電粒子の磁界中および電界中での運動を, 図 2 − 1 の様に直交座標系を設定して考える。+z 方向を向いた磁束密度 B の一様な磁界があるものとして以下の設問に答えよ。

I ある時刻に陽子（電荷 e, 質量 m）が x 軸方向の速度成分 0, y 軸方向の速度成分 v（>0）, z 軸方向の速度成分 0 を持っていた。

(1) この陽子の受ける力の大きさを求めよ。

(2) その力は, どちらの方向を向いているか。

(3) この陽子は円運動をする。その円の半径を導け。

II ある時刻に陽子が x 軸方向の速度成分 0, y 軸方向の速度成分 v_y, z 軸方向の速度成分 v_z を持っていた。この陽子はらせん運動をする。陽子がらせんを一周する間に z 軸方向に進む距離を求めよ。

磁界中での荷電粒子の運動を利用して, 陽子のエネルギー分析器を考案した。図 2 − 2 の様に $y≧0$ の領域に +z 方向を向いた磁束密度 B の一様な磁界をかける。陽子を磁界のある領域に向かって入射させるため, 入射装置を磁界のない領域（$y<0$）に設置する。陽子は x 軸方向の速度成分 0, y 軸方向の速度成分 v_y, z 軸方向の速度成分 0 を持って原点 O を通過する。$y=0$ の平面（$x−z$ 平面）上に置いた検出器により陽子の位置を測定する。

III 陽子が運動エネルギー $W\left(=\dfrac{1}{2}mv_y{}^2\right)$ を持って入射した。陽子が検出される位置の x 座標および z 座標を W の関数として求めよ。

IV 陽子の入射装置の中に重水素の原子核（電荷 e, 質量 $2m$）が混ざっていた。以後, 陽子を p, 重水素の原子核を d と表す。d も p と同様に y 軸方向のみの速度成分を持って原点 O を通過するものとする。運動エネルギー W_p を持つ p が, 運動エネルギー W_d を持つ d と同じ軌跡を描くとき, W_d は W_p の何倍か。

V p と d を区別するため, $y≧0$ の領域で +z 方向に一様な電界 E をかけた。運動エネルギー W_p を持って入射された p が検出される位置の x 座標および z 座標を求

めよ。

VI　設問IVで軌跡が重なり合っていたpとdは，この電界 E をかけることによって
　分離される。dが検出される位置の x 座標および z 座標を求めよ。

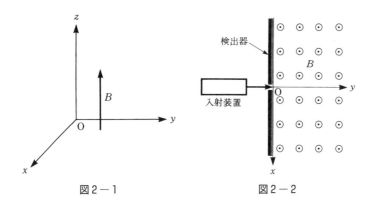

図2－1　　　　　　　　　　図2－2

3　電流と磁界・電磁誘導

59　ワット天秤

(2023 年度　第 2 問)

　　質量を精密に測定する装置について考えよう。

I　図 2—1 のように，滑らかに回転する軽い滑車に，半径 r，質量 M の円盤が，質量の無視できる糸と吊り具で水平につり下げられている。円盤の側面には導線が水平方向に N 回巻かれている。導線の巻き方向は，上から見たときに端子 J_1 を始点として時計回りである。滑車の反対側には質量 M のおもりがつり下げられている。円盤の厚さは十分に小さいものとする。

　　円盤の上下には図 2—2 のように，二つの円形の永久磁石を N 極同士が向かい合うように壁に固定する。鉛直方向下向きに z 軸をとり，二つの磁石の中間点を $z = 0$ とする。円盤は，はじめ $z = 0$ に配置されており，水平を保ちながら z 方向にのみ運動する。円盤が動く範囲では，図 2—3 のように円盤の半径方向を向いた放射状の磁場が永久磁石により作られ，導線の位置での磁束密度の大きさは一定の値 B_0 である。この磁場は円盤に巻かれた導線のみに作用するものとする。

　　この装置は真空中に置かれている。重力加速度は g，真空中の光速は c とする。円盤が動く速さは c よりも十分に小さい。糸の伸縮はない。導線の質量，太さ，抵抗，自己インダクタンスは無視する。また，円盤に巻かれていない部分の導線は，円盤の運動に影響しない。以下の設問に答えよ。

⑴　おもりを鉛直方向に動かすことで，円盤を z 軸正の向きに一定の速さ v_0 で動かした。端子 J_1 を基準とした端子 J_2 の電位 V_1 を，v_0, r, N, B_0 を用いて表せ。

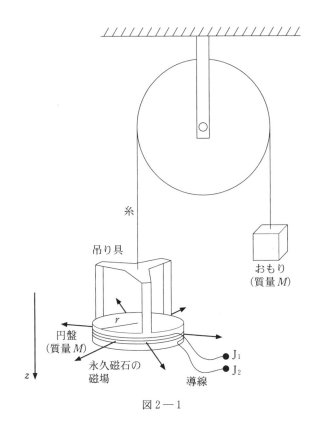

図2—1

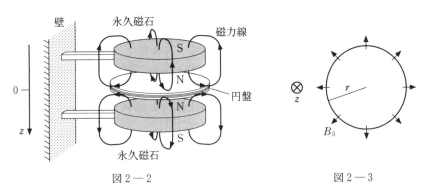

図2—2

図2—3

　図2－4のように，円盤の位置を精密に測定し電気信号に変換するため，この装置にはレーザー干渉計が組み込まれている。レーザー光源を出た周波数 f の光は，ハーフミラーで一部が反射し，一部は透過する。ハーフミラーで反射した光は円盤に取り付けた鏡 M_1 で反射し，ハーフミラーを透過した光は壁に固定された鏡 M_2 で反射する。M_1，M_2 で反射した光は，ハーフミラーで重ね合わされ光検出器に向かう。光の経路は真空中にある。このとき，円盤の位置 z が変化すると，検出される光の強さが干渉により変化する。光検出器からは，検出した光の強さに比例した電圧 $V(z)$ が出力される。この電圧は，V_L と k を正の定数として $V(z) = V_L + V_L \sin(kz)$ と表すことができる。鏡 M_1 の質量は無視できる。

(2)　f と c を用いて k を表せ。

　図2－4の回路に含まれる可変電源は，光検出器の出力電圧を入力すると，正の増幅率を A として $V_A = A\{V(z) - V_L\}$ なる電圧を出力する。抵抗値 R の抵抗に生じる電圧降下を，内部抵抗の十分大きな電圧計によって測定する。

　いま，円盤の位置を $z = 0$ に戻し，静止させた。スイッチを閉じると円盤は静止を続けた。次に，円盤の上に質量 m の物体を静かに置くと，物体と円盤は一体となって鉛直下向きに運動を始めた。

(3)　円盤をつり下げている糸の張力を T，物体の速度を v とする。一体となって運動する物体と円盤にはたらく力の合力を，k, m, M, T, A, r, N, g, B_0, R, V_L, v, z のうち必要なものを用いて表せ。

　A が十分大きい値であったため，物体と円盤は一体のまま非常に小さな振幅で上下に運動し，時間とともにその振幅は減衰した。時間が経過してほぼ静止したと見なせるときの円盤の位置を z_1，電圧計の測定値の絶対値を V_2 とする。

(4)　z_1 と V_2 を k, m, A, r, N, g, B_0, R, V_L のうち必要なものを用いて表せ。ただし，z_1 が十分に小さいため，近似式 $\sin(kz_1) \fallingdotseq kz_1$ を用いてもよい。

(5) 設問Ⅰ(1)の結果とあわせて，物体の質量 m を V_1, V_2, R, g, v_0 を用いて
表せ。

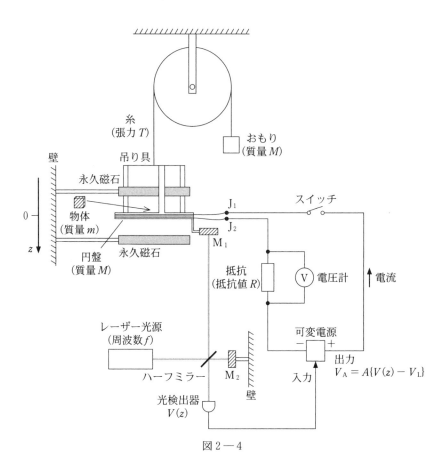

図2—4

Ⅱ　質量 m の測定に用いた抵抗の抵抗値 R を精密に決めることを考えよう。

金属や半導体に電流を流し，その電流の向きと垂直に磁場をかけると，ホール
効果によって電流と磁場に垂直な方向に電位差が生じる。このような電子部品を
ホール素子と呼ぶ。ホール効果のうち，量子ホール効果という特殊な場合には，
生じた電位差と電流の比 R_H の値は厳密に決まっており，抵抗値の基準となる。

R_H を基準として未知の抵抗値 R を測定するため，図2—5に示す回路を用い

る。ホール素子には，紙面に垂直で裏から表に向かう磁場がかけられており，P_1 から P_2 の向きに電流 I_1 を流すと，P_3 を基準とした P_4 の電位は $R_H I_1$ となる。P_5 を基準とした P_4 の電位 V を内部抵抗の十分大きな電圧計で測定し，正の大きな増幅率 A をもつ可変電源に入力する。可変電源は電圧 $V_A = AV$ を出力し，抵抗値 R' の抵抗に接続されている。ホール素子は，P_1 と P_2 の間に有限の抵抗値をもつ。

　ソレノイド 1，2，3 は比透磁率 1 の一つの円筒に巻かれており，単位長さあたりの巻数はそれぞれ n_1，n_2，n_3 である。ソレノイド 2 と 3 は同じ向きに，ソレノイド 1 はそれらとは逆向きに巻かれている。電源 1，電源 2，可変電源から流れる電流をそれぞれ I_1，I_2，I_3 とし，それぞれがソレノイド 1，2，3 に流れている。I_1 と I_3 は電源に内蔵された電流計で測定している。ソレノイドの導線の抵抗は無視できる。以下の設問に答えよ。

(1) P_5 を基準とした P_4 の電位 V とソレノイド内部の磁場 H の大きさを，n_1，n_2，n_3，I_1，I_2，I_3，R，R_H のうち必要なものを用いてそれぞれ表せ。

(2) 以下の記述について，　ア　と　イ　にあてはまる式を，n_1，n_2，n_3，I_1，I_3，R，R' のうち必要なものを用いて表せ。

　磁気センサーでソレノイド内部の磁場 H を測定し，$H = 0$ となるように電源 1 の電圧により I_1 を調整した。このとき，$\dfrac{R_H}{R} = \boxed{\text{ア}} + \dfrac{1}{A} \times \boxed{\text{イ}}$ と表すことができる。増幅率 A が大きいので，近似式 $R \fallingdotseq R_H \times \left(\boxed{\text{ア}} \right)^{-1}$ が得られる。

　ソレノイドの巻数をうまく選ぶことで，電流の測定誤差に比べて抵抗値 R の測定誤差を相対的に小さくすることができる。量子ホール効果での R_H は，物理定数であるプランク定数 h，電気素量 e と自然数 p を用いて $R_H = \dfrac{h}{pe^2}$ と表せる。ここでは，$p = 2$，$R_H = 12.9\,\text{k}\Omega$ の素子を用いる。いま，測定したい抵抗値 R は $100\,\Omega$ 程度であることが測定前にわかっている。測定誤差を小さくするために，$\dfrac{n_2}{n_1}$ が $\dfrac{R}{R_H}$ と近い値となり，$\dfrac{n_3}{n_1}$ が小さくなるように巻数の比を選び，$n_1 : n_2 : n_3 = 1290 : 10 : 129$ とした。

(3)　電流 I_1 と I_3 の測定値と真の値，および抵抗値 R の真の値を表2—1に示す。電流の相対誤差は10％程度である。I_1，I_3 の測定値と設問II(2)で得た近似式から，抵抗値 R の測定値を有効数字3桁で求めよ。また，この抵抗測定の相対誤差は何％か，有効数字1桁で答えよ。

表2—1

	I_1	I_3	R
測定値	540 μA	400 μA	
真の値	600 μA	350 μA	106 Ω

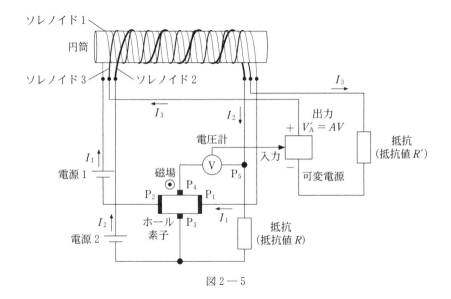

図2—5

60 磁場中を運動するコイルに生じる誘導起電力

(2022 年度 第 2 問)

図 2 ― 1 のように，水平な xy 平面上に原点 O を中心とした長円形のレールがあり，斜線で示された $-\dfrac{d}{2} < x < \dfrac{d}{2}$，$y < 0$ の領域には鉛直上向き方向に磁束密度の大きさが B の一様な磁場が加えられている。レール上に木製の台車があり，コイルを含む回路が台車に固定されている。コイルは xy 平面に平行な正方形で，一辺の長さは L，ただし，$L > d$ とする。コイルの四つの辺は台車の進行方向に対して平行または垂直である。上から見たとき台車とコイルの中心は一致しており，回路を含む台車の質量は m である。レールの直線部 $P_0 P_2$ は台車の大きさに比べて十分長いものとし，区間 $P_0 P_2$ 上の $x = 0$ の点を P_1 とする。

台車が点 P_0 を速さ v_0 で x 軸正の方向（図の右方向）に出発し，その後，台車の中心が最初に P_1，P_2 を通過した瞬間の速さをそれぞれ v_1，v_2 とする。v_0 に比べて速さの変化 $|v_1 - v_0|$ と $|v_2 - v_1|$ は十分に小さい。また，$v_a = \dfrac{v_0 + v_1}{2}$ とする。コイルの右辺が磁場に進入する瞬間と磁場から出る瞬間の台車の中心位置をそれぞれ Q_1，Q_2 とする。同様に，左辺が磁場に進入する瞬間と出る瞬間の台車の中心位置をそれぞれ Q_3，Q_4 とする。台車に働く摩擦力や空気抵抗，コイル自身の電気抵抗は無視できる。

I 図 2 ― 2 のように，回路が正方形の一巻きコイルと抵抗値 R の抵抗からなる場合に，台車が最初に区間 $P_0 P_2$ を走る時の運動を考える。

(1) 台車の中心が Q_1 から Q_2 へ移動する運動について，以下の ┌ ア ┐ と ┌ イ ┐ に入る式を v_a, L, d, B, m, R のうち必要なものを用いて表せ。磁束の符号は鉛直上向きを正とする。

速さに比べて速さの変化が十分に小さいため，台車が $Q_1 Q_2$ 間を移動するのにかかる時間は $\Delta t = \dfrac{d}{v_a}$ と近似できる。移動の前後でのコイルを通る磁束の変化量 $\Delta \Phi$ は ┌ ア ┐ であり，この間の誘導起電力の平均値は $\overline{E} = -\dfrac{\Delta \Phi}{\Delta t}$ と書くことができる。移動中に誘導起電力が $\overline{E}$ で一定であると近似すると，この間に抵抗で発生するジュール熱の総和は ┌ イ ┐ と書ける。

(2)　v_1 を v_0, L, d, B, m, R のうち必要なものを用いて表せ。

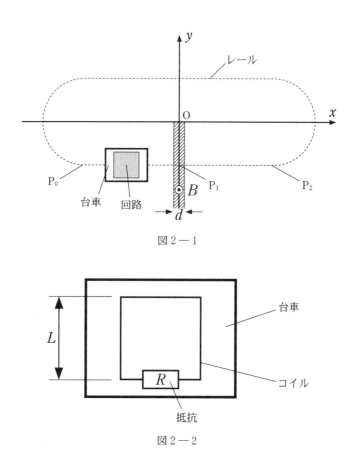

図2−1

図2−2

Ⅱ　正方形の一巻きコイルに，抵抗値 R の抵抗，起電力 V で内部抵抗の無視でき
る電池，理想的なダイオードが接続された回路を台車に載せて走らせる。理想的
なダイオードとは，順方向には抵抗なしに電流を通し，逆方向には電流を流さな
い素子である。図2−3は，区間 P_0P_2 を走る台車を上から見たものである。P_0
を出発した台車は磁場を通過することにより減速した。

　　台車が最初に区間 P_0P_2 を走る時の運動について，v_a, L, d, B, m, R, V の
うち必要なものを用いて設問(1)〜(3)に答えよ。ただし，設問Ⅰと同様の近似を用
いることができるものとする。

⑴ 台車の中心が Q_1 から Q_2 へ移動する間にコイルに流れる電流の大きさを求めよ。

⑵ この電流によりコイルが磁場から受けるローレンツ力を求めよ。力の符号は，x 軸正の向きを正とする。

⑶ 同様に，台車の中心が Q_3 から Q_4 へ移動する間のローレンツ力を求めよ。

台車はレール上を繰り返し回りながら徐々に速度を下げ，やがて一定の速さ v_∞ で運動するようになった。設問⑷，⑸に答えよ。

⑷ n 回目に P_2 を通り抜けた時の台車の運動エネルギー K_n を n の関数としてグラフに描いた場合，図 2—4 の①〜④のうちどの形が最も適切か答えよ。

⑸ 速さ v_∞ を v_0，L，d，B，m，R，V のうち必要なものを用いて表せ。

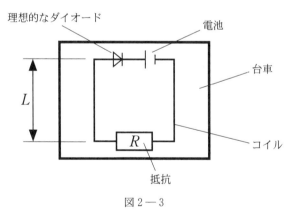

図 2—3

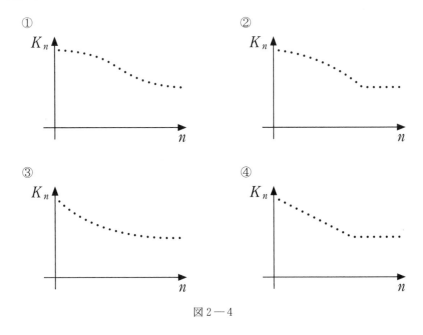

図2—4

Ⅲ　2本の正方形一巻きコイルと接続パネルからなる回路を台車に載せて走らせ
る。図2—5は区間P_0P_2を走る台車を上から見たものである。2本のコイルの
両端は接続パネルの端子A，B，C，Dに接続されている。接続パネルは
図2—6に示すような抵抗と理想的なダイオードからなる回路である。設問Ⅰと
同様の近似を用いることができるものとし，台車が最初に区間P_0P_2を走る時の
運動について，以下の設問に答えよ。2本のコイルは上から見たときに完全に重
なっているとみなすことができ，接続パネル以外の部分では互いに絶縁されてい
る。また，接続パネルの大きさは無視できるものとする。

(1)　端子Dの電位をゼロとする。台車の中心がQ_1Q_2間を移動する間の端子
　　A，Bの電位をそれぞれ求め，v_a，L，d，B，mのうち必要なものを用いて表
　　せ。

(2)　抵抗R_1とR_2の抵抗値R_1，R_2は$R_1 + R_2 = 6R$を満たしながら$0 < R_1 <$
　　$6R$の範囲で値を調節することができる。区間P_0P_2を通り過ぎた後の台車の

速さの変化 $|v_2 - v_0|$ を v_0, L, d, B, m, R_1, R_2 のうち必要なものを用いて表せ。また，$|v_2 - v_0|$ が最小となるような R_1 を求め，R を用いて表せ。

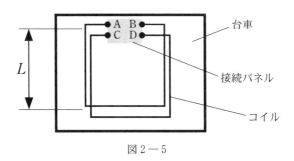

図 2 — 5

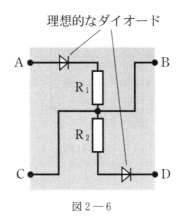

図 2 — 6

61 平行レール上を運動する導体棒による電磁誘導

(2020年度　第2問)

I　図2−1のように，水平面上に置かれた2本の長い導体のレール上に，質量 m の導体棒が垂直に渡してある。磁束密度の大きさ B の一様な磁場が全空間で鉛直方向（紙面に垂直方向）にかけられている。導体棒とレールの接点をX，Yと呼ぶ。また，導体棒はレール方向にのみ動けるものとし，摩擦や空気抵抗，導体棒の両端に発生する誘導電荷，および回路を流れる電流が作る磁場の影響は無視できるものとする。

　図2−1のように，間隔 d の平行なレールの端に電池（起電力 V_0），抵抗（抵抗値 R），スイッチを取り付け，導体棒を静止させる。スイッチを閉じた後の様子について，以下の設問(1)〜(5)に答えよ。

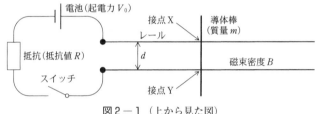

図2−1 （上から見た図）

(1)　以下の文中の ア 〜 オ の空欄を埋めよ。ただし ア ， エ ， オ には式を記入し， イ ， ウ にはそのあとの括弧内から適切な語句を選択せよ。

　スイッチを閉じると，回路に電流が流れ，導体棒は右向きに動きはじめた。ある瞬間の電流を I とすると，導体棒には大きさ ア の力が働き加速されるからである。このことから磁場の向きは，鉛直 イ （上，下）向きであることがわかる。導体棒が動くと，接点X，Y間には ウ （X，Y）側を正とする誘導起電力 V が発生し，導体棒を流れる電流は小さくなる。電池の起電力 V_0 と誘導起電力 V の間に エ の関係が成り立つと，電流は流れなくなり，導体棒の速さは一定になる。この一定の速さを以下では「到達速さ」と表記する。この場合の到達速さは オ で与えられる。

(2)　導体棒に電流 I が流れているとき，微小時間 Δt の間に，導体棒の速さや接点X，Y間の起電力はどれだけ変化するか。速さの変化量 Δs，起電力の変化量 ΔV を，B, d, I, m, R, Δt, V_0 のうち必要なものを使ってそれぞれ求めよ。

(3)　スイッチを閉じてから導体棒が到達速さにいたるまでの間に，導体棒を流れる

電気量を，B，d，m，R，V_0のうち必要なものを使って求めよ。

(4)　設問(2)，(3)より，導体棒に流れる電流や電気量と接点X，Y間に発生する起電力との関係が，コンデンサーを充電する際の電流や電気量と電圧の関係と類似していることがわかる。スイッチを閉じてから導体棒が到達速さにいたるまでの間に，接点X，Y間の起電力に逆らって電荷を運ぶのに要する仕事はいくらか。設問(1)で求めた到達速さをs_0として，B，d，m，R，s_0のうち必要なものを使って求めよ。

(5)　設問(3)で求めた電気量をQとすると，スイッチを閉じてから導体棒が到達速さにいたるまでに電池がした仕事はQV_0で与えられる。この電池がした仕事は，どのようなエネルギーに変わったか，その種類と量をすべて答えよ。

Ⅱ　設問Ⅰの設定のもとで，導体棒が間隔dの平行なレール上を到達速さで右に移動している状態から，図2－2のように，導体棒は間隔$2d$の平行なレール上に移動した。以下の文中の　カ　～　ケ　の空欄を埋めよ。

　この間スイッチは閉じたままであった場合を考える。このとき，間隔$2d$のレール上での到達速さは，間隔dのレール上での到達速さに比べ，　カ　倍になる。また，それぞれの到達速さで移動しているときの接点X，Y間の起電力は，レール間隔が2倍になるのにともない，　キ　倍になる。

　次に，導体棒が間隔dのレール上を到達速さで移動しているときにスイッチを切り，その後スイッチを切ったままの状態で，導体棒が間隔$2d$のレール上に移動した場合を考える。このときは，レール間隔が2倍になるのにともない，速さは　ク　倍になり，接点X，Y間の起電力は　ケ　倍になる。

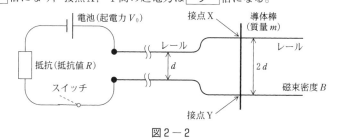

図2－2

Ⅲ 図2-3に示すように, 間隔 d の平行なレールと間隔 $2d$ の平行なレールを導線でつなぎ, 設問Ⅰと同様に, 電池, 抵抗, スイッチを取り付けた。磁場も設問Ⅰと同じとする。スイッチを切った状態で, 図2-3のように質量 m の2つの導体棒1, 2をそれぞれ間隔 d, 間隔 $2d$ のレール上に垂直に置き静止させたのち, スイッチを閉じたところ, 導体棒1, 2はともに右向きに動き始めた。十分に時間が経ったのち, 導体棒の速さは一定と見なせるようになった。このときの導体棒1, 2の速さを B, d, m, R, V_0 のうち必要なものを使ってそれぞれ求めよ。

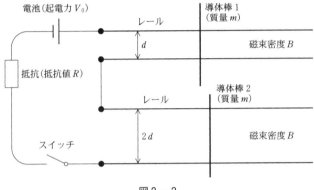

図2-3

62　誘導起電力，電流が磁場から受ける力，単振り子

（2017年度　第2問）

　図2のように，長さ L，質量 M の導体棒を，長さ l の導線2本で吊り下げたブランコを考える。ブランコの支持点は摩擦なく自由に回転できるような，なめらかな軸受になっている。導線には，抵抗値 R の抵抗がつながれており，さらに電源なし，直流電源，交流電源をスイッチで切り替えられるようになっている。このブランコの導体棒は鉛直上向きの一様磁場（磁束密度 B）中を運動するものとする。鉛直下向きからのブランコの振れ角を θ，重力加速度の大きさを g として以下の設問に答えよ。ただし，導体棒や導線は変形しないものとし，それらの抵抗や太さは無視できるものとする。また，導線の質量，電源の内部抵抗も無視できるものとする。導体棒以外の導線や電気回路は一様磁場の外にあり影響を受けない。自己インダクタンス，大気による摩擦は無視できるものとする。ブランコの振動周期に対する抵抗の効果は考慮しなくて良い。

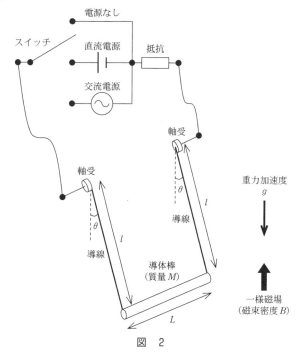

図　2

Ⅰ　まず，スイッチを電源なしの位置につなぐ。ブランコを $\theta = \alpha$ の位置まで持ち上げてそっと離したところ，ブランコは長い時間振動しながら次第に振幅を小さくしていき，十分に時間が経った後には $\theta = 0$ の位置でほぼ静止した。ただし α は正の微小値である。

(1)　ある瞬間に，ブランコは $\theta = 0$ の位置を速さ v で通過した。このとき，導体棒に流れている電流の大きさ I_1 を求めよ。

(2)　ブランコの振動振幅がだんだん小さくなっていくのは，導体棒の力学的エネルギーが抵抗のジュール熱として消費されていくからだと考えることができる。最終的にブランコが静止するまでの間に，抵抗で発生したジュール熱の合計値 Q を求めよ。

(3)　もし抵抗値を $2R$ に変更したとすると，変更前に比べて振動の振幅が半分になるまでにかかる時間はどうなるか。以下のア～ウから適当なものを一つ選んで答えよ。

　　ア．長くなる　　　　イ．変わらない　　　　ウ．短くなる

Ⅱ　次に，スイッチを直流電源に切り替え，一定電圧を加えたところ，ブランコを $\theta = \dfrac{\pi}{4}$ の位置で静止させることができた。

(1)　このときに導体棒に流れている電流の大きさ I_2 を求めよ。

(2)　さらにその状態からブランコを $\theta = \dfrac{\pi}{4} + \delta$ の位置まで持ち上げてそっと離したところ，ブランコは振動を始めた。短時間ではこの運動は単振動とみなしてよい。その周期 P を求めよ。ただし，δ は正の微小値である。

(3)　その後，長時間観察すると，このブランコの振動はどのようになるか。以下のア～クのグラフから最も適当なものを一つ選んで答えよ。

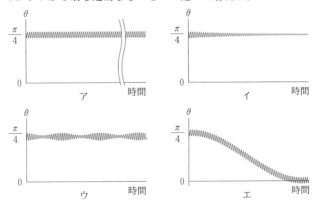

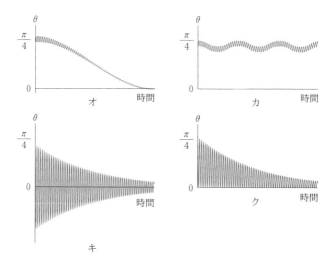

Ⅲ 最後に，ブランコを $\theta = 0$ の位置に戻し，スイッチを交流電源に切り替えた。電源の周期を設問Ⅰの場合のブランコ振動の周期（T とする）と同じにした時，ブランコは揺れはじめ，やがて一定振幅（最大振れ角）β で単振動を続けるようになった。このときの θ は，時間 t を用いて $\theta = \beta \sin\left(\dfrac{2\pi t}{T}\right)$ と書くことができる。ただし β は正の微小値である。

(1) ブランコが一定振幅で単振動をしているときの誘導起電力 V を求めよ。ただし，解答に際して起電力の向きは問わない。また，$\sin\theta$ は θ と近似して良い。

(2) 交流電源の電圧の振幅 A を求めよ。ただし，ブランコの運動に起因する電磁誘導の効果と，交流電源が接続されていることによる効果がちょうど打ち消し合っていると考えれば良い。

(3) 交流電源を設問Ⅲ(2)と同じにした状態で，抵抗値を $2R$ に変更した。十分に時間が経った後のブランコの最大振れ角の大きさ β' を β を用いて表せ。

63 N本の導体棒が磁場中のレール上を運動する回路

(2015年度　第2問)

　図2のように，2本の十分に長い導体のレールP，Qが，水平面とθの角度をなして互いに平行に設置されている。レールの太さと抵抗は無視できるとする。レール間の距離はLである。これらのレール上には，長さL，質量m，抵抗Rの十分に細いN本の棒1，2，3，…，Nが下から順にレールに対して垂直に置かれている。それらはレールに対して垂直のまま，レールに沿って摩擦なく滑る。磁束密度B（B＞0）の一様な磁場が鉛直上向きにかけられている。はじめ，すべての棒は固定されている。以下では，空気抵抗，および棒とレールを流れる電流により発生する磁場の影響は無視する。重力加速度の大きさをgとする。以下の設問に答えよ。

Ⅰ　棒1の固定をはずしたところ，棒1はレールに沿って下に動き始め，しばらくして一定の速さuになった。

(1)　レールPからQに向かって棒1を流れる電流Iをuを用いて表せ。

(2)　uを求めよ。

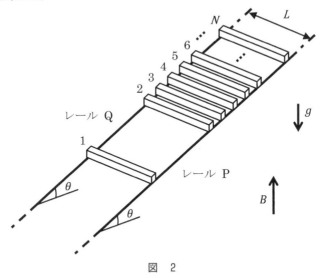

図　2

Ⅱ 次に，棒1が他の棒から十分離れた状態で，棒1をレールに沿って上方向に一定の速さ w で動かし続けた。このとき，棒2から棒 N の固定をすべてはずしたところ，それらは動かなかった。w を求めよ。

Ⅲ すべての棒を固定した状態から始めて，棒 N 以外の固定を下から順番にはずしていった。しばらくして，棒 N 以外の速さはすべて u' となった。u' を求めよ。

Ⅳ 設問Ⅲの状況で，さらに棒 N の固定もはずした。n 番目の棒（$1 \leqq n \leqq N$）のレールに沿った速度を v_n，加速度を a_n とする。ただし，速度と加速度はレールに沿って滑り降りる向きを正とする。

(1) $a_1 + a_2 + a_3 + \cdots + a_N$ を求めよ。

(2) 1 から $N-1$ までの整数 n に対して，$a_{n+1} - a_n = -k(v_{n+1} - v_n)$
が成り立つ。定数 k を求めよ。

(3) 棒 N の固定をはずしてからの経過時間 t に対して，v_1 と v_N はどのように変化するか。以下の説明とグラフの中から最も適当なものを選べ。なお，一般に加速度 a および速度 v をもつ物体の運動が $a = -Kv$（K は正の定数）を満たす場合，v は時間の経過とともに 0 に近づく。

ア. v_1とv_Nは最終的に
はともに増加し, そ
の差は小さくなる。

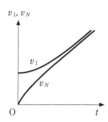

イ. v_1とv_Nは一定の差
を保ったまま, とも
に増加する。

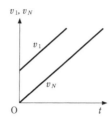

ウ. v_1とv_Nはともに増
加し, 共通の定数に
近づく。

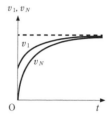

エ. v_1とv_Nは最終的に
はともに減少し, 0
に近づく。

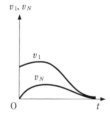

オ. v_1とv_Nはともに増
加し, 異なる定数に
近づく。

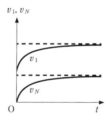

(4) 棒 1 と棒 N の間の距離は時間が経つにつれてどのように変化するか。以下の
中から最も適当なものを選べ。

　　ア. 大きくなる　　　　イ. 一定値に近づく　　　ウ. 小さくなる

64 磁場中に進入する閉回路に生じる誘導起電力

(2012 年度 第2問)

図2−1のように，xy 平面上に置かれた縦横の長さがともに $2a$ の回路を一定の速さ v で x 軸正方向に動かす。回路の左下の点Pと右下の点Qは常に x 軸上にあり，点Qの座標を $(X, 0)$ とする。磁束密度 B の一様な磁場が，$y<x$ の領域にのみ紙面に垂直にかけられている。導線の太さ，抵抗およびコンデンサーの素子の大きさ，導線の抵抗および回路を流れる電流が作る磁場の影響は無視できるものとして，以下の設問に答えよ。

I　まず，図2−1に示した抵抗値 R の抵抗と導線からなる正方形の回路を用いる。
(1)　$0<X<2a$ のときに回路を流れる電流の大きさを求めよ。
(2)　$0<X<2a$ のときに回路が磁場から受ける力の x 成分を求めよ。
(3)　$2a<X<4a$ のときに回路が磁場から受ける力の x 成分を求めよ。

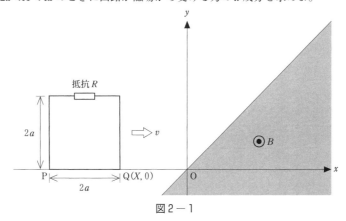

図2−1

II　次に，設問 I で用いた回路を複数の抵抗を含む回路に取り替える。
(1)　図2−2に示した抵抗値 R の抵抗を2つ含む回路を用いた場合に対して，$a<X<2a$ のときにPQ間の導線を流れる電流の大きさを求めよ。
(2)　図2−3に示した抵抗値 R の抵抗を3つ含む回路を用いた場合に対して，$a<X<2a$ のときにPQ間の抵抗を流れる電流の大きさを求めよ。

Ⅲ 最後に，図2－4に示した電気容量 C のコンデンサーと導線からなる回路を用いる。

(1) $0<X<2a$ のときに導線を流れる電流の大きさを求めよ。

(2) $2a<X<4a$ のときに回路が磁場から受ける力の x 成分を求めよ。

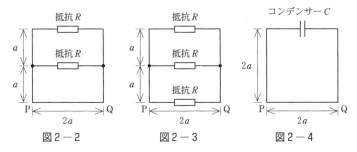

図2－2   図2－3   図2－4

65 磁場中を運動する導体棒を含む抵抗回路

(2010年度 第2問)

　図2のように，水平面上に2本の導体レールを間隔lで平行に置き，磁束密度の大きさがBである一様な磁場を鉛直下向きに加えた。導体レールの上には，長さl，抵抗値Rの棒を導体レールと直角をなすように乗せた。導体レールには，図に示したように，4つの抵抗1，2，3，4と，起電力Vの電池，スイッチをつないだ。抵抗1，2，3の抵抗値はRであり，抵抗4の抵抗値は$3R$である。自己誘導，導体レールと導線の抵抗，電池の内部抵抗は無視できる。

Ⅰ　棒が導体レールに固定されているとき，以下の問いに答えよ。
　(1)　最初，スイッチは開いている。このとき，棒に流れる電流の大きさI_1を求めよ。
　(2)　次にスイッチを閉じた。このとき，棒に流れる電流の大きさI_2を求めよ。
　(3)　(2)のとき，棒に流れる電流が磁場から受ける力の大きさを求めよ。また，その向きは図中(イ)，(ロ)のどちらか。

Ⅱ　次にスイッチを閉じたまま，導体レールの上を棒が自由に動けるようにしたところ，棒は導体レールの上を動き始めた。以下の問いに答えよ。ただし，導体レールは十分に長く，棒はレールから外れたり落ちたりすることはない。また，棒が受ける空気抵抗，導体レールと棒の間の摩擦は無視できる。
　(1)　棒の速さがv_1になったとき，抵抗3に流れる電流が0になった。v_1を求めよ。
　(2)　十分に時間がたつと，棒は速さv_2で等速運動をしていた。v_2を求めよ。

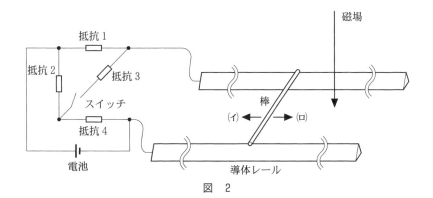

図　2

66 一様な水平磁場を落下するコイル

（2009年度　第2問）

　図2のように，紙面内の上から下向き（x軸の正の向き）に重力（重力加速度の大きさg）がはたらき，紙面に垂直に裏から表の向きに一様な磁場（磁束密度の大きさB）が，EFとGHの間の領域だけに加えられている。EFとGHは水平である。抵抗R，質量mの一様な導線を一巻きにして作った高さa，幅bの長方形のコイルABCDを，磁場のある領域の上方から落下させる。その際，ABCDは紙面内にあり，BCがx軸と平行となるように，常に姿勢を保つようにした。EFとGHの距離はコイルの高さaに等しい。導線の太さはaやbに比べ十分小さく，EFはbに比べ十分長いものとする。また，自己誘導や空気抵抗は無視し，地面との衝突は考えないものとする。

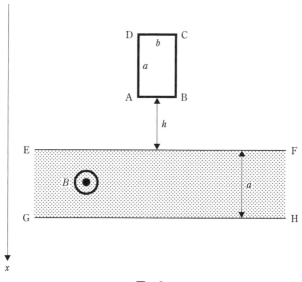

図　2

I　時刻$t=0$に，ABとEFの距離がhとなる位置から初速度0でコイルを落下させた。
(1)　ABがEFに到達する時刻t_1と，その時のコイルの速さv_1をhを用いて表せ。
(2)　ABがGHに到達する時刻をt_2とする。ある時刻t（$t_1<t<t_2$）に，コイルが速さvで落下しているとする。このとき，コイルにはたらく合力（x軸の正の向きを正とする）をvを用いて表せ。

(3) AB が EF に到達する時のコイルの速さ v_1 の値によって，時刻 t_1 から t_2 の間にコイルが加速する場合と減速する場合がある。それぞれの場合における，v_1 の条件を記せ。

Ⅱ 時刻 t_1 から t_2 の間コイルが等速度で落下するように，時刻 $t=0$ におけるコイルの位置をうまく調整してから，初速度 0 で落下させた。

(1) この場合の，時刻 $t=0$ における AB と EF の距離と時間 t_2-t_1 を求めよ。

(2) 時刻 t_1 から t_2 の間に，コイルで消費される電力 P と熱として発生するエネルギー W を求めよ。

(3) DC が GH に到達する時刻を t_3 とする。時間 t_3-t_2 を求めよ。また，落下開始から，磁場のある領域を十分離脱するまでの，コイルの速さの時間変化を表すグラフを描け。グラフには，$t=t_1$, t_2, t_3（具体的な式は不要）と，それらの時刻における速さの式を記せ。

67 導体の円筒中を落下する磁石の運動

(2007 年度　第2問)

図2－1(a)のように，導体でできた中空の円筒を鉛直に立て，その中に円柱形の磁石をN極が常に上になるようにしてそっと落したら，やがてある一定の速さで落下した。これは，磁石が円筒中を通過するとき，電磁誘導によりその周りの導体に電流が流れるためである。磁石の落下速度がどのように決まるかを理解するために，導体の円筒を，図2－1(b)のように，等間隔で積み上げられたたくさんの閉じた導体リングで置き換えて考えてみる。以下の問に答えよ。

I　まず，図2－2のように，1つのリングだけが水平に固定されておかれており，そのリングの中心を磁石が一定の速さ v で下向きに通り抜ける場合を考える。z 座標を，リングの中心を原点として，鉛直上向きが正になるようにとる。磁石は z 軸に沿って，z 軸の負の向きに運動することに注意せよ。

(1)　磁石がリングに近づくときと遠ざかるとき，それぞれにおいて，リングに流れる電流の向きと，その誘導電流が磁石に及ぼす力の向きを答えよ。電流の向きは上向きに進む右ねじが回転する向きを正とし，正負によって表せ。

(2)　磁石の中心の座標が z にあるとき，$z=0$ に置かれたリングを貫く磁束 $\Phi(z)$ を，図2－3のように台形関数で近似する。すなわち磁束は，区間 $-b \leqq z \leqq -a$ で0から最大値 Φ_0 に一定の割合で増加し，区間 $a \leqq z \leqq b$ で最大値 Φ_0 から再び0に一定の割合で減少するとする。ここで磁束の正の向きを上向きにとった。磁石が通過する前後に，このリングに一時的に誘導起電力が現れる。その大きさを Φ_0, v, a, b を用いて表せ。

(3)　リング一周の抵抗を R としたとき，誘導起電力によって流れる電流の時間変化 $I(t)$ のグラフを描け。リングに電流が流れ始める時刻を時間 t の原点にとり，電流の正負と大きさ，電流が変化する時刻も明記せよ。ただし，リングの自己インダクタンスは無視してよい。

II　次に，図2－1(b)のように，鉛直方向に問Iで考えたリングを密に積み上げ，その中を問Iと同じ磁石が落下する場合を考える。鉛直方向の単位長さあたりのリングの数を n とする。

(1)　リングに電流が流れるとジュール熱が発生する。磁石が速さ v で落下するとき，積み上げられたリング全体から単位時間当たりに発生するジュール熱を求めよ。

(2)　磁石の質量を M，重力加速度を g としたとき，エネルギーの保存則を用いる

と磁石が一定の速さで落下することがわかる。その速さ v を求めよ。ただし，このとき空気の抵抗は無視できるものとする。

Ⅲ　図2－1(a)で，磁石のN極とS極を逆にして実験を行うと，磁石はどのような運動を行うか。その理由も示せ。

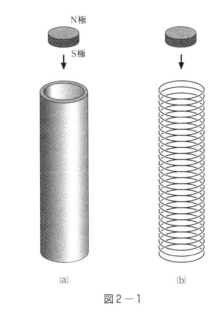

(a)　　　　　　　(b)

図2－1

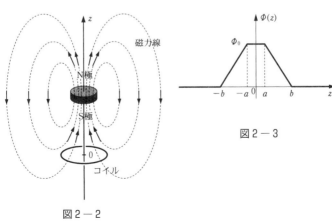

図2－2

図2－3

68 単極モーター

(2005年度 第2問)

　図2－1のように，ボタン型磁石と薄いアルミニウム円板を貼りあわせたものを，磁石の磁力を使って鉄釘を介して乾電池の鉄製負電極につるす。乾電池の正極からリード線をのばし，抵抗を介してリード線の他端Pをアルミニウム円板の円周上の点に触れさせると，アルミニウム円板とボタン型磁石は回転を始めた。その後，リード線とアルミニウム円板がすべりながら接触するようにリード線を保持すると，円板と磁石は回転し続けた。ボタン型磁石は，図2－1のように上面がN極，下面がS極で，電気を通さない。アルミニウム円板の半径を a〔m〕，乾電池の起電力を V〔V〕，抵抗の抵抗値を R〔Ω〕，アルミニウム円板を貫く磁束密度 B〔T〕は円板面内で一様として，以下の問に答えよ。ただし，リード線とアルミニウム円板の間の摩擦，鉄釘と電池の間の摩擦は無視してよい。また，アルミニウム円板と鉄釘の間の摩擦は十分大きく，これらは一体になって回転するものとする。

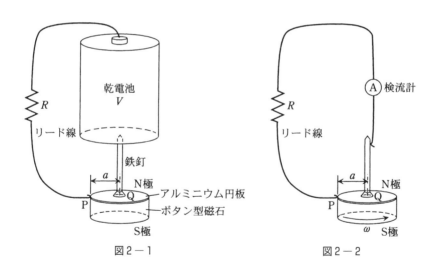

図2－1　　　　　　　図2－2

Ⅰ　アルミニウム円板とボタン型磁石が回転する方向を，理由を付して答えよ。略図を使ってもよい。ただし，アルミニウム円板を流れる電流は，鉄釘との接合点Qと点Pの間を直線的に流れると考えてよい。

Ⅱ　図2－2のように，乾電池のかわりに検流計を置く。アルミニウム円板とボタン型磁石を図2－2の矢印方向に力を加えて回転させると，検流計に電流が流れた。

電流の流れる方向を理由を付して答えよ。

Ⅲ Ⅱで生じていた起電力 E〔V〕の大きさは，ボタン型磁石の回転の角速度が ω〔rad/s〕のとき，$E = b\omega B$ と表せることを示し，係数 b を求めよ。ただし，釘は十分細いとしてよい。

Ⅳ 図2−1において，十分時間が経つとアルミニウム円板とボタン型磁石の角速度はある一定値 ω_1〔rad/s〕になる。ω_1 を V，B，b を用いて表せ。

磁界中を動く2本の導体棒を含む回路

(2003年度 第2問)

　図2のように，直方体の導体P，P′，Q，Q′が，水平なxy面上にy軸と平行に設置されている。これらの導体は十分細長く，その太さは無視できるとする。導体PとP′およびQとQ′の間には絶縁体がはさまれており，全体で間隔lの2本の平行なレールをなしている。導体P，Qの右端はそれぞれ導体Q′，P′の左端と導線で交差して結ばれている。二つの絶縁体はx軸方向の平行移動でちょうど重なりあう位置にある。

　2本のレール上には，質量が等しく，ともに抵抗Rを持つ細い棒1，2がx軸に平行に置かれている。それらはy軸方向に摩擦なしに滑ることができ，棒2の方が棒1より右にあって接触しないものとする。系全体には磁束密度Bの一様な磁界が鉛直上向きにかけられている。

　以下では棒を流れる電流をx軸正方向，棒に働く力とその速度はy軸正方向を正とする。棒と絶縁体以外の電気抵抗は無視できるとする。また，棒を流れる電流により発生する磁界の影響も無視できるとする。

I　棒1も棒2も導体P，Q上にあるとして以下の問に答えよ。
　⑴　棒1を導体P，Qに固定し，棒2だけを一定速度v_0で動かした。この時，棒2に流れる電流I_0を求めよ。
　⑵　棒1の速度がu，棒2の速度がvである時，棒1に働く力F_1，棒2に働く力F_2を求めよ。

II　棒1が導体P，Q上，棒2が導体P′，Q′上にあるとして以下の問に答えよ。
　⑴　棒1の速度がu，棒2の速度がvである時，棒2に流れる電流Iを求めよ。
　⑵　II⑴の状況で，Pの電位はP′の電位よりどれだけ高いか。

III　ある時刻において棒1，2は同じ正の速度を持ち，棒2はP，Qの右端，棒1はそれより左にあったとする。その後棒1，2は間隔を一定に保ったまま右へ進んでいった。二つの棒の間隔が絶縁体の長さより大きいとすると，次の四つの状況が順次起こる。
　⒜　棒1はP，Q上で棒2は絶縁体上
　⒝　棒1はP，Q上で棒2はP′，Q′上
　⒞　棒1は絶縁体上で棒2はP′，Q′上

(d) 棒1，棒2ともに P′，Q′ 上

それぞれの場合に，棒1の速度（棒2の速度に等しい）はどうなるか。以下の(ア)，(イ)，(ウ)のいずれかを選んで答えよ。

(ア) 加速する

(イ) 減速する

(ウ) 変わらない

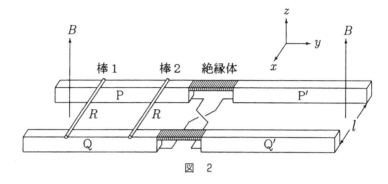

図　2

70 一様でない磁界中を落下する導線

(2001 年度 第2問)

図2−1のように，一辺の長さが L の正方形導線が，磁場中を，鉛直上向きにとった z 軸に沿って原点に向かって落下している。この磁場（磁束密度）$\vec{B}$ の x 成分と z 成分は，それぞれ，$B_x = -Cx$，$B_z = Cz$（C は正の定数）で与えられる。y 成分は 0 である。正方形の面は，xy 平面に平行で，各辺は x 軸または y 軸に平行であり，正方形の中心は z 軸上にある。導線は変形しない。導線の質量を m，電気抵抗を R とし，導線の太さは無視できるものとする。また，この実験は，真空中で行うものとする。このとき，以下の設問に答えよ。

Ⅰ 落下する導線中には，ファラデーの電磁誘導の法則に従って，誘導起電力が発生し，誘導電流が流れる。

(1) 導線が z の位置にあるとき，導線を貫く磁束 $\varPhi$ が，$\varPhi = L^2 B_z = L^2 Cz$ で与えられることに注意し，誘導電流の向きとして正しいものを，次の(a)，(b)のうちから選び，かつ，その理由を述べよ。

(a) 正方形を上から見て時計まわり

(b) 正方形を上から見て反時計まわり

(2) 導線が z の位置にあるときの落下速度の大きさを v とするとき，導線中に生じる誘導起電力の大きさ V と誘導電流の大きさ I を求めよ。

Ⅱ 電流が磁場 $\vec{B}$ から受ける力は，磁場の x 成分と z 成分（図2−2参照）のそれぞれから受ける力の和として表すことができる。以下の設問では，誘導電流のつくる磁場は無視してよい。

(1) 誘導電流と $B_x = -Cx$ によって，導線全体が受ける力 $\vec{F}$ の大きさを求めよ。

(2) 誘導電流と $B_z = Cz$ によって，導線全体が受ける力 $\vec{G}$ の大きさを求めよ。

Ⅲ 十分に大きな z の位置から落下させた導線の落下速度の大きさは，やがて，ある値 v_f で一定となる。

(1) v_f を求めよ。ただし，重力加速度の大きさを g とする。

(2) 導線の落下速度が v_f に達した状態において，導線の失う位置エネルギーは何に変わるか，簡潔に述べよ。

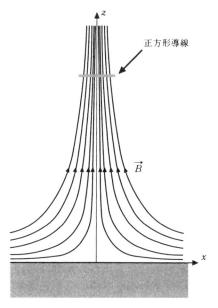

図 2 ― 1

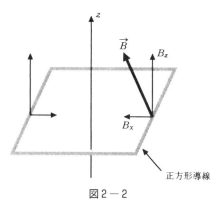

図 2 ― 2

71　光速の力学的な測定

（2000年度　第2問）

　図2のように，水平面上の，距離 a だけ離れて固定された平行な導体レールの上に，レールに垂直に，質量 m，長さ a の導体棒がのせてある。レールは抵抗と電池の＋，－端子につないであり，導体棒には矢印の方向に電流 I が流れている。導体棒には，ばね定数 k の，絶縁体でできたばねが取り付けられ，ばねの他端は固定されている。導体棒は，導体レールに平行な方向に，レールの上を摩擦なしに運動することができる。また，a よりも十分長い2本の平行導線Cが，レールと同じ水平面上に距離 $2a$ だけ離れて固定されている。ばねが自然長になったとき，導体棒は平行導線Cの真ん中にくるようになっている（平行導線Cはレールに垂直である）。スイッチによって，平行導線Cに電池と抵抗，またはコンデンサーを接続することができ，矢印の方向に電流が流れるようになっている。平行導線C以外の導線を流れる電流がつくる磁場の影響は無視できるものとして以下の設問に答えよ。地磁気の影響，導体棒とレールの太さおよび抵抗は無視できるものとする。真空の誘電率を ε_0，真空の透磁率を μ_0 とする。

I
(1)　最初，平行導線Cはスイッチによって電池と抵抗に接続されていて，導体棒と同じ大きさの電流 I が流れている。このとき，導体棒は図2の点線の位置から x だけずれて静止している。ばねは自然長から伸びているか縮んでいるかを答えよ。また，I を与えられた量と x で表せ。x は a に比べて無視できるほど小さいとしてよい。

(2)　スイッチを切って平行導線Cの電流を止めると，導体棒は振動を始めた。その周期 T を求めよ。

II　上記設問 I ─(2)の導体棒を静止させた後，以下の実験を行った。
(1)　図2のコンデンサーは，極板の面積 S，極板間の距離 d の平行板で，電荷 Q が蓄えられている。Q を一定にしたまま，極板に力 F を加えてゆっくりと微小距離 Δd だけ引き離すために仕事 $F\Delta d$ を必要とした。Q を与えられた量と F で表せ。

(2)　スイッチをコンデンサー側に入れ，コンデンサーに蓄えられた Q を平行導線Cに流すと，微小時間 Δt ですべて放電した。導体棒が受け取った力積 Δp を求めよ。I，Q をそのまま残す形で表せ。時間 Δt の間に流れる電流は，その間一定

であるとして計算せよ。

(3)　電荷 Q の放電後，静止していた導体棒は振動を始めた。その振幅 A を Δp を用いて表せ。

Ⅲ　この装置を用いた実験で，電流や電荷などの電気的な量を直接測定せず，真空中の光速度 c の値を決めることができる。設問Ⅱ—(3)で求めた A の中の Δp に含まれる I, Q を，それぞれ設問Ⅰ—(1)，設問Ⅱ—(1)の結果を用いて消去し，

$$c = \frac{f}{A}$$

の形に表したとき，係数 f は I, Q, ε_0, μ_0 を含まない。f を力学的に測定した F, x を用いて表せ。ただし，c は ε_0, μ_0 を用いて

$$c = \frac{1}{\sqrt{\varepsilon_0 \mu_0}}$$

と表せることが知られている。

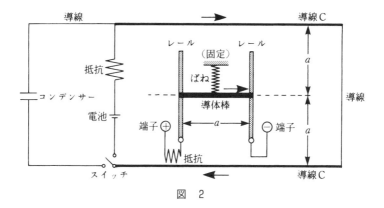

図　2

4　交流回路

72　抵抗とコンデンサーの回路，交流ブリッジ回路
(2019年度　第2問)

　図2－1左に示すように，面積 S の薄い円板状の電極2枚を距離 d だけ隔てて平行に配置し，誘電率 ε，抵抗率 ρ の物質でできた面積 S，厚さ d の一様な円柱を電極間に挿入した。電極と円柱はすき間なく接触しており，電場は向かい合う電極間のみに生じると考えてよい。電極の抵抗は無視できるものとする。この電極と円柱の組み合わせは，図2－1右に示すように，並列に接続された抵抗値 R の抵抗と電気容量 C のコンデンサーによって等価的に表現することができる。以下の設問に答えよ。

Ⅰ　R と C をそれぞれ ε，ρ，S，d のうち必要なものを用いて表せ。

Ⅱ　図2－2に示すように上記の電極と円柱の組み合わせを N 個積み重ねて接触させ，素子Xを構成した。スイッチを切り替えることによって，この素子Xに電圧 V_0 の直流電源，抵抗値 R_0 の抵抗，電圧 $V_1 \sin \omega t$ の交流電源のいずれかひとつを接続することができる。ω は角周波数，t は時間である。以下の設問(1)～(3)には ε と ρ は用いずに，N，R，C のうち必要なものを含む式で解答せよ。

(1)　はじめにスイッチを端子 T_1 に接続して素子Xに直流電圧 V_0 を加えた。スイッチを操作してから十分に長い時間が経過したとき，直流電源から素子Xに流れる電流の大きさと，素子Xの上端に位置する電極Eに蓄積される電気量を求めよ。

(2)　続いてスイッチを端子 T_1 から T_2 に切り替えたところ，抵抗 R_0 と素子Xに電流が流れた。ただしスイッチの操作は十分短い時間内に行われ，スイッチを操作する間に素子X内の電極の電気量は変化しないものとする。スイッチを操作してから十分長い時間が経過したところ，電流が流れなくなった。スイッチを端子 T_2 に接続してから電流が流れなくなるまでに抵抗 R_0 で生じたジュール熱を求めよ。また，素子Xを構成する電極と円柱の組み合わせの個数 N を増やして同様の操作を行ったとき，抵抗 R_0 で発生するジュール熱は N の増加に対してどのように変化するかを次の①～④から一つ選べ。

①　単調に増加する　　②　単調に減少する　　③　変化しない

④　上記①から③のいずれでもない

(3)　次にスイッチを端子 T_2 から T_3 に切り替え，素子Xに交流電圧 $V_1 \sin \omega t$ を加

えた。スイッチを操作してから十分に長い時間が経過したとき，交流電源から素子Xへ流れる電流を求めよ。

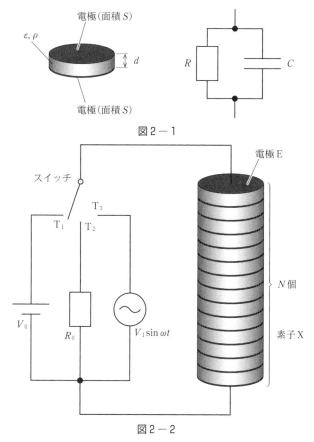

図2－1

図2－2

Ⅲ 設問Ⅱで用いた素子Xを構成する物質の ε および ρ の値が未知であるとき，これらの値を求めるためにブリッジ回路を用いる方法がある。図2－3のように素子X，設問Ⅱの交流電源，交流電流計，3つの抵抗と1つのコンデンサーを配置し，交流ブリッジ回路を構成した。抵抗値と電気容量の大きさを調節したところ，交流電流計に電流が流れなくなった。このとき，図2－3のように各抵抗の抵抗値は R_1, $2R_1$, R_2，コンデンサーの電気容量は $C_0 = \dfrac{1}{\omega R_2}$ であった。次の ア から ク に入る適切な数式を書け。なお，J，K，L，Mは回路上の点を表す。

K－M間の電圧は ア である。このことを用いて，抵抗 R_2 に流れる電流を，C_0 を含まない式で表すと， イ $\sin\omega t +$ ウ $\cos\omega t$ となる。一方，J－K間

の電圧は　エ　であることから，J－L間を流れる電流を C や R を含む式で表す
と　オ　$\sin\omega t +$　カ　$\cos\omega t$ となる。以上のことから次式が得られる。

$$\begin{cases} \varepsilon = \boxed{} \\ \rho = \boxed{} \end{cases}$$

ただし，　キ　と　ク　は R_1, R_2, ω, N, S, d のうち必要なものを用いて表
すこと。

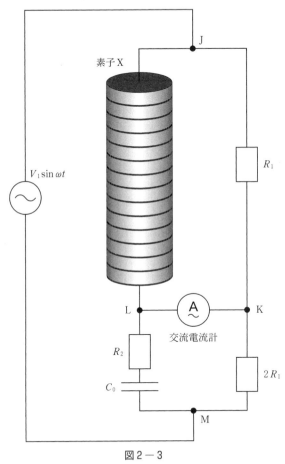

図2－3

73 コイルによる誘導現象

(2002 年度 第 2 問)

　図 2 − 1 に示すように，環状の鉄心に巻き数 n_1 のコイル 1 と巻き数 n_2 のコイル 2 が巻かれている。これらのコイルの電気抵抗は無視できるほど小さく，コイル 1 は抵抗 R_1 と任意の電圧 E を発生できる電源に接続され，一方コイル 2 は抵抗 R_2 とスイッチ S に接続されている。これらのコイルに電流を流したとき，磁束は鉄心内にのみ発生し，鉄心外への漏れは無視できるものとする。そのとき鉄心内の磁束 Φ と，コイル 1 の電流 I_1 およびコイル 2 の電流 I_2 との間には，以下の式(ア)が成り立つものとする。

$$\Phi = k\,(n_1 I_1 + n_2 I_2) \qquad 式(ア)$$

　ここで，磁束 Φ と電流 I_1 および I_2 の向きは図中の矢印の向きを正とし，係数 k は鉄心の形状や透磁率によって決まる定数とする。

　また，微小時間 Δt の間にこの鉄心内の磁束が $\Delta \Phi$ だけ増加したとき，Δt と $\Delta \Phi$ およびコイル 1 の電圧 V_1 との間には以下の式(イ)が成り立つ。

$$V_1 = n_1 \frac{\Delta \Phi}{\Delta t} \qquad 式(イ)$$

　ここで，電源の電圧 E，コイル 1 の電圧 V_1，コイル 2 の電圧 V_2 は，それぞれ a 点，b 点，c 点を基準としたときの aa' 間，bb' 間，cc' 間の電位差と定義する。

　時刻 $t = 0$ では，いずれのコイルにも電流は流れていないものとして，以下の問 I，II に答えよ。

I　スイッチ S が開いている状態のとき，コイル 1 の電圧 V_1 が図 2 − 2 に示す電圧波形（V_1 は $0 < t < T$ のとき一定値 V_0 をとり，その他の時刻では 0 をとる）となるように，電源の電圧 E を変化させた。

　(1)　時刻 t が $0 < t < T$ のとき，コイル 1 の電流 I_1 は正負どちらの向きに増加するか。また，その理由を簡潔に述べよ。

　(2)　時刻 $t = T$ における鉄心内の磁束 Φ を求めよ。

　(3)　式(ア)を用いて，時刻 $t = T$ におけるコイル 1 の電流 I_1 を求めよ。

　(4)　以下のそれぞれの場合について電源の電圧 E を求めよ。
　　(a)　時刻 t が $0 < t < T$ の場合
　　(b)　時刻 t が $T < t$ の場合

II　次にスイッチ S が閉じられている場合を考える。問 I と同様に，コイル 1 の電圧 V_1 が図 2 − 2 に示す電圧波形となるように，電源の電圧 E を変化させた。

(1) 時刻 $t=T$ における鉄心内の磁束 Φ を求めよ。

(2) 時刻 t が $0<t<T$ のとき，両コイルの両端に発生する電圧の大きさの比，$|V_1|/|V_2|$ を求めよ。また c 点と c' 点とでは，どちらの電位が高くなるかを答えよ。

(3) 時刻 t が $0<t<T$ のとき，コイル 1 の電流 I_1 を求めよ。

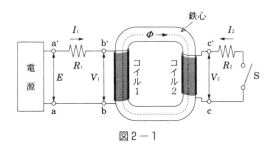

図2－1

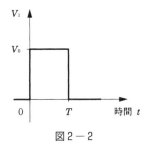

図2－2

第5章　原　子

節	番号	内　　　　容	年　　　度
原子	74	光ピンセット	2021 年度〔3〕
	75	冷却原子気体による干渉	2005 年度〔3〕

1　原　子

74　光ピンセット

(2021年度　第3問)

　　2018年のノーベル物理学賞は，「レーザー物理学分野における画期的な発明」に対して授与され，そのうちの1つは光ピンセット技術に関するものであった。光ピンセットとは，レーザー光で微小な粒子等を捕捉する技術である。本問では，光が微粒子に及ぼす力を考察することで，光で微粒子が捕捉できることを確認してみよう。

　　以下，図3－1に例を示すように，真空中に屈折率 n ($n > 1$) の球形の微粒子があり，そこを光線が通過する状況を考える。光は光子という粒子の集まりの流れであり，光子は運動量をもつので，光の屈折に伴い光子の運動量が変化して，それが微粒子に力を及ぼすと考えられる。そこで以下では，光子の運動量の変化の大きさは，その光子が微粒子に及ぼす力積の大きさに等しいとする。また，光の吸収や反射の影響は無視する。さらに，微粒子に対して光線は十分に細く，光線の太さは考えない。

Ⅰ　図3－1に示すように，真空中の微粒子を光線が通過している。微粒子の中心 O は光線と同一平面内にある。微粒子は固定されており，動かない。図3－2に示すように，光線が微粒子に入射する点を点 A，微粒子から射出する点を点 B とする。入射前の光線を延長した直線と，射出後の光線を延長した直線の交点を点 C とする。線分 AB と線分 OC の交点を点 D とする。以下の設問に答えよ。

(1)　光が微粒子に入射する際の入射角を θ，屈折角を ϕ とする。$\sin\theta$ を，n，$\sin\phi$ を用いて表せ。

(2) 光線中を同じ方向に流れる光子の集まりがもつ，エネルギーの総量 E と運動量の大きさの総量 p の間には，真空中では $p = \dfrac{E}{c}$ という関係が成り立つ。ここで，c は真空中の光の速さである。図 3 — 1 の光は，単位時間あたり Q のエネルギーをもって，光源から射出されている。このとき，時間 Δt の間に射出された光子の集まりが真空中でもつ運動量の大きさの総量 p を，Q，Δt，c，n のうち必要なものを用いて表せ。

(3) 図 3 — 1 に示すように，微粒子に入射する前の光子と，微粒子から射出した光子は，運動量の大きさは変わらないが，向きは変化している。時間 Δt の間に射出された光子の集まりが，微粒子を通過することにより受ける運動量の変化の大きさの総量 Δp を，p，θ，ϕ を用いて表せ。また，その向きを，点 O，A，B，C のうち必要なものを用いて表せ。

(4) この微粒子が光から受ける力の大きさ f を，Q，c，θ，ϕ のうち必要なものを用いて表せ。また，その向きを，点 O，A，B，C のうち必要なものを用いて表せ。

(5) 図 3 — 2 に示すように，OD 間の距離を d，微粒子の半径を r とする。角度 θ，ϕ が小さいとき，設問 I (4)で求めた力の大きさ f を，Q，c，n，r，d のうち必要なものを用いて表せ。小さな角度 δ に対して成り立つ近似式 $\sin\delta \fallingdotseq \tan\delta \fallingdotseq \delta$，$\cos\delta \fallingdotseq 1$ を使い，最終結果には三角関数を含めずに解答すること。

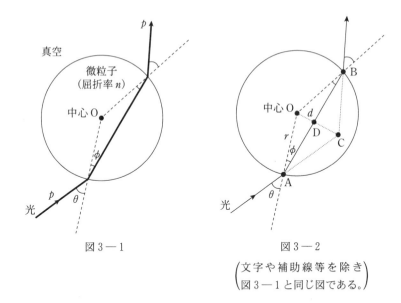

図3―1　　　　　　　　　　　　図3―2

$$\begin{pmatrix}\text{文字や補助線等を除き} \\ \text{図3―1と同じ図である。}\end{pmatrix}$$

II　図3―3，図3―4に示すように，強度(単位時間あたりのエネルギー)の等し
　い2本の光線が点Fで交わるよう光路を調整したうえで，設問Iと同じ微粒子
　を，それぞれ異なる位置に置いた。いずれの図においても，入射光が鉛直線(上
　下方向)となす角度は2本の光線で等しく，2本の光線と微粒子の中心Oは同一
　平面内にある。微粒子は固定されており，動かない。以下の設問に答えよ。力の
　向きについては，設問の指示に従って，力が働く場合は図3―3の左側に図示し
　た上下左右のいずれかを解答し，力が働かない場合は「力は働かない」と答えるこ
　と。

⑴　図3―3に示すように，微粒子の中心Oが点Fと一致しているとき，微粒
　　子が2本の光から受ける合力の向きとして最も適切なものを「上」「下」「左」「右」
　　「力は働かない」から選択せよ。

⑵ 図3―4に示すように，微粒子の中心 O が点 F の下にあるとき，微粒子が
2本の光から受ける合力の向きとして最も適切なものを「上」「下」「左」「右」「力
は働かない」から選択せよ。点 F は微粒子の内部にあり，OF 間の距離は十分
小さいものとする。

⑶ 設問Ⅱ⑵において，OF 間の距離を Δy とするとき，微粒子が2本の光から
受ける合力の大きさ f' と Δy の間の関係について，最も適切なものを以下の
ア〜エから選択せよ。なお，微粒子の半径 r と比べて Δy は小さく，設問Ⅰ⑸
の近似が本設問でも有効である。図3―4は，Δy の大きさが誇張して描かれ
ているので注意すること。

ア：f' は Δy によらず一定である。

イ：f' は Δy に比例する。

ウ：f' は $(\Delta y)^2$ に比例する。

エ：f' は Δy に反比例する。

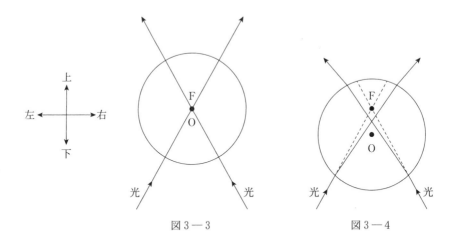

図3―3   図3―4

Ⅲ　図3—5に示すように，水平に置かれた薄い透明な平板の上方，高さrの位置にある点Fで，強度の等しい2本の光線（光線1，光線2）が交わるよう光路を調整したうえで，設問Ⅰ，Ⅱと同じ，半径rの微粒子を置いた。微粒子は常に平板と接触しており，微粒子と平板の間に摩擦はないものとする。微粒子には，外部から右向きに大きさf_0の力が働いており，この力と，2本の光線から受ける力が釣り合う位置で微粒子は静止している。すなわち，この微粒子は，光によって捕捉されている。OF間の距離はΔxとし，点Fは，微粒子の内部，中心O付近にある。また，入射光が鉛直線となす角度αは2本の光線で等しく，2本の光線と点Oは同一平面内にある。平板は十分薄く，平板による光の屈折や反射，吸収は考えない。光が微粒子に入射する際の入射角θは2本の光線で等しく，それに対する屈折角をϕとする。微粒子や平板の変形は考えない。

⑴　図3—5に示すように，光線1が微粒子に入射する点を点Aとし，微粒子の中心Oから微粒子内の光線1の上に降ろした垂線の長さをdとする。また，図3—6に示すように，点Oから直線AFに降ろした垂線の長さをhとする。hおよびdを，Δx，n，αのうち必要なものを用いて表せ。

⑵　ここで用いた2本の光線は，それぞれ，単位時間あたりQのエネルギーをもって，光源から射出されていた。入射角θや屈折角ϕが小さく，設問Ⅰ⑸と同じ近似が成り立つとして，2本の光線が微粒子に及ぼす合力の大きさf'を，Q，c，n，r，α，Δxを用いて表せ。ただし，θとϕは十分小さいため，$\alpha \pm (\theta - \phi) \fallingdotseq \alpha$と近似でき，合力の向きは水平方向とみなすことができる。

⑶　$n = 1.5$，$r = 10\,\mu\mathrm{m}\,(= 1 \times 10^{-5}\,\mathrm{m})$，$Q = 5\,\mathrm{mW}\,(= 5 \times 10^{-3}\,\mathrm{J/s})$，$\alpha = 45°$としたところ，$\Delta x = 1\,\mu\mathrm{m}\,(= 1 \times 10^{-6}\,\mathrm{m})$であった。このとき，外部から微粒子に加えている力の大きさf_0を，有効数字1桁で求めよ。真空中の光の速さは$c = 3 \times 10^8\,\mathrm{m/s}$である。図3—5，図3—6は，$\alpha$や$\Delta x$等の大きさが正確ではないので注意すること。

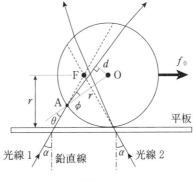

図 3 − 5

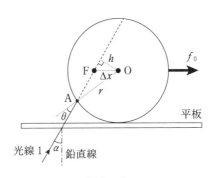

図 3 − 6

$\begin{pmatrix}\text{文字や補助線等を除き} \\ \text{図 3 − 5 と同じ図である。}\end{pmatrix}$

75 冷却原子気体による干渉

(2005年度　第3問)

　レーザー光が原子に与える作用を用いることにより，原子気体を冷却し，なおかつ空間のある領域に保つことができる。そのような冷却原子気体を用いて，原子の波動性を検証する次のような実験を行った。

　図3−1のように，鉛直上向きをz軸とする直交座標系を設定する。レーザー光によって冷却原子気体を点$(x, y, z) = (0, 0, L+l)$のまわりに保つ。この点からLだけ鉛直下方に，y軸に平行な間隔d，長さaの二重スリットを水平に置く。さらにlだけ鉛直下方に，原子が当たると蛍光を発するスクリーンを水平（xy面上）に置く。これらはすべて真空中にある。冷却原子気体の空間的広がり，二重スリットの間隔d，および長さaは，L，lに比べて十分小さいとする。スクリーン上の蛍光のようすは，ビデオカメラによって撮影する。

　時刻$t=0$にレーザー光を切ると，個々の原子はその瞬間に持っていた速度を初速度とし，重力のみを受けた運動を始める。一部の原子は二重スリットを通過し，スクリーンに到着する。時刻$t=0$以降，原子どうしの衝突はないものとする。二重スリットを通過した原子のうち，z軸方向の初速度がゼロであったものがスクリーンに到着する時刻をt_0とする。単位時間あたりにスクリーンに到着した原子数の時間変化は図3−2のようであった。原子の質量をm，プランク定数をh，重力加速度をgとする。

Ⅰ　lはLに比べて十分小さく，二重スリットを通過した後の原子の加速は無視できるものとして，以下の問に答えよ。

　(1)　二重スリットを通過した原子のうち，z軸方向の初速度がゼロであったものがスリット通過直後に持っていた速さv，およびド・ブロイ波長λを求めよ。

　(2)　時刻$t=t_0$にビデオカメラによって撮影された画像には，図3−3のような干渉縞が写っていた。この干渉縞の間隔Δx_0を求めよ。ただし，Δx_0はdより十分大きく，lより十分小さいとする。必要ならば，θが1より十分小さいときに成り立つ近似式$\sin\theta \fallingdotseq \tan\theta \fallingdotseq \theta$を用いよ。

　(3)　時刻$t=t_0$の前後にビデオカメラによって撮影された画像にも，図3−3と同様な干渉縞が写っていた。時刻tに観測された干渉縞の間隔Δxを縦軸，時刻tを横軸として，Δxとtの関係を表すグラフの概形を描け。ただし，図3−2のように時刻$t=t_0$の位置を横軸に明示すること。

Ⅱ L を固定し，l を変化させて実験を繰り返した。ただし，l の大きさは L と同程度で，二重スリットを通過した後の原子の加速は無視できないものとする。z 軸方向の初速度がゼロであった原子がスクリーンに到着する時刻に観測される干渉縞の間隔を Δx_1 とする。Δx_1 と l の関係を最も適切に表しているグラフを図3－4の(ア)～(カ)の中から一つ選び，その理由を答えよ。

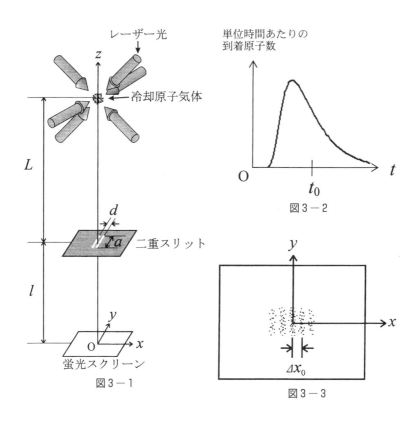

図3－1

図3－2

図3－3

レーザー光

単位時間あたりの到着原子数

冷却原子気体

二重スリット

蛍光スクリーン

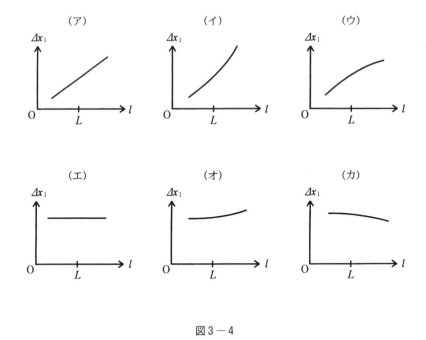

図 3 － 4

年度別出題リスト